轨道交通行业系列培训教程

铝合金焊接技术

主　编　王　波

参　编　刘昌盛　朱　献　赵　卫　刘文强
彭勇军　周永东　林若琛　文　献
欧阳黎健　唐亚红　黄家庆　周　华
蒋百威

主　审　尹子文　周培植

机械工业出版社

本书内容紧密结合生产实际，力求重点突出、少而精，做到图文并茂，知识讲解深入浅出、通俗易懂，便于培训指导。本书的主要内容包括铝及铝合金材料、铝合金焊接材料、铝合金焊接设备、铝合金焊前准备、铝合金手工钨极氩弧焊工艺及操作技能、铝合金熔化极氩弧焊工艺及操作技能、铝合金机器人焊接工艺及操作技能、铝合金搅拌摩擦焊工艺及操作技能、铝及铝合金常见焊接缺陷与检验、铝合金焊接技术应用实例、铝合金焊接安全与劳动保护、铝合金焊接技能操作考核，共有12章。本书在技能训练方面贯彻了学以致用的原则，既有操作步骤，又有注意事项和焊接质量检验要求等。

本书可作为技能鉴定培训机构、企业培训部门及职业技术学院的培训教材，也可作为焊工职业等级技能鉴定实作考试的参考用书，还可作为焊接技师、焊接工程技术人员的参考资料。

图书在版编目（CIP）数据

铝合金焊接技术 / 王波主编. -- 北京 : 机械工业出版社，2024. 10. --（轨道交通行业系列培训教程）.
ISBN 978-7-111-76774-9

Ⅰ. TG457. 14

中国国家版本馆 CIP 数据核字第 2024A72U75 号

机械工业出版社（北京市百万庄大街 22 号　邮政编码 100037）
策划编辑：侯宪国　黄倩倩　　责任编辑：侯宪国　黄倩倩
责任校对：曹若菲　李　婷　　封面设计：张　静
责任印制：郜　敏
北京富资园科技发展有限公司印刷
2024 年 12 月第 1 版第 1 次印刷
184mm×260mm · 20. 25 印张 · 501 千字
标准书号：ISBN 978-7-111-76774-9
定价：65. 00 元

电话服务　　网络服务
客服电话：010-88361066　　机 工 官 网：www. cmpbook. com
010-88379833　　机 工 官 博：weibo. com/cmp1952
010-68326294　　金 书 网：www. golden-book. com
封底无防伪标均为盗版　　机工教育服务网：www. cmpedu. com

丛书编审委员会

交通强国，铁路先行。党的十八大以来，我国铁路事业蒸蒸日上，全体铁路人披荆斩棘、勇毅笃行，创造出令国人自豪、世人惊叹的成就，一条条“钢铁巨龙”贯通祖国东西南北，一大批拥有自主知识产权的高速、高原、高寒、重载铁路移动装备技术达到世界领先水平，深情寄托着铁路人对中华民族伟大复兴的追求和期盼，同时也浸透着铁路人坚持创新驱动、强基达标，着力提质增效、改革创新的奋勇实践。

中车株洲电力机车有限（株机）公司因铁路而生、因铁路而兴、因铁路而走向世界，始终把企业发展深度融入到中国铁路事业发展大局。以习近平总书记三次视察中车重要指示精神为指引，株机公司坚持创新驱动，坚持练好内功，坚持推动轨道交通装备制造业水平提升。作为中国机车核心企业，株机公司先后研制生产各型干线机车 60 多种共 10000 余台，占全国机车总量的近 70%，自率先取得机车整车出口“零”突破以来，积极践行“一带一路”倡议，生产的轨道交通装备在全球舞台上大放异彩，被李克强总理称赞为“中国装备走出去的代表作”。

我们也认识到，今天的成绩来源于昨天的孜孜努力。任何先进的技术理论和操作方法都不可能通过简单的移植取得全面成功，应当建立在学习、实践、再学习的基础上，进行梳理、归纳、总结和提升。为了适应机车装备的制造技术发展，推动机车人才队伍建设，有必要编写较完整并适用于机车人员培训的教材。

《铝合金焊接技术》因此应运而生。株机公司特组织一批长期从事铝合金焊接专业工作，经验丰富的资深专家编写这本书，内容紧密结合生产实际，力求重点突出、图文并茂，知识讲解深入浅出、通俗易懂，丰富的实例可供所有焊工学习和参考。相信这本书的出版发行，能够进一步为培育高技能核心人才、提升技术人员知识水平做出积极贡献！

当前，国家已全面开启建设社会主义现代化国家的伟大征程，株机公司正在全面建成“智慧株机”的道路上阔步前行。让我们进一步弘扬创新精神、工匠精神，全面提升员工职业素养，为中国轨道交通装备持续领先、领跑不懈奋斗，为实现“第二个百年”奋斗目标贡献力量！

中车株洲电力机车有限公司机车事业部总经理

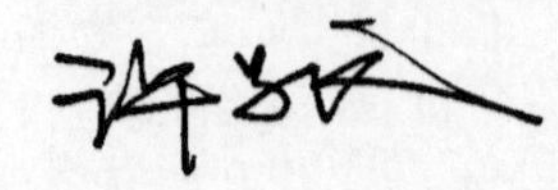

近年来，科学技术以及工业生产水平的飞速发展对铝合金焊接结构件的需求日益增多，使铝合金的焊接性研究也随之深入。在航空、航天、轨道交通、汽车制造、机械制造、船舶、化学及建材等行业，特别是在高速铁路车辆、地铁车辆、轻轨等领域，铝及其合金的应用越来越广泛。为了适应并推动正在发展的铝合金轨道交通的制造技术、培训铝及铝合金焊工人才队伍，有必要编写较完整并适用于焊工培训的教材。

本书的编写，组织了一批长期从事轨道交通铝合金焊接工作、经验丰富的资深专家和工程技术人员，内容紧密结合生产实际，力求重点突出、少而精，做到图文并茂，知识讲解深入浅出、通俗易懂，便于培训指导。本书的主要内容包括铝及铝合金材料、铝合金焊接材料、铝合金焊接设备、铝合金焊前准备、铝合金手工钨极氩弧焊工艺及操作技能、铝合金熔化极氩弧焊工艺及操作技能、铝合金机器人焊接工艺及操作技能、铝合金搅拌摩擦焊工艺及操作技能、铝及铝合金常见焊接缺陷与检验、铝合金焊接技术应用实例、铝合金焊接安全与劳动保护、铝合金焊接技能操作考核。本书在技能训练方面贯彻了学以致用的原则，既有操作步骤，又有注意事项和焊接质量检验要求等。

全书由王波任主编，刘昌盛、朱献、赵卫、刘文强、彭勇军、周永东、林若琛、文献、欧阳黎健、唐亚红、黄家庆、周华、蒋百威参与编写，全书由尹子文、周培植主审。本书在编写过程中参阅了相关文献，在此向相关作者表示最诚挚的感谢。本书的编写还得到了中车株洲电力机车有限公司人力资源部和工会技师协会的大力支持和帮助，在此表示衷心感谢。

由于编者水平有限，书中不足之处在所难免，恳请广大读者批评指正。

编 者

目录 Contents

第 3 章 铝合金焊接设备 …… 32

第 4 章 铝合金焊前准备 …… 65

第 1 章 铝及铝合金材料

Chapter 1

☺ 理论知识要求

1. 了解铝及铝合金材料的分类。
2. 了解铝及铝合金材料牌号表示方法。
3. 了解铝及铝合金的物理、化学、力学性能。
4. 了解铝及铝合金的应用特点。
5. 了解铝及铝合金材料的焊接特性。

1.1 铝及铝合金材料的概述

铝具有密度小、耐蚀性好、导电性及导热性高等优良性能，特别是在纯铝中加入各种合金元素（如镁、锰、硅、铜、锌等）而成的铝合金，强度显著提高，应用广泛。

纯铝是银白色的轻金属，熔点低（660℃），密度小（2.70g/cm^3），比铜轻 2/3，具有良好的导电性（电导率仅次于金、银、铜）、抗氧化性和耐蚀性。纯铝具有面心立方结构，没有同素异构体，塑性好，无低温脆性转变，但强度低。铝及铝合金的热导率比钢大，焊接时热输入向母材快速流失，所以熔焊时需要采用高度集中的热源。

铝及铝合金的线胀系数较大，约为钢的 2 倍，凝固时的体积收缩率约为 6.5%，因此，焊件不仅热裂倾向大而且还容易产生焊接变形。铝和氧的亲和力大，在空气中极容易氧化，生成高密度（3.85g/cm^3）的氧化膜（Al_2O_3），此氧化膜熔点高达 2050℃，在焊接过程中，会阻碍熔化金属的良好结合，容易造成夹渣、气孔、未熔合、未焊透等缺陷。

1.2 铝及铝合金材料的分类及牌号

1.2.1 铝及铝合金材料的分类

纯铝及铝合金可分为高纯铝、工业纯铝、变形铝合金（又可分为非热处理强化铝合金、热处理强化铝合金两类）和铸造铝合金。变形铝合金是指经不同的压力加工方法（经过轧制、挤压等工序）制成的板、带、棒、管、型、条等半成品材料；铸造铝合金以合金铸锭供应。铝合金材料根据化学成分和制造工艺的不同，可按图 1-1 所示形式进行分类。

1. 纯铝

（1）高纯铝　高纯铝中铝的质量分数不小于 99.999%。主要用于电子工业的导电元件、

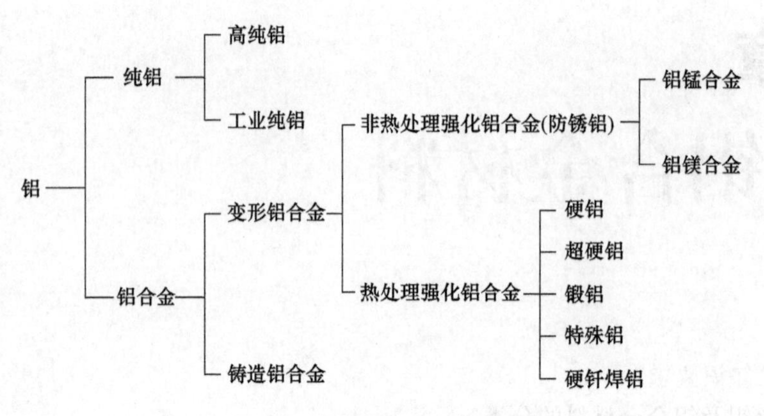

图 1-1　铝及铝合金材料分类

制作高纯铝合金和激光材料等。

（2）工业纯铝　工业纯铝中铝的质量分数在 99%以上，熔点 660℃，熔化时没有任何颜色变化。表面易形成致密的氧化膜，具有良好的耐蚀性。纯铝的导热性约为低碳钢的 5 倍，线胀系数约为低碳钢的 2 倍。纯铝强度很低，不适合做结构材料。

2. 铝合金

在纯铝中加入各种合金元素冶炼出来的材料称为铝合金，生产铝合金的目的是提高材料强度并获得其他需要的性能。铝合金按制造工艺可分为变形铝合金和铸造铝合金两大类。

（1）变形铝合金　变形铝合金为单相固溶体组织，变形能力较好，适用于锻造和压延。变形铝合金可分为非热处理强化铝合金和热处理强化铝合金。

1）非热处理强化铝合金。非热处理强化铝合金主要有铝镁合金和铝锰合金等，主要通过加入镁、锰等元素的固溶强化剂、加工硬化作用提高力学性能，不能通过热处理来提高其强度，但强度比纯铝高。其特点是强度中等，具有优良的耐蚀性、塑性和压力加工性，在铝合金材料中其焊接性为最好，是目前铝合金焊接结构中应用最广的铝合金材料。铝镁合金和铝锰合金的化学成分及力学性能分别见表 1-1 和表 1-2。

表 1-1　铝镁合金和铝锰合金的化学成分

牌号	Mg	Mn	Si	Ti
5A02	2.0~2.8	0.15~0.4	0.40	0.15
5A05	4.8~5.5	0.3~0.6	0.50	—
5A06	5.8~6.8	0.5~0.8	0.40	0.02~0.1
3A21	0.05	1.0~1.6	0.70	0.15

表 1-2　纯铝、铝镁合金和铝锰合金的力学性能

牌号	材料状态	R_b/MPa	R_s/MPa	A(%)	Φ(%)	(HBW)
1035	冷作硬化	140	10	12	—	32
8A06	退火	90	3	30	—	25
5A02	退火	200	10	23	—	45
	冷作硬化	250	21	6	—	60

（续）

牌号	材料状态	R_b/MPa	R_s/MPa	A(%)	Φ(%)	(HBW)
5A05	退火	270	15	23	—	70
3A21	退火	150	5	20	70	30
	冷作硬化	100	13	10	55	40

2）热处理强化铝合金。热处理强化铝合金是通过固溶、淬火、时效等工艺提高其力学性能。经热处理后可显著提高抗拉强度，但焊接性较差，熔焊时产生焊接裂纹的倾向较大，焊接接头的力学性能（主要是抗拉强度）严重下降。热处理强化铝合金主要分为硬铝、超硬铝、锻铝等。

①硬铝。硬铝的牌号是按铜增加的顺序编排的。Cu是硬铝的主要成分，为了得到高的强度，Cu的质量分数一般应控制在4.0%~4.8%。Mn也是硬铝的主要成分，它的主要作用是消除Fe对耐蚀性的不利影响，还能细化晶粒、加速时效硬化。在硬铝合金中，Cu、Si、Mg等元素能形成溶解于铝的化合物，从而促使硬铝合金在热处理时强化。

②超硬铝。合金中Zn、Mg、Cu的总平均含量可达9.7%~13.5%（质量分数），在当前航空航天工业中仍是强度最高（抗拉强度达500~600MPa）和应用最多的一种轻合金材料。超硬铝的塑性和焊接性较差，接头强度远低于母材。由于合金中Zn含量较多，形成晶间腐蚀及焊接热裂纹的倾向较大。

③锻铝。可以进行淬火-时效强化，在高温下具有良好的塑性，而且Cu含量越少热塑性越好，故适用于制造锻件及冲压件。具有中等强度和优良的耐蚀性，在工业中得到广泛应用。

（2）铸造铝合金　铸造铝合金可分为铝-硅合金、铝-铜合金、铝-镁合金和铝-锌合金四类，其中铝-硅合金应用得最多，常用来制造发动机、内燃机的零件等。

1.2.2 铝及铝合金材料的牌号

按照国标GB/T 16474—2011《变形铝及铝合金牌号表示方法》的规定，变形铝及铝合金的新牌号用数字与字母组成的四位牌号体系表示，牌号中第一位数字表示铝及铝合金的组别，见表1-3。

表1-3　铝及铝合金的组别

组别	牌号系列
纯铝（铝的质量分数不小于99.00%）	1×××
以铜为主要合金元素的铝合金	2×××
以锰为主要合金元素的铝合金	3×××
以硅为主要合金元素的铝合金	4×××
以镁为主要合金元素的铝合金	5×××
以镁和硅为主要合金元素并以Mg_2Si相为强化相的铝合金	6×××
以锌为主要合金元素的铝合金	7×××
以其他铜合金元素为主要合金元素的铝合金	8×××
备用合金组	9×××

按 GB/T 16475—2023《变形铝及铝合金产品状态代号》的规定，基础状态代号用一个英文大写字母表示。细分状态代号采用基础代号后加一位或多位阿拉伯数字或英文大写字母来表示。铝及铝合金有下列五种状态：

F——自由加工状态。适用于在成形过程中，对于加工硬化和热处理条件无特殊要求的产品，该状态产品的力学性能不作规定。

O——退火状态。适用于经完全退火获得最低强度的加工产品。

H——加工硬化状态。适用于通过加工硬化提高强度的产品。

W——固溶热处理状态。一种不稳定状态。只适用于经固溶热处理后，室温下自然时效时的合金，该状态代号仅表示产品处于自然时效阶段。

T——热处理状态（不同于 F、O、H 状态）。适用于固溶热处理后，经过（或不经过）硬化达到稳定状态的产品。T 代号后面必须加有一位或多位阿拉伯数字。例如，T6-固溶处理后再人工时效的状态。

（1）变形铝合金旧牌号的表示方法　旧牌号指我国 1996 年前采用国家标准规定的铝及铝合金牌号。旧牌号表示方法：

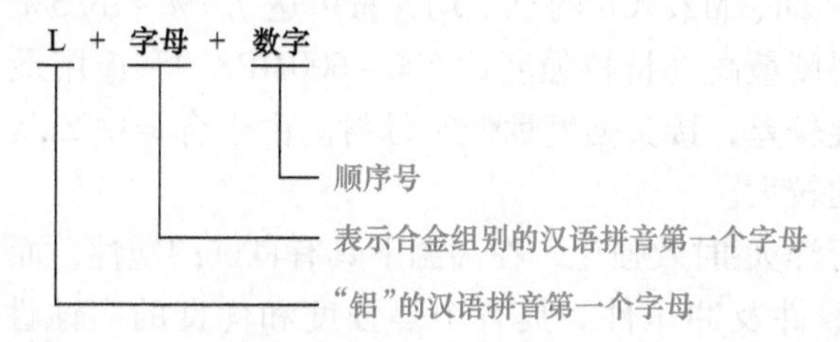

变形铝合金旧牌号的表示方法见表 1-4。

表 1-4　变形铝合金旧牌号的表示方法

合金名称	工业纯铝	高纯铝	防锈铝	硬铝	超硬铝	锻铝	特殊铝	硬钎焊铝
牌号	L	LG	LF	LY	LC	LD	LT	LQ

例：LF5 为 5 号防锈铝；LY10 为 10 号硬铝。

（2）变形铝合金新牌号（代号）的表示方法　GB/T 3190—2020《变形铝及铝合金化学成分》按铝合金系列重新建立了一套由数字与字母组成的 4 位牌号体系来代替铝合金旧牌号的表示方法。新牌号体系将变形铝合金按主要合金元素的种类分为 8 个系列，见表 1-5。

表 1-5　变形铝合金新牌号的表示方法

合金名称	工业纯铝	铝-铜	铝-锰	铝-硅	铝-镁	铝-镁-硅	铝-锌-镁-铜	其他铝合金
系列牌号	1×××	2×××	3×××	4×××	5×××	6×××	7×××	8×××

1）1×××系列。铝合金代表为 1050、1060、1100 系列。在所有系列中 1000 系列属于含铝量最多的一个系列，质量分数可以达到 99.00%以上，由于不含有其他元素，所以生产过程比较单一，价格相对比较便宜，是目前常规工业中最常用的一个系列。市场上流通的大部分铝合金为 1050 以及 1060 系列。1000 系列铝板根据最后两位阿拉伯数字来确定这个系列的最低含铝量，如 1050 系列最后两位阿拉伯数字为 50，根据国际牌号命名原则，含铝量必须达到 99.5%以上方为合格产品。我国的铝合金技术标准（GB/T 3880.1—2023）中也明确规

定1050系列铝板含铝量达到99.5%（质量分数）。同样的道理，1060系列铝板的含铝量必须达到99.6%（质量分数）以上。

2）2×××系列。铝合金代表2024、2A16（LY16）、2A02（LY6）。2000系列铝板的特点是硬度较高，其中以铜元素含量最高，大概在3%~5%（质量分数）。2000系列铝棒属于航空铝材，在常规工业中不常应用。

3）3×××系列。铝合金代表3003、3A21为主。3000系列铝板生产工艺较为优秀。3000系列铝板是由锰元素为主要元素。含铝量为1.0%~1.5%（质量分数），是一款防锈功能较好的铝板。

4）4×××系列。铝合金代表为4A01的铝板属于含硅量较高的系列。4000系列铝板通常硅含量在4.5%~6.0%（质量分数）之间。属建筑用材料、机械零件锻造用材、焊接材料；低熔点、耐蚀性好，产品描述：具有耐热、耐磨的特性。

5）5×××系列。铝合金代表为5052、5005、5083、5A05。5000系列铝板属于较常用的合金铝板系列，主要元素为镁，含镁量为3%~5%（质量分数），又可以称为铝镁合金。主要特点为密度低，抗拉强度高，伸长率高，疲劳强度高，但不可进行热处理强化。在相同面积下，铝镁合金的质量低于其他系列，在常规工业中应用也较为广泛。在我国5000系列铝板属于较为成熟的铝板系列之一。

6）6×××系列。铝合金代表为6061，主要含有镁和硅两种元素，故集中了4000系列和5000系列的优点，6061是一种冷处理铝锻造产品，适用于对耐蚀性、氧化性要求高的环境。可使用性好，容易涂层，加工性好。

7）7×××系列。铝合金代表为7075，主要含有锌元素，是铝镁锌铜合金，是可热处理合金，属于超硬铝合金，有良好的耐磨性，也有良好的焊接性，但耐蚀性较差。

8）8×××系列　铝合金较为常用的为8011，属于其他系列，大部分应用为铝箔，生产铝棒方面不太常用。

（3）铝及铝合金新、旧牌号对照（见表1-6）。

表1-6　铝及铝合金新、旧牌号对照

新牌号	旧牌号	新牌号	旧牌号	新牌号	旧牌号
1035	代L4	1370		2017	
1050	—	1A30	原L4-1	2017A	—
1050A	代L3	1A50	原LB-2	2024	—
1060	代L2	1A85	原LG1	2117	—
1070	—	1A90	原LG2	2124	—
1070A	代L1	1A93	原LG3	2214	—
1080	—	1A95	—	2218	—
1080A	—	1A97	原LG4	2219	曾用LY19
1100	代L5-1	1A99	原LG5	2618	—
1145	—	2004	—	2A01	原LY1
1200	代L5	2011	—	2A02	原LY
1235	—	2014	—	2A04	原LY4
1350	—	2014A	—	2A06	原LY6

（续）

新牌号	旧牌号	新牌号	旧牌号	新牌号	旧牌号
2A10	原 LY10	4A17	原 LT17	6060	—
2A11	原 LY11	5005	—	6061	原 LD30
2A12	原 LY12	5019	—	6063	原 LD31
2A13	原 LY1	5050	—	6063A	—
2A14	原 LD1	5052	—	6070	原 LD2-2
2A16	原 LY11	5056	原 LF5-1	6082	—
2A17	原 LY12	5082	—	6101	—
2A20	原 LY23	5083	原 LF4	6101A	—
2A21	曾用 214	5	—	6181	—
2A25	曾用 225	5154	—	6351	—
2A49	曾用 149	5154A	—	6A02	原 LD2
2A50	曾用 LD5	5182	—	6A51	曾用 651
2A70	原 LD7	5183	—	6B02	原 LD2-1
2A80	原 LD8	5251	—	7003	原 LC12
2A90	原 LD9	5356	—	7005	—
2B11	原 LY8	5454	—	7020	—
2B12	原 LY9	5456	—	7022	—
2B16	曾用 LY16-1	5554	—	7050	—
2B50	原 LD6	5754	—	7075	—
2B70	曾用 LD7-1	5A01	曾用 LF15	7475	—
3003	—	5A02	原 LF2	7A01	原 LB1
3004	—	5A03	原 LF3	7A03	原 LC3
3005	—	5A05	原 LF5	7A04	原 LC4
3103	—	5A06	原 LF6	7A05	曾用 705
3105	—	5A12	原 LF12	7A09	原 LC9
3A21	原 LF21	5A13	原 LF13	7A10	原 LC10
4004	—	5A30	曾用 LF16	7A15	曾用 LC15
4032	—	5A33	原 LF33	7A19	曾用 LC19
4043	—	5A41	原 LT41	7A31	曾用 L83-1
4043A	—	5A43	原 LF43	7A33	曾用 LB733
4047	—	5A66	原 LT66	7A52	曾用 LC52
4047A	—	5B05	原 LF10	8011	曾用 LT98
4A01	原 LT1	5B06	原 LF14	8090	—
4A11	原 LD11	6005	—	8A06	原 L6
4A13	原 LT13	6005A	—		

注：1. “原”是指化学成分与新牌号等同，且都符合 GB/T 3190—1982 规定的旧牌号。

2. “代”是指与新牌号的化学成分相近似，且符合 GB/T 1190—1982 规定的旧牌号。

3. “曾用”是指已经鉴定，工业生产时曾经用过的牌号，但没有收入 GB/T 3190—1982 中。

（4）铸造铝合金牌号和代号的表示方法

1）铸造铝合金牌号。按国家标准（GB/T 1173—2013）规定，铸造铝合金牌号表示方法为：

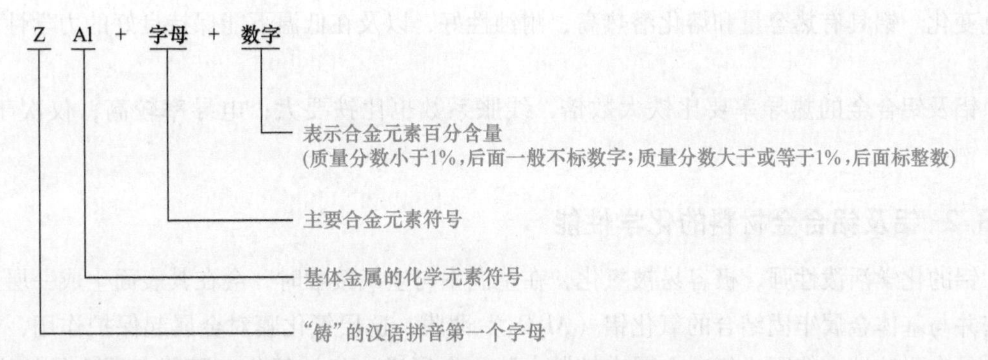

注：杂质低、性能高的优质合金，在其牌号后面加字母“A”。
例：ZAlSi7MgA

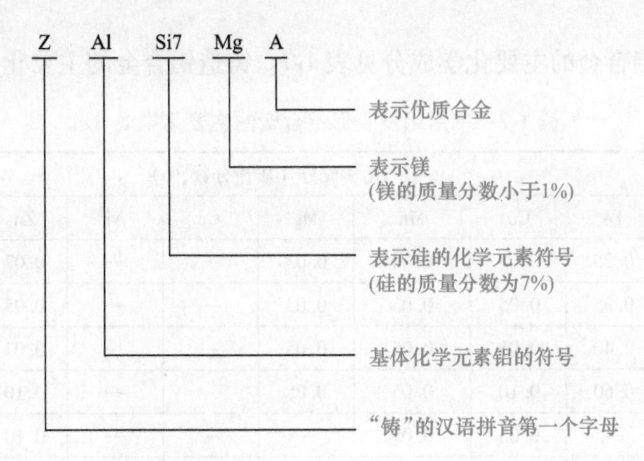

2）铸造铝合金的代号。按国家标准（GB/T 1173—2013）规定，铸造铝合金的代号：

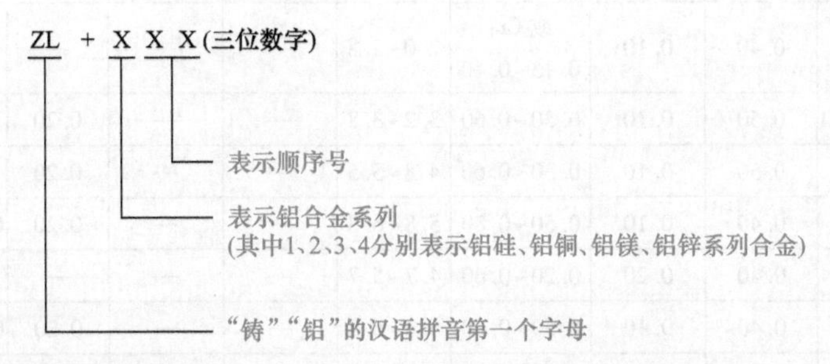

例：ZL101 为铝硅合金 ZAlSiMg 的代号；ZL201A 为优质铝铜合金 ZAlCu5MnA 的代号。

1.3 铝及铝合金材料的性能

1.3.1 铝及铝合金材料的物理性能

纯铝是银白色的轻金属，密度约为铁的1/3。铝合金加入的各种合金元素对密度的影响不大，铝合金的密度一般为2.5~2.88g/cm^3。铝的熔点约为658℃，熔点与其纯度有关，随着铝的纯度提高而升高。当铝的纯度为99.996%（质量分数）时，熔点为660℃。合金元素的加入使铝的熔点降低，故一般铝合金的熔点要比纯铝的熔点低一些，加热熔化时无明显的颜色变化。铝具有热容量和熔化潜热高、耐蚀性好，以及在低温下能保持良好的力学性能等特点。

铝及铝合金的热导率要比铁大数倍，线胀系数也比铁要大；电导率较高，仅次于金、银、铜。

1.3.2 铝及铝合金材料的化学性能

铝的化学活泼性强，极容易被氧化，在室温中与空气接触时，会在其表面生成一层薄而致密并与基体金属牢固结合的氧化铝（Al_2O_3）薄膜，这层氧化膜对金属起保护作用，使铝合金具有耐蚀性，能阻止氧向金属内扩散，防止金属进一步被氧化。随着杂质含量的增加，其强度增加，而塑性、导电性和耐蚀性下降。焊接时需要采用很多措施清除这种氧化膜，以保证产品焊接质量。

常用铝及变形铝合金的主要化学成分见表 1-7。铸造铝合金的主要化学成分见表 1-8。

表 1-7　常用铝及变形铝合金的主要化学成分

序号	牌号	化学成分（质量分数,%）										
		Si	Fe	Cu	Mn	Mg	Cr	Ni	Zn	Ti	Zr	Al
1	1070A	0.20	0.25	0.03	0.03	0.03	—	—	0.07	0.03	—	99.70
2	1060	0.25	0.35	0.05	0.03	0.03	—	—	0.05	0.03	—	99.60
3	1050A	0.25	0.40	0.05	0.05	0.05	—	—	0.07	0.05	—	99.50
4	1035	0.35	0.60	0.10	0.05	0.05	—	—	0.10	0.03	—	99.35
5	1200	—	—	0.05	0.05	—	—	—	0.10	0.05	—	99.00
6	8A06	0.55	0.50	0.10	0.10	0.10	—	—	0.10	—	—	余量
7	5A02	0.40	0.40	0.10	或 Cr：0.15~0.40	2.0~2.8	—	—	—	0.15	—	余量
8	5A03	0.50~0.80	0.50	0.10	0.30~0.60	3.2~3.8	—	—	0.20	0.15	—	余量
9	5A05	0.50	0.50	0.10	0.30~0.60	4.8~5.5	—	—	0.20	—	—	余量
10	5A06	0.40	0.40	0.10	0.50~0.80	5.8~6.8	—	—	0.20	0.02~0.10	—	余量
11	5B05	0.40	0.40	0.20	0.20~0.60	4.7~5.7	—	—	—	0.15	—	余量
12	5B06	0.40	0.40	0.10	0.50~0.80	5.8~6.8	—	—	0.20	0.10~0.30	—	余量
13	3A21	0.60	0.70	0.20	1.0~1.6	0.05	—	—	0.10	0.15	—	余量
14	2A06	0.50	0.50	3.8~4.3	0.5~1.0	1.7~2.3	—	—	0.10	0.03~0.15	—	余量
15	2A11	0.70	0.70	3.8~4.8	0.4~0.8	0.4~0.8	—	0.10	0.30	0.15	—	余量
16	2A12	0.50	0.50	3.8~4.9	0.3~0.9	1.2~1.8	—	0.10	0.30	0.15	—	余量
17	2A16	0.30	0.30	6.0~7.0	0.4~0.8	0.05	—	—	0.10	0.1~0.2	0.20	余量
18	6A02	0.5~1.2	0.50	0.2~0.6	或 Cr：0.15~0.35	0.45~0.9	—	—	0.20	0.15	—	余量
19	2A70	0.35	0.9~1.5	1.9~2.5	0.20	1.4~1.8	—	0.9~1.5	0.30	0.02~0.10	—	余量
20	2A80	0.5~1.2	1.0~1.6	1.9~2.5	0.20	1.4~1.8	—	0.9~1.5	0.30	0.15	—	余量

（续）

序号	牌号	化学成分（质量分数,%）										
		Si	Fe	Cu	Mn	Mg	Cr	Ni	Zn	Ti	Zr	Al
21	2A14	0.6~1.2	0.70	3.9~4.8	0.4~1.0	0.4~0.8	—	0.10	0.30	0.15	—	余量
22	7A04	0.50	0.50	1.4~2.0	0.2~0.6	1.8~2.8	0.1~0.25	—	5.0~7.0	0.10	—	余量
23	7A09	0.50	0.50	1.2~2.0	0.15	2.0~3.0	0.16~0.3	—	5.1~6.1	0.10	—	余量
24	4A01	4.5~6.0	0.60	0.20	—	—	—	—	—	0.15	—	余量

注：Be 含量均按规定加入，可不作分析。

表 1-8 铸造铝合金的主要化学成分

序号	牌号	代号	主要化学成分（质量分数,%）					
			Si	Cu	Mg	Mn	Ti	Al
1	ZAlSi7Mg	ZL101	6.5~7.5	—	0.25~0.45	—	—	余量
2	ZAlSi12	ZL102	10.0~13.0	—	—	—	—	余量
3	ZAlSi9Mg	ZL104	8.0~10.5	—	0.17~0.35	0.20~0.50	—	余量
4	ZAlSi5CulMg	ZL105	4.5~5.5	1.0~1.5	0.4~0.6	—	—	余量
5	ZAlCu5Mn	ZL201	—	4.5~5.3	—	0.6~1.0	0.15~0.35	余量
6	ZAlCu4	ZL203	—	4.0~5.0	—	—	—	余量
7	ZAlCu5MnCdVA	ZL205A	—	4.6~5.3	—	0.3~0.5	0.15~0.35	余量
8	ZAlMg10	ZL301	—	—	9.5~11.0	—	—	余量

1.3.3 铝及铝合金材料的力学性能

纯铝的塑性和冷、热压力加工性能都较好，但机械强度低，不能用于承受较大载荷的结构或零件。为此，可在纯铝中加入不同种类、数量的合金元素（如锰、镁、铜、锌、硅及稀土等）以改变其组织结构，从而提高强度并获得所需的不同性能的铝合金，使之适宜制作各种承载结构或零件，一般随着合金元素的增加，铝合金的强度也随之增加，而塑性则随之下降。但冷压加工和热处理性能在很宽广的范围内改变铝及铝合金的力学性能，通常用于焊接的铝及铝合金都是经过冷压加工或经过热处理的，焊接时的高温会对这些铝及铝合金的力学性能有所影响。对热处理过的铝合金，这种影响与合金元素在铝中的存在状态有关。常加入的合金元素有铜、镁、硅、锌、锰、稀土元素等。加入的合金元素主要通过固溶强化和时效强化来提高铝合金的力学性能。常用铝及铝合金的力学性能见表 1-9。

表 1-9 常用铝及铝合金的力学性能

牌号		状态	R_b	$R_{0.2}$	R_{10}(%)
新	旧		/MPa		
1035	L4	退火（O）	80	30	30
8A06	L6	冷作硬化（HX8）	150	100	6
5A02	LF2	退火（O）	190	100	23
		半冷作硬化（HX4）	250	210	6

（续）

牌号		状态	R_b	$R_{0.2}$	R_{10}(%)
新	旧		/MPa		
5A03	LF3	退火（O）	200	100	22
		半冷作硬化（HX4）	250	180	8
5A05	LF5	退火（O）	260	140	22
		冷作硬化（HX8）	420	320	10
5A06	LF6	退火［（横向性能）O］	325	170	20
5B05	LF10	退火（O）	270	150	23
3A21	LF21	退火（O）	130	50	23
		半冷作硬化（HX4）	160	130	10
		冷作硬化（HX8）	220	180	5
2A06	LY6	包铝板材（T4）	140	300	20
		包铝板材（HX4）	540	440	10
2A11	LY11	退火（O）	210	110	18
		淬火并自然时效（T4）	420	240	15
2A12	LY12	退火的包铝板（O）	180	100	18
		淬火并自然时效的包铝板（T4）	420	280	18
2A16	LY16	板材（T6）	420	300	12
6A02	LD2	退火（O）	180	—	30
		淬火并自然时效（T4）	220	120	22
		淬火并人工时效（T6）	330	280	16
2A70	LD7	淬火并人工时效（T6）	440	330	12
2A80	LD8	淬火并人工时效（T6）	440	270	10
2A90	LD9	淬火并人工时效（T6）	440	280	13
2A14	LD10	淬火并人工时效（T6）	490	380	12
7A04	LC4	退火（O）	260	130	13
		淬火并人工时效（T6）	600	550	12
		退火的包铝板材（O）	220	110	18
		淬火并人工时效的包铝板材（T6）	540	470	10

注：状态代号表示意义 O—退火，HX4—半径作硬化，HX8—冷作硬化，T4—固溶处理加自然时效，T6—固溶处理加完全人工时效。

（1）固溶强化　纯铝通过加入合金元素形成铝基固溶体，起固溶强化作用，使其强度提高。Al-Mg、Al-Mn 铝合金就主要是靠固溶强化来提高强度的，不能通过热处理来提高强度，但可通过冷压加工来提高强度，在铝合金中其焊接性是最好的，被广泛用于制作焊接结构。

（2）时效强化　铝合金经固溶处理后，获得过饱和固溶体。在随后的室温放置或低温加热保温时，第二相从过饱和固溶体中缓慢析出，引起强度、硬度的提高以及物理、化学性能的显著变化，称为时效。室温放置过程中使合金产生强化的效应称为自然时效；低温加热过程中使合金产生强化的效应称为人工时效。

铝合金的时效强化或热处理强化，主要是由于合金元素在铝中有较大的固溶度，且随着温度的降低而急剧减小。故铝合金经加热到某一温度淬火后，可以得到过饱和的铝基固溶体。这种过饱和固溶体是不稳定的，有自发分解的倾向。当给予一定的温度与时间条件，就要发生分解，产生析出相，强化铝合金。焊接的高温对这类铝合金力学性能的影响很大。用于焊接的这类铝合金主要有 Al-Cu-Mn、Al-Mg-Mn、Al-Mg-Si、Al-Zn-Mg 等。

1.4 铝及铝合金材料的焊接性能

所谓焊接性是指金属材料对焊接加工的适应性，主要指在一定的焊接工艺条件下，获得优质焊接接头的难易程度。由于铝合金具有独特的物理及化学性能，对铝合金焊接存在一系列的困难。铝合金的焊接特点具体有以下几点：

1. 极容易被氧化

铝和氧的化学结合力很强，常温下铝表面就能被氧化，另外，铝合金中所含的一些合金元素也极易被氧化，在焊接高温条件下氧化更加激烈，氧化生成一层极薄（厚度为 0.1~0.2μm）的氧化膜（主要成分是氧化铝 Al_2O_3）。氧化铝的熔点高达 2050℃，远远超过了铝的熔点（660℃），而且致密，它覆盖在熔池表面会妨碍焊接过程的正常进行，同时妨碍金属之间的良好结合，易产生未焊透缺陷。

氧化膜的密度比铝合金的密度大（约为铝合金的 1.4 倍），不易从熔池中浮出，容易在焊缝中形成夹渣。氧化膜还会吸收水分，焊接时促使焊缝生成气孔。此外，氧化膜的电子逸出功低，易发射电子，使电弧飘移不定。

防止措施：焊前必须严格清除焊件焊接区表面的氧化膜；焊接过程中要保护好处于液化状态的金属，防止处于高温时金属的进一步氧化；控制焊接环境的湿度；采用阴极破碎作用，并且要不断地破除熔池表面可能新生成的氧化膜，这是铝合金焊接的一个重要特点。

阴极破碎是指当母材为阴极时，利用电弧中质量较大的正离子高速撞击熔池表面的氧化膜，将其击碎并清除的现象。产生阴极破碎的基本条件是母材必须为阴极。为此，熔化极氩弧焊应采用直流反接，钨极氩弧焊应采用交流焊接。

2. 容易产生气孔

铝及铝合金熔焊时，气孔是焊缝中另一种最常见的焊接缺陷，尤其是纯铝和防锈铝熔焊时更容易产生。

实践证明，氢是铝合金熔焊时产生气孔的主要因素，即铝合金焊接时产生的主要是氢气孔。这是因为氮不溶于液态铝，铝又不含碳，因此不会产生氮气孔和一氧化碳气孔，氧和铝有很大的亲和力，它们结合后以氧化铝形式存在，所以也不会产生氧气孔。常温下，氢几乎不溶于固态铝，但在高温时能大量地溶于液态铝，所以在凝固点时其溶解度发生突变，如图 1-2 所示，原来溶于液态铝中的氢几

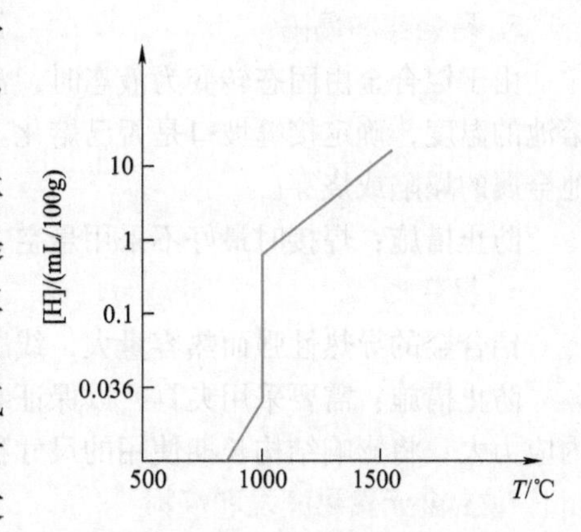

图 1-2 氢在铝中的溶解度（P_{H_2} = 1atm）

乎全部析出，其析出过程是：形成气泡—气泡长大—气泡上浮—气泡逸出。如果形成的气泡已经长大而来不及逸出，便形成气孔；另外，铝合金的密度较小，气泡在熔池里的上浮速度较慢，且铝的导热性很强，凝固较快，不利于气泡浮出，故铝合金焊接易产生氢气孔。

防止措施：铝合金焊接时减少进入液体金属的含氢量（如清理工件和焊丝表面氧化膜、水、油、锈等污物）；不使溶入金属中氢形成气泡，或不让已形成的气泡长大（如加快焊接速度，使熔池很快凝固）；让已长大的气泡能充分地排出（如延长熔池停留时间）；尽量在平焊位置进行焊接。这些都是为在焊接过程中减少氢气孔需考虑的。

3. 热裂纹倾向大

铝合金焊接时一般不会产生冷裂纹。

实践证明，纯铝及非热处理强化铝合金焊接时很少产生热裂纹；热处理强化铝合金和强度铝合金焊接时，热裂纹倾向比较大。热裂纹往往出现在焊缝金属和近缝区上。在焊缝金属中称结晶裂纹，在近缝区则称为液化裂纹。

由于铝的线胀系数比钢将近大一倍，凝固时的结晶收缩又比钢大（体积收缩率达6.5%左右），因此，焊接时铝合金焊件中会产生较大的热应力。另一方面，铝合金高温时强度低、塑性很差（如纯铝在375℃左右时的强度不超过9.8MPa；在650℃左右的伸长率小于0.69%），当焊接内应力过大时，很容易使某些铝合金在脆性温度区间内产生热裂纹。此外，当铝合金成分中的杂质超过规定范围时，在熔池中将形成较多的低熔点共晶。两者共同作用的结果是焊缝中容易产生热裂纹。热裂纹是铝合金及高强度铝合金焊接时最常见的严重缺陷之一。

防止措施：焊接生产中常采用调整焊丝成分的方法来防止热裂纹的产生（如采用铝硅焊丝 AlSi-1(ER4043)）；严格控制焊缝杂质的方法来防止热裂纹的产生；减小焊接应力（如不要夹固得太紧）；采用合理的焊接工艺对防止热裂纹的产生也是必要的。

4. 需要强热源焊接

铝合金的热导率、热容量都很大，比钢大一倍多（其热导率为钢的2~4倍），在焊接过程中，大量的热能被迅速传导到基体金属内部，因此焊接时比钢的热损失大，需要消耗更多的热量，若要达到与钢相同的焊接速度，则焊接热输入约为钢的2~4倍。

防止措施：为了获得高质量的焊接接头，必须采用能量集中的、功率大的热源进行焊接，厚大件有必要采用预热等工艺措施。

5. 易烧穿和塌陷

由于铝合金由固态转变为液态时，没有明显的颜色变化，焊接过程中操作者不容易判断熔池的温度，确定接缝坡口是否已熔化。另外，其高温强度低，焊接时常因温度过高引起熔池金属的塌陷或烧穿。

防止措施：焊接时最好不采用悬空方式进行焊接；常采用带垫板或型材进行焊接。

6. 易变形

铝合金的导热性强而热容量大，线胀系数大，使焊接时容易产生变形。

防止措施：需要采用夹具，以保证装配质量并防止变形，但不能加固得太紧，否则焊后内应力大，将影响结构长期使用的尺寸稳定性，并易产生热裂纹。

7. 合金元素易蒸发和烧损

铝合金中含有的低沸点合金元素，如镁、锰、锌等，在焊接电弧和火焰的高温作用下，极易蒸发和烧损，从而改变焊缝金属的化学成分和性能。

防止措施：注意焊丝的选择。

8. 焊接接头的不等强性

铝及铝合金焊接后，接头的强度和塑性会比母材差的现象称为焊接接头的不等强性。

能时效强化的铝合金，除了 Al-Zn-Mg 合金，无论是在退火状态下，还是在时效状态下焊接，焊后若不进行热处理，其焊缝强度均低于母材。

非时效强化的铝合金，如 Al-Mg 合金，在退火状态下焊接时，焊接接头同母材等强；在冷作应化状态下焊接时，焊接接头强度低于母材。

铝及铝合金焊接时不等强的表现，说明焊接接头发生了某种程度的软化或存在某一性能上的薄弱环节。接头性能上的薄弱环节，总的看来，可以发生在三个部位：焊缝区、熔合区及热影响区中的任何一个区域内。

（1）焊缝区　由于是铸造组织，与母材的强度差别可能不大，但即使在退火状态以及焊缝成分与母材基本相同的条件下，焊缝的性能一般都仍不如母材。若焊缝成分不同于母材，焊缝性能将主要决定于所选用的焊接材料，当然，焊后热处理以及焊接工艺也有一定影响。另外，在多层焊时，后一层焊道可使前一层焊道重熔一部分，由于没有同素异构转变，不仅看不到像钢材多层焊时的层间晶粒细化的现象，性能并未得到改善，还可发生缺陷积累的现象，特别是在层间温度过高时，甚至可能促使层间出现热裂纹。一般说来，焊接热输入越大，焊缝性能下降的趋势也越大。

（2）熔合区　非时效强化的铝合金，熔合区的主要问题是晶粒粗化而降低了塑性；时效强化的铝合金焊接时，不仅晶粒粗化，而且还可能因晶界液化而产生显微裂纹。所以，熔合区的主要问题是塑性恶化。

（3）热影响区　非时效强化的铝合金和时效强化的铝合金焊后的表现，主要是焊缝金属软化。

9. 焊接接头的耐蚀性

铝及铝合金焊后，焊接接头的耐蚀性一般都低于母材。影响焊接接头耐蚀性的原因主要有：

1）由于焊接接头组织的不均匀性，使焊接接头各部位的电极电位产生不均匀性。因此，焊前焊后的热处理情况，就会对接头的耐蚀性产生影响。

2）杂质较多，晶粒粗大以及脆性相的析出等，都会使耐蚀性明显下降。所以，焊缝金属的纯度和致密性是影响接头耐蚀性的原因之一。

3）焊接应力的大小，也是影响耐蚀性的原因之一。

1.5 铝及铝合金材料的应用特点

铝及铝合金具有高的比强度，在同样强度条件下，用铝及铝合金制成的构件的质量就小得多。铝及铝合金更突出的方面是其相对比刚度大大超过了钢铁材料（铝合金的相对比刚度约为 8.5，钢铁材料的相对比刚度为 1）。对于质量相同的构件，若用铝合金制造，可以保证得到最大的刚度。由于铝及铝合金具有上述特性，在交通运输工业得到了越来越广泛的应用。对于许多结构件，如机车的箱体等，结构失稳或被破坏的原因不是强度不够而是刚度不够。为发挥铝及铝合金相对比刚度高的优势，就需把铝及铝合金初加工成不同横截面的空心型材，供后续加工使用。铝及铝合金的型材主要是用轧制或挤压的方法生产。从生产铝及铝合金型材的趋势看，挤压型材将占主导地位。根据铝及铝合金的不同材料特征，铝及铝合金的挤压制品的用途如下：

（1）1×××系（工业纯铝）具有优良的可加工性、耐蚀性、表面处理性和导电性，但强度较低。主要用于对强度不高的家庭用品、电气产品等。

例：1050 铝合金用于食品、化学和酿造工业用挤压盘管，各种软管。

1060 铝合金用于要求耐蚀性与成形性均高，但对强度要求不高的场合，化工设备是其典型用途。

1100 铝合金用于加工需要有良好的成形性和高的耐蚀性但不要求有高强度的零部件，如化工产品、食品工业装置与储存容器、薄板加工件、深拉或旋压凹形器皿、焊接零部件、热交换器、印刷板、铭牌、反光器具。

1145 铝合金用于包装及绝热铝箔，热交换器。

1199 铝合金用于电解电容器箔，光学反光沉积膜。

1350 铝合金用于电线、导电绞线、汇流排、变压器带材。

（2）2×××系（铝-铜）具有很高的强度，但耐蚀性较差，用于腐蚀环境时需要进行防蚀处理。多用于飞机结构材料。

例：2011 铝合金用于螺钉及要求有良好可加工性的机械加工产品。

2014 铝合金应用于要求高强度与硬度（包括高温）的场合。飞机重型、锻件、厚板和挤压材料，车轮与结构元件，多级火箭第一级燃料槽与航天器零件，货车构架与悬架系统零件。

2017 铝合金是第一个获得工业应用的 2×××系合金，目前的应用范围较窄，主要为铆钉、通用机械零件、结构与运输工具结构件，螺旋桨与配件。

2024 铝合金用于飞机结构、铆钉、导弹构件、货车轮毂、螺旋桨元件及其他种类结构件。

2036 铝合金用于汽车车身钣金件。

2048 铝合金用于航空航天器结构件与兵器结构零件。

2124 铝合金用于航空航天器结构件。

2218 铝合金用于飞机发动机、柴油发动机活塞、飞机发动机气缸头、喷气发动机叶轮和压缩机环。

2219 铝合金用于合金的焊条和填充焊料，还可用于航天火箭焊接氧化剂槽，超声速飞机蒙皮与结构零件，工作温度为−270～300℃。焊接性好，断裂韧性高，T8 状态有很高的耐应力腐蚀开裂能力。

2618 铝合金用于模锻件与自由锻件。活塞和航空发动机零件。

2A01 铝合金用于工作温度小于或等于 100℃的结构铆钉。

2A02 铝合金用于工作温度在 200～300℃的涡轮喷气发动机的轴向压气机叶片。

2A06 铝合金用于工作温度在 150～250℃的飞机结构及工作温度在 125～250℃的航空器结构铆钉。

2A10 铝合金强度比 2A01 合金的高，用于制造工作温度小于或等于 100℃的航空器结构铆钉。

2A11 铝合金用于飞机的中等强度的结构件、螺旋桨叶片、交通运输工具与建筑结构件。还用于航空器的中等强度的螺栓与铆钉。

2A12 铝合金用于航空器蒙皮、隔框、翼肋、翼梁、铆钉等，建筑与交通运输工具结构件。2A14 铝合金用于形状复杂的自由锻件与模锻件。

2A16 铝合金用于工作温度在 250~300℃的航天航空器零件，在室温及高温下工作的焊接容器与气密座舱。

2A17 铝合金用于工作温度在 225~250℃的航空器零件。

2A50 铝合金用于形状复杂的中等强度零件。

2A60 铝合金用于航空器发动机压气机轮、导风轮、风扇、叶轮等。

2A70 铝合金用于飞机蒙皮，航空器发动机活塞、导风轮、轮盘等。

2A80 铝合金用于航空发动机压气机叶片、叶轮、活塞、涨圈及其他工作温度高的零件。

2A90 铝合金用于航空发动机活塞。

（3）3×××系（铝-锰） 热处理不可强化。可加工性、耐蚀性与纯铝相当，而强度有较大提高，焊接性优良。广泛用于日用品、建筑材料等方面。

3003 铝合金用于加工需要有良好的成形性能、高的耐蚀性和焊接性好的零部件，或既要求有这些性能又需要有比 1xxx 系合金强度高的工作，如厨具、食物和化工产品处理与储存装置，运输液体产品的槽、罐，以薄板加工的各种压力容器与管道。

3004 铝合金用于全铝易拉罐罐身。

3005 铝合金用于要求更高强度的零部件，化工产品生产与储存装置，薄板加工件，建筑加工件，建筑工具，各种灯具零部件。

3105 铝合金用于房间隔断、挡板、活动房板、檐槽和落水管，薄板成形加工件，瓶盖、瓶塞等。

3A21 铝合金用于飞机油箱、油路导管、铆钉线材等。

（4）4×××系（铝-硅） 具有熔点低、流动性好、耐蚀性强等优点，可用作焊接材料。如 4A01、4043A 等，通常硅含量为 4.5%~6.0%（质量分数），可用于建筑材料、机械零件锻造用材、焊接材料；4×××系铝合金熔点低、耐蚀性好，具有耐热、耐磨的特性。

（5）5×××系（铝-镁） 热处理不可强化。耐蚀性强，焊接性能优良。通过控制 Mg 的含量，可以获得不同强度级别的合金。含 Mg 量少的铝合金主要用作装饰材料和制作高级器件；含 Mg 量中等的铝合金主要用于船舶、车辆、建筑材料；含 Mg 量高的铝合金主要用于船舶、车辆、化工的焊接构件。

5086 铝合金用于要求有高的耐蚀性、良好的焊接性和中等强度的场合，如舰艇、汽车、飞机、低温设备、电视塔、钻井装置、运输设备、导弹零部件及甲板等。

5154 铝合金焊接结构、储槽、压力容器、船舶结构与海上设施、运输槽罐。

5182 铝合金薄板用于加工易拉罐盖，汽车车身、操纵盘、加强件、托架等零部件。

5252 铝合金用于制造有较高强度的装饰件，如汽车等的装饰性零部件。在阳极氧化后具有光亮透明的氧化膜。

5254 铝合金用于加工过氧化氢及其他化工产品储存容器。

5356 铝合金用于焊接镁含量大于 3%（质量分数）的铝-镁合金焊条及焊丝。

5454 铝合金用于焊接结构、压力容器及海洋设施管道。

5456 铝合金用于装甲板、高强度焊接结构、储槽、压力容器及船舶材料。

5457 铝合金用于经抛光与阳极氧化处理的汽车及其他装备的装饰件。

5652 铝合金用于加工过氧化氢及其他化工产品储存容器。

5657 铝合金用于经抛光与阳极氧化处理的汽车及其他装备的装饰件，但在任何情况下必须确保材料具有细的晶粒组织。

5A02 铝合金用于飞机油箱与导管、焊丝、铆钉及船舶结构件。

5A03 铝合金用于中等强度焊接结构、冷冲压零件、焊接容器及焊丝，可用来代替 5A02 合金。

5A05 铝合金用于焊接结构件和飞机蒙皮骨架。

5A06 铝合金用于焊接结构、冷模锻零件、焊接容器受力零件及飞机蒙皮骨部件。

5A12 铝合金用于焊接结构件和防弹甲板。

（6）6×××系（铝-镁-硅） 热处理可强化。耐蚀性良好，强度较高，且热加工性优良，主要用于结构件、建筑材料等。

6005 铝合金挤压型材与管材，用于强度大于 6063 合金的结构件，如梯子、电视天线等。

6009 铝合金用于汽车车身。

6010 铝合金薄板用于汽车车身。

6061 铝合金用于要求有一定强度、焊接性与耐蚀性高的各种工业结构性，如制造货车、塔式建筑、船舶、电车、家具、机械零件、精密加工等用的管、棒、形材、板材。

6063 铝合金用于建筑型材，灌溉管材以及供车辆、台架、家具、栏栅等用的挤压材料。

6066 铝合金用于锻件及焊接结构挤压材料。

6070 铝合金用于重载焊接结构与汽车工业用的挤压材料与管材。

6101 铝合金用于公共汽车用高强度棒材、电导体与散热器材等。

6151 铝合金用于模锻曲轴零件、机器零件与生产轧制环，供既要求有良好的可锻性能、高的强度，又要有良好耐蚀性的产品使用。

6201 铝合金用于高强度导电棒材与线材。

6205 铝合金用于厚板、踏板与耐高冲击的挤压件。

6262 铝合金用于要求耐蚀性优于 2011 和 2017 合金的有螺纹的高应力零件。

6351 铝合金用于车辆的挤压结构件，水、石油等的输送管道。

6463 铝合金用于建筑与各种器具型材，以及经阳极氧化处理后有明亮表面的汽车装饰件。

6A02 铝合金用于飞机发动机零件，形状复杂的锻件与模锻件。

（7）7×××系（铝-锌-镁-铜） 具有较高的强度、焊接性、淬火性优良等特点，主要用于飞机、体育用品、铁道车辆焊接结构材料。

7005 铝合金挤压材料，用于制造既要有高的强度又要有高的断裂韧性的焊接结构，如交通运输车辆的桁架、杆件、容器；大型热交换器，以及焊接后不能进行固溶处理的部件；还可用于制造体育器材如网球拍和垒球棒。

7039 铝合金用于冷冻容器、低温器械与储存箱，消防压力器材，军用器材、装甲板、导弹装置。

7049铝合金用于锻造静态强度与7079-T6合金相同而又要求高的抗应力腐蚀开裂能力的零件，如飞机与导弹零件——起落架液压缸和挤压件。零件的疲劳性能大致与7075-T6合金的相等，而韧性稍高。

7050铝合金用于飞机结构件用中厚板、挤压件、自由锻件与模锻件。制造这类零件对合金的要求是耐剥落腐蚀、应力腐蚀开裂能力高，断裂韧性与疲劳强度高。

7072铝合金用于空调器铝箔与特薄带材。

7075铝合金用于制造飞机结构件及要求强度高、耐蚀性能强的高应力结构件、模具制造件。

7175铝合金用于锻造航空器用高强度结构件。

7178铝合金用于制造航空航天器中要求抗压屈服强度高的零部件。

7475铝合金用于机身的包铝与未包铝的板材，机翼骨架、桁条等。其他既要有高强度又要有高断裂韧性的零部件。

7A04铝合金用于飞机蒙皮、螺钉以及受力构件如大梁桁条、隔框、翼肋、起落架等。

（8）8×××系（其他铝合金） 为挤压铝合金，其最大特点是密度低、高刚度、高强度。常用的铝合金为8011，属于其他系列，大部分应用于铝箔，不常用于生产铝棒。

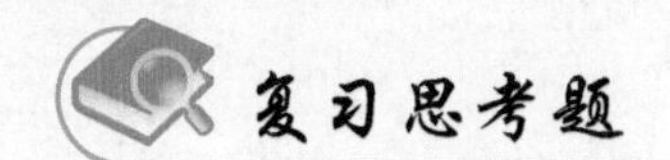

1. 铝合金材料根据化学成分和制造工艺的不同可分为哪几类？
2. 热处理强化铝合金主要分为哪几种？
3. ZAlSi7MgA的含义是什么？
4. 铝合金主要有哪些性能？
5. 铝合金的焊接特点主要有哪些？

第2章 铝合金焊接材料

Chapter 2

☺ 理论知识要求

1. 了解铝及铝合金焊接气体的种类。
2. 了解铝及铝合金焊接使用的钨极种类及钨极端部的形状选择。
3. 了解铝及铝合金焊条的型号、牌号及选用。
4. 了解铝及铝合金焊丝的型号、牌号及选用。

☺ 操作技能要求

掌握钨极修磨的操作方法。

2.1 焊接保护气体

2.1.1 氩气

氩气是空气中除氮、氧之外，含量最多的一种稀有惰性气体，无色无味；氩气钢瓶规定漆成银灰色，钢瓶表面上写有绿色“氩”字。目前我国常用氩气钢瓶的容积有33L、40L、44L；在20℃以下，满瓶装氩气压力为15MPa。氩气钢瓶一般应直立放置。焊接用氩气的纯度按我国现行规定应达到99.99%（体积分数）。在实际生产中，铝合金焊接时，氩气的纯度应大于99.99%（体积分数），其中杂质氧和氢含量小于0.005%（体积分数），氮含量小于0.015%（体积分数），水分控制在0.02mg/L以下。若氩气纯度达不到以上要求会造成合金元素的烧损，焊缝出现气孔，焊缝表面无光泽、夹渣或发黑，焊缝成形不良等现象。此外，还会影响电弧的稳定性，导电嘴回烧频率加大，使焊丝与母材熔合不好。

2.1.2 氦气

氦气（He）也是惰性气体，焊接过程中，吸热少，熔池停留时间长，因此氦气保护焊接时气孔倾向小。但由于纯氦气保护焊接时，电弧燃烧稳定性差、短路过渡形式等，故一般不单独使用。

2.1.3 氩气与氦气的比较

氩气和氦气同属惰性气体，但氦气比氩气的电离电压高，热导率大，原子质量轻（密度小），所以两者作为保护气体时的焊接电弧特性和工艺性能显著不同，焊接生产成本差别也很大。

1）在氩气中引弧比较容易，电弧稳定而且柔和，氦气中的电弧则较差。

2）同样电流和弧长，氦弧的电压明显比氩弧焊高，如图2-1所示。所以氦弧的温度高，发热大且集中，这是它的最大优点。同样条件下，钨极氦弧焊的焊接速度比钨极氩弧焊高30%~40%，且可获得熔深较大的窄焊道，热影响区也明显减少。

3）氩气的密度大，易形成良好的保护罩，为了获得同样的保护效果，氦气流量必须比氩气流量大1~2倍。

4）氩气原子质量大，具有良好的阴极破碎清理作用，氦气则较小。

5）氦气价格昂贵，氩气相对便宜得多。

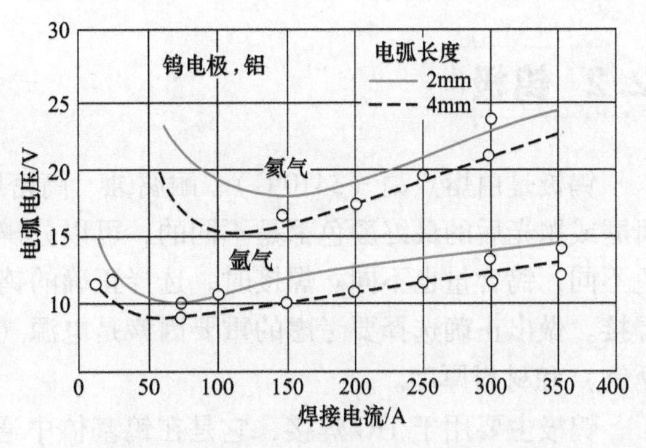

图2-1 氩弧与氦弧的电弧电压的比较

2.1.4 氩-氦混合气体

采用氩气保护焊接时，可使熔滴过渡非常稳定，但采用氩气和氦气的混合气体可改善熔深和抗气孔性能。采用氦气混合气可降低预热所需费用，甚至不需要预热。

氩-氦混合气的组成为75%~80%（体积分数）的氩气和20%~25%（体积分数）的氦气。使用氩-氦混合气体的优势在于它综合了两种保护气体的优点，即氩气保护时的电弧稳定性好、能形成射流过渡、保护效果好以及氦气保护时的焊接热输入大、抗气孔能力强。

如果用于大厚度铝合金板材的焊接或散热系数更大的铜合金焊接时，可以增加氦气的含量，常用的氦气加入量（体积分数）为50%和70%。

2.1.5 氩-氦-氮混合气体

氩-氦-氮混合气体的组成为30%（体积分数）的氦气、0.015%（体积分数）的氮气，其余为氩气。加入微量的氮气可以进一步增加焊接热输入，减少预热温度，改善焊缝成形。

当进行铝及铝合金焊接时，焊接保护气体的选择对生产效率和最终焊缝质量都有着重要影响。

由于铝合金对氢气和氧气的敏感性高，因此常采用氩气和氦气作保护气体。考虑到成本，氩气是铝合金焊接使用最广泛的保护气体，但是使用氦气和氩-氦混合气体也各有优点，因而在重要结构中要选择使用。优点如下：

1）增加熔深和改善焊缝成形。

2）提高焊接速度。

3）可焊接厚度范围大。

4）降低预热温度。

5）减少气孔等焊接缺陷。

当提高氦-氩混合气体中氦的含量时，焊缝熔深将会从较圆的形状变为狭窄的指状，同时会使焊高降低、熔深增加。对于任何厚度的材料，都可以通过向氩气中添加氦气来提高焊接速度。

使用含氦较高的混合气所产生的高热量输入促进了对较厚工件的焊接。然而，除了自动焊以外，高氦含量的混合气通常不推荐使用在厚度小于3mm的材料上。

2.2 钨极

钨极是由熔点高（3410℃）、耐腐蚀、高密度、良好的导热和导电性材料制成的。钨极研磨或抛光后的最终颜色都是不同的，可以分辨差异。在钨极中，更重要的是它们的最终颜色不同，钨含量也不同。焊接时，选择正确的钨极，使焊接更容易，重要的是获得高品质的焊接。做出正确选择要考虑的重要因素是电源（逆变器或变压器）、焊接材料（钢、铝或不锈钢）和材料厚度。

钨极主要用于TIG焊接，它是在钨基体中通过粉末冶金的方法掺入质量分数为0.3%~5%的稀土元素（如铈、钍、镧、锆、钇等）而制作的钨合金条，再经过压力加工而成，其直径从0.25mm到6.4mm，标准长度从75mm到600mm，而最常使用的规格为直径1.0mm、1.6mm、2.4mm和3.2mm，电极端的形状对TIG而言是一项重要因素，当使用直流电源时，电极端需磨成尖状，且其尖端角度随着应用范围、电极直径和焊接电流来改变，窄的接头需要一较小的尖端角，当焊接非常薄的材料时，需以似针状的最小电极来进行，以稳定电弧，而适当的接地电极可确保容易引弧、良好的电弧稳定度及适当的焊道宽度。当以交流电源来焊接时，不必磨电极端，因为使用适当的焊接电流时，电极端会形成一半球状；假如增加焊接电流，则电极端会变为灯泡状及可能熔化而污染熔敷金属。

钍钨极操作简便，即使在超负荷的电流下也能很好的工作，故仍然有很多人使用这种材料，它被看作是高质量焊接的一部分。虽然如此，还是有许多人逐渐将目光转到其他类型的钨极，例如铈钨极和镧钨极。由于钍钨极中的氧化钍会产生微量的辐射，使得部分焊接人员不愿意靠近它们。

2.2.1 钨极的种类

钨极惰性气体保护焊专用电极按化学成分进行分类，主要有纯钨极、铈钨极、钍钨极、锆钨极、镧钨极及复合电极等。对钨极的要求是：电流容量大、施焊烧损小、引弧性能好、电弧稳定。钨极种类、化学成分及特点见表2-1。

表2-1 钨极种类、化学成分及特点

电极名称	牌号	添加的氧化物		杂质含量（质量分数,%）	钨含量
		种类	含量（质量分数,%）		
铈钨极	WCe20	CeO_2	1.8~2.2	< 0.20	余量
	铈钨极特点及应用				
	铈钨极电子逸出功低，化学稳定性高，而且允许的电流密度大，没有放射性污染，属于绿色环保产品。只需使用较小电流即可实现轻松的引弧，而且维弧电流也相当小，在直流小电流的焊接条件下，铈钨极使用较为广泛，尤其适宜于管道、细小部件的焊接				

（续）

电极名称	牌号	添加的氧化物		杂质含量（质量分数,%）	钨含量
		种类	含量（质量分数,%）		
钍钨极	WTh20	ThO_2	1.7~2.2	< 0.20	余量
	钍钨极特点及应用				
	钍钨极电子发射能力强，电弧燃烧较稳定，综合性能优良，尤其是能承受过载电流。但是钍钨极有轻微的放射性，所以在某些场合应用受到限制。钍钨极通常用在碳钢、不锈钢、镍及镍合金、钛及钛合金的直流电源焊接				
锆钨极	WZ3	ZrO_2	0.2~0.4	< 0.20	余量
	WZ8		0.7~0.9		
	锆钨极特点及应用				
	锆钨极在交流电源条件下使用表现较好，在焊接过程中，电极端部能保持圆球状而且电弧比纯钨极更稳定，尤其体现在高载荷条件小的优越表现，更是其他电极所不能替代的。锆钨极同时还具有良好的耐蚀性。锆钨极主要适用于铝、镁及合金的交流电源焊接				
镧钨极	WL10	La_2O_3	0.8~1.2	< 0.20	余量
	WL15		1.3~1.7		
	WL20		1.8~2.2		
	镧钨极特点及应用				
	镧钨极焊接性能优良，导电性能接近钍钨极（WTh20），焊接过程中没有放射性元素，不会对人体造成伤害。同时焊工不需要改变任何焊接操作程序，即可快速方便的用此电极替代钍钨极。镧钨极主要用于直流电源焊接				
纯钨极	WP	—	—	< 0.20	余量
	纯钨极特点及应用				
	在所有的钨极中价格最便宜，适用交流电源焊接铝、镁及其合金				

2.2.2 钨极的选用

（1）根据承载电流选择钨极直径　钨极的焊接电流承载能力与钨极的直径有较大的关系，焊接工件时，可根据焊接电流大小选择合适的钨极直径，见表2-2。

表 2-2　根据焊接电流大小选择钨极直径

钨极直径/mm	直流 DC/A		交流 AC/A
	电极接正极（+）	电极接负极（-）	
1.0	—	15~80	10~80
1.6	10~19	60~150	50~120
2.0	12~20	100~200	70~160
2.4	15~25	150~250	80~200
3.2	20~35	220~350	150~270
4.0	35~50	350~500	220~350
4.8	45~65	420~650	240~420
6.4	65~100	600~900	360~560

（2）根据电极材料选择钨极　目前实际工作中使用较多的钨极主要有纯钨极、铈钨极和钍钨极等。根据电极材料的不同来选择合适的电极，见表2-3。

表 2-3　钨极性能对比

名称	空载电压	电子逸出功	小电流断弧间隙	电弧电压	许用电流	放射性计量	化学稳定性	大电流烧损	寿命	价格
纯钨极	高	高	短	较高	小	无	好	大	短	低
铈钨极	较低	较低	较长	较低	较大	小	好	较小	较长	较高
钍钨极	低	低	长	低	大	无	较好	小	长	较高

2.2.3 钨极端部的形状

钨极端部的形状分为：锥形、尖锥形、平端部、半圆形和球形。在焊接过程中钨极端部的形状对电弧的稳定性有很大影响，常用的钨极端部形状与电弧稳定性的关系见表2-4。

表 2-4　常用钨极端部形状与电弧稳定性的关系

名称	钨极端部形状	钨极种类	电流极性	适用范围	电弧燃烧情况
锥形	90°	铈钨或钍钨极	直流正接	大电流	稳定

（续）

名称	钨极端部形状	钨极种类	电流极性	适用范围	电弧燃烧情况
尖锥形	30°	铈钨或钍钨极	直流正接	小电流薄板焊接	稳定
平端部	D d D d	铈钨或钍钨极	直流正接	直径小于1mm的细钨丝电极连续焊	良好
半圆形和球形	R R	纯钨极	交流	铝、镁及其合金焊接	稳定

2.2.4 钨极的正确使用

1. 钨极的形状选用

（1）尖锥形　适用于小电流薄板和弯边对接焊缝的焊接。

（2）圆弧形　适用于交流电源焊接，但直流正接时，电弧不稳。

（3）圆柱形　适用于焊接铝合金、镁合金，但直流正接方法不可用。

（4）平底形　适用于直流正接，电弧较集中，燃烧稳定，焊缝成形良好。

2. 钨极伸出长度

钨极伸出越长，保护效果越差，伸出过小，影响视线，操作不方便。一般喷嘴内径为8mm时，钨极伸出2~4mm为宜，喷嘴内径为10mm时，伸出4~6mm为宜。

3. 焊接电流

针对钨极尺寸选择合适的焊接电流。焊接电流过大将引起钨极尖端熔化过快、滴落或气化。

4. 保持清洁

仔细检查钨极是否夹紧，并尽可能地保持清洁。

5. 保护气体

不管在焊接过程中，还是电弧熄灭后直到钨极冷却，应始终保持有保护气体。

6. 保持电极形状

如果使用过程中，钨极受到飞溅的污染，则要求重新进行打磨电极尖端。

2.2.5 钨极的修磨

钨极磨锥后，尖端直径应适当，太大时，电弧不稳定；太小时，容易熔化，如图 2-2a 所示。一般要根据焊接电流的大小来决定。修磨的长度一般为钨极的 3~5 倍，末端的最小直径应为钨极直径的 1/2。

1）TIG 焊接时，钨极要及时、正确的修磨，否则将影响钨极的许用电流、引弧及稳弧性能。一般锥面光滑、尖端有细小台阶的，不容易秃，且稳弧效果更好。

2）若焊接材料中含有低电离能物质（如表面镀锌），会造成钨极易熔化，加速烧损，因此，在使用时应注意材料表面的清洁。

3）小电流焊接时，选用小直径钨极和小的端部角度，可使电弧容易引燃和稳定；大电流焊接时，增大钨极端部的角度可避免端部过热熔化，减少损耗，并防止电弧往上扩展而影响阴极斑点的稳定性。

4）当采用直流正接时，选择圆台形端部，如图 2-2b 所示。采用交流电时，应选择球形端部，如图 2-2c 所示。采用锥形端头的钨极时，尖端角度 α 的大小与端部直径的选择有关，见表 2-5。一般选择 30°锥角，高度不超过 3mm，锥端直径 0.5~1.0mm。

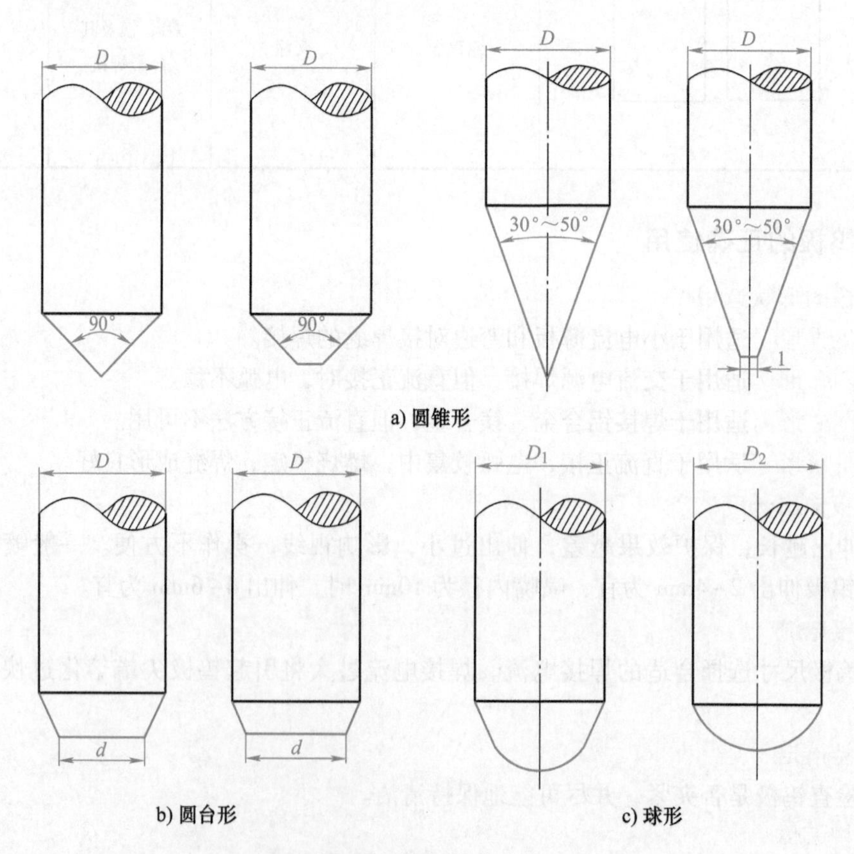

图 2-2　钨极端头形状

表 2-5 钨极端头形状及电流范围（直流正接）

钨极直径/mm	尖端直径/mm	尖端角度/(°)	恒定电流/A	脉冲电流/A
1	0.13	12	2~15	2~25
1	0.25	20	5~30	5~60
1.6	0.5	25	8~50	8~100
1.6	0.8	30	10~70	10~140
2.4	0.8	35	12~90	12~180
2.4	1.1	45	15~150	15~250
3.2	1.1	60	20~200	20~300
3.2	1.5	90	25~250	25~350

5）打磨钨极时，电极接负极时端部是尖圆锥形，而接正极时端部为半球形。电极尖部不得磨偏，即不得有中心线误差。刃磨后应抛光表面。

2.2.6 钨极的使用电流

钨极氩弧焊时，对一定直径的钨极，使用的焊接电流有一定的范围。电流过大会导致钨极烧损过快，并引起电弧不稳、焊缝夹钨等问题；电流过小则电弧不稳定。当选用不同的电流种类和极性焊接时，钨极的许用电流也随之变化。一般可根据具体的钨棒直径和焊接电流、接法等情况进行选取。

所有类型钨极的电流承载能力，都受焊炬的形式、电极从焊炬中伸出的长度、焊接位置保护气体种类以及焊接电流种类的影响，所以只能按规定采用典型的电流范围，见表 2-6 和表 2-7。

表 2-6 钨极许用电流

钨极直径/mm	直流正接/A	直流反接/A	不对称电流/A		对称电流/A	
			纯钨极	钍钨极	纯钨极	钍钨极
0.5	5~20	/	5~15	5~20	10~20	5~20
1.0	15~80	/	10~60	15~80	20~30	20~60
1.6	70~150	10~20	50~100	70~150	30~80	60~120
2.4	150~250	15~30	100~160	140~235	60~130	100~180
3.2	250~400	25~40	150~210	225~325	100~180	160~250
4.0	400~500	40~55	200~275	300~400	160~240	200~320
4.8	500~750	55~80	250~350	400~500	190~300	290~390
6.4	750~1000	80~125	325~450	500~630	250~400	340~525

表 2-7 钨极端部形状和电流范围

钨极直径/mm	尖端直径/mm	尖端角度/(°)	恒定电流/A	脉冲电流/A
1.0	0.125	12	2~15	2~25
1.0	0.25	20	5~30	5~60
1.6	0.5	25	8~50	8~100

（续）

钨极直径/mm	尖端直径/mm	尖端角度/(°)	恒定电流/A	脉冲电流/A
1.6	0.8	30	10~70	10~140
2.4	0.8	35	12~90	12~180
2.4	1.1	45	15~150	15~250
3.2	1.1	60	20~200	20~300
3.2	1.5	90	25~250	25~350

2.3 填充材料

2.3.1 铝及铝合金焊条

1. 铝及铝合金焊条的型号

（1）焊条型号　依据《铝及铝合金焊条》（GB/T 3669—2001）标准的规定，铝及铝合金焊条型号是用字母“E”表示焊条，字母后的四位数字表示焊芯用铝及铝合金编号和焊芯化学成分。焊芯化学成分见表2-8，焊接接头抗拉强度见表2-9。

举例：

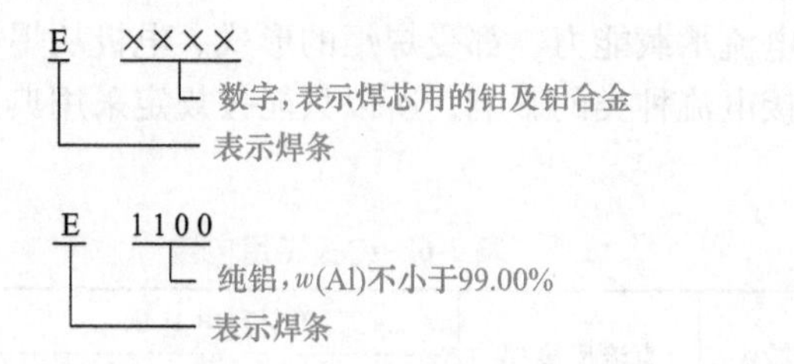

表2-8　焊芯化学成分　（质量分数，%）

焊条牌号	Si	Fe	Cu	Mn	Mg	Zn	Ti	Be	其他		Al
									单个	合计	
E1100	(Si+Fe)0.95		0.05~0.02	0.05	—	0.10	—	0.0008	0.05	0.15	≥99.00
E3003	0.6	0.7	—	1.0~1.5	—	—	—	—	—	—	余量
E4043	4.5~6.0	—	0.30	0.05	0.05	—	0.20	—	—	—	—

注：表中值除单规定外，其他均为最大值。

表2-9　焊接接头抗拉强度

焊条型号	抗拉强度/MPa
E1100	≥80
E3003	≥95
E4043	

（2）新旧焊条型号对照　铝及铝合金新旧焊条型号对照见表2-10。

表 2-10 铝及铝合金新旧焊条型号对照

GB/T 3669—1983	GB/T 3669—2001
TAl	E1100
TAlMn	E3003
TAlSi	E4043

2. 铝及铝合金焊条的牌号

铝及铝合金焊条的牌号是由字母“L”和三位阿拉伯数字组成，字母“L”表示铝及铝合金焊条，字母后的第一位数字表示熔敷金属成分组成类型，第二位数字表示同一焊缝金属化学成分中的不同牌号，第三位数字表示药皮类型和电源种类。铝及铝合金焊条熔敷金属成分组成类型见表 2-11。

表 2-11 铝及铝合金焊条熔敷金属成分组成类型

焊条牌号	熔敷金属成分组成类型
L1××	纯铝
L2××	铝硅合金
L3××	铝锰合金
L4××	待发展

举例：

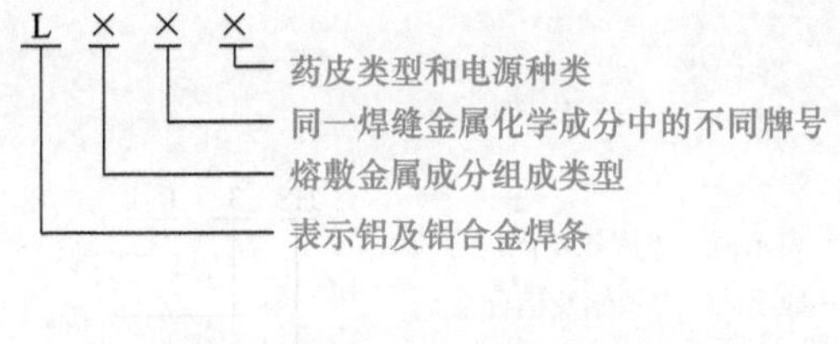

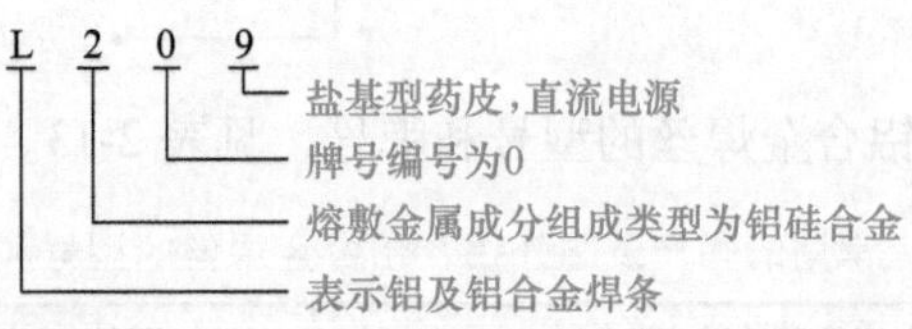

3. 铝及铝合金焊条的选用

由于铝及铝合金焊条电弧焊焊接时，容易出现氧化、气孔、元素烧损及裂纹等焊接缺陷，所以铝及铝合金焊条在焊接过程中应用较少，常用于纯铝、铝锰、铸铝、铝镁合金焊接结构的焊接修补工艺。铝及铝合金焊条的选择见表 2-12。

表 2-12 铝及铝合金焊条的选择

牌号	新型号	旧型号	药皮类型	电源种类	抗拉强度/MPa	主要用途
L109	E1100	TAl	盐基型	直流	≥80	焊接纯铝制品
L209	E4043	TAlSi			≥95	铝板、铝硅铸件、一般的铝合金、锻铝、硬铝的焊接，不宜焊接铝镁合金
L609	E3003	TAlMn				铝锰合金、纯铝及其他铝合金的焊接

2.3.2 铝及铝合金焊丝

1. 铝及铝合金焊丝的型号

焊丝是气体保护焊时的主要焊接材料。它的主要作用是作为填充金属或同时用来传导焊接电流。铝及铝合金焊丝的型号是依据化学成分确定并分类的。

根据 GB/T 10858—2023《铝及铝合金焊丝》的规定，铝及铝合金焊丝的型号是由字母 SAl、4 位阿拉伯数字和化学成分代号组成。字母 SAl 表示焊丝，4 位阿拉伯数字表示焊丝型号，化学成分代号为可选部分。

举例：

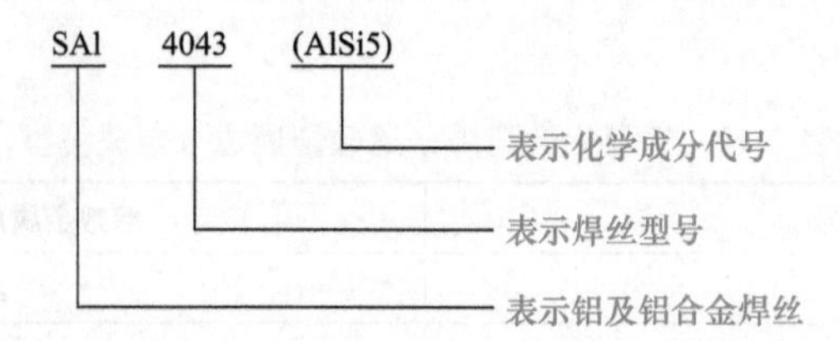

2. 铝及铝合金焊丝的牌号

铝及铝合金焊丝的牌号是由字母“HS”和三位阿拉伯数字组成。字母“HS”表示焊丝，字母后的第一位数字表示铝及铝合金，第二、三位数字表示同一类型焊丝的不同牌号，例：“01”为纯铝焊丝，“11”为铝硅合金焊丝，“21”为铝锰合金焊丝，“31”为铝镁合金焊丝。

举例：

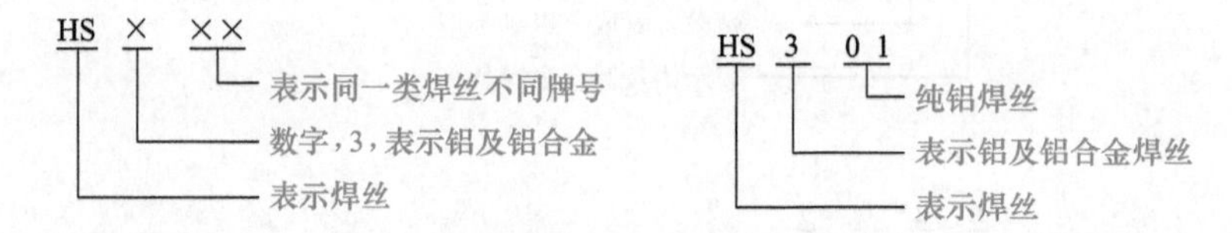

常用的国产及国外铝及铝合金焊丝的型号和牌号，见表 2-13。

表 2-13　常用的国产及国外铝及铝合金焊丝的型号和牌号

焊丝类别	常用的国产铝及铝合金焊丝（摘自 GB/T 10858—2023）		国外（欧、美）常用的铝及铝合金焊丝（摘自 AWS）
	型　号	牌　号	型　号
纯铝	SAl-1	—	ER1100
	SAl-2	—	—
	SAl-3	HS301	—
	SAl-4	—	—
铝硅	SAlSi-1	HS311	ER4043 ER4047 ER4145
	SAlSi-2	—	—
铝锰	SAlMn	HS321	—

（续）

焊丝类别	常用的国产铝及铝合金焊丝（摘自 GB/T 10858—2023）		国外（欧、美）常用的铝及铝合金焊丝（摘自 AWS）
	型 号	牌 号	型 号
铝镁	SAlMg-1	HS311	ER5039 ER5183 ER5356 ER5554 ER5556 ER5654
	SAlMg-2	—	—
	SAlMg-3	—	—
	SAlMg-4	—	—
	SAlMg-5	HS331	—
铝铜	SAlCu	—	—
	SAlCu6	—	—
特殊焊丝	—	—	X5180

注：SAl 代表铝及铝合金焊丝；ER 代表焊丝。

铝及铝合金焊接中，较为通用的焊丝是铝硅焊丝（SAl4043），这种焊丝的特点是，液态金属流动性好，特别是凝固时的收缩率小，故焊缝金属具有较高的抗热裂性能，并能保证其力学性能。此种焊丝常用于除铝镁合金外的其他各种铝合金焊接。

SAl4043 焊丝简单的鉴别方法有两种：

1）从颜色上区别，铝硅焊丝颜色灰白，不如其他焊丝白亮。

2）将焊丝在火焰中烧一下马上取出，如果是铝硅焊丝，其表面会有黑色斑点。

3. 铝及铝合金焊丝的选择

在铝及铝合金焊接中，焊缝金属的成分决定着焊缝的性能（如强度、塑性、抗裂性、耐蚀性等）。因此合理地选择焊丝是十分重要的。主要根据被焊工件材质不同选择所需的焊丝。

（1）手工钨极氩弧焊丝　手工钨极氩弧焊铝合金焊接时，常用的焊丝有纯铝焊丝 ER1100、铝硅合金焊丝 ER4047、铝硅合金焊丝 ER4043、铝镁合金焊丝 ER5356 、铝镁合金焊丝 ER5183。

1）纯铝焊丝（ER1100）。铝含量≥99. 5%（质量分数），有极好的抗腐蚀性能，很高的导热与导电性能，以及极好的可加工性能。

典型化学成分（质量分数）：Si≤3%、Cu≤0. 2%、Zn≤1. 3%、Fe≤18%、Mn≤0. 3%，余量为铝，广泛用于铁路机车、电力、化学、食品等行业。

2）铝硅合金焊丝（ER4047）。含硅量为 12%（质量分数）的铝合金焊丝，适合焊接各种铸造及挤压成型铝合金。低熔点及良好的流动性使母材焊接变形很小。

典型化学成分：Si≤12%、Mg≤10%、Fe≤8%、Cu≤3%、Zn≤20%、Mn≤15%，余量为 Al。

主要用于：焊接或堆焊轻质合金。

3）铝硅合金焊丝（ER4043）。含硅量为5%（质量分数）的铝合金焊丝，适合焊接铸铝合金典型化学成分：Si≤5%、Mg≤10%、Fe≤4%、Cu≤5%，余量为Al，主要用于船舶、机车、化工、食品、运动器材、模具、家具、容器及集装箱的焊接。

4）铝镁合金焊丝（ER5356）。含镁量为5%（质量分数）的铝合金焊丝，是一种用途广泛的通用型焊材，适合焊接或表面堆焊镁质量分数为5%的铸锻铝合金，强度高，可锻性好，有良好的耐蚀性。

典型化学成分：Mg≤5%、Cr≤10%、（Fe+Si）≤30%、Cu≤5%、Zn≤5%、Mn≤15%、Ti≤10%，余量为Al。主要用于自行车、铝滑板车等运动器材的焊接，机车车厢、化工压力容器、兵工生产、造船及航空等。

5）铝镁合金焊丝（ER5183）。含镁量为3%（质量分数）的铝合金焊丝，适用于焊接或表面堆焊同等级的铝合金材料。

典型化学成分：Mg≤3.5%、Cr≤20%、Fe≤15%、Cu≤5%、Zn≤10%、Mn≤5%、Ti≤10%、余量为Al。主要用于化工压力容器、核工业、造船、制冷行业、锅炉及航空航天工业等。

（2）熔化极氩弧焊丝　熔化极氩弧焊铝合金焊接时，常用的焊丝有纯铝焊丝（ER1100）、铝镁合金焊丝（ER5356）、铝硅合金焊丝（ER4043）、铝硅合金焊丝（ER4047）、铝镁合金焊丝（ER5183）、铝铜合金焊丝（ER2319）。

1）纯铝焊丝（ER1100）。是一种铝质量分数为99%的焊丝，可用于线轴或纵向切口的焊接加工。ER1100常用于建筑、装饰和设备、冶金、管道、纺纱器具等行业。一般应用于1100、3003、1060、1070、1080、1350。该焊丝阳极化处理后会呈现轻微的金黄色。

2）铝镁合金焊丝（ER5356）。是一种镁质量分数达5%的铝合金焊丝，具有很好的抗海水腐蚀性能，一般能应用于5050、5052、5083、5356、5454和5456的焊接。该焊丝阳极化处理后的颜色为白色。

3）铝硅合金焊丝（ER4043）。是硅质量分数达5%的铝合金焊丝，可用于线轴或切口纵向的焊接加工，这种金属可被推荐用于焊接3003、3004、5052、6061、6063系列铝合金。该焊丝阳极化处理后的颜色为灰白色。

4）铝硅合金焊丝（ER4047）。是一种硅质量分数12%的铝合金焊丝，这种合金可用于MIG焊或TIG焊，具有较好的耐蚀性。可用于铝合金1060、1350、3003、3004、3005、5005、5050、6053、6061、6951、7005和铸件合金7100和7110的焊接。该焊丝阳极化处理后的颜色为灰黑色。

5）铝镁合金焊丝（ER5183）。其主要成分（质量分数）为：4.3%～5.0%的镁，0.5%～1.0%的锰和适当的铬与钛，可用于线轴或纵向切口的焊接。这种焊丝一般用于船舶、钻井装备、火车、汽车、储存罐和压力容器等的焊接加工，适用的母材金属包括5083、5086、5456、5052、5652和5056系列铝合金。该焊丝阳极化处理后的颜色为白色。

6）铝铜合金焊丝（ER2319）。是一种铜质量分数为5.8%～6.8%的铝合金焊丝，其主要成分（质量分数）为：5.8%～6.8%的铜，0.2%～0.4%的镁，0.2%的硅，0.3%的铁，0.05%～0.15%的钒，0.1%～0.2%的锆，0.10%的锌，0.2%～0.4%的锰，0.1%～0.2%的钛，余量为铝。这种合金一般用于核工业、舰船制造、航空航天工业、军工装备等行业的焊接加工，适用于焊接2219系列同等级的铝合金材料。

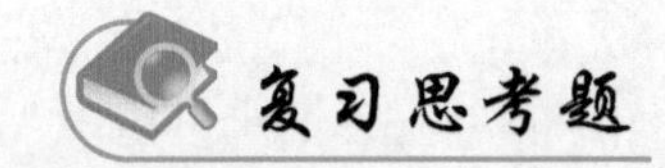

1. 氩-氦-氮混合气体作为保护气体焊接时有哪些优点？
2. 钨极的种类主要有哪些？
3. 钨极端头形状有哪几种？
4. 如何正确选用铝合金焊丝？
5. 常用的铝合金熔化极氩弧焊丝有哪些？

第 3 章 铝合金焊接设备

Chapter 3

☺ 理论知识要求

1. 了解铝合金焊接设备的工作原理、特点及种类。
2. 了解铝合金焊接设备的基本技术参数。
3. 了解熔化极氩弧焊机控制面板上各部件的名称及作用。
4. 了解机器人示教器、跟踪系统的作用。
5. 了解铝合金焊接设备维护保养要点。

☺ 操作技能要求

1. 掌握铝合金焊接设备典型故障的原因分析与简单维修。
2. 掌握机器人各轴零位的校正。
3. 掌握 TCP 的调整。

3.1 钨极氩弧焊设备

3.1.1 工作原理与结构特点

1. 钨极氩弧焊的工作原理

使用钨极作为电极，利用氩气作为保护气体进行焊接的方法叫作钨极氩弧焊，简称 TIG 焊。焊接时，氩气从焊枪喷嘴中持续喷出，在焊接区形成致密的气体保护层从而隔绝空气；同时，钨极与焊件之间燃烧产生的电弧热量使被焊处熔化，通过填充（或不填充）焊丝将被焊金属连接在一起，获得牢固的焊接接头，如图 3-1 所示。

2. 钨极氩弧焊的分类和特点

（1）钨极氩弧焊的分类　钨极氩弧焊按其操作方式可分为手工焊和自动焊二种。

手工钨极氩弧焊焊接时，一只手握焊枪，另一只手持焊丝，随着焊枪的摆动和前进，逐渐将焊丝填入熔池之中；有时也不加填充焊丝，仅将接口边缘熔化后形成焊缝。自动钨极氩弧焊是以传动机构带动焊枪行走，送丝机构紧随焊枪进行连续送丝的焊接方法。

钨极氩弧焊根据所采用的电源种类，可分为直流、交流和脉冲三种。

（2）钨极氩弧焊的特点　钨极氩弧焊与其他焊接方法相比具有以下特点：

1）焊缝质量较高。由于氩气是惰性气体，可在空气与焊件间形成稳定的隔绝层，保证高温下被焊金属中合金元素不会被氧化烧损，同时氩气不溶解于液态金属，故能有效地保护熔池金属，获得较高的焊接质量。

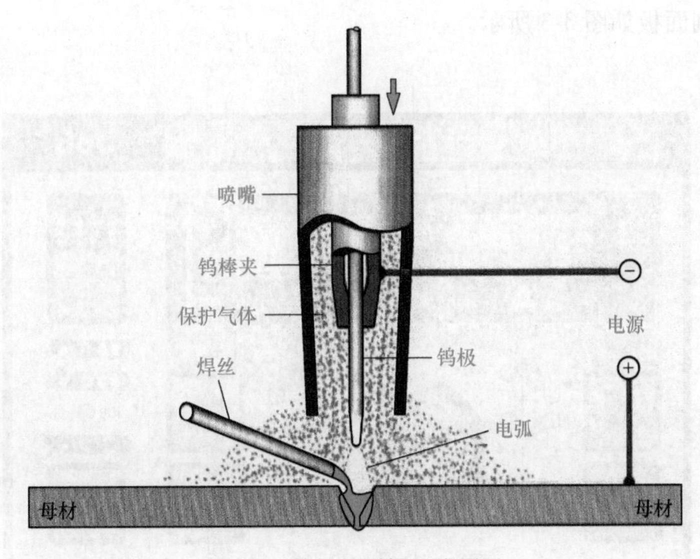

图 3-1 钨极氩弧焊工作原理

2）焊接变形和焊接应力小。由于电弧受氩气流的冷却和压缩作用，电弧的热量集中且温度高，故热影响区较窄，适用于薄板的焊接。

3）易于实现机械化、自动化焊接。由于是明弧焊，便于观察和操作，尤其适用于全位置焊接，容易实现机械化、自动化焊接。

4）焊接范围广。几乎所有的金属材料都可以焊接，特别适用于焊接化学性质活泼的金属及其合金材料。常用于铝、镁、铜、钛及其合金、低合金钢、不锈钢及耐热钢等材料的焊接。

3.1.2 典型的钨极氩弧焊设备

1. 焊接电源（焊机） Fronivs（福尼斯）

1）型号：Magicwave 2500/3000 Job，设备结构示意图如图 3-2 所示。

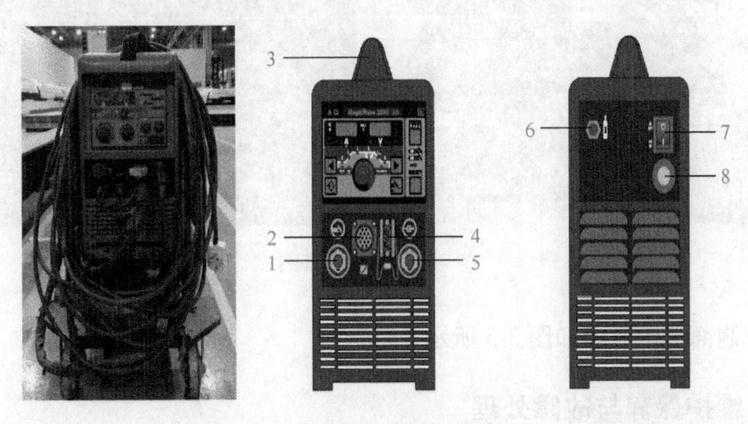

图 3-2 设备结构示意图

1—焊枪接口 2—LocalNet 接口（如遥控器、JobMaster、TIG 焊枪接口等） 3—手柄
4—焊枪控制线接口 5—地线接口 6—保护气体接口 7—带应变消除装置电源线 8—总开关

2）焊机控制面板如图 3-3 所示。

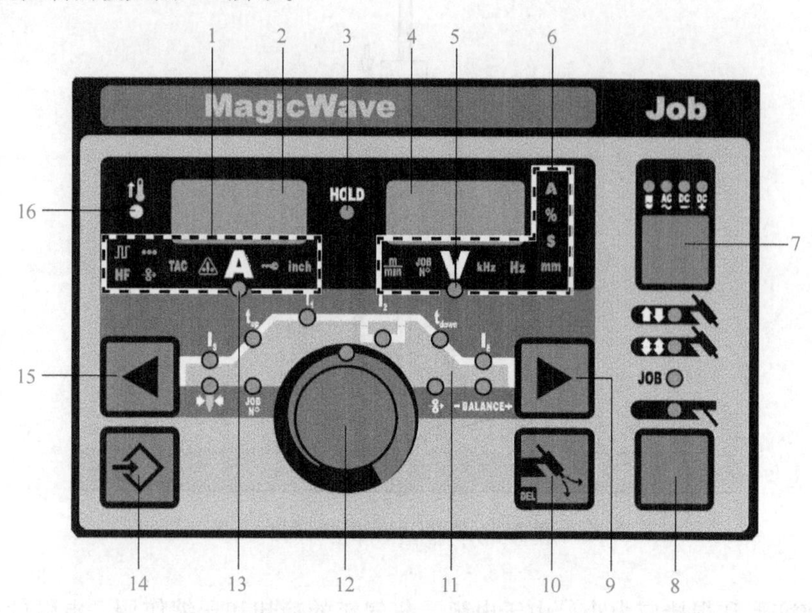

图 3-3 焊机控制面板示意图

1—特殊显示 2—左侧数字显示屏 3—HOLD 显示 4—右侧数字显示屏 5—焊接电压显示 6—单位显示 7—焊接方法 8—操作模式 9—参数选择 10—气体检测 11—焊接参数概览 12—更改参数旋钮 13—焊接电流显示 14—存储键 15—参数选择 16—过热显示

2. 焊接电源（焊机） OTC（日本）

1）型号：OTC DA300P，设备示意图 3-4 所示。

 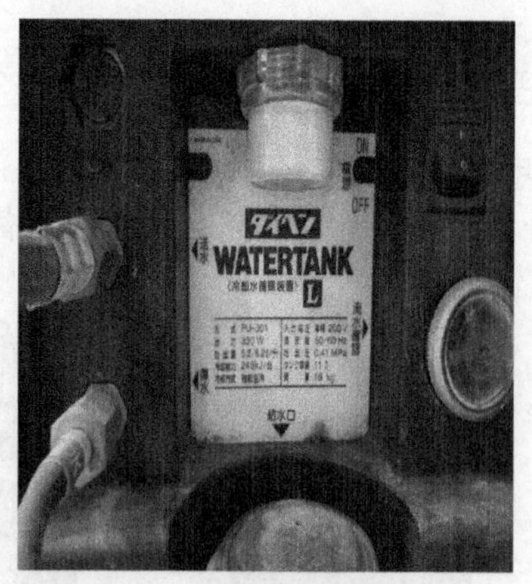

图 3-4 设备示意图

2）焊机控制面板示意图如图 3-5 所示。

3.1.3 设备维护保养与故障处理

钨极氩弧焊设备的正确使用和维护保养，是保证焊接设备具有良好工作性能和延长使用寿命的重要因素之一。因此，必须加强对氩弧焊设备的保养工作。

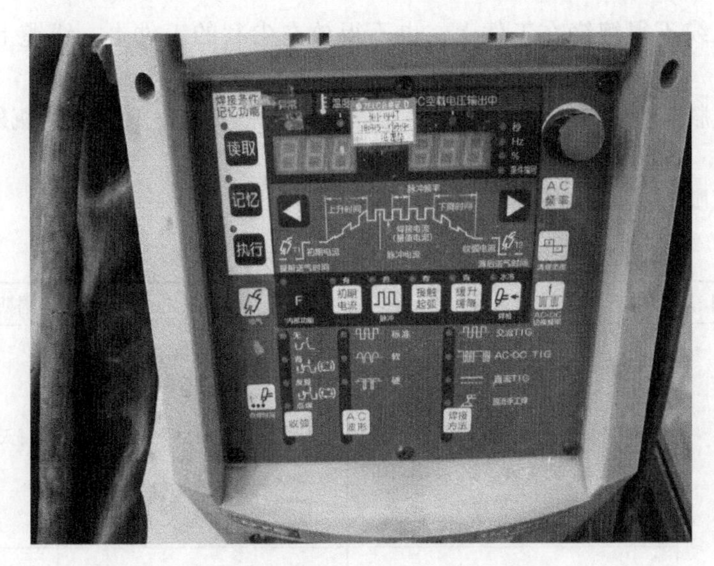

图 3-5 焊机控制面板示意图

（1）操作人员基本要求

1）操作者须熟悉本设备的基本结构、原理、性能、主要技术参数，经培训合格，取得相应等级证和上岗证后，方可操作本设备。

2）操作者须正确穿戴劳动防护用品，备齐相应作业用的工具、工装。

3）严禁酒后、身体状况不良时操作设备。

4）做到“三好四会”（管好、用好、保养好；会使用、会保养、会检查、会排除简单故障），认真执行维护保养规定，做好清扫、紧固等工作，保持设备完好。

5）严格按照《设备点检表》的内容如实点检、填写记录，发现设备异常须及时报修。

6）设备封存期间，每月须开机运行一次。

7）禁止在设备上放置杂物（水杯、防护面罩、扳手等）。

（2）操作人员注意事项

1）工作场所附近不得放置易燃易爆物品。

2）根据焊接工艺文件要求，选择正确的焊接电流、电压（不得超过额定电流使用）。

3）采用垂直外特性的电源，直流时采用正极性（焊丝接负极）。

4）一般适合于厚度在 6mm 以下薄板的焊接，具有焊缝成型美观，焊接变形量小的特点。

5）为防止出现焊接气孔，焊接部位如有铁锈、油污等，务必清理干净。

6）对接打底焊时，为防止打底层焊道的背面被氧化，背面也需要实施气体保护。

7）为使氩气很好地保护焊接熔池，和便于施焊操作，钨极中心线与焊接处工件一般应保持 80°~85°角，填充焊丝与工件表面夹角应尽可能小，一般为 10°左右。

8）有风的地方，请采取挡网措施，而在室内则应采取适当的换气措施。

9）确保焊枪姿态和线缆舒展，保证焊接的正常进行；线缆不得死弯、扭曲、打结等。

10）焊机在切断电源前，切不可触及焊机带电部分，关闭焊机电源后才能够拔除电源插头。

11）焊机线缆不得缠绕在工件上，也不得放在尖利的工件上，线缆上不得摆放任何物品。

12）保护气瓶需垂直放置在指定位置并固定。气瓶安放座上面除气瓶外，不能有其他任何杂物。

（3）钨极氩弧焊设备维护保养要点（见表3-1）。

表3-1　钨极氩弧焊设备维护保养要点

序号	工作项目	内容说明	图片描述	周期	实施者
1	整理清洁	清洁、擦洗焊机和送丝机外表面及各罩盖，达到内外清洁，无黄袍、无锈蚀，见本色 整理检查气管，更换损坏的气管		每天	操作人员负责
		清洁整理焊接电缆和地线，线缆整齐无缠绕、无打结、无破损		每天	操作人员负责
		检查清洁焊机操作面板		每天	操作人员负责
2	检查调整	检查地线夹是否损坏，保证地线连接可靠	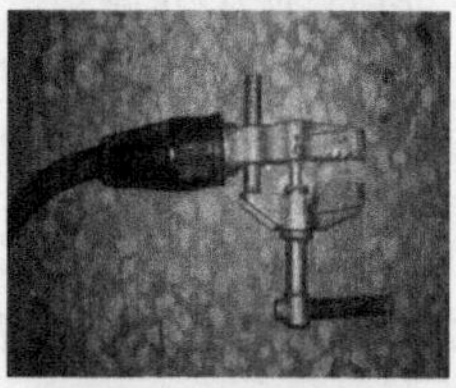	每天	操作人员负责
		检查枪颈部分各连接处是否紧固	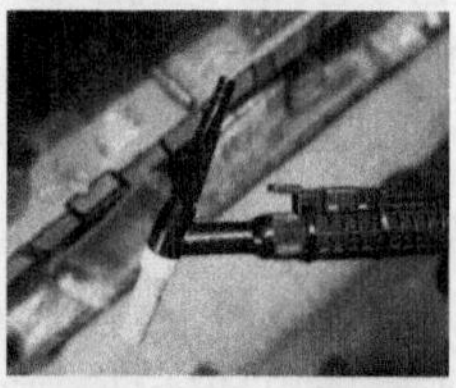	每天	操作人员负责
		检查焊机各接头是否紧固	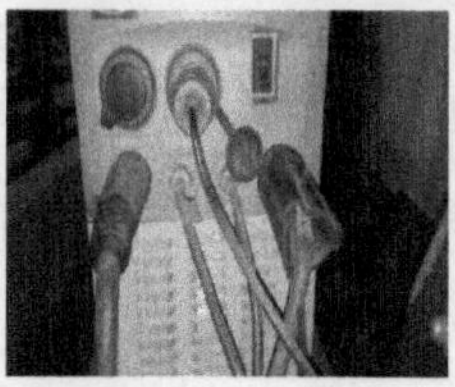	每天	操作人员负责

序号	工作项目	内容说明	图片描述	周期	实施者
2	检查调整	检查保护气体流量和气管连接是否完好		每天	操作人员负责
		检查水位及水质，根据情况添加或更换蒸馏水，清洁冷却水箱		每月	操作人员负责 维修人员配合
		检查整理焊接电缆和地线，线缆整齐无缠绕、无打结、无破损		每天	操作人员负责
		检查清理焊机散热风扇		每天	操作人员负责

（4）钨极氩弧焊焊机故障产生原因与维修（见表3-2）

表3-2 钨极氩弧焊焊机故障产生原因与维修

序号	故障现象	产生原因	维修方法
1	夹钨	1. 接触引弧 2. 钨极熔化	1. 采用高频振荡器或高压脉冲发生器引弧 2. 减小焊接电流或加大钨极直径，旋紧钨极夹头，减小钨极伸出长度 3. 调换有裂纹或撕裂的钨极
2	气体保护效果差	1. 保护气纯度低 2. 提前送气和滞后送气时间短 3. 气体流量过小 4. 气管破损漏气	1. 采用纯度为99.99%（体积分数）的氩气 2. 有足够的提前送气和滞后送气时间 3. 加大气体流量 4. 检修或更换破损气管
3	电弧不稳定	1. 焊件上有油污 2. 接头坡口间隙太窄 3. 钨极污染 4. 钨极直径过大 5. 弧长过长	1. 清理焊件 2. 加宽接头坡口间隙，缩短弧长 3. 去除污染部分钨极 4. 使用正确的钨极直径及夹头 5. 压低喷嘴与焊件表面的距离，缩短弧长
4	钨电极损耗过快	1. 气体保护不好，钨极氧化 2. 反极性接法 3. 夹头过热 4. 钨极直径过小 5. 停止焊接时，钨极被氧化	1. 清理喷嘴，缩短喷嘴距离，适当增加氩气流量 2. 增大钨极直径，使用正极性接法 3. 磨光钨极，更换夹头 4. 增大钨极直径 5. 增加滞后送气时间

3.2 熔化极氩弧焊设备

熔化极氩弧焊通常采用氩气作为保护气体，有时也采用氩气与氦气的混合气体进行保护，因此称之为 MIG（Metal-Inert Gas Welding）焊。

3.2.1 熔化极氩弧焊工作原理

熔化极氩弧焊是将焊丝作为电极，与工件接触产生电弧，电弧加热焊丝和母材，焊丝熔化形成熔滴，母材熔化形成熔池。熔滴从焊丝端部脱落过渡到熔池，与熔池结合冷却后形成焊缝。在焊接过程中，从焊枪喷嘴中喷出的氩气（或其他惰性气体）对焊接区及电弧进行有效保护，如图 3-6 所示。

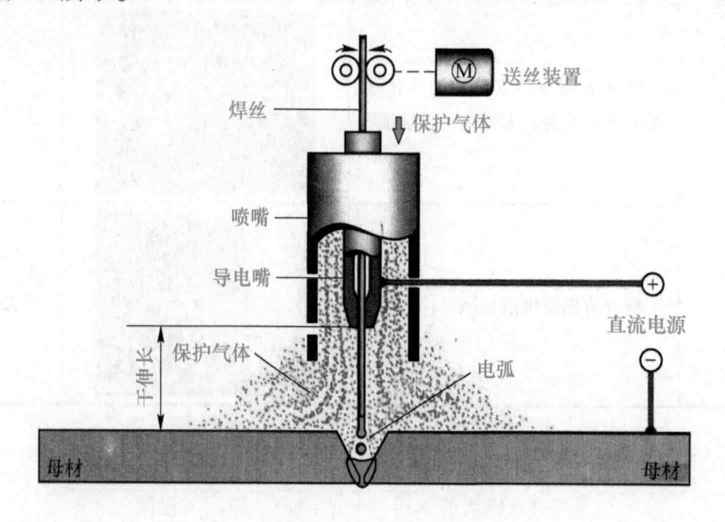

图 3-6 熔化极氩弧焊工作原理

3.2.2 熔化极氩弧焊设备（MIG 焊机）的组成

熔化极氩弧焊可分为半自动焊和自动焊两种类型。前者由焊工手持焊枪操作，后者由自动焊接小车带焊枪移动完成焊接，焊丝均由送丝机构经由焊枪自动送进。半自动焊较为机动、灵活，适用于短焊缝、断续焊缝或较复杂结构的全位置焊缝的焊接。自动焊主要用于中等以上厚度的铝及铝合金的焊接，适用于形状规则的纵焊缝或环焊缝，且处于水平位置的焊接。

焊接设备主要由焊接电源、送丝机构、焊枪及行走系统（自动焊）、供气系统、冷却水系统和控制系统五大部分组成，如图 3-7 所示。

焊接电源提供焊接过程所需要的能量，维持焊接电弧的稳定燃烧。送丝机构将焊丝从焊丝盘中拉出并将其送给焊枪。焊枪输送焊丝和保护气体，并通过导电嘴使焊丝带电。供气系统提供焊接时所需要的保护气体，使熔池得到有效保护。冷却水系统通过循环水冷却焊枪，避免其过热损坏。控制系统主要是控制和调整整个焊接程序，开始和停止输送保护气体和冷却水，起动和停止焊接电源，以及按要求控制送丝速度和焊接小车行走方向、速度等。

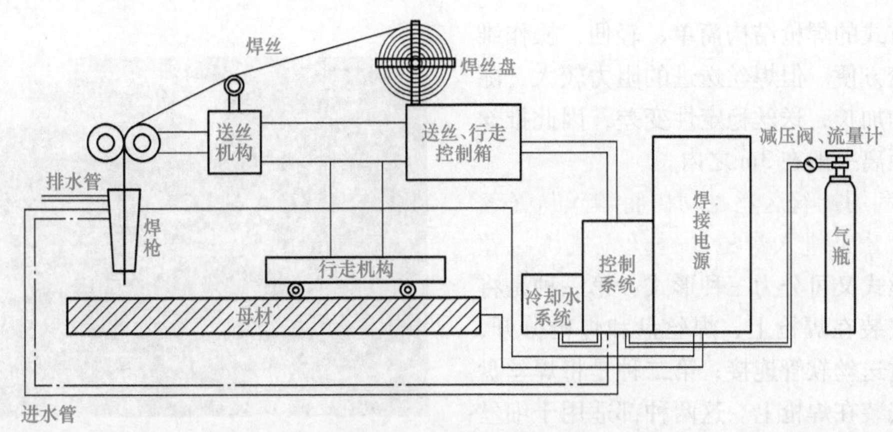

图 3-7　焊接设备的组成

3.2.3 熔化极氩弧焊设备结构特点

1. 焊接电源

1）焊接铝及铝合金的熔化极氩弧焊通常采用直流（直流反接）焊接电源和直流脉冲电源。焊接电源的额定功率取决于不同用途所要求的电流范围。这种电源一般为变压器+整流器和逆变电源式。

2）熔化极氩弧焊的焊接电源外特性可分为平特性（恒压）和陡降特性（恒流）。

3）半自动焊多用细直径（直径小于 1.6mm）焊丝，这时应采用平特性（即恒压）电源和等速送丝。平特性电源配合等速送丝系统具有许多优点：可通过改变电源空载电压调节电弧电压，通过改变送丝速度来调节焊接电流，故焊接规范调节比较方便；当弧长变化时平特性电源可引起较大的电流变化，具有较强的自调节作用。实际使用的平特性电源其外特性并不都是真正平直的，而是带有一定的下倾，其下倾率一般要求不大于 5V/100A。

4）用粗直径（直径大于 1.6mm）焊丝时，应采用陡降特性（恒流）电源，配用变速送丝系统。焊接时主要调节电流大小，而送丝速度由自动系统的维持弧长来进行调节。粗直径焊丝多用于平焊位置的自动焊。

5）平特性弧焊电源的空载电压常在 40~50V。陡降特性弧焊电源的空载电压常在 60~70V。额定电流一般为 160~500A。额定负载持续为 60%和 100%。

6）对于熔化极脉冲氩弧焊通常采用平特性的直流电源。空载电压一般为 50~60V，额定脉冲电流一般在 500A 以下，额定负载持续为 35%、60%和 100%。

7）采用短路熔滴过渡形式的熔化极气体保护焊时，要求弧焊电源输出电抗器的电感量可调，最好能无级调节。

2. 送丝系统

（1）组成　熔化极氩弧焊机的送丝系统通常由送丝驱动机构（包括电动机、减速箱、矫直轮、送丝轮、压丝轮）、送丝软管、焊丝盘等组成，如图 3-8 所示。盘绕在焊丝盘上的焊丝经过校直轮校直后，经过送丝机构输送到焊枪中。

（2）送丝方式　目前在熔化极气体保护焊中应用的送丝方式有三种：推丝式、拉丝式和推拉丝式，如图 3-9、图 3-10、图 3-11 所示。

1）利用推丝送丝电动机，经过安装在减速箱输出轴上的推丝送丝轮，将焊丝送入送丝软管，进入焊枪的送丝方式称推丝式。这是半自动熔化极氩弧焊应用最广泛的送丝方式。这种送丝方式的焊枪结构简单、轻便，操作维修都比较方便。但焊丝送进的阻力较大，随着软管的加长，送丝稳定性变差，因此推丝式送丝距离一般在 3m 之内。

2）利用拉丝送丝电动机将焊丝从送丝软管中拉出，进入焊枪的送丝方式称拉丝式。拉丝式又可分为三种形式：第一种是将电动机安装在焊枪上，焊丝盘和焊枪分开，两者通过送丝软管连接；第二种是将焊丝盘也直接安装在焊枪上。这两种都适用于细丝半自动焊，前者操作较轻便，后者去掉了送丝软管，增加了送丝的可靠性和稳定性，适用于铝或较软、较细焊丝的输送，但缺点是重量较大，增加了焊工的劳动强度；第三种是不但焊丝盘与焊枪分开，而且送丝电动机也与焊枪分开，这种送丝方式通常被用于自动熔化极氩弧焊。

图 3-8 熔化极氩弧焊机的送丝系统
1—焊丝盘 2—固定支架 3—压丝轮
4—送丝轮 5—调节器

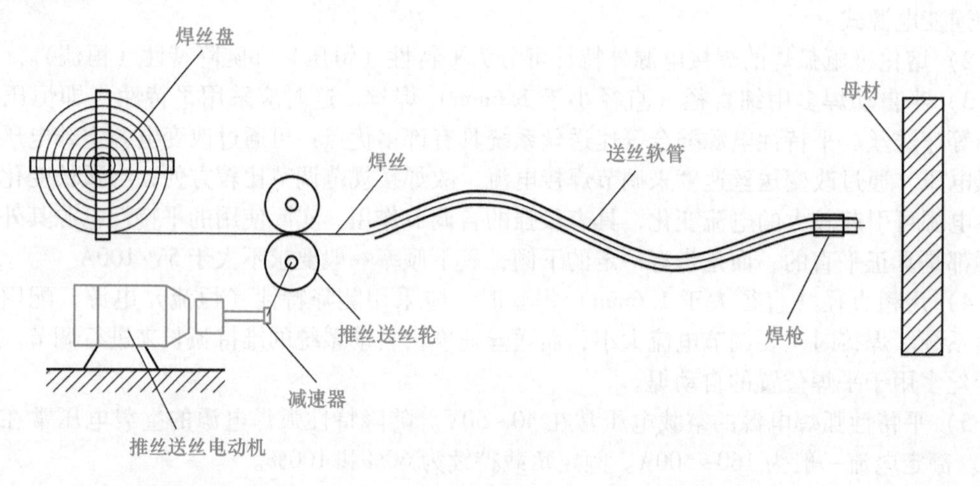

图 3-9 推丝式

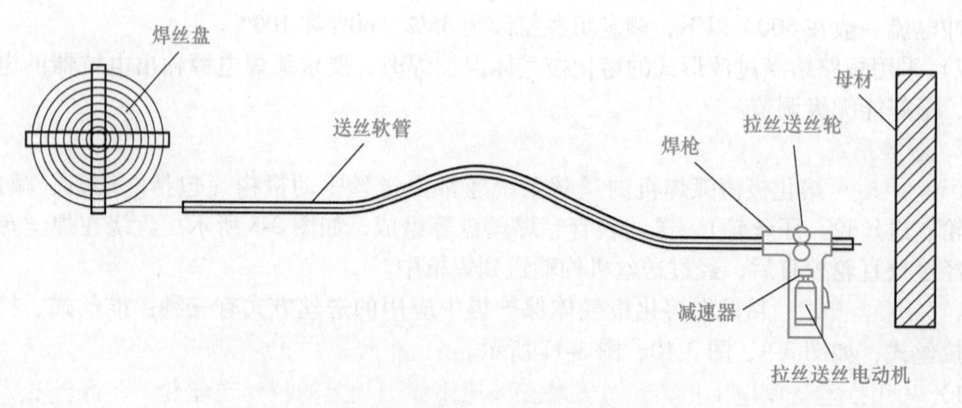

图 3-10 拉丝式

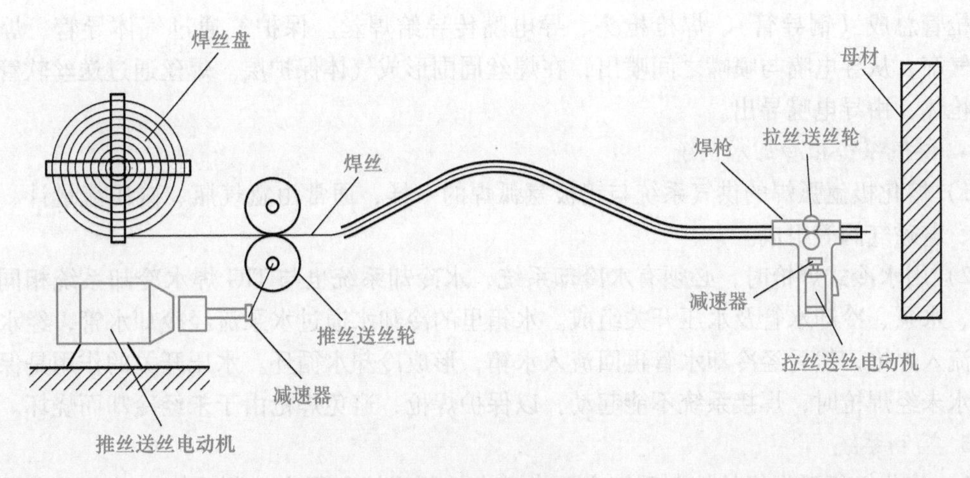

图 3-11 推拉丝式

3）焊丝的前进采取后推前拉的方式称为推拉丝式送丝方式。利用两个力的合力来克服焊丝在软管中的阻力，从而可以扩大半自动的操作距离，其送丝软管最长可达 15m 左右。推、拉丝这两个动力在调试过程中要配合好，尽量做到同步，以拉为主，使焊丝在送进过程中在软管中始终保持拉直状态。这种送丝方式常被用于半自动熔化极氩弧焊。

3. 焊枪及行走系统

1）焊枪的作用是导电、导气和导丝。

2）熔化极氩弧焊焊枪可分为半自动焊焊枪（手握式）和自动焊焊枪（安装在机械装置上）。

3）手握式半自动焊焊枪常用的有鹅颈式和手枪式两种。鹅颈式适于小直径焊丝，轻巧灵便，特别适用于结构紧凑、难以达到的拐角处或某些受限制区域的焊接。手枪式适用于较大直径焊丝，它对冷却要求较高。

4）焊枪的冷却方式有空气冷却和水冷却两种。冷却方式的选择，主要取决于保护气体种类、焊接电流大小和接头形式。对于熔化极氩弧焊，当焊接电流超过 200A 时，需采用水冷焊枪。水冷焊枪的一体式电缆中包含有焊接电缆、送丝软管、气体导管、冷却水管和焊枪控制线。焊枪型号的选用主要根据额定焊接电流大小来确定，通常有 200A、300A、400A、500A 几种。

5）典型的手握式半自动水冷式熔化极氩弧焊焊枪如图 3-12 所示。焊接电流通过焊接电

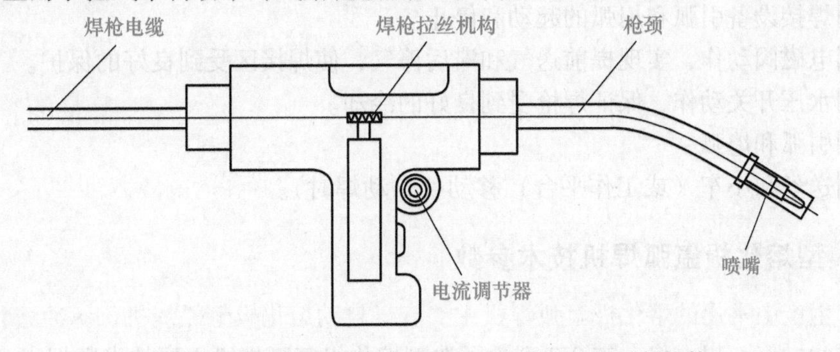

图 3-12 典型的手握式半自动水冷式熔化极氩弧焊焊枪

缆、枪管总成（铜导管）、焊枪枪头、导电嘴传导给焊丝。保护气通过气体导管、焊枪枪头、气筛，从导电嘴与喷嘴之间喷出，在焊丝周围形成气体保护层。焊丝通过送丝软管进入焊枪枪体，由导电嘴导出。

4. 供气系统和冷却水系统

1）熔化极氩弧焊的供气系统与钨极氩弧焊的一样，通常由氩气瓶、减压流量计、气体导管、电磁气阀等组成。

2）用水冷式焊枪时，必须有水冷却系统，水冷却系统也与 TIG 焊水冷却系统相同，由水箱、水泵、冷却水管及水压开关组成。水箱里的冷却水通过水泵流经冷却水管，经水压开关后流入焊枪，然后经冷却水管再回流入水箱，形成冷却水循环。水压开关的作用是保证当冷却水未经焊枪时，焊接系统不能起动，以保护焊枪，避免焊枪由于未经冷却而烧坏。

5. 控制系统

1）熔化极氩弧焊机的控制系统主要由基本控制系统和程序控制系统组成，半自动熔化极氩弧焊机控制系统如图 3-13 所示。

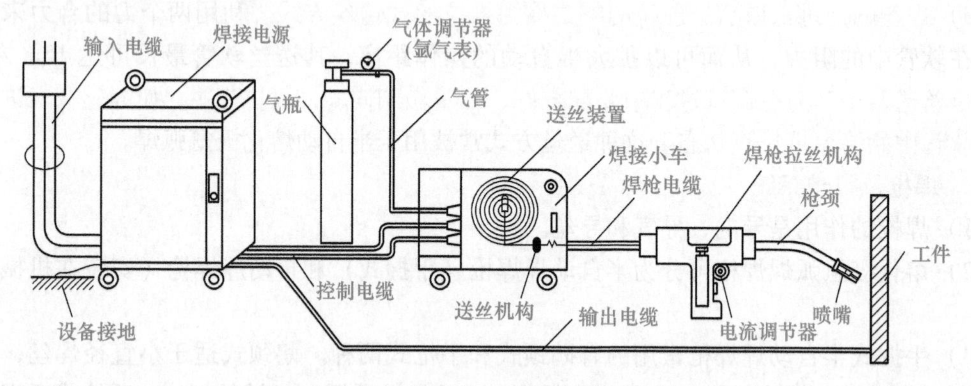

图 3-13 半自动熔化极氩弧焊机的接线方法

2）基本控制系统主要包括焊接电源输出调节系统、送丝速度调节系统、小车或工作台行走速度调节系统（自动焊）、脉冲参数调节系统、气体流量调节系统等，其作用主要是在焊前或焊接过程中调节焊接参数（如焊接电流、焊接电压、送丝速度、焊接速度、脉冲参数、气体流量等）。

3）焊接设备程序控制系统的主要作用是对整套设备的各组成部分按照预先定好的焊接工艺程序进行控制，以便协调而又有序地完成焊接，例如：

①控制焊接设备引弧和熄弧的起动和停止。

②控制电磁阀动作，实现提前送气和滞后停气，使焊接区受到良好的保护。

③控制水压开关动作，保证焊枪受到良好的冷却。

④控制引弧和熄弧。

⑤控制送丝和小车（或工作平台）移动（自动焊时）。

3.2.4 典型熔化极氩弧焊机技术参数

目前，生产中常用的熔化极氩弧焊机主要有半自动熔化极氩弧焊机、脉冲熔化极氩弧焊机和自动熔化极氩弧焊专机。表 3-3 列出了典型熔化极氩弧焊机主要技术数据。

表 3-3 典型熔化极氩弧焊机主要技术数据

类别	熔化极氩弧焊机		脉冲熔化极氩弧焊机	
代表型号	NBA-400	OPTIMAG500S	TPS4000	GLC553MC3
输入电压/V	380（三相）	380（三相）	380（三相）	380（三相）
空载电压/V	65~75	62	70	70
额定输入功率/kVA	17	18	12.7	32.5
电流调节范围/A	40~400	40~520	3~400	40~550
电压调节范围/V	15~45	12~45	14.2~34	12~44.5
额定负载持续率（%）	60	60	60	60
适用焊丝直径/mm	0.8~1.2	1.0~2.4	0.8~1.6	0.8~1.6
送丝速度范围/(m/min)	2~18	0~20	0.5~22	0~30
功能及用途	具有慢送丝引弧、电流衰减熄弧、填弧坑等功能。适用于 CO_2/MAG/MIG 焊实心焊丝碳钢、不锈钢、铝、镁及其合金焊接	具有引弧、熄弧控制，填弧坑，2T/4T焊接周期程序选择，焊接规范参数优化等功能。适用于MAG/MIG焊实心/药芯焊丝碳钢、不锈钢、铝、镁及其合金进行焊接	全数字化脉冲MIG/MAG焊机，采用微机处理芯片，集中处理所有焊接数据，控制和监测整个焊接过程。内置焊接专家系统，屏幕显示主要焊接参数，适用于高性能、高质量要求的黑色、有色金属焊接	

3.2.5 典型的熔化极氩弧焊设备介绍

目前生产实际工作中，熔化极氩弧焊设备品种规格很多，但除功能转换、程序设置和参数选择外，其操作方法基本相同。以奥地利福尼斯公司的TPS系列数字化脉冲MIG/MAG焊机为例进行介绍。

（1）焊机基本结构　TPS系列焊机主要由焊接电源、送丝机构和焊枪组成。

1）此类焊机的焊接电源（TPS2700、TPS4000、TPS5000）是全数字化控制的新型逆变电源。最大焊接电流分别是270A、400A、500A。整个电源的心脏部分是一个处理芯片，由它集中处理所有焊接数据，控制和监测整个焊接过程，并快速对任何焊接过程的变化作出反应。确保实现理想的焊接效果，焊接循环水冷却系统安装在焊接电源内部。

2）送丝机构（VR4000、VR4000C、VR7000）全部采用4轮驱动。其中VR4000C具有数显功能，在送丝机上能显示各种参数。

3）焊枪有两种类型，即Up/Down焊枪和Jobmaster焊枪。

① Up/Down焊枪可以直接在焊枪上调节电流。

②Jobmaster焊枪是遥控、显示功能一体化的焊枪，可以直接在焊枪上调节和显示各种焊接参数，如焊接电流、弧长、送丝速度等。

4）遥控器有三种类型，即MIG遥控器、TR4000普通遥控器和TR4000C多功能遥控器。

5）福尼斯TPS5000型MIG焊机，设备功能及接口如图3-14所示。

（2）TPS系列焊机的特点

1）具有两种引弧方式：一种是普通的引弧方法；另一种是专门为焊接铝而设计的特殊

引弧方法。

2）所有 TPS 焊机都具有普通 MIG/MAG 焊、脉冲 MIG/MAG 焊、TIG 焊、手工电弧焊机 MIG 焊、钎焊等多种焊接功能。

3）TPS2700 内存有 56 组焊接专家程序，TPS4000/5000 内存有 80 组焊接专家程序。另外，这两种型号的焊机还有一元化调节、记忆等模式，进一步简化操作。

4）可以精确地控制电弧。脉冲焊接时，除了提供合适的脉冲波形外，还可以控制熔滴过渡，实现超低热输入、无飞溅焊接。

5）焊枪上调节、方便的同屏显示功能。

（3）焊机各部件功能

1）控制面板。焊机的控制面板位于焊机前面板上部，控制面板上各部件的位置如图 3-15 所示，名称及作用见表 3-4（表 3-4 中的代号与图 3-15 中的序号一致）。

图 3-14 福尼斯 TPS5000 型 MIG 焊机

1—电源开关 2—焊机水循环系统 3—接地线接口 4—焊枪线缆 5—焊枪 6—参数调节数显界面 7—接地线 8—焊枪连接口 9—手动电压调节旋钮 10—手动电流调节旋钮 11—焊接小车 12—焊丝存放装置 13—气瓶 14—气体流量计 15—主电源接口

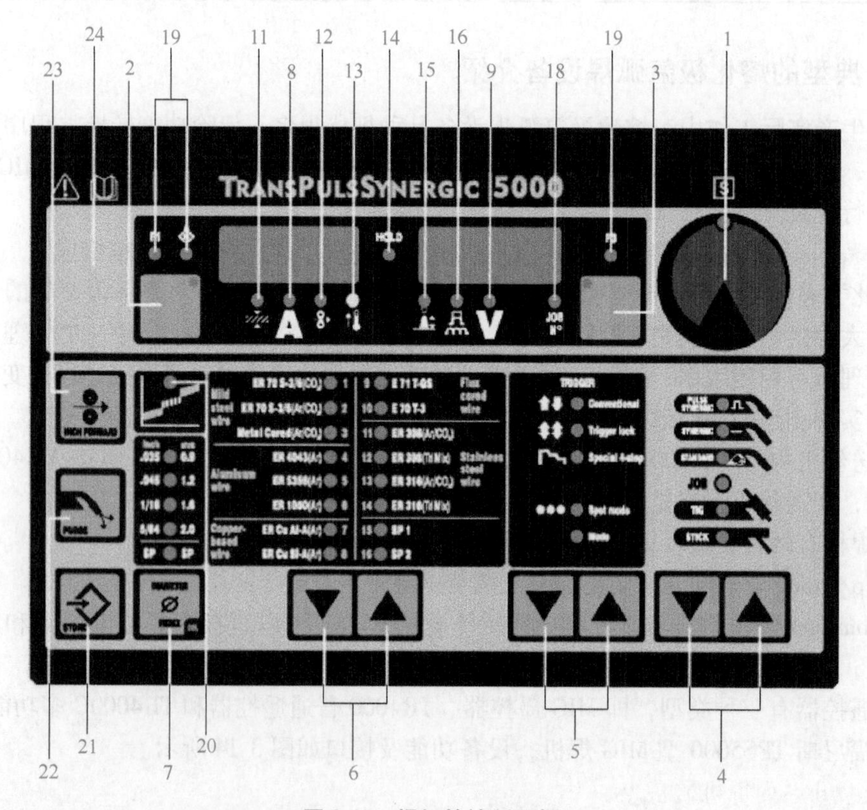

图 3-15 焊机的控制面板

表 3-4 控制面板上各部件的名称及作用

代号	名称	作用说明
1	调节旋钮	用于调节各种参数。当调节旋钮的指示灯亮时，才能调节参数
2	参数选择键	用来选择下列参数： 焊角尺寸、板厚、焊接电流、送丝速度、用户定义显示 F1 或 F2 指示灯 一旦选定某个参数，就可以通过调节旋钮来调整（只有当调节旋钮和参数选择键的指示灯都亮时，所指示或选择的参数才能通过调节旋钮来调整）
3	参数选择键	用来选择下列参数： 电弧长度修正、熔滴过渡/电弧推力、焊接速度、电弧电压等 一旦选定某个参数，就可以通过调节旋钮来调整（只有当调节旋钮和参数选择键的指示灯都亮时，所指示或选择的参数才能通过调节旋钮来调整）
4	焊接方法选择键	用来选择下列焊接方法： 脉冲 MIG/MAG 焊接、普通 MIG/MAG 焊接、特殊焊接方法（如铝焊接）、JOB 模式（调用预先存储焊接方法及规范）、接触引弧的 TIG 焊、焊条电弧焊 铝合金焊接选用脉冲 MIG 焊
5	焊枪操作方式选择键	用来选择下列操作方式： 二步开关操作、四步开关操作、焊铝特殊四步开关操作、Model1 及 Model2（用户可加载特殊的焊枪开关操作方式） 铝合金焊接选用二步开关操作或特殊四步开关操作
6	焊接材料选择键	选择所采用的焊接材料及相配的保护气体。模块 SP1、SP2 是为了用户可能会增加的特殊焊接材料而预留的
7	焊丝直径选择键	选择需要采用的焊丝直径。模块 SP 是为增加额外的焊丝直径而预留的
8	焊接电流参数	显示焊接电流值：焊前，显示器显示设定的电流值；焊接过程中显示实际电流值
9	焊接电压参数	显示焊接电压值：焊前，显示器显示设定的电压值；焊接过程中显示实际电弧电压值
10	焊角尺寸参数	可显示“a”和“z”两种焊角尺寸。在选择焊角尺寸“a”值之前，必须先设置焊接速度（手工焊接时，推荐焊速 35cm/min）
11	板厚参数	用来选择板厚（单位：mm）。选定板厚后，焊机会自动优化设定其他焊接参数（即调板厚实际调了焊接电流，调电流也就是调板厚）
12	送丝速度参数	选择送丝速度（单位：m/min）。选定后，其他焊接参数会自动设定。此参数手工操作焊接时由系统设定，一般不需要调动
13	过热指示	电源温度太高（如超过了负载持续率）指示灯亮，需停止焊接
14	暂储指示灯（HOLD 指示灯）	每次焊接操作结束，焊机自动储存实际焊接电流和电弧电压值，此时指示灯亮
15	电弧长度修正	在+20%范围内调节相对弧长（可由小车下旋钮调节） “-”表示弧长缩短 “0”表示中等弧长（一般先设定“0”，再根据实际需要调节弧长） “+”表示弧长加长
16	熔滴过渡/电弧推力（电弧挺度）调节	采用不同的焊接方法所起的功能不同 ①脉冲 MIG/MAG 焊：连续调节熔滴过渡推力（熔滴分离力）： “-”表示弧长缩短 “0”表示中等过渡推力（一般先设定“0”，再根据实际需要调节推力） “+”表示增强过渡推力（立、仰焊可向“+”调一些） ②普通 MIG/MAG 焊：用以调节熔滴过渡时短路瞬间的电弧力：

（续）

代号	名称	作用说明
16	熔滴过渡/电弧推力（电弧挺度）调节	“-”表示较硬、较稳定的电弧 “0”表示自然电弧 “+”表示较软、低飞溅电弧 ③手工电弧焊：在熔滴过渡瞬间，影响短路电流： “0”表示较软、低飞溅电弧 “100”表示较硬、较稳定的电弧
17	焊接速度参数	用来选择焊接速度（在自动焊时用）。此参数选定后送丝速度、焊接电流和焊接电压也随之而定。半自动焊时不用，固定在30~35cm/min
18	工作序号（记忆模式）	工作序号是由“存储”键预先存入的，用于随时调用以前已存储的参数
19	用户自定义指示	F1、F2、F3指示预定义参数（如电动机电流，用户要求的特定程序）
20	中介电弧指示	介于短路过渡和喷射过渡之间的电弧称中介电弧，此种电弧的熔滴过渡效果最差，飞溅较大
21	设置/储存键	用于进入手工设置或存储参数
22	气体测试按键	用于检测气体流量
23	点动送丝按键	将焊丝送入焊枪（用于未通电及保护气体时实现送丝）
24	控制面板	设备操作界面

注：序号10和序号17在界面内部，无法在界面上显示。

2）焊接电源如图3-16所示。

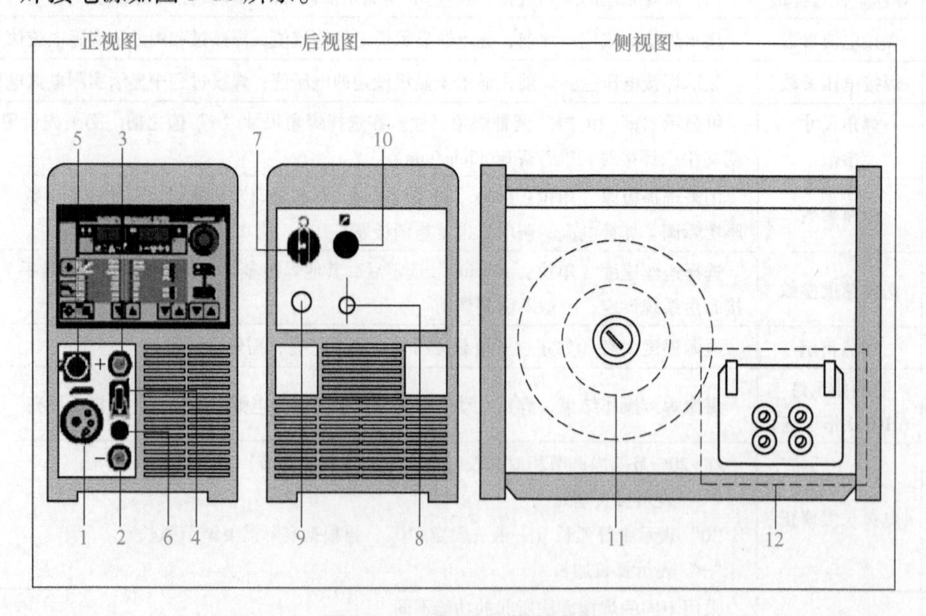

图3-16　TPS2700焊接电源

1—焊枪接口　2—负极快速接口　3—正极快速接口　4—焊枪控制接口　5—遥控接口　6—备用接口
7—主开关　8—保护气接口　9—主线缆接口　10—备用接口　11—焊丝盘座　12—四轮送丝机构

3）送丝机如图3-17所示。

图 3-17 VR4000 型送丝机

4）冷却系统如图 3-18 所示。

5）焊枪如图 3-19 所示。

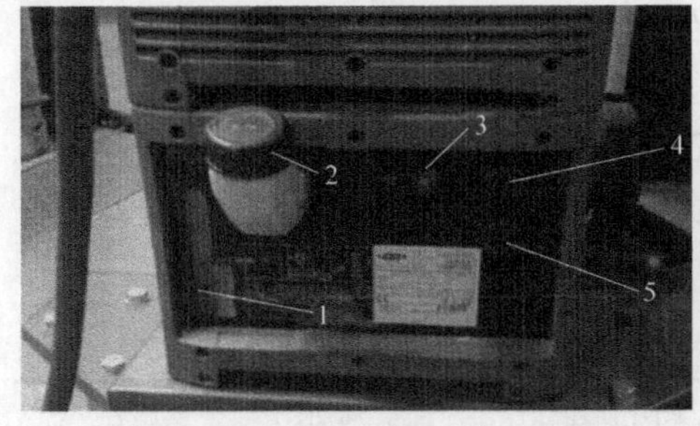

图 3-18 FK4000/4000R 冷却系统

1—冷却水位指示 2—注水口 3—水泵熔丝 4—备用回水插口 5—备用出水插口

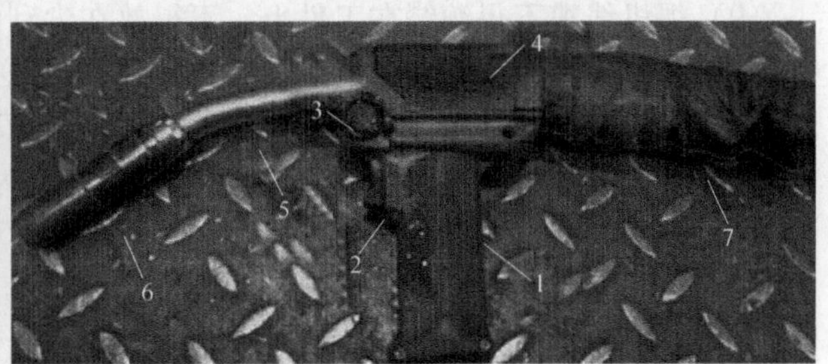

图 3-19 Up/Down 焊枪

1—焊枪拉丝电动机 2—焊枪开关 3—电流调节旋钮 4—拉丝机构 5—枪颈 6—喷嘴 7—焊枪线缆

3.2.6 设备维护保养与故障处理

熔化极氩弧焊设备的正确使用和维护保养，是保证焊接设备具有良好的工作性能和延长使用寿命的重要因素。因此，必须加强对熔化极氩弧焊设备的保养工作。

（1）操作人员基本要求

1）操作人员须熟悉本设备的基本结构、原理、性能、主要技术参数，经培训合格并取得相应等级证和上岗证后，方可操作本设备。

2）严禁酒后、身体状况不良时操作本设备。

3）操作者须注意观察设备运行状况及周边环境，发现异常要立即停止设备运转，先自行排除处理，无法自行排除设备异常时要及时通知维修。

4）设备运行中不得从事与本设备无关的其他工作，要做到机转人在，人走机停（有一人多机操作规定的除外）。

5）做到“三好四会”（管好、用好、保养好；会使用、会保养、会检查、会排除简单故障），认真执行维护保养规定，做好清扫、紧固、润滑等工作，保持设备完好。

6）设备封存期间，每月要开机运行一次。

7）禁止在设备上放置杂物（劳动保护用品、工具等）。

（2）操作人员注意事项

1）工作场所附近不得放置易燃易爆物品。

2）工作时注意排气、通气，保证通风良好。

3）根据焊接工艺文件要求，选择正确的焊接电流、电压（不得超过额定电流使用）。

4）焊机应避免较剧烈的振动，焊接过程中，应尽量避免手把线弯曲，不得通过手把线拽拉送丝机构或焊机。

5）焊枪不得随意丢放，严禁喷嘴、导电嘴接触焊接工件。因有特殊情况需停止焊接5min以内或操作者在焊接台位上并确保焊枪及手把线安全情况下，可以将焊枪放在台位上。除此以外，焊枪都应该在正确位置摆放。

6）确保焊枪姿态和线缆舒展，保证焊接的正常进行；线缆不得弯死、扭曲、打结等。

7）及时清理焊枪喷嘴内的焊渣，严禁使用焊枪敲击去除焊渣。

8）焊机在切断电源前，切不可触及焊机带电部分，关闭焊机电源后才能拔除电源插头。

9）焊机线缆不得缠绕在工件上、不得放在尖利的工件上，线缆上不得摆放任何物品。

10）每次更换焊丝须先保证送丝管畅通后再穿送焊丝。

11）保护气瓶需放置在指定位置并固定。气瓶安放座除气瓶外，不能有其他任何杂物。

12）严禁利用厂房金属结构、管道、轨道等作为焊接二次回路使用。

（3）熔化极氩弧焊设备维护保养要点（见表3-5）

表3-5 熔化极氩弧焊设备维护保养要点

序号	工作项目	内容说明	图片描述	周期	实施者
1	整理清洁	清洁、擦洗焊机和送丝机外表面及各罩盖，达到内外清洁，无锈蚀，见本色；整理检查气管，更换损坏的气管；清洁焊机内部		每天	操作人员负责
		清洁送丝软管，以保证送丝顺畅	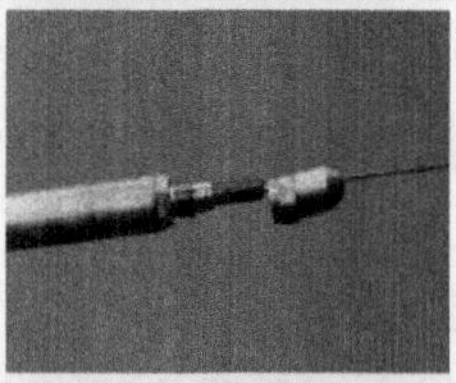	每天	操作人员负责
2	检查调整	检查调整送丝轮压力和间隙		每天	操作人员负责
		检查水路、气路各接头是否紧固		每天	操作人员负责

（续）

序号	工作项目	内容说明	图片描述	周期	实施者
2	检查调整	检查清洁焊机操作面板		每天	操作人员负责
		检查地线夹是否损坏，保证地线连接可靠		每天	操作人员负责
		检查枪颈部分各连接处是否紧固		每天	操作人员负责
		检查焊机的正负极接头是否紧固		每天	操作人员负责
		检查保护气体流量和气管连接是否完好		每天	操作人员负责
		检查水位及水质，根据情况添加或更换蒸馏水，清洁冷却水箱		每月	操作人员负责 维修人员配合
		检查整理焊接电缆和地线，线缆整齐无缠绕、无打结、无破损		每天	操作人员负责

（4）熔化极氩弧焊设备的故障处理（见表 3-6）

表 3-6 熔化极氩弧焊设备的故障处理

序号	故障现象	产生原因	维修方法
1	焊接电弧不稳定	1. 保护气纯度低 2. 送丝速度调节不当 3. 气体流量过小 4. 焊接参数设置不正确	1. 更换高纯度气体 2. 调节送丝速度 3. 调节气体流量 4. 调节焊接参数
2	焊枪堵丝故障	1. 送丝轮压紧力不合适 2. 导电嘴孔径不合适 3. 飞溅堵塞导电嘴 4. 送丝软管损坏	1. 调节送丝轮的压紧力 2. 更换导电嘴和选择合适直径的导电嘴 3. 及时清理导电嘴上的飞溅 4. 更换新的送丝软管
3	按焊枪开关无空载电压送丝机不转	1. 外电不正常 2. 焊接开关断线或接触不良 3. 控制变压器有故障 4. 交流接触器未吸合	1. 检查确认三相电源是否正常（正常值为 380V±38V） 2. 找到断线点重新接线或更换焊接开关 3. 更换控制新的变压器 4. 检查交流接触器线圈阻值，1000Ω 以下且 500Ω 以上为不正常，需更换接触器
4	焊接电流、电压失调	1. 芯控制器电缆有故障 2. 电压调整电位器有故障 3. P 板有故障	1. 用万用表检查控制器电缆是否断线或短路 2. 用万用表检查电压，调节电位器阻值按指数规律变化 3. 更换 P 板

3.3 机器人焊接设备

3.3.1 基本结构

焊接机器人的基本结构分为固定式、悬挂式、龙门式、C 型悬臂旋转式+直线导轨结构，如图 3-20、图 3-21、图 3-22 所示。焊接机器人主要包括一套六轴机械手、钢结构立体架及 C 型架、控制系统和控制电柜、微电脑脉冲焊接电源、自动与半自动式变位机、电弧传感器（激光传感器）和气体喷嘴传感器跟踪系统、焊接除烟净化系统、清枪装置及配套设备。

图 3-20 固定式焊接机器人

图 3-21 悬挂式焊接机器人

图 3-22 龙门式焊接机器人

3.3.2 控制系统

控制系统常采用32位工业计算机，并且配置40G硬盘，内存256MB，USB及标准RS232接口；示教器采用Windows平台及视窗界面，编程操作过程简单可靠，可采用触摸屏、按键及手柄操作杆三种方式，可进行中、英文显示及切换，如图3-23所示。

3.3.3 焊接系统、范围及要求

焊接系统常采用福尼斯（Fronius）公司的TPS5000全数字化控制的逆变焊接电源，如图3-24所示，适用于脉冲MIG/CO_2/MAG、脉冲MIG/MAG等焊接方法；适合于在有效焊接区域内进行全方位焊接，焊缝可达到IRIS、EN15085、DIN6700、TB/T 1580-95及相关体系标准要求；机器人采用内置蒸馏水的封闭式循环系统，并且配有缺水报警装置；机器人焊枪分为单枪、双枪两种，双枪目前采用单独一个示教器进行控制实现焊接，并采用一体化水冷焊枪。

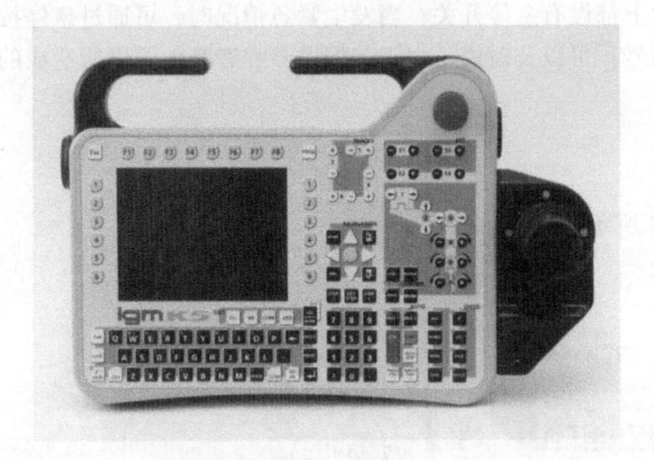

图3-23 示教器

图3-24 TPS5000全数字化焊接电源

3.3.4 跟踪装置

跟踪系统采用电弧传感器（激光传感器）和气体喷嘴传感器（探针）双传感技术跟踪焊缝，包括接触式气嘴传感器、电弧传感器和ELS激光传感器三种设备。喷嘴传感器和激光传感器用于焊前对实际焊缝寻踪定位，电弧传感器用于在焊接过程中实现实时跟踪，提高编程工作效率，保证焊接顺利进行，如图3-25所示。

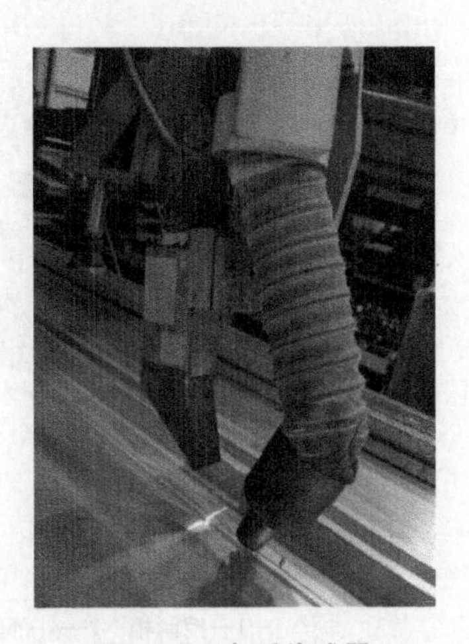

图3-25 电弧传感器

3.3.5 机器人净化装置

机器人净化装置配有高效的焊接烟尘吸收净化装置和自动清枪、自动剪丝及自动喷硅油设备，实现自动净化，如图3-26、图3-27所示。

图 3-26　烟尘净化装置

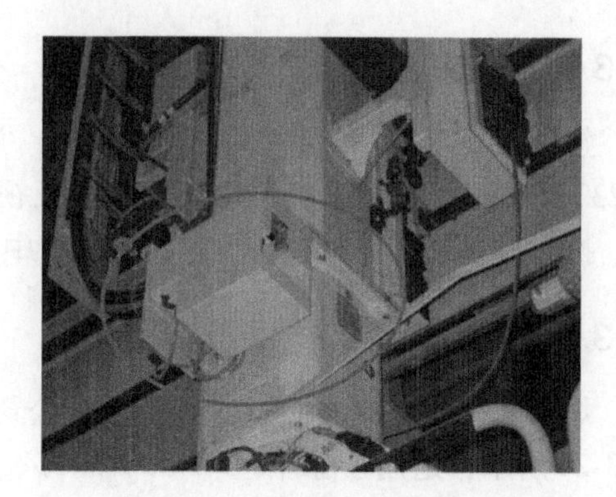

图 3-27　自动清枪、剪丝装置

3.3.6　机器人故障显示及动作

系统的启动、关机以及暂停、急停等运转方式均可通过示教器或者操作盒进行。此外，机器人系统各外轴、示教器、操作盒上都设有急停开关，当发生紧急情况时，可通过急停按钮来实现系统急停并同时发出报警信号，可以及时修正由于装配误差或者其他原因所造成的焊接缺陷。

3.3.7　系统的组成

机器人焊接系统的组成如图 3-28 所示。

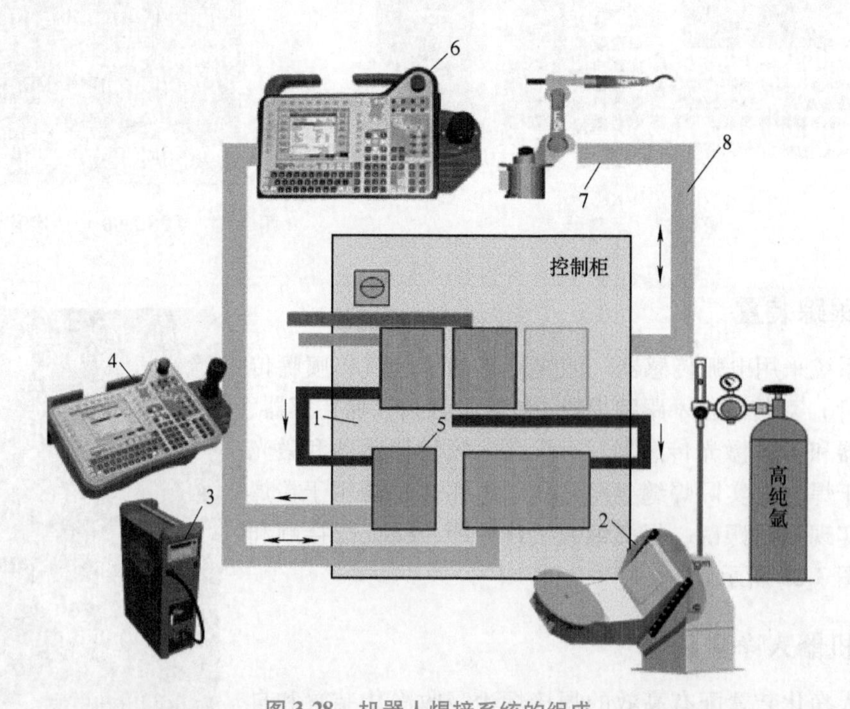

图 3-28　机器人焊接系统的组成

1—控制柜　2—外部轴（包括直线轴、旋转臂、变位机）　3—焊机　4、6—示教器

5—控制单元　7—横向轨道轴　8—纵向轨道轴

3.3.8 示教器界面介绍

示教器界面如图 3-29 所示。

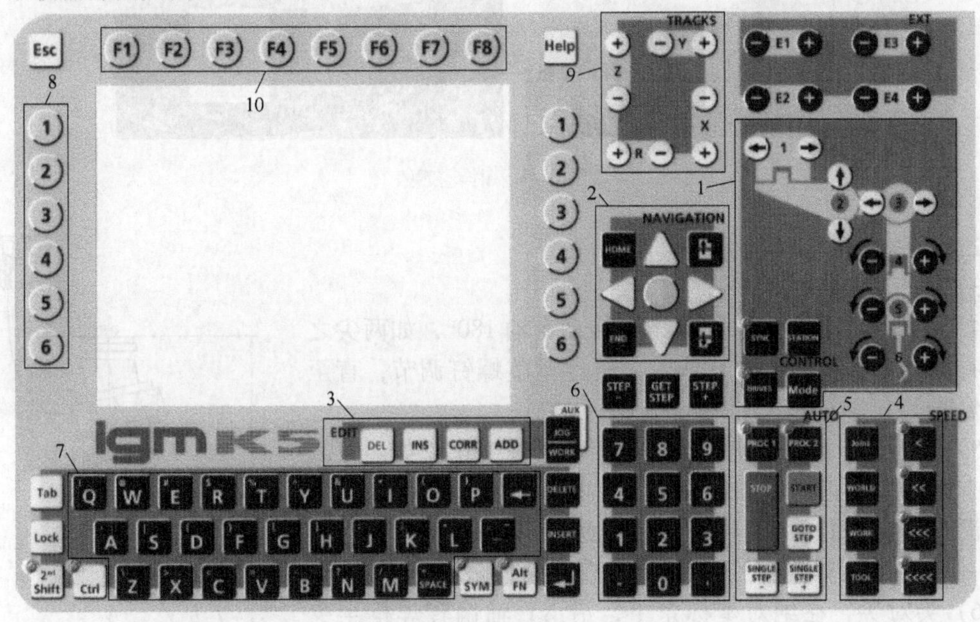

图 3-29 示教器界面介绍

1—机器人控制键（各轴移动键、手动速度键、运动模式键） 2—光标移动键
3—编辑键（DEL、INS、CORR、ADD、GETSTEP、STEP-、STEP+、JOG/WORK）
4—速度调节键（四档）、坐标系调节键（JOINT、WORLD、WORK、TOOL）
5—启动停止键（START、STOP、GOTOSTEP、SINGLE STEP-、SINGLE STEP+）
6—数字输入键 7—字母输入键 8—1~6 软键 9—龙门行走调节键（X±：横向轨道、Y±：地面轨道或纵向轨道、Z±：竖向轨道） 10—F1~F8

3.3.9 各轴零位的校正

F6 轴→设置零位置（RTI2000）→运行至零位置→校正轴（RTI330）。

校零方法：

1）机器人轴 1 至 4 轴，采用百分表进行校零，如图 3-30 所示。

图 3-30 百分表校零

2）机器人轴 5 和 6 轴，采用“销子”手动进行校零，如图 3-31 所示。

3）外部轴，采用“自动”或“手动”进行校零。

3.3.10 TCP 的调整

焊接中心点 TCP（Torch Centre Point）的调整步骤如下：

1）选定合适的位置和参考点。

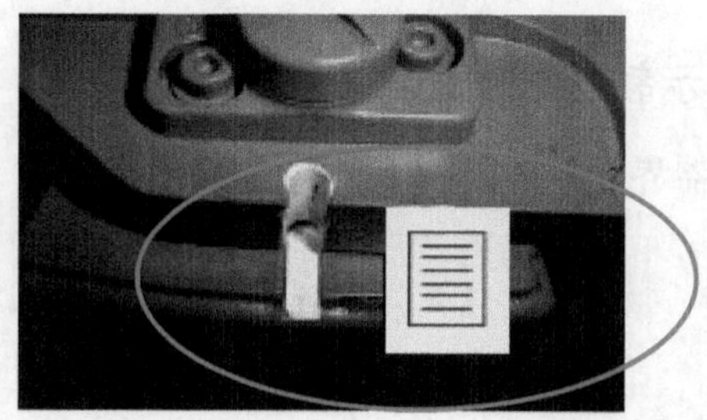

图 3-31 销子校零

2）摆放机器人手臂为直角直立状态。

3）松开紧固螺钉。

4）尖对尖，在单轴坐标系下，转动 6 轴 180°，如两尖之间没有偏差，则正常；如有偏差，通过调整螺钉调节，直至没有偏差。

5）尖对尖，在绝对坐标系下，转动 6 轴 180°，如两尖之间没有偏差，则正常；如有偏差，首先通过调整螺钉调节，直至没有偏差，如仍不能补偿，则可通过给定 XY 偏差值（工作站→配置→工具配置）进行设置，直至没有偏差。

6）尖对尖，在绝对坐标系下，沿 XY 轴偏转焊枪至少 30°，如偏差在 1mm 之内，则校验完毕；否则重新给定焊枪长度值，直至偏差在 1mm 之内，如图 3-32 所示。

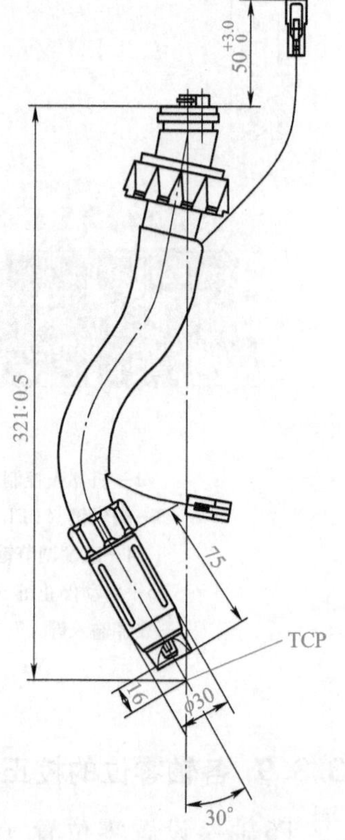

图 3-32 TCP 焊枪调整

3.3.11 设备维护保养与故障处理

焊接机器人设备的正确使用和维护保养是保证焊接设备具有良好工作性能和延长使用寿命的重要保障之一。因此，必须加强对设备的维护保养工作。

（1）操作人员的基本要求

1）操作人员须熟悉设备的基本结构、原理、性能和主要技术参数，培训合格并取得相应等级证和上岗证后，方可操作设备。

2）严禁酒后、身体状况不良时操作设备。

3）操作者须注意观察设备运行状况及周边环境，发现异常要立即停止设备运行，先自行排除处理，无法自行排除设备异常时要及时通知维修人员。

4）设备运行中不得从事与本设备无关的其他工作，要做到机转人在，人走机停（有一人多机操作规定的除外）。

5）做到“三好四会”（管好、用好，保养好，会使用、会保养、会检查以及会排除简单故障），认真执行维护保养规定，做好清扫、紧固和润滑等工作，保持设备完好。

6）如果停机超过 1 个月，每周要起动设备空运转 4h 以上。

7）禁止在设备上放置杂物（劳动保护用品、工具等）。

（2）操作人员注意事项

1）焊接前须检查并确保工件装夹好；装、卸工件时，机器人要回到安全位置。

2）根据产品选择合适的焊接程序，新编程序须空运行无误后再试焊，并全程监控试焊，试焊正常后方可正式自动焊接，并备份程序。

3）机器人驱动接通后，禁止在机器人下、机器人与其他设备间的狭小空间内走动，随时准备按示教器急停按钮，以防碰撞。

4）手动操作时，须注意观察机器人运行状况；自动运行时，机器人工作区域内严禁进行任何无关的作业，以防碰撞发生（有封闭操作间的，机器人运行期间应关闭安全门，禁止他人入内）。

5）操作工装存在可旋转的部分时，工装部分和区间内严禁有人和其他物品（若有变位机，夹紧工件后方可旋转运动；停机时，变位机轴需停至安全、水平位置）。

6）示教器须摆放至存放架内，示教器要轻拿轻放，显示屏、各按键开关要保持清洁，严禁示教器电缆受拉和受压。

7）焊接作业时，及时清理焊枪内部焊渣，以保证焊接质量，每周清理送丝软管、送丝轮等部位；更换焊丝后，须将焊丝压在主送丝轮导丝槽内，以保证送丝顺畅。

8）装配焊枪、集成电缆接头时，装正后须使用专用扳手拧紧，同时注意安装O形密封圈，防止接头处漏水或漏气。

9）关注机器人运行状况和各类报警，发生异常时应立即按下急停按钮，并保护好屏幕报警内容，通知维修人员。

10）若工装夹具采用气动驱动锁紧方式，必须经常检查气管及接头。

11）在焊接台位上进行打磨时，必须使机器人回到安全位置。

12）配备除尘设施的机器人，在焊接时不得私自停用除尘设施。

（3）焊接机器人维护保养要点（见表3-7）

表3-7 焊接机器人维护保养要点

序号	工作项目	内容说明	图片描述	周期	实施者
1	整理清洁	用棉纱蘸水或清洁剂擦拭设备及其配套电器柜、电源柜、焊机、水冷机、变位机、工装等所有外表及死角、勾缝，要求内外清洁、无锈蚀		每天	操作人员负责
		整理示教器电缆，避免电缆打结		每天	操作人员负责
		清理焊枪、导电嘴，使之保持清洁	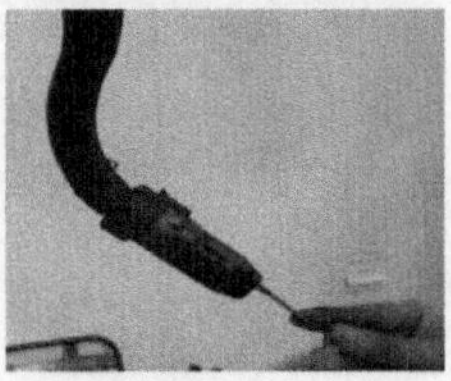	每天	操作人员负责

（续）

序号	工作项目	内容说明	图片描述	周期	实施者
1	整理清洁	清洁送丝软管，以保证送丝顺畅		每天	操作人员负责
		清洁管道、滤芯、集尘桶		每月	操作人员负责，维修人员配合
		清洁水过滤器，保证水流通畅		每月	操作人员负责，维修人员配合
2	检查调整	检查水冷系统的水流量值	（≥0.6L/min）	每天	操作人员负责
		检查调整送丝轮的压力和间隙		每天	操作人员负责
		检查并紧固焊枪、焊枪电缆接头		每天	操作人员负责
		检查焊机的正、负极接头是否紧固		每天	操作人员负责

（续）

序号	工作项目	内容说明	图片描述	周期	实施者
2	检查调整	检查压缩空气压力是否不低于0.4MPa		每天	操作人员负责
		检查稳压柜三相输出电压值	正常值：（AC 372~390V）	每天	操作人员负责
		检查保护气体流量和气管连接是否完好	（15~25L/min）	每天	操作人员负责
		检查冷却水箱的水位，根据水位情况加水		每天	操作人员负责
3	润滑	根据机器人润滑图表对机器人各润滑点进行清洁并加油		每天	操作人员负责

（4）焊接机器人典型故障产生原因与维修方法（见表3-8）

表3-8 焊接机器人典型故障产生原因与维修方法

序号	故障现象	产生原因	维修方法
1	机器人轴和外部轴的1个或多个轴零位丢失	1. 蓄电池容量不足 2. 接近开关损坏 3. 编码器损坏	1. 更换蓄电池后，机器人轴采用自动校正零点，外部轴采取插销校零的方法 2. 更换接近开关后，机器人轴采取自动校正零点的方法，外部轴采取插销校零的方法 3. 更换编码器后，机器人轴采取自动校正零点的方法，外部轴采取插销校零的方法
2	工件存在气孔	1. 焊缝未清理干净 2. 气体流量过小或过大 3. 焊接时焊缝跟踪的摆宽过宽 4. 保护气体不纯	1. 清理焊缝 2. 调节气体流量 3. 调整摆宽幅值 4. 采用高纯度的保护气体

（续）

序号	故障现象	产生原因	维修方法
3	焊接过程中电弧故障	1. 送丝不顺畅，阻力过大 2. 焊接回路中断 3. 电弧检测装置故障 4. 焊接电源参数设置错误	1. 检查导电嘴、送丝软管的堵塞情况和传动装置内轴承、齿轮运转情况，若有堵塞和损坏，则进行更换 2. 更换焊枪电缆总成，并加注适量导电油 3. 更换电弧检测装置 4. 重新设置焊接电源参数
4	焊接过程中水故障报警	1. 水路堵塞 2. 水流量监测中断 3. 水泵电动机损坏	1. 清洁水路和过滤网 2. 更换水流量检测装置 3. 更换水泵电动机

3.4 搅拌摩擦焊设备

3.4.1 搅拌摩擦焊的发展前景

搅拌摩擦焊出现后很快便得到了应用，如图 3-33 所示。美国波音公司有专门用来加工发射火箭、飞船、导弹和卫星等运载工具的搅拌摩擦焊专用车间，用于生产大型焊接结构。除此之外，搅拌摩擦焊还可用于船舶、汽车、压力容器和高速列车的制造。在我国，火箭、飞船、船舶、高速列车和轻型汽车等运载工具的质量已达到严格要求的程度，对高强铝合金

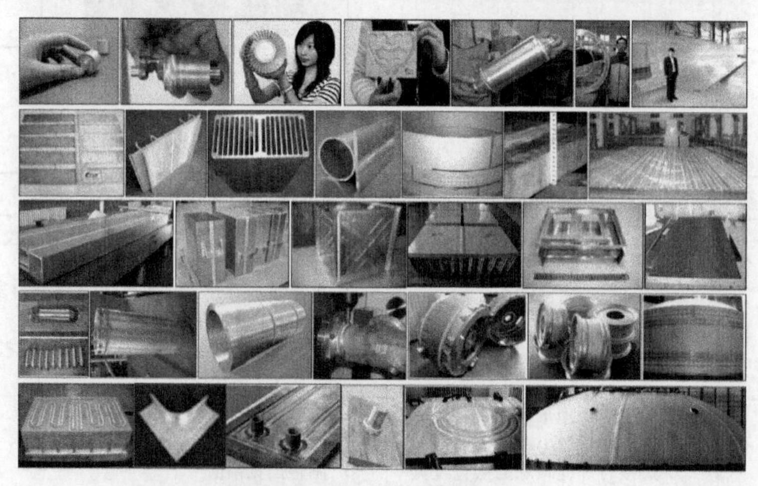

图 3-33　搅拌摩擦焊的应用

强度的要求也在不断提高，搅拌摩擦焊的应用更是日益迫切，其发展前景较好，但是搅拌摩擦焊在我国的研究还有待深入，如图3-33所示。

3.4.2 搅拌摩擦焊工作原理

搅拌摩擦焊是一项高效、低耗、低成本、符合环保要求的固相连接技术。如图3-34所示，其原理是利用轴肩和搅拌头与焊件之间的摩擦热使接合面处的金属塑态化，并在搅拌头和轴肩的共同牵引和搅动作用下向后流动、填充并形成固相焊缝。其实质是摩擦加热被焊金属成塑性状态，同时搅拌金属形成一个旋转空洞，旋转空洞随搅拌头前移，其后被挤出的塑性金属经搅拌头肩部填入空洞形成再结晶区，形成热机械影响区（不完全再结晶区），冷却后即成致密焊缝。

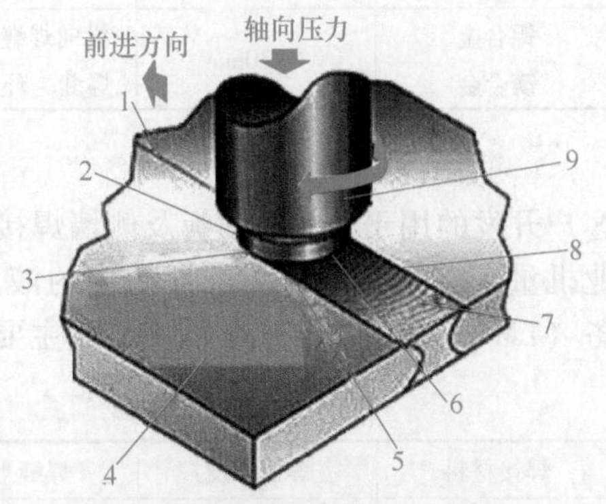

图3-34　搅拌摩擦焊工作原理
1—接缝　2—搅拌头前沿　3—前进侧
4—母材　5—搅拌针　6—搅拌头后沿
7—焊缝　8—后退侧　9—搅拌头旋转方向

3.4.3 典型焊机与操作方法

1. 国内典型搅拌摩擦焊设备

国内目前开发的典型搅拌摩擦焊设备主要分为C型、悬臂式和龙门式3个系列的搅拌摩擦焊设备。

（1）C型搅拌摩擦焊设备（CX系列）　该系列设备主要用于铝合金筒形结构件的焊接，具有强大的诊断与自诊断功能，采用伺服控制系统，成功解决了筒形件搅拌摩擦焊焊接问题，揭开了中国搅拌摩擦焊技术正式应用于环缝焊接的序幕。C型搅拌摩擦焊设备如图3-35所示，其焊接参数见表3-9。

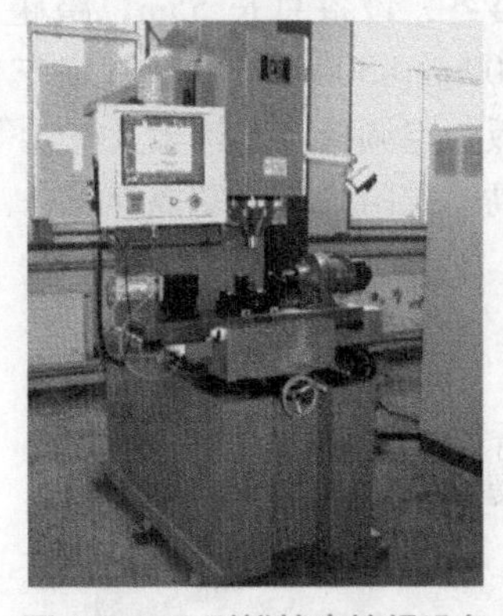

图3-35　C型搅拌摩擦焊设备

表3-9　C型搅拌摩擦焊设备焊接参数

焊接材料	焊接厚度	焊缝形式	焊接速度	焊接尺寸	控制方式
铝合金 镁合金	10~25mm	纵向焊缝、T形焊缝、环形焊缝	300~800mm/min	400mm 630mm 800mm	伺服

（2）悬臂式搅拌摩擦焊设备（DB系列）　该系列搅拌摩擦焊设备是针对国内科研机构对较大平板试验件搅拌摩擦焊焊接接头研究需求设计制造的中型搅拌摩擦焊设备，针对客户需求可增加闭环控制技术。悬臂式搅拌摩擦焊设备如图3-36所示，其焊接参数见表3-10。

图3-36　悬臂式搅拌摩擦焊设备

表 3-10 悬臂式搅拌摩擦焊设备焊接参数

焊接材料	焊接厚度	焊缝形式	焊接速度	焊接尺寸	控制方式
铝合金 镁合金	1~20mm	纵向焊缝、T 形焊缝、环形焊缝	300~500mm/min	直径不超过 2.2m 长度不超过 1.5m	3 轴数控

（3）龙门式搅拌摩擦焊设备（LM 系列） 该系列搅拌摩擦焊设备是针对轨道交通行业客户开发的用于车钩座面板及侧墙焊接的摩擦焊设备，单道可焊厚度可达到 25mm。针对工业批量生产的需要，配备自动化的液压夹具，显著提高生产效率。龙门式搅拌摩擦焊设备（LM 系列）如图 3-37 所示，其主要焊接参数见表 3-11。

表 3-11 龙门式搅拌摩擦焊设备（LM 系列）焊接参数

焊接材料	焊接厚度	焊缝形式	焊接速度	焊接尺寸	控制方式
铝合金 镁合金	1~20mm	纵向焊缝、T 形焊缝、环形焊缝	300~800mm/min	800mm×600mm 1200mm×1800mm 1500mm×1000mm	4 轴 3 联动数控

（4）龙门式搅拌摩擦焊设备（赛福斯特） 该搅拌摩擦焊设备为动龙门双工位搅拌摩擦焊装备，设备总长 55m，跨距 5.45m，焊接行程 50m，可实现 2~12mm 厚铝合金材料及 21000mm×3000mm 超大规格车体零部件的焊接，目前主要用于地铁、城际动车侧墙板、长地板、空调板、车钩板及枕梁等产品的焊接，并配备了自动化的液压夹紧工装系统，生产效率高。龙门式搅拌摩擦焊设备（赛福斯特）如图 3-38 所示，其主要焊接参数见表 3-12。

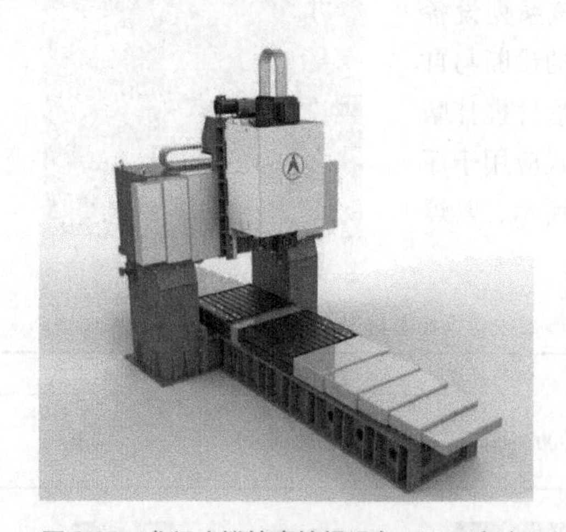

图 3-37 龙门式搅拌摩擦焊设备（LM 系列）

图 3-38 龙门式搅拌摩擦焊设备（赛福斯特）

表 3-12 龙门式搅拌摩擦焊设备（赛福斯特）焊接参数

焊接材料	焊接厚度	焊缝形式	焊接速度	焊接尺寸	控制方式
铝合金 镁合金	1~10mm	纵向焊缝、横向焊缝、T 形焊缝	300~900mm/min	60000mm×1500mm	4 轴 3 联动数控

2. 国外典型搅拌摩擦焊设备

ESAB、CEMCOR、CENERAl、TOOL CO、HTTACHI、LTD 等国外多家公司已经经过英国焊接研究所授权，可制造多种搅拌摩擦焊焊接设备。这里仅介绍 FW20、FW21、FW22 等

3 种系列的搅拌摩擦焊焊接设备。

（1）FW20 系列搅拌摩擦焊设备　FW20 搅拌摩擦焊设备主要用来焊接薄铝板。英国焊接研究所改进了现有设备，使搅拌头的旋转速度可达到 15000r/min。这一系列设备的焊接特点就是搅拌头旋转速度高，可焊接铝板厚度为 1. 2~12mm，最大焊接速度为 2. 6m/min。

（2）FW21 系列搅拌摩擦焊设备　移动门式搅拌摩擦焊设备 FW21 在 1955 年就生产出来了，如图 3-39 所示。这一系列设备使用一台移动的龙门起重机，可以焊接长达 2m 的焊缝，并可保证在整个焊缝长度内，焊接质量都均匀良好。该系列搅拌摩擦焊设备可焊接铝板厚度为 3~15mm，最大焊接速度可达到 1m/min，可焊接最大板尺寸为 2m×1. 2m。

（3）FW22 系列搅拌摩擦焊设备　国外比较好的搅拌摩擦焊焊接设备 FW22 系列如图 3-40 所示。该设备可以用来焊接大尺寸板件，且很容易焊接尺寸非常大的铝板，可焊接铝板厚度为 3~15mm，最大焊接速度为 1. 2m/min，板最大尺寸为 3. 4m×4m，工作空间最高或者焊件圆环直径最大为 1. 15m。与此同时，该系列还研制了可以焊接环缝的设备。

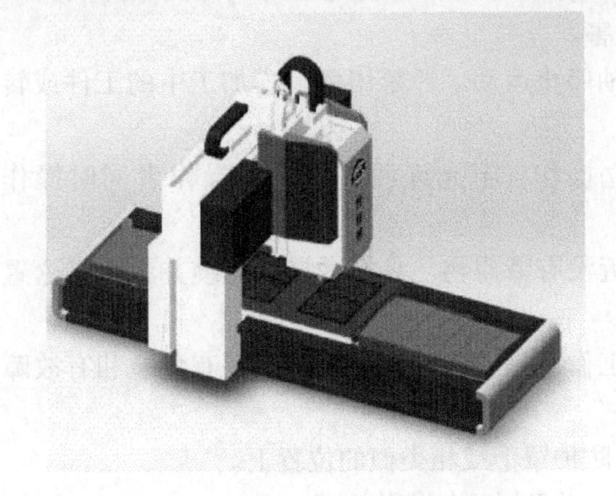

图 3-39　FW21 系列搅拌摩擦焊设备

图 3-40　FW22 系列搅拌摩擦焊设备

3. 4. 4 设备维护保养与故障处理

搅拌摩擦焊设备的正确使用和维护保养是保证焊接设备具有良好的工作性能和延长使用寿命的重要因素之一。因此，必须加强对设备的维护保养工作。

（1）操作人员基本要求

1）操作者须熟悉设备操作系统、编程和基本结构、原理、性能、主要技术参数，培训合格并取得相应等级证和上岗证后，方可操作设备。

2）操作者必须正确穿戴防护用品，长发须盘入帽内，备齐相应作业用工（卡）具、工装、刀具，禁止戴手套操作设备按钮（键）、手柄（轮）、开关、旋钮等。

3）必须做到机转人在、人走机停，设备运转时严禁做与加工作业无关的事。操作设备时应随时观察设备运行、周围及产品状况，若发现异常应立即停止设备运转，先自行排除处理，无法自行排除设备异常时应及时通知维修人员。

4）严禁酒后、服用（注射）兴奋类或镇静类药物后、身体状况不良时操作本设备。

5）禁止在设备上进行重力敲击、修焊工件等破坏设备精度行为，禁止在设备防护罩上踩踏或放置物件。

6）禁止自行用 U 盘等移动存储介质导入导出操作系统中的文件、程序。

（2）操作人员注意事项

1）严禁超负荷和超范围使用本焊接设备。

2）各坐标运动在接近行程极限时请转换成“低速”运动，以避免高速运动时碰撞了行程开关后电动机制动所产生的冲击。

3）设备的操作和维修必须遵守公司有关机械电气设备的安全规程和操作规程，设备要求绝对确保以下安全守则：

①每天检查所有连接电缆、插件。电气部分是否有损坏的情况，若发现有损坏情况立即关断机器的总电源并报修。

②开机前检查所有安全保护装置的功能，如急停开关等。

③在焊机动作之前，应该观察工作范围内有无相关人员和阻碍物。

4）安装或卸下搅拌针都应在停车状态下进行；工件和搅拌针必须装夹牢固。

5）焊接时禁止穿宽松式外衣、佩戴不宜操作的饰物；严禁戴手套接近主轴并装夹工件，以免被旋转夹具缠绕而对人身安全产生危害。

6）在焊机上卸下工件时，应使刀具及主轴停止运动。严禁用手触摸加工中的工件或转动的主轴。

7）本焊机的各种按钮等只能由一人独立操作，不允许两名以上的操作者同时操作焊机。

8）焊接过程中，要保证龙门大车轨道附近没有障碍物，盘好手操盒电缆并将手操盒置于安全处。

9）操作人员必须清楚地知道操作时机器工作可靠。绝对不允许机器在有危险和有故障的状态下操作机器。

10）工具及其他物品都不要放在主轴箱、防护罩上或相类似的位置上。

11）机器在施焊过程中发生异常应按急停，并及时通知维修人员。

12）焊接过程中和焊接结束后，搅拌头和附近区域可能温度较高，严禁用手及身体的其他部位直接接触搅拌头及其附近零部件。

13）焊机的施焊工作区严禁对工装同时操作。

14）工装的操作必须由专人负责，并与机器的操作人员配合完成，操作工装的伸缩部位时，工装伸缩部位和区间内严禁有人和其他物品。

15）操作者必须做到机转人在，人走机停，非操作人员不得乱动设备的任何按钮和装置，操作者有责任阻止任何人进入机器工作区、行进区和危险区。

（3）搅拌摩擦焊设备维护保养要点（见表3-13）

表3-13 搅拌摩擦焊设备维护保养要点

序号	工作项目	内容说明	图片描述	周期	实施者
1	整理清洁	对主轴表面清扫，保证设备无积灰、无油渍		每天	操作人员负责

（续）

序号	工作项目	内容说明	图片描述	周期	实施者
1	整理清洁	清洁、擦洗设备外表面，达到外清洁，无锈蚀，见本色。电气柜外表面无积灰		每周	操作人员负责
		保证拖链清洁，避免损伤电缆		每周	操作人员负责
		清扫防护罩，保证防护罩周围无积灰、无油渍		每周	操作人员负责
2	检查调整	检查压缩空气压力、油量		每天	操作人员负责
		检查空调是否正常开启，有无漏水		每天	操作人员负责
		检查手操盘接头是否有松动，使用完后将其悬挂在专用位置，以延长使用寿命		每天	操作人员负责
		检查液压油箱液面位置，不得低于最低线；并清洁液压站表面		每天	操作人员负责

（续）

序号	工作项目	内容说明	图片描述	周期	实施者
2	检查调整	检查摄像头线缆是否有损坏，成像是否清晰可靠		每天	操作人员负责
		检查稳压柜三相输出电压值	正常值：372~390V	每天	操作人员负责
3	润滑	检查各润滑油箱液面位置，不得低于最低线并清洁中心润滑站表面		每天	操作人员负责

（4）搅拌摩擦焊典型故障产生原因与维修方法（见表3-14）

表3-14 搅拌摩擦焊典型故障产生原因与维修方法

序号	故障现象	产生原因	维修方法
1	机床液压系统异响	1. 液压系统混入空气 2. 液压泵损坏 3. 过滤网堵塞	1. 排除液压系统的空气 2. 更换损坏的液压泵 3. 清洗堵塞的过滤网
2	监控画面不清晰	1. 摄像头损坏 2. 传输线路不稳定 3. 外界干扰	1. 更换摄像头 2. 检查24V电源和接头线路是否断线虚接 3. 检查屏蔽线和地线是否完整可靠
3	焊接过程中走偏	1. 激光跟踪头镜片，激光头老化 2. 聚焦差，传输线路不稳定	1. 清洗镜片，调整激光头位置 2. 检查线路是否断线虚接，屏蔽地线是否可靠，更换激光头
4	A轴焊接过程中发生位置变化	1. 电动机制动不住 2. 液压系统制动不住	1. 检查电动机制动电源是否正常，线路是否虚接断线，控制接触器是否损坏 2. 检查液压系统有无输出压力，压力大小和制动液压缸行程是否合适

复习思考题

1. 简述钨极氩弧焊的基本工作原理。
2. 设备操作“三好四会”主要包括哪些内容？
3. 焊接机器人按基本结构主要分为哪几种类型？
4. 如何正确调整TCP（Torch Centre Point 焊枪中心点）？
5. 简述机器人各轴零位校正的步骤。

第 4 章 铝合金焊前准备

Chapter 4

☺ 理论知识要求

1. 了解铝及铝合金焊接常用焊接方法的基本原理及特点。
2. 了解铝及铝合金材料焊接坡口的形状、尺寸及加工制备。
3. 了解铝及铝合金焊接焊前处理的方法。
4. 了解焊件焊前装配的检查事项。
5. 了解铝及铝合金的焊接收缩变形及矫正方法。

☺ 操作技能要求

1. 掌握焊前预热的操作方法。
2. 掌握工装夹具的正确使用。
3. 掌握焊件的装配及定位焊操作方法。
4. 掌握焊前预留焊缝收缩量的控制。

4.1 铝合金焊接方法及选择

铝合金的焊接方法一般为钨极惰性气体保护焊、熔化极惰性气体保护焊和搅拌摩擦焊，这三种方法各自的优缺点见表 4-1。

表 4-1 焊接方法的优缺点对比表

焊接方法	优点	缺点
钨极惰性气体保护焊（TIG）	1. 焊接过程稳定，电弧一旦引燃，就能够稳定燃烧，钨棒本身不会产生熔滴过渡，弧长受干扰因素影响小 2. 适用于薄板焊接、全位置焊接以及不加衬垫的单面焊双面成形工艺 3. 容易实现自动化，易于监控和控制 4. 焊接熔池可见，外观成形美观	1. 气体保护能力不足，抗风能力差，需要做好防风措施 2. 采用钨棒作为电极，存在夹钨风险 3. 受钨棒载流能力的影响，焊接熔透能力较低，焊接速度慢，生产效率低
熔化极惰性气体保护焊（MIG）	1. 效率高，焊丝送进连续，可采用半自动和全自动焊接 2. 焊接熔深大，适用于焊接板厚范围宽，尤其是中厚板等 3. 焊接速度快、焊接变形相对小	1. 焊接设备复杂、费用高 2. 保护效果易受外来气流影响，须加挡风屏障

（续）

焊接方法	优点	缺点
搅拌摩擦焊	1. 变形小 2. 力学性能良好 3. 无弧光、烟尘、飞溅，噪声低，工作环境好 4. 不需要填丝、保护气体，绿色环保 5. 操作简便，易于实现自动化 6. 生产率高	1. 被焊件必须要夹紧固定，焊接设备的灵活性差 2. 由于有较大的轴向力，背面必须有刚性垫板 3. 无快捷的无损检测方法 4. 在焊接结束时会留下一个匙孔

4.1.1 钨极惰性气体保护焊（TIG）

钨极惰性气体保护焊是使用惰性气体氩气作为保护气体的一种气体保护焊的焊接方法。是在铝及铝合金结构材料焊接领域应用较广的一种焊接方法。

钨极惰性气体保护焊的特点如下。

1）焊缝质量高。由于氩气是一种惰性气体，不与金属发生化学反应，合金元素不会被烧损，而氩气也不溶于金属，焊接过程基本上是金属熔化和结晶的过程。因此，保护效果较好，能获得较为纯净及高质量的焊缝。

2）焊接变形应力小。由于电弧受氩气流的压缩和冷却作用，电弧热量集中，且氩弧的温度又很高，故热影响区小，焊接应力与变形小，特别适用于薄件焊接和管道打底焊。

3）焊接范围广。几乎可以焊接所有金属材料，特别适宜焊接化学成分活泼的金属和合金。

4.1.2 熔化极惰性气体保护焊（MIG）

熔化极惰性气体保护焊是将焊丝作为电极，与工件接触产生电弧，电弧加热焊丝和母材，焊丝熔化形成熔滴，母材熔化形成熔池。熔滴从焊丝端部脱落过渡到熔池，与熔池结合冷却后形成焊缝。从焊枪喷嘴中流出的氩气（或其他惰性气体）对焊接区及电弧进行有效保护，如图 4-1 所示。

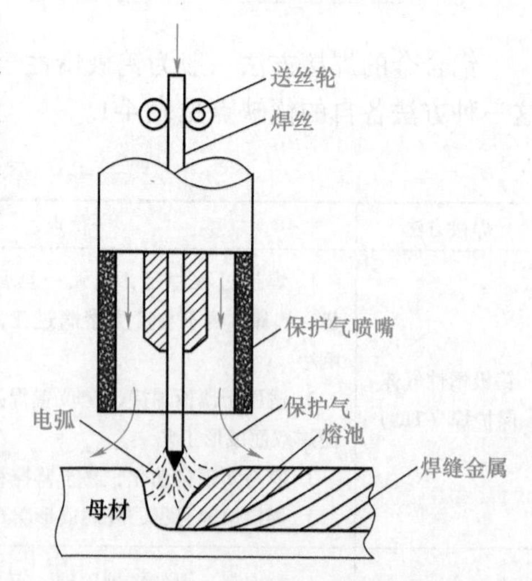

图 4-1　熔化极惰性气体保护焊工作原理

（1）该焊机的特点

1）具有两种引弧方式：一种普通的引弧方法；二是专门为焊铝而设计的特殊引弧方法。

2）所有 TPS 焊机都具有普通 MIG/MAG 焊、脉冲 MIG/MAG 焊、TIG 焊、手工电弧焊机 MIG 钎焊等多种焊接功能。

3）TPS 焊机中有多组焊接程序，同时还有一元化调节、记忆等模式，进一步简化了操作。

4）可以精确地控制电弧。脉冲焊接时，除了提供合适的脉冲波形，还可以控制熔滴过渡，实现超低线能量、无飞溅焊接。

5）焊枪上调节规范、方便的同屏显示功能。

（2）焊前准备

1）设备准备。

①准备好需要的工具、穿戴好防护用具。

②选择好焊丝并进行装配，接通电源并检测开关，调整气体流量。

③检验送丝是否顺畅，然后调整设备进入待焊状态。

④检查导电嘴是否拧紧，确保喷嘴位置无焊渣。

2）接头准备。熔化极惰性气体保护焊的接头形式有对接、搭接、角接、T 形接头和端接这几种基本类型。不同的接头形式和焊接要求，准备焊接坡口要求是不一样的，而对接接头常见坡口为 V 形。板厚与坡口类型导致坡口尺寸有相应的不同，见表 4-2。

表 4-2 常见对接接头的坡口

板厚范围 t/mm	坡口类型	剖面图	坡口角度 α、β	间隙 b/mm	钝边 c/mm
3~10	V	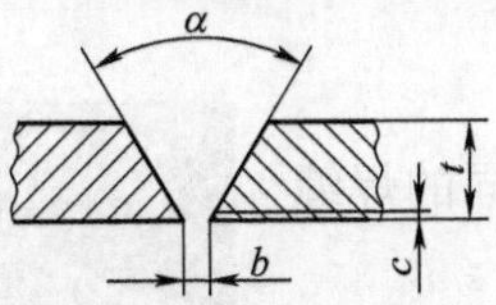	$40° \leqslant \alpha \leqslant 60°$	$\leqslant 4$	$\leqslant 2$
4~40	Y	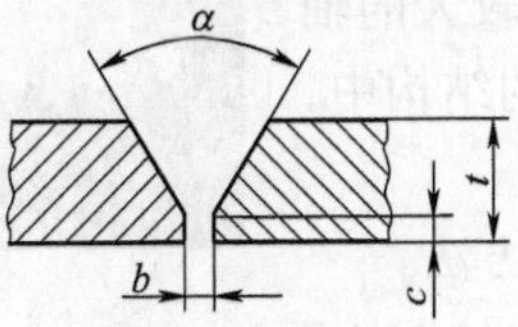	$\alpha \approx 60°$	$1 \leqslant b \leqslant 4$	$2 \leqslant c \leqslant 4$
$\leqslant 4$	I	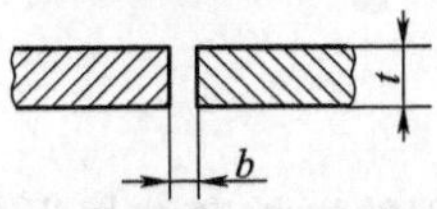	$\approx t$	—	—
3~10	V	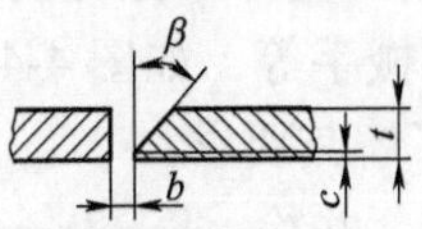	$35° \leqslant \beta \leqslant 60°$	$2 \leqslant b \leqslant 4$	$1 \leqslant c \leqslant 2$

4.1.3 搅拌摩擦焊

搅拌摩擦焊（Friction Stir Welding，FSW）是由英国焊接研究所（The Welding Institute，TWI）1991 年发明的一项新型连接方法。搅拌摩擦焊过程中，一个柱形带特殊轴肩和针凸的搅拌头旋转着缓慢插入被焊工件的待焊接处，搅拌头和被焊材料之间的摩擦剪切阻力产生了摩擦热，使材料软化发生塑性变形，并释放出塑性变形能，当搅拌头受到驱动沿着待焊界面向前移动时，热塑化的材料由搅拌头的前部向后部转移，并且在搅拌头轴肩的锻造作用下，实现工件之间的固相连接，如图 4-2 所示。

1. 搅拌摩擦焊的优点

1）变形小，即使是焊接长焊缝，变形也比熔焊时小得多。

2）力学性能良好，疲劳、断裂、弯曲力学性能比熔焊好得多。

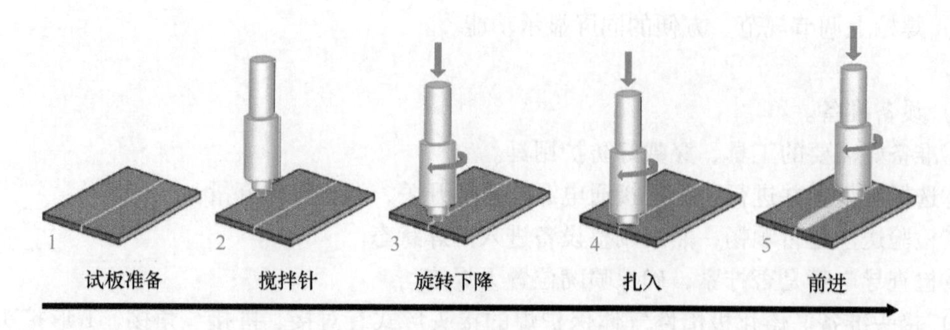

图 4-2 搅拌摩擦焊示意图

3）无弧光、烟尘、飞溅，噪声低，工作环境好。

4）搅拌头属于非消耗型材料，不需要填丝、不需要保护气体，节省能源。

5）控制参数少，操作简便，易于实现自动化。

6）在工艺成熟的条件下生产率高。

2. 搅拌摩擦焊的不足

1）被焊工件必须要夹紧固定，且不同的焊缝所需的夹具不同，焊接设备的灵活性差。

2）需要在焊缝背面加垫板，由于有较大的轴向力，故背面必须有刚性垫板。在封闭的结构中，刚性垫板的取出是一个难题。

3）缺少较为方便、快捷的无损检测方法。

4）在焊接结束时会留下一个匙孔，如图 4-3 所示。

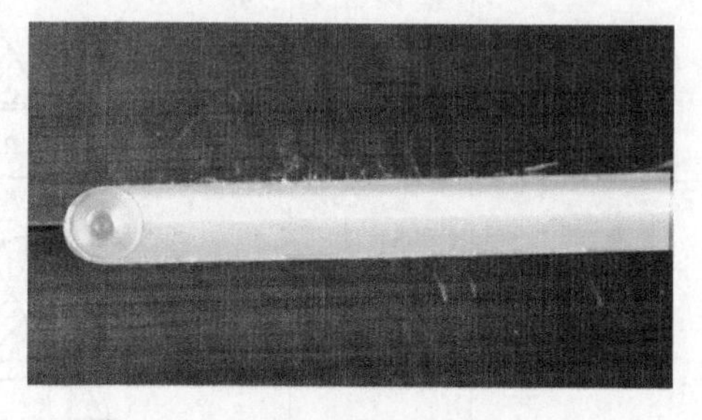

图 4-3 铝合金搅拌摩擦焊后匙孔

3. 搅拌摩擦焊焊前准备

（1）常用的搅拌摩擦焊设备 目前常用的搅拌摩擦焊设备主要有静龙门式 FSW 焊接专机、动龙门式 FSW 焊接专机、FSW 焊接机械手等，如图 4-4 所示。因此，操作人员必须熟悉搅拌摩擦焊设备并经过进过技术培训，了解其要求：

1）开机前确保已安装必要的防护装置，并检查设备各部分是否完整。

2）在设备移动前，检查移动区是否有工装夹具等。

3）开机前对设备开关、操作盘等进行检查，防止电缆等损伤。

4）主轴运转前应确认主轴上搅拌头已安装紧固。

5）主轴运转时避免操作人员和无关物品与旋转部件接触，同时操作人员检查焊接区是否有纱手套等易缠绕物品。

图 4-4 搅拌摩擦焊设备

6）在操作盘上设定参数要慎重，避免由于参数不当造成产品、设备的损害。

（2）搅拌头 搅拌头是搅拌摩擦焊设备的主要部件，它虽是一个易耗件，但它是 FSW

技术是否能够工程化应用的关键，直接决定着产品的焊接质量。针对不同产品接头，需要设计制造不同形式的搅拌头，需要经过一系列的焊接工艺试验才能确定，搅拌头外形如图4-5所示。

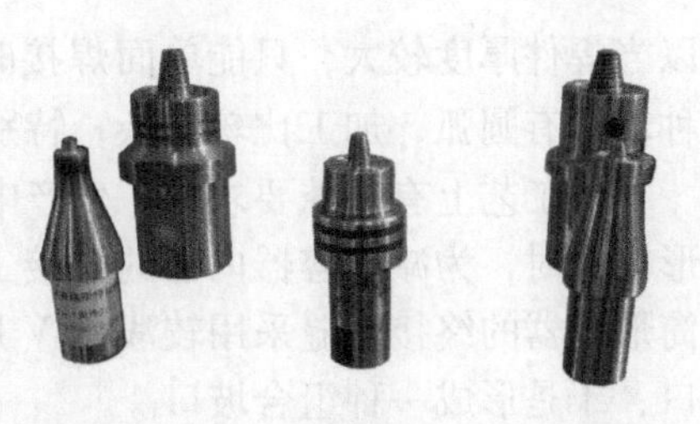

图4-5 搅拌头外形

（3）接头准备 搅拌摩擦焊焊接时，焊接质量与工件装配密不可分，同时对工件的来料提出了更高的要求，因此铝合金材料在焊接前，需要严格按图装配搅拌摩擦焊接头区域，确保接头装配间隙；对于妨碍搅拌摩擦焊过程的其他缺陷，需将残留在产品表面和型腔内的灰尘、飞溅、毛刺、切削液及铝屑清理干净。

（4）工艺验证 搅拌摩擦焊作为一种新的工艺应用，在产品生产前需做好相关验证准备工作，确保搅拌摩擦焊焊接参数正确无误。所需验证的焊接参数主要有搅拌头的倾角、旋转速度，搅拌头的插入深度、插入停留时间和焊接压力等。

4.2 焊件坡口和垫板准备

焊件坡口是根据设计或工艺需要，在工件的待焊部位加工成一定几何形状并经装配后构成的沟槽，用机械、火焰或电弧加工坡口的过程称为开坡口。开坡口的目的是为保证电弧能深入到焊缝根部使其焊透，并获得良好的焊缝成形以及便于清渣，对于合金钢来说，坡口还能起到调节母材金属和填充金属比例的作用。

4.2.1 焊件坡口的形状

根据坡口形状的不同，坡口可分成I形（不开坡口）、Y形、双Y形、V形、双V形、U形、双U形、单边V形、K形、J形等形式，如图4-6所示。

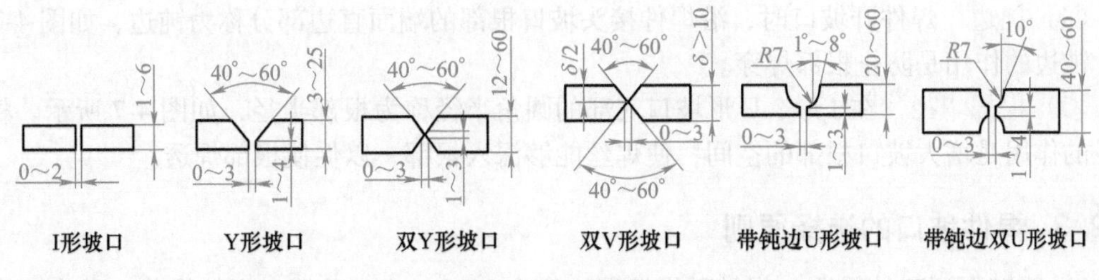

图4-6 坡口形式

（1）V形坡口 V形坡口为最常用的坡口形式。这种坡口便于加工，焊接时为单面焊，不用翻转焊件，但焊后焊件容易产生变形。

（2）双V形坡口 这种坡口是在单V形坡口的基础上发展起来的一种坡口形式，当焊件厚度增大时，V形坡口的空间面积随之加大，因此大大增加了填充金属的（焊丝）消耗量，并增加了焊接作业时间。采用双V形坡口后，在同样的厚度下，能减少焊缝金属量约1/2，并且是对称焊接，所以焊后焊件的残余变形也比较小。缺点是焊接时需要翻转焊件，或需要在圆筒形焊件的内部进行焊接，劳动条件较差。

（3）U形坡口 U形坡口的空间面积在焊件厚度相同的条件下比V形坡口小的多，所以当焊件厚度较大，只能单面焊接时，为提高焊接生产率，可采用U形坡口。但是由于这种坡口有圆弧，加工比较复杂，特别是在圆筒形焊件的筒壳上加工更加困难。

当工艺上有特殊要求时，生产中还经常采用各种比较特殊的坡口。例如，焊接厚壁圆筒形容器时，为减少容器内部的焊接工作量，可采用双单边V形坡口，即内浅外深。厚壁圆筒形容器的终接环缝采用较浅的V形坡口，而外壁为减少埋弧焊的工作量，可采用U形坡口，于是形成一种组合坡口。

4.2.2 坡口的几何尺寸

根据设计或工艺的需要，在焊件的待焊部位加工成一定几何形状的沟槽称为坡口。

（1）坡口面　焊件上的坡口表面称为坡口面，如图4-7所示。

（2）坡口面角度和坡口角度　待加工坡口的端面与坡口面之间的夹角称为坡口面角度，两坡口面之间的夹角称为坡口角度，如图4-7所示。开单面坡口时，坡口角度等于坡口面角度；开双面对称坡口角度时，坡口角度等于两倍的坡口面角度。

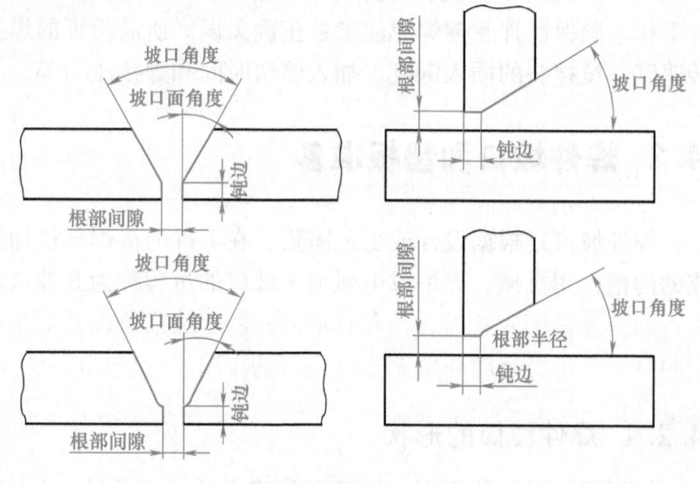

图4-7　坡口几何尺寸

（3）根部间隙　焊前在接头根部之间预留的空隙称为根部间隙，如图4-7所示。根部间隙的作用在于焊接打底焊道时，能保证根部焊透。

（4）钝边　焊件开坡口时，沿焊件接头坡口根部的端面直边部分称为钝边，如图4-7所示。钝边的作用是防止根部焊穿。

（5）根部半径　在J形、U形坡口底部的圆角半径称为根部半径，如图4-7所示。根部半径的作用是增大坡口根部的空间，使焊丝能够深入根部，以促使根部焊透。

4.2.3 焊件坡口的选择原则

1）能够保证工件焊透（焊丝弧焊熔深一般为2~4mm），且便于焊接操作，若在容器内部不便焊接的情况下，要采用单面坡口在容器的外面焊接。

2）坡口形状应容易加工。

3）尽可能提高焊接生产率和节省焊丝。

4）尽可能减小焊后工件的变形。

5）不同焊接位置的坡口选择如图4-8所示。

4.2.4 坡口的加工方法

1）常用的坡口加工方法有剪切、刨削、车削、激光切割等。

2）坡口成形的加工方法，需根据铝板厚度及接头形式而定，目前常用的加工方法有以

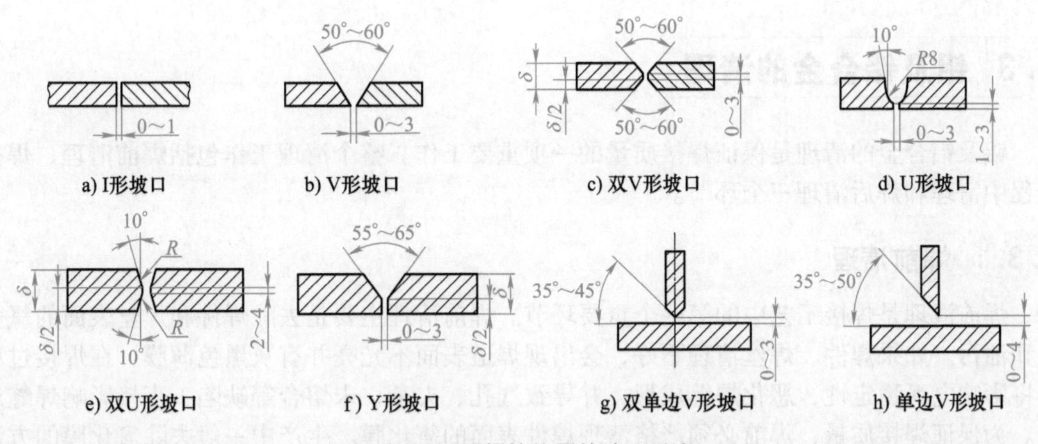

图 4-8 不同焊接位置的坡口形式

下几种：

①剪切。对于采用I形接头的较薄铝板，可用剪板机剪切。

②刨削。利用刨边机刨削，能加工形状复杂的坡口面，加工后坡口面较平直。刨削适用于较长的直线形坡口面的加工。用这种方法加工不开坡口的边缘时，可一次刨削成叠铝板，效率很高。

③车削。对于圆筒形零件的环缝，可利用立式车床车削坡口面。这种方法效率高，坡口面的加工质量好。

4.2.5 防塌陷方法

由于铝及铝合金在高温时强度低、液态流动性好，单面对接平焊时焊缝金属容易下塌，为保证焊接时既焊透又不至于塌陷，并加强背后的气体保护，常采用垫板（垫环）或型材坡口形式来托住熔化金属及附近金属。

1. 常用垫板种类

（1）永久性垫板 焊前随工件一起装配定位焊，焊后不能拆除。材料采用与母材相同的铝及铝合金。

（2）可拆性垫板 焊前将垫板紧贴坡口反面，焊后可拆除，重复使用。材料可采用不锈钢、纯铜或专用陶瓷垫。

可拆性垫板表面常加工一个凹或圆弧形槽，如图4-9所示，以保证焊缝反面的成形和气体保护。

2. 型材坡口形式

型材坡口形式有很多种，如图4-10所示。

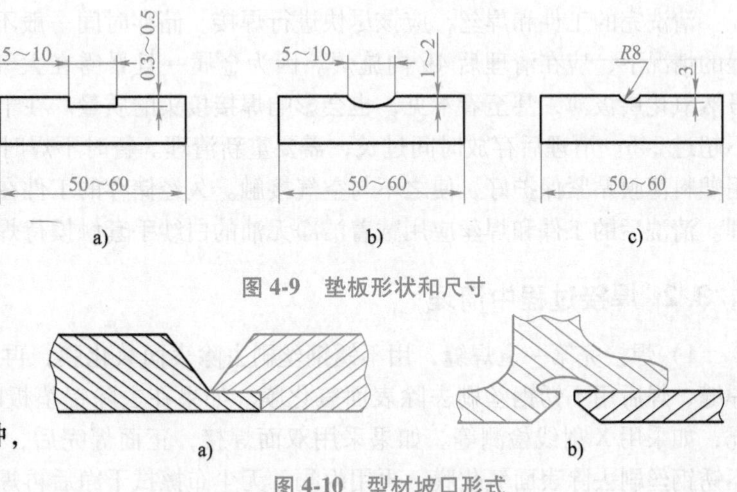

图 4-9 垫板形状和尺寸

a) b)

图 4-10 型材坡口形式

4.3 铝及铝合金的清理

铝及铝合金的清理是保证焊接质量的一项重要工作。整个清理工作包括焊前清理、焊接过程中清理和焊后清理三个环节。

4.3.1 焊前清理

焊前清理是焊接工艺中的第一个重要环节。焊前清理主要是去除焊件和焊丝表面的氧化膜和油污。如果焊件、焊丝清理不好，会出现焊道表面不光亮并有灰黑色薄膜，在焊接过程中将影响电弧稳定性，恶化焊缝成形，并导致气孔、夹杂、未熔合等缺陷，直接影响焊缝质量。为保证焊接质量，焊前必须严格清理焊件表面的氧化膜。生产中一般去除氧化膜的方法有机械清理和化学清理两种，有时两种方法兼用。

（1）机械清理　机械清理是先用有机溶剂（丙酮或酒精）擦洗工件表面以去除油污、杂质，然后用不锈钢丝轮（刷）将坡口及其两侧的氧化膜清除，直至露出金属光泽呈亮白色。也可用刮或铣等方法进行清理。不宜用砂轮、砂纸等打磨，因为砂粒会嵌留在工件表面，焊接时会产生夹渣等缺陷。

机械清理效率低，去除氧化膜不彻底，一般只用于尺寸大、生产周期较长的工件，多层焊或化学清洗后又局部玷污的工件和小焊件的辅助清理。

（2）化学清理　化学清理是采用清洗剂，依靠化学反应而达到去除焊丝或焊件表面氧化膜的目的。化学清理效率高、质量稳定，比机械清理的效果好。但清洗大件不方便，因此多用于焊丝和成批生产的小件的清洗。铝及铝合金的化学清理见表 4-3。

表 4-3　铝及铝合金的化学清理

<table>
<tr><th rowspan="2">工序</th><th rowspan="2">除油</th><th colspan="3">碱洗</th><th rowspan="2">冲洗</th><th colspan="3">中和光化</th><th rowspan="2">冲洗</th><th rowspan="2">干燥</th></tr>
<tr><th>溶液</th><th>温度/℃</th><th>时间/min</th><th>溶液</th><th>温度/℃</th><th>时间/min</th></tr>
<tr><td>纯铝</td><td rowspan="2">有机溶剂擦拭</td><td rowspan="2">NaOH
6%~10%
（质量分数）</td><td rowspan="2">40~50</td><td>≤20</td><td rowspan="2">流动清水</td><td rowspan="2">HNO_3
30%~35%
（质量分数）</td><td rowspan="2">室温或
40~60</td><td rowspan="2">1~3</td><td rowspan="2">流动清水</td><td rowspan="2">风干或低温干燥</td></tr>
<tr><td>铝镁合金
铝锰合金</td><td>≤7</td></tr>
</table>

清洗完的工件和焊丝，应该尽快进行焊接。储存时间一般不得超过 12h，如果在气候潮湿的情况下，应在清理后 4h 内施焊。因为金属一旦暴露在大气中，就会立即生成氧化层，虽然氧化层极薄，甚至看不见，也会影响焊接接头的质量。在干燥的环境中，一般存放时间不超过 24h。清理后存放时间过长，需要重新清理。暂时不焊时清洗过的工件表面和焊丝应用塑料薄膜贴紧保护好，使之不与空气接触。久经储存的工件在决定焊接之前，必须重新清理。清洗后的工件和焊丝应用戴着洁净无油的白纱手套触摸待焊处和取用。

4.3.2 焊接过程中清理

1）焊接完第一道焊缝，用不锈钢丝刷去除表面氧化膜，再用丙酮擦拭干净。焊接表面焊缝，焊后用不锈钢丝刷去除表面氧化膜。如果在去除铝垫板时，应及时检验根部质量状况，如采用 X 射线检测等。如果采用双面焊接，正面焊完后，背面必须用铣刀清根，再用不锈钢丝刷去除表面氧化膜，再用丙酮、无尘布擦拭干净后再焊接背面的焊缝。

2）焊接过程中接头的打磨。在焊接过程中，如果熄弧后再引弧，则需要对接头处进行打磨处理后方能重新引弧。接头处须打磨成斜坡平滑过渡。

3）多层焊时，除第一层外，每层焊前均需用机械方法清除前层焊缝上的氧化膜。由于加热会促成氧化膜的重新生成，在焊接过程中应随时注意熔池的情况，若发现有氧化膜生成，应用机械方法及时清理。

4）长焊缝可以分段清理，以缩短清理与焊接的间隔时间，这个间隔时间越短越好。

5）施焊前为去除工件表面吸附的水分，可将焊接区域的两侧用烘枪预热至50~60℃，随即用机械法清理焊缝两侧各30~50mm的氧化膜，使之呈现出亮白色为止。

6）在焊接过程中，每焊完一个零件，准备装配下个零件之前，都应对焊接夹具进行一次清理，并根据已焊接件反面的保护情况，再次清除由于夹具所带来的污染。

4.3.3 焊后清理

1）铝合金焊接完成后通常在焊缝表面存在一层焊黑（主要成分为高温挥发出来的氧化金属），焊接完成后焊缝表面的焊黑通常可以采用角向砂轮机配合钢丝碗刷对焊缝表面进行打磨，直至将焊黑打磨掉露出金属光泽。

2）留在焊缝及附近的残存焊剂和焊渣等会破坏铝表面的钝化膜，有时还会腐蚀铝件，应及时处理，以避免氧化的金属吸收空气中的水分腐蚀焊缝表面影响焊缝质量。对于其形状简单，要求一般的工件可以用热水冲刷或蒸气吹刷等简单方法清理。

3）工件完成装配点焊后应该对焊缝的起弧点、收弧点的弧坑以及焊缝接头处进行打磨，使其平滑过渡防止应力集中，从而保证工件的焊接质量。焊接完成后接头的打磨分为三种情况：对接焊缝接头打磨，角焊缝接头打磨及图样要求焊后磨平焊缝的接头打磨。接头打磨后要与焊缝间平滑过渡。图样要求焊后须磨平的焊缝，焊接完成后只需将接头处打磨至与焊缝平滑过渡，且接头平面不低于母材表面即可。尖端处需要用角向砂轮机将焊缝修整圆滑过渡，防止应力集中而影响焊缝的力学性能。

4）焊后留在焊缝及邻近母材表面上的熔渣、熔剂及飞溅等，需要及时清除干净，否则在空气、水分的参与下能与金属发生化学反应，会激烈地腐蚀铝件。

4.4 工装夹具

由于铝合金的热导率大（要比铁大数倍）、线胀系数大、熔点低、电导率高等物理性能，焊接母材本身存在刚度不足，在焊接过程中容易产生较大的焊接变形，如果不采用专用焊接工装夹紧进行焊接，在焊接过程中很容易产生焊接弯曲变形，从而影响正常焊接，为了保证焊接正常进行，试件放入工装夹具再进行焊接，如图4-11所示。专用焊接夹具工装图样，如图4-12所示。

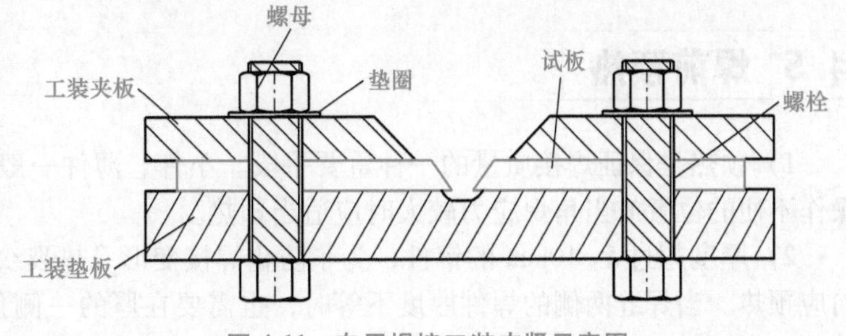

图4-11 专用焊接工装夹紧示意图

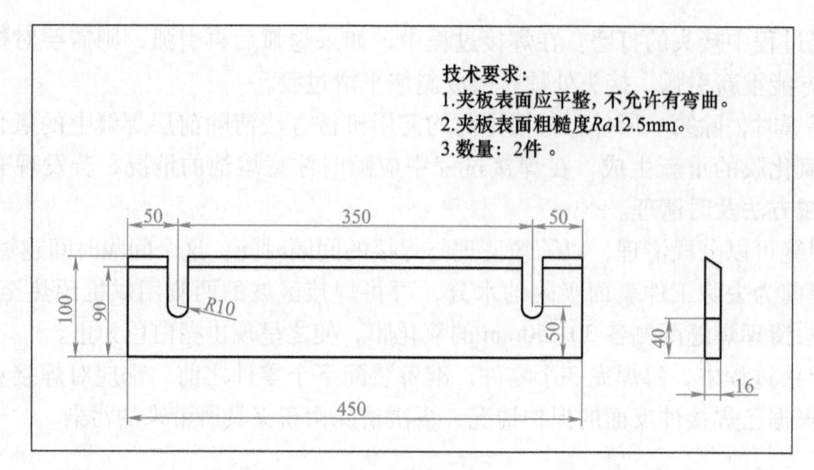

a) 工装夹板

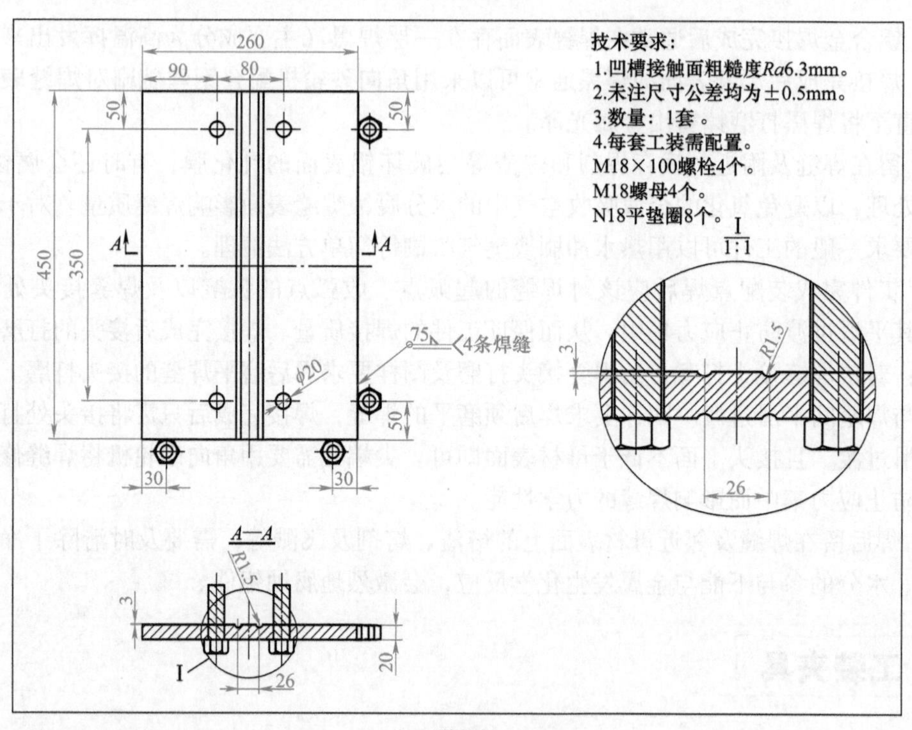

b) 工装垫板

图 4-12　专用焊接夹具工装图样

4.5　焊前预热

1）预热是保证焊接质量的一种重要手段。小件、薄件一般不预热，但特殊情况下，如操作不便的位置或当角焊应力较大时应适当预热。

2）厚度超过 5~10mm 的铝件，为了防止焊接变形、热裂纹、未焊透、气孔等缺陷，焊前应预热。当焊缝两侧的焊件厚度不等时，也需要在厚的一侧预热，才能使焊接顺利进行，薄的一侧不需要预热。

3）预热温度的选择可根据工件的大小，冷却快慢决定。一般用氧乙炔焰的中性焰或较柔和的碳化焰将工件慢慢加热，如图 4-13 所示。预热温度一般为 80～150℃，不得超过 150℃。含镁 3%～5.5%（质量分数）的铝合金预热温度不应高于 120℃，一般不要超过 100℃，其层间温度也不应超过 120℃。

4）预热温度不宜过高，否则会使熔池较大，铝液黏度降低，在交流焊接时，液体金属会产生一定振荡，使焊缝表面产生一层麻面；还会引起过大的变形，焊缝的耐蚀性下降。预热的温度应均匀，最好从焊缝两侧的背面各 150mm 左右预热，焊接较方便，以免产生过厚的氧化膜。

5）预热测温可以用接触式点温仪、表面测温计或测温笔测量，如图 4-14 所示。也可以用简易的方法测得，如将安全火柴放于被加热的铝板表面，使火柴自燃的温度即可。

图 4-13 工件预热示意图

图 4-14 工件测温示意图

4.6 焊前装配及定位焊

4.6.1 焊件焊前装配的检查

1）检查焊接结构件的外形尺寸是否符合图样要求。

2）组装结构件的板材厚度和材质是否符合技术要求。

3）被焊表面是否有油污，氧化膜等。

4）检查焊缝坡口形式是否与设计相符合。

5）检查坡口尺寸是否正确。

6）检查装配间隙，坡口钝边。

7）检查接头装配是否对准。

4.6.2 定位焊

焊前为固定焊件的相对位置所进行的焊接操作称为定位焊，俗称点固焊。

1）定位焊形成的短小而断续的焊缝叫定位焊缝。通常定位焊缝都比较短小，焊接过程中都不去掉，成为正式焊缝的一部分保留在焊缝中，因此定位焊缝的质量好坏、位置、长度和高度等是否合适，将直接影响正式焊缝的质量及焊件的变形。生产中发生的一些重大质量事故，如结构变形大，出现未焊透及裂纹等缺陷，往往是定位焊不合格造成的，因此对定位焊必须引起足够的重视。

2）定位焊的注意事项。

①必须按照焊接工艺规定的要求进行定位焊。如采用与工艺规定的同牌号，同直径的焊

接材料，用相同的焊接参数施焊；若工艺规定焊前需预热，焊后需缓冷，则焊定位焊缝前也要预热，焊后也要缓冷。

②定位焊缝必须保证熔合良好，焊道不能太高。起头和收尾处应圆滑不能太陡，防止焊缝接头两端焊不透。

③定位焊缝的长度、高度、间距见表4-4、表4-5。

④定位焊缝不能焊在焊缝交叉处或焊缝方向发生急剧变化的地方，通常至少应离开这些地方50mm才能进行定位焊。

⑤为防止焊接过程中工件裂开，应尽量避免强制装配，必要时可增加定位焊缝的长度，并减小定位焊缝的间距。

⑥定位焊后必须尽快焊接，避免中途停顿或存放时间过长，定位焊用电流可比焊接电流大10%~15%。

4.6.3 板材焊件的装配及定位焊

（1）板材焊件的装配　板材焊件的组装是为了保证板材焊件外形尺寸和焊缝坡口间隙，通常用钨极氩弧焊或熔化极惰性气体保护焊进行定位焊缝的焊接，如图4-15所示。

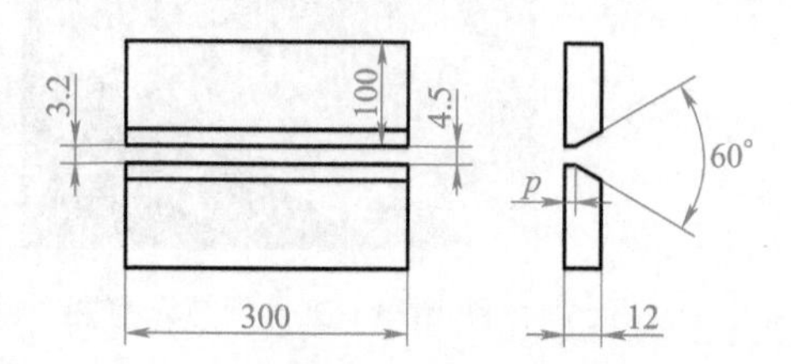

图4-15　板材焊件的装配

（2）定位焊　定位焊缝是正式焊缝的组成部分，它的质量会直接影响正式焊缝的质量，定位焊缝不得有裂纹、夹渣、焊瘤等焊接缺陷。

板材焊件装配定位焊应注意以下事项：

1）定位焊的引弧和熄弧都应在坡口内，如图4-16所示。

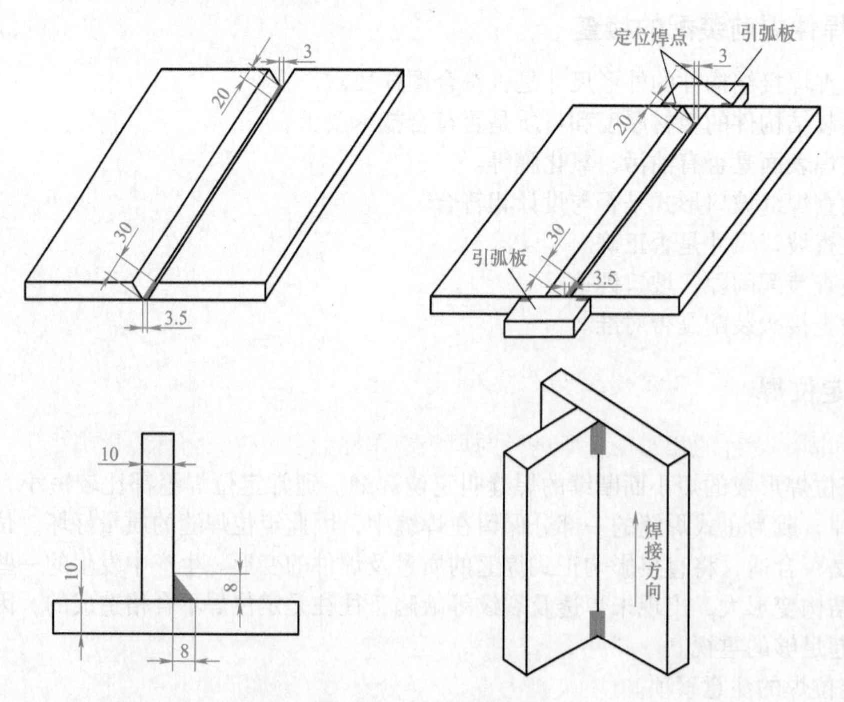

图4-16　板材定位焊

2）对于双面焊且背面需要清根的焊缝，定位焊最好在坡口背面。

3）焊接结构件形状对称时，定位焊缝应对称分布。

4）角焊缝定位焊的角焊尺寸不得大于设计焊脚尺寸的1/2。

5）定位焊时，工件温度比正常焊接时要低，由于热量不足而容易产生未焊透，故焊接电流应采用比正常焊接电流大10%~15%，同时收弧时应及时填满弧坑，防止弧坑产生焊接裂纹。

6）定位焊缝的参考尺寸一般有工件大小、板/壁厚来决定，见表4-4。

表4-4 板材定位焊缝的参考尺寸

焊件厚度/mm	定位焊缝高度/mm	焊缝长度/mm	间距/mm
≤4	<3	5~10	50~100
4~12	3~6	10~20	100~200
>12	6	15~30	100~300

4.6.4 管材焊件的装配及定位焊

（1）管材焊件的装配 管材焊件的装配是为了保证管材焊件的外形尺寸和焊缝坡口间隙，通常采用钨极氩弧焊或熔化极惰性气体保护焊进行定位焊缝的焊接，如图4-17所示。

（2）定位焊 管材焊件装配定位焊应注意以下事项：

1）管子轴线必须对正，防止焊接后出现管子轴心发生偏斜。

2）焊缝两侧（内外壁）20~30mm范围的表面要将水、铁锈、氧化皮、油污或其他影响焊接质量的杂质清理干净。

3）为了保证管子根部焊透及成形良好，定位焊前必须预留装配间隙，装配间隙可根据焊接时所选用的焊丝直径为参考间隙进行装配。

4）定位焊使用的焊丝牌号应与正式焊缝的焊丝牌号相同，并保证坡口根部熔合良好。

5）定位焊后应对管子定位焊缝进行认真检查，若发现裂纹、未焊透、气孔、夹渣等焊接缺陷，必须清理干净重新进行定位焊。

6）定位焊的焊渣、飞溅必须清理到位，并将定位焊两端修磨成斜坡状。

7）小口径管（*DN*<50mm）的定位焊缝采用点焊，焊点对称布置，大口径管（*DN*>125mm）的定位焊缝不少于4处，焊缝长度为15~30mm，如图4-18所示。

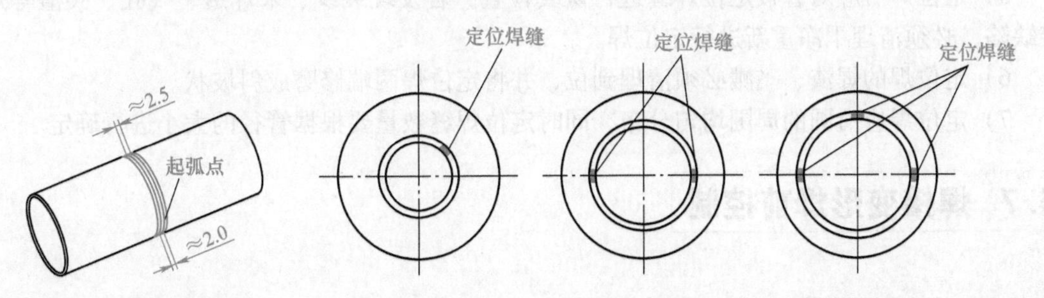

图4-17 管材焊件装配

图4-18 管材定位焊的数量和位置

8）管材定位焊缝长度和数量见表4-5。

表 4-5 管材定位焊长度和数量

公称管径	定位焊长度/mm	数量
$DN \leqslant 50$	10	1~2
$50 < DN \leqslant 200$	15~30	3
$200 < DN \leqslant 300$	40~50	4
$300 < DN \leqslant 500$	50~60	5
$500 < DN \leqslant 700$	60~70	6
$DN > 700$	80~90	7

4.6.5 管板焊件的装配及定位焊

（1）管板材焊件的装配　管板材焊件的装配是为了保证管板材焊件的外形尺寸、焊缝坡口间隙及相对位置，通常采用钨极氩弧焊或熔化极惰性气体保护焊进行定位焊缝的焊接，如图 4-19 所示。

（2）管板材焊件定位焊（见图 4-20）　管板材焊件装配定位焊应注意以下事项：

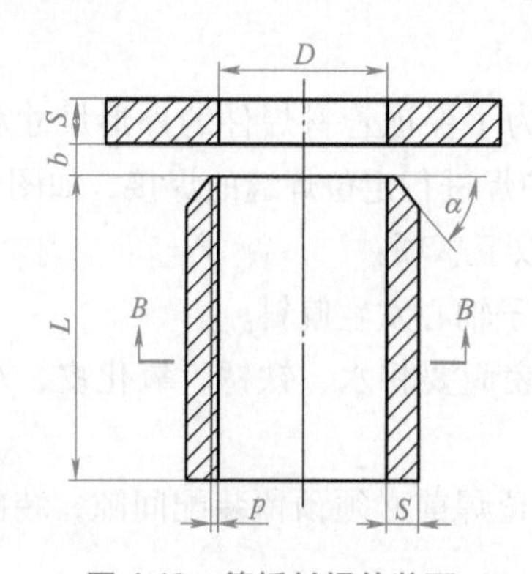

图 4-19　管板材焊件装配

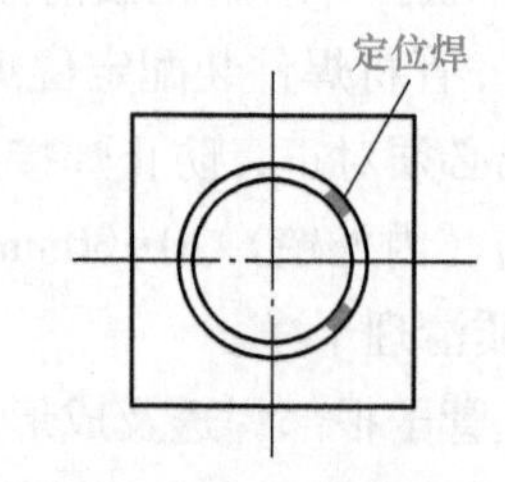

图 4-20　管板材焊件定位焊

1）管板定位焊焊缝两端应尽可能呈斜坡状焊接。

2）焊缝两侧（内外壁）20~30mm 范围的表面要将水、铁锈、氧化皮、油污或其他影响焊接质量的杂质清理干净。

3）为了保证管板根部焊透及成形良好，定位焊前必须预留装配间隙。

4）定位焊使用的焊丝牌号应与正式焊缝的焊丝牌号相同，并保证坡口根部熔合良好。

5）定位焊后应对管板定位焊缝进行认真检查，若发现裂纹、未焊透、气孔、夹渣等焊接缺陷，必须清理干净重新进行定位焊。

6）定位焊的焊渣、飞溅必须清理到位，并将定位焊两端修磨成斜坡状。

7）定位焊应沿圆的周围均匀分布，同时定位焊缝数量要根据管径的大小进行确定。

4.7 焊接变形焊前控制

4.7.1 焊前预变形

铝及铝合金的线胀系数约为碳素钢和低合金的两倍，在焊接过程中，铝凝固时的体积收缩率较大，焊接工件的变形和应力较大，所以铝合金焊接变形的控制要比碳素钢难度大。因此，采取预防焊接变形的措施很重要。

铝合金工件的焊接变形按基本形式可分为纵向变形、横向变形、弯曲变形、角变形、波浪变形和扭曲变形等几种，如图 4-21 所示。以上几种类型的变形，在焊接结构生产中往往并不是单独出现的，而是同时出现相互影响的。

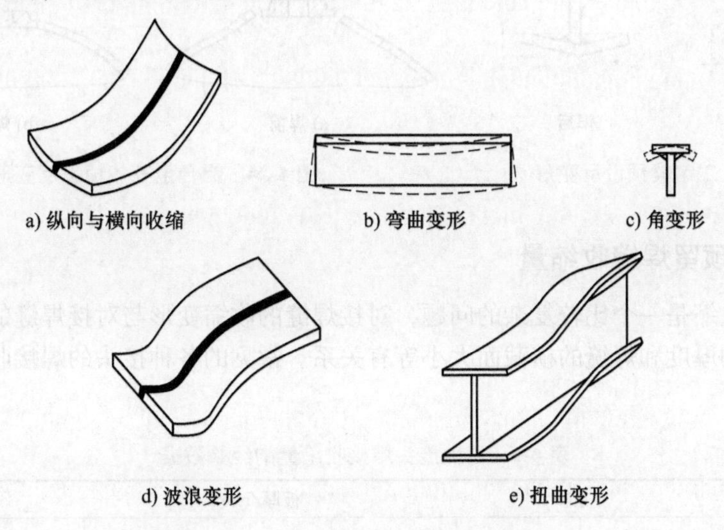

图 4-21 铝合金工件的焊接变形

铝合金焊接变形的影响因素与铝合金的焊脚尺寸、焊接热输入、焊缝位置、坡口形式有关。焊脚尺寸增加，变形也随之加大。但过小的焊脚尺寸，将降低结构的承载能力。并使接头的冷却速度加快，容易产生裂纹以及热影响区硬度增高等缺陷。因此，在满足结构的承载能力和保证焊接质量的前提下，应随着板的厚度来选取工艺上可能的最小焊脚尺寸。

焊接热输入越大，焊后残余变形越大。不同的焊接方法，焊接热输入不同。单面坡口比双面坡口焊后角变形大。坡口的空间面积越大，焊后变形越大。分析焊件施焊后可能产生变形的方向和大小，在焊接前应使被焊件发生大小相同、方向相反的变形，以抵消或补偿焊后发生的变形，以达到防止焊后变形的目的，这种方法称为预制反变形法。焊接预反变形的控制过程中需要了解焊接变形的规律，预计估算好变形的方向和变形量，人为的设定一个方向相反的变形尺寸，达到焊后与变形量抵消的目的。

1）对接板焊接反变形的设置，一般在角变形的相反方向将焊接试板设定一定角度，如图 4-22 所示。

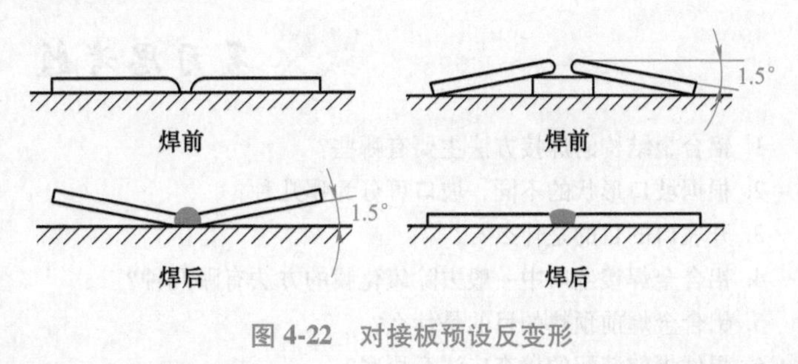

图 4-22 对接板预设反变形

2）工字梁的焊接反变形控制很难，在焊接过程中不仅存在角变形还存在扭曲变形等多种其他变形。在工字梁的角变形控制上，估算好角变形量，对腹板做好预弯曲变形量，设定好定位焊长度和焊接参数等配合反变形，达到控制工字梁焊接变形的目的，如图 4-23 所示。

3）铝合金壳体的焊接变形较难控制，在壳体上焊接容易造成塌陷，因此在焊接前可以将壳体焊缝周边的壳壁向外顶出，然后进行焊接，图 4-24 所示。

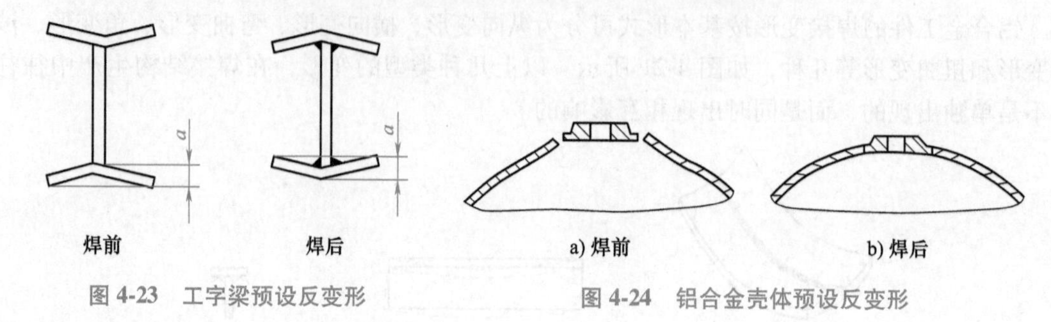

图 4-23　工字梁预设反变形

图 4-24　铝合金壳体预设反变形

4.7.2　焊前预留焊缝收缩量

焊接变形收缩是一个比较复杂的问题，对接焊缝的收缩变形与对接焊缝的坡口形式、对接间隙、板材的厚度和焊缝的横截面大小等有关系。常见的各种接头的焊接收缩量的经验数据见表 4-6。

表 4-6　各种接头焊接收缩量的经验数据

接头形式	板厚/mm						
	3~4	4~8	8~12	12~16	16~20	20~24	24~30
	焊缝横向收缩量/mm						
V 形坡口对接接头	0.7~1.3	1.3~1.4	1.4~1.8	1.8~2.1	2.1~2.6	2.6~3.1	—
X 形坡口对接接头	—	—	—	1.6~1.9	1.9~2.4	2.4~2.8	2.8~3.2
单面坡口十字接头	1.5~1.6	1.6~1.8	1.8~2.1	2.1~2.5	2.5~3.0	3.0~3.5	3.5~4.0
单面坡口角焊缝	—	0.8		0.7	0.6	0.4	—
不开坡口单面角焊缝	—	0.9		0.8	0.7	0.4	—
双面断续角焊缝	0.4	0.3		0.2	—	—	—
	焊缝纵向收缩量/mm						
对接焊缝	0.15~0.3						
连续角焊缝	0.2~0.4						
断续焊缝	0~0.1						

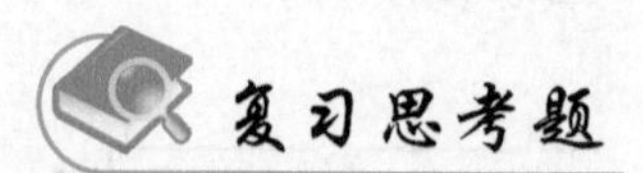

1. 铝合金结构的焊接方法主要有哪些？
2. 根据坡口形状的不同，坡口可分为哪几种？
3. 开坡口的目的是什么？
4. 铝合金焊接生产中一般去除氧化膜的方法有哪几种？
5. 铝合金焊前预热的目的是什么？
6. 焊件焊前装配的检查应注意哪些？
7. 铝合金工件的焊接变形按基本形式可分为哪些？

第5章 铝合金手工钨极氩弧焊工艺及操作技能

Chapter 5

☺ 理论知识要求

1. 了解铝合金手工钨极氩弧焊焊前准备工作。
2. 了解铝合金手工钨极氩弧焊焊接环境的选择。
3. 了解铝合金手工钨极氩弧焊工艺。

☺ 操作技能要求

1. 掌握铝合金板对接平焊的单面焊双面成形操作技能。
2. 掌握铝合金板对接立焊的单面焊双面成形操作技能。
3. 掌握铝合金板对接横焊的单面焊双面成形操作技能。
4. 掌握铝合金板T形接头的立角焊操作技能。
5. 掌握铝合金管垂直固定对接单面焊双面成形操作技能。
6. 掌握铝合金管水平固定对接单面焊双面成形操作技能。

5.1 铝合金的手工钨极氩弧焊工艺

钨极氩弧焊有手工钨极氩弧焊和自动钨极氩弧焊两种；按电流特点不同，还有脉冲钨极氩弧焊。钨极氩弧焊已成为焊接铝及铝合金的重要方法之一，手工钨极氩弧焊适用于焊接0.5~5.0mm厚的铝及铝合金焊件，可进行全位置的焊接，特别是在焊接尺寸较精密的小零件时更为合适。自动钨极氩弧焊可以焊接1~12mm的环缝或纵缝。当焊件厚度大于5mm时应开坡口采用多层焊。

5.1.1 焊前清理

焊前清理工作见“4.3 铝及铝合金的清理”。

5.1.2 焊接环境的选择

氩弧焊受周围气流影响较大，不适宜在室外和有风处进行操作。在焊接作业前应关闭台位附近的通道门。在焊接过程中，如果有人打开台位附近处的大门，要立即停止施焊。作业区要求温度在5℃以上，产品施焊前应清理焊接区域3m范围内的可燃物体，避免因焊接飞溅引起起火事件。

5.1.3 焊接装配

（1）装配间隙和错边　装配质量的好坏是保证焊接质量的重要一环。装配间隙和错边不当时，易产生烧穿、焊缝成形不良和未焊透。手工 TIG 焊时对间隙和错边的要求见表 5-1。角焊缝装配间隙要尽可能的小，对接装配间隙可用塞尺进行检查，要求前窄后宽。

表 5-1　手工 TIG 焊允许间隙和错边尺寸

序号	板厚/mm	名称	图示	间隙/mm	允许局部错边尺寸/mm
1	3~6	带有焊接垫板的 V 形焊缝		1.5~2.6	≤0.5
2	1.5~3	没有焊接垫板的 I 形焊缝		0~0.5	≤0.5
3	≥2	角接	$T_{最小}$ $C\leq0.1T_{最小}$	$\leq0.1T_{最小}$	无

（2）定位焊　为了保证焊件尺寸，减少变形，防止焊接过程中由于翘曲变形而使待焊处错位，焊前大多需要定位焊。装配定位焊采用与正式焊接相同的焊丝和焊工艺。定位焊长度≤10mm，定位焊时的焊接电流比正式焊接时的焊接电流大 10%~15%，对定位焊缝质量要求与正式焊接质量检验标准一样。定位焊时一般采用较细的焊丝。在保证完全焊透和定位连接可靠的前提下，定位焊点应低平、细长，焊点不易过大、过宽、过高。定位焊点同样要有充分的保护，避免氧化。

5.1.4 工装夹具

TIG 焊多用于薄板焊接，薄板焊接中，多数情况是在板的正面进行焊接，并使背面充分熔化，得到背面成形良好的焊缝。形成合适的背面熔化所对应的焊接条件范围是很窄的。如果热输入较低，会造成背面未熔化；如果热输入较高，虽然背面可以充分地熔透，但也有可能因熔化金属自身的重力而造成焊穿，或者使熔化宽度和焊件厚度不成比例。为防止烧穿现象的发生，薄板焊接时如果工件具备装夹条件，应考虑到利用夹具焊接，正面压紧，背面加上铜垫板或不锈钢垫板，防止焊接变形造成对缝间隙的改变、产生错位或错边，以及防止热塌陷。当焊件结构中存在各区域散热条件不均时，采用夹具来改善散热变化，目的就是要形成正反面尺寸均匀的焊缝。自制焊接夹具工装图样如图 5-1 所示。

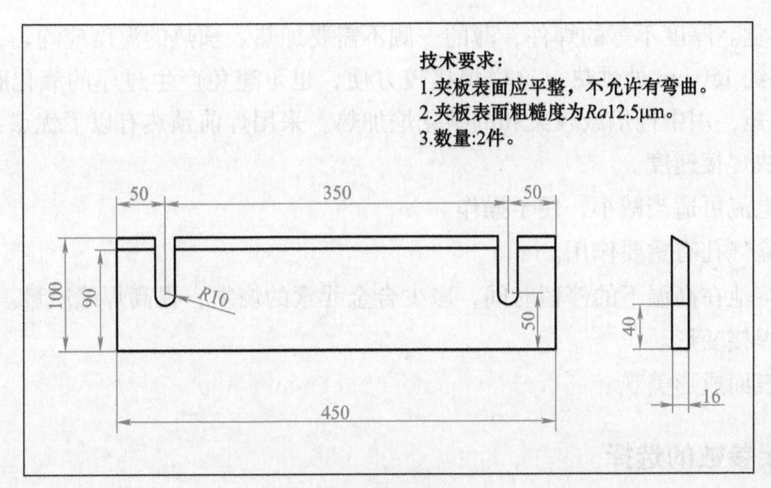

a) 工装夹板

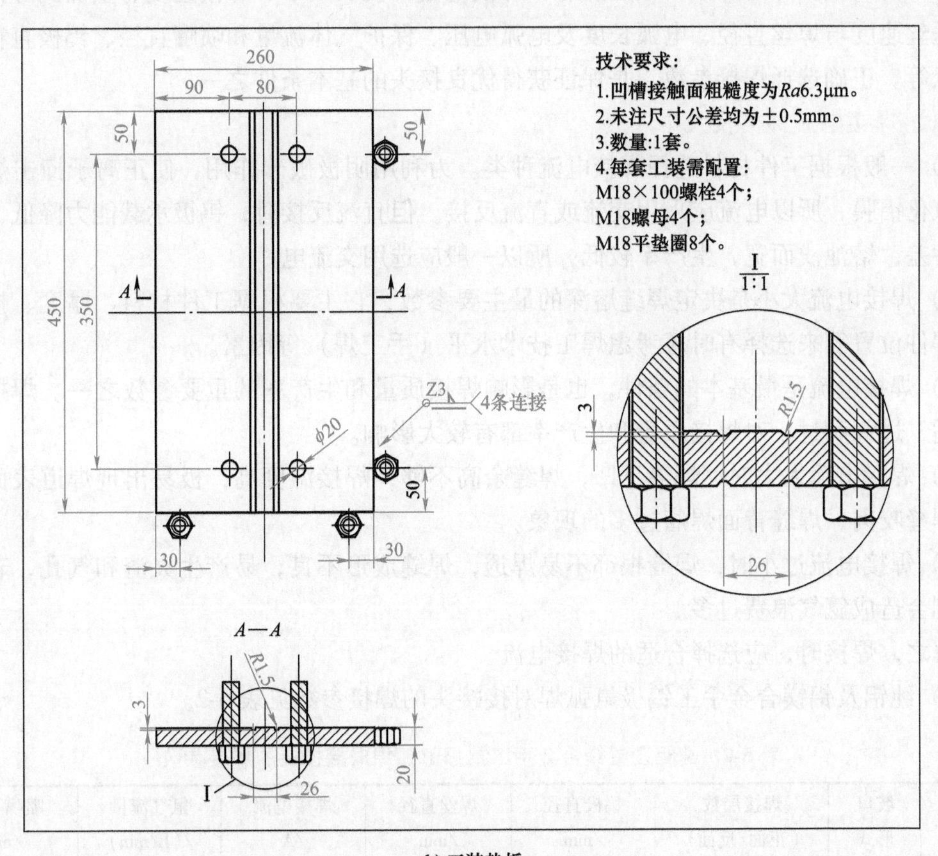

b) 工装垫板

图 5-1 焊接夹具工装示意图

5.1.5 预热

对于厚度在 8mm 以上（包括 8mm）的铝材，焊前要预热，预热温度为 80~120℃，层间温度控制在 60~100℃。预热时要使用测温仪对温度进行测量，严禁不使用测温仪而仅凭个人经验及感觉。厚度不等的焊件，薄的一侧不需要加热。预热的温度应均匀，最好从焊缝两侧的背面各约150mm处预热，这样焊接较方便，也可避免产生过厚的氧化膜。预热时可采用氧乙炔焊矩，用中性焰或较柔和的碳化焰加热。采用焊前预热有以下优点：

1）可加快焊接速度。

2）焊接电流可适当减小，便于操作。

3）对消除气孔有重要作用。

4）减少熔池在高温下的停留时间，减少合金元素的烧损，提高焊缝质量。

5）减少焊接变形。

6）焊缝表面成形美观。

5.1.6 焊接参数的选择

手工钨极氩弧焊的焊接参数主要有：焊接电流种类及大小、焊接速度、喷嘴到焊件的距离、送丝速度与焊丝直径、电弧长度及电弧电压、保护气体流量和喷嘴直径、钨极直径及端部形状等。正确选择焊接参数，是保证获得优良接头的基本条件之一。

（1）焊接电流种类及大小

1）一般根据工件材料选择焊接电流种类。为利用阴极破碎作用，使正离子撞击熔池表面的氧化铝膜，所以电流应采用交流或直流反接。但直流反接时，钨极承载能力降低，电弧稳定性差，熔池浅而宽，生产率较低，所以一般应选用交流电。

2）焊接电流大小是决定焊缝熔深的最主要参数，它主要根据工件材料、厚度、接头形式、焊件位置等来选择有时还考虑焊工技术水平（手工焊）等因素。

3）焊接电流是最基本的条件，也是影响焊接质量和生产率的重要参数之一。焊接电流要合适，过大和过小对焊接质量和生产率都有较大影响。

4）焊接电流太大时，焊缝下凹，焊缝余高不够，焊接温度高，极易出现焊道表面有麻点和焊缝咬肉，焊缝背面焊瘤过多的现象。

5）焊接电流过小时，焊缝根部不易焊透，焊缝成形不良，易产生夹渣和气孔，若焊速再小则会造成氩气浪费过多。

总之，焊接时，应选择合适的焊接电流。

6）纯铝及铝镁合金手工钨极氩弧焊对接接头的焊接参数见表5-2。

表5-2 纯铝及铝镁合金手工钨极氩弧焊对接接头的焊接参数

板厚/mm	坡口形式	焊接层数（正面/反面）	钨极直径/mm	焊丝直径/mm	焊接电流/A	氩气流量/(L/min)	喷嘴孔径/mm
1.0	卷边	1	1.6~2	1.6	45~60	5~7	8
1.2	I	1	1.6~2	1.6	45~60		8
1.5	I	1	1.6~2	1.6~2	50~80		8
2.0	I	1	2~3	2~2.4	80~110	6~8	8~12
3.0	I	1	3	2~3	100~140	8~10	8~12
4.0	I、V	1~2/1	2.5~4	3~4	180~200	8~12	8~12

（续）

板厚/mm	坡口形式	焊接层数（正面/反面）	钨极直径/mm	焊丝直径/mm	焊接电流/A	氩气流量/(L/min)	喷嘴孔径/mm
5.0	V	1~2/1	3~4	3~4	180~240	9~12	10~12
6.0	V	2/1	4	4			
8.0	V	2~3/1	4~5	4~5	220~300		12~14
10.0		3~4/1~2			260~320		
12.0					280~340	12~15	14~16

（2）钨极直径及端部形状

1）钨极直径根据焊接电流大小和电流种类来选择，见表5-3。正确选取钨极直径，可充分地使用限额电流，以提高焊接速度，同时也能满足工艺上的要求及减少钨极的烧损。

表5-3 钨极端部形状和电流范围（直流正接）

序号	钨极直径/mm	尖端直径/mm	尖端角度/(°)	电流/A	
				恒定直流	脉冲电流
1	1.0	0.125	12	2~15	2~25
2	1.0	0.25	20	5~30	5~60
3	1.6	0.5	25	8~50	8~100
4	1.6	0.8	30	10~70	10~140
5	2.4	0.8	35	12~90	12~180
6	2.4	1.1	45	15~150	15~250
7	3.2	1.1	60	20~200	20~300
8	3.2	1.5	90	25~250	25~350

若电流大，钨极小，则钨极易被烧损，并使焊缝夹钨；若电流太小，钨极大，电弧不稳定且分散（交流焊接时），会出现偏弧现象。因此必须正确选取钨极直径，选择正确了，交流焊接时钨极端部会烧成半圆球形，直流焊接时，钨极端部应是尖的。

根据经验计算选取钨极直径许用电流的简单方法是：以1mm允许电流55A为基数，乘以钨极直径，等于所允许使用电流。例如，如果钨极直径是5mm，它的允许使用电流约275A，钨极直径是2mm，它的允许使用电流应是110A。计算时还应注意到：钨极直径3mm以下时，要从计算出总的电流中减去5~10A；而钨极直径4mm以上者，要从计算出的总电流中加上10~15A，纯钨极可按50A计算。

2）手工钨极氩弧焊时，除了正确选择钨极直径外，钨极端部形状也是一个重要参数，根据所用焊接电流种类、选用不同的端部形状，如图5-2所示。尖端角度α的大小会影响钨极的许用电流，引弧及稳弧性能。钨极不同尖端尺寸推荐的电流范围见表5-3。小电流焊接时，选用小直径钨极和小的锥角可使电弧容易引燃和稳定；在大电流焊接时，增大锥角，可避免尖端过热熔化，减少损耗，并防止电弧往上扩展而影响阴极斑点的稳定性。手工钨极氩弧焊时，钨极端头的形状对焊接的影响见表5-4。

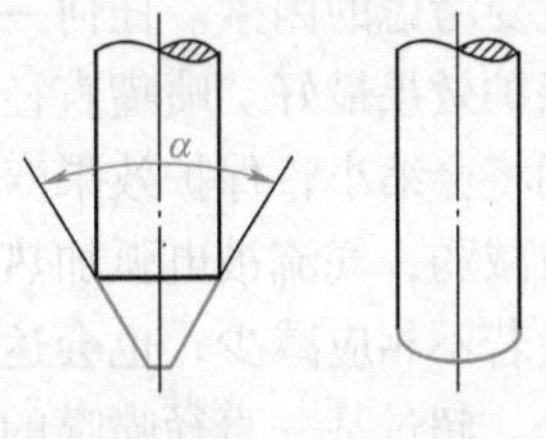

图5-2 钨极端部形状

表 5-4 钨极端头形状对焊接的影响

钨极端头形状简图				
形状	锥面形	圆柱形	球形	锥形
电弧稳定性	稳定	不稳定	不稳定	稳定
焊缝成形	良好	一般、焊缝宽	焊缝不均匀	焊缝均匀

钨极尖端角度对焊缝熔深和熔宽也有一定影响。减少锥角，焊缝熔深减小、熔宽增大，反之则熔深增大，熔宽减小。

（3）保护气体流量和喷嘴直径　氩弧焊时氩气的主要作用是保护熔池不受外界空气的侵袭，并保护钨极免受烧损氧化。另外，氩气的纯度和消耗量也影响着阴极雾化作用；直流焊接时氩气的纯度和流量也会影响焊接质量。

手工钨极氩弧焊焊接铝及铝合金时，氩气保护效果可通过焊缝颜色来区分，见表 5-5。

表 5-5 从焊缝颜色区分氩气保护效果（铝及铝合金）

焊缝颜色	银白有光亮	白色无光亮	灰白	灰黑
保护效果	最好	较好（氩气大）	不好	最坏

1）氩气的流量与喷嘴口径的大小是密切相关的，它们的关系是成正比的，喷嘴的大小决定氩气流量的大小，而喷嘴口径大小又决定着保护区的范围和阴极雾化区的大小。因此，氩气流量的选择，也是氩弧焊的主要参数之一。

如果氩气流量太小，则从喷嘴喷出来的氩气流的挺度很小，气流轻飘无力，外面的空气很容易冲入氩气保护区，从而减弱保护作用，并影响电弧的稳定燃烧，此时焊出的焊缝有些发黑不光亮，并有氧化膜的生成，焊接过程中，可以发现有氧化膜覆盖熔池的现象，以致焊接过程不能顺利进行。

氩气流量过大，除了浪费氩气和对焊缝冷却过快外，也容易造成一种所谓的“紊流”，把外界空气卷入氩气保护区，破坏保护作用。另外，过强的氩气流量是不利于焊缝成形的，也会使焊缝质量降低。

2）氩气的流量还取决于焊枪结构及尺寸、喷嘴口径、焊接速度等，其中喷嘴直径是首先要考虑的因素。任何一定直径的喷嘴，其氩气流量都有一个最佳值，此时保护范围最大，保护效果最好。喷嘴直径增大，氩气流量必须随之增加。若不增加氩气流量，有效保护区范围将会缩小，保护效果变差。这是由于保护气流的挺度变差，密度减少，排除周围空气的能力减弱，气流被电弧加热所产生的热扰动作用加强所致。反之，如果喷嘴直径变小，氩气流量若不相应减少，也会达不到最佳保护效果。当喷嘴直径选定后，任意提高氩气流量并无好处。超过某一直径喷嘴的最佳氩气流量值之后，流量继续增加，将使有效保护区直径缩小。因为流量过大，而且由于保护气体冲击工件时的反射力量增大，扰乱层流而使保护效果下降。

3）氩气流量与焊接速度也有很大的关系。焊接速度提高，氩气柔性保护层所受空气阻力随之增大，向后偏移，对电极和熔池的保护减弱，速度过大时，甚至失去保护。因此，当焊接速度增加时，必须相应增加气体流量，以增强保护气层对空气阻力作用的抵抗能力。

焊接时，一方面由于电弧温度很高，对气流质点的热扰动作用，有破坏气体层流的倾向；另一方面氩气温度升高后，其黏滞系数增大，对气体层流又有稳定作用。二者比较，当焊接电流增大时，对前者影响甚于后者。因此需要相应增加氩气流量，才能保持良好的保护效果。

4）手工钨极氩弧焊时，气体流量和喷嘴直径要有一定配合，一般喷嘴内径范围为5~20mm，流量范围为5~25L/min范围。手工钨极氩弧焊时气体流量也可进行计算，其方法是：喷嘴直径的数值×1L/min。例如，喷嘴直径是12mm的气体流量为12×1L/min，即12L/min。使用大喷嘴或保护作用较差的焊缝可适当增加1~3L/min。而直径小则要适当减少1~2L/min，以达到挺度基本一致的效果。半自动或自动氩弧焊时，其氩气流量还要大一些。

喷嘴直径的大小是根据钨极直径的大小来选取的，在选择喷嘴时，可用简单的方法来计算，即：钨极直径×2+4为喷嘴直径，钨极直径是指所使用的钨极大小，4是常数，如钨极直径是3mm的喷嘴直径为3mm×2+4=10mm，那么所需要的喷嘴直径为10mm。

（4）焊接速度　焊接速度的选择主要由工件厚度决定，并和焊接电流、预热温度等配合以保证获得所要的熔深和熔宽。在焊接材料、焊接条件和焊接电流等参数不变的情况下，焊接速度越小，所焊接的厚度也越大；而当焊接材料、焊接条件和焊接电流等参数一定时，一定厚度材料所需的焊接速度也只能在一定范围内变化。如果焊接速度出了这个合适的范围，就可能会造成未焊透，甚至会形成凹陷、烧穿等缺陷。但是，从热输入这一方面来看，随着焊接速度的增大，热输入将会降低，这样可以避免金属过热，减小热影响区，从而减小变形。因此焊接时，应在保证焊缝质量的前提下，尽量提高焊接速度。焊接速度对氩气保护效果的影响如图5-3所示。

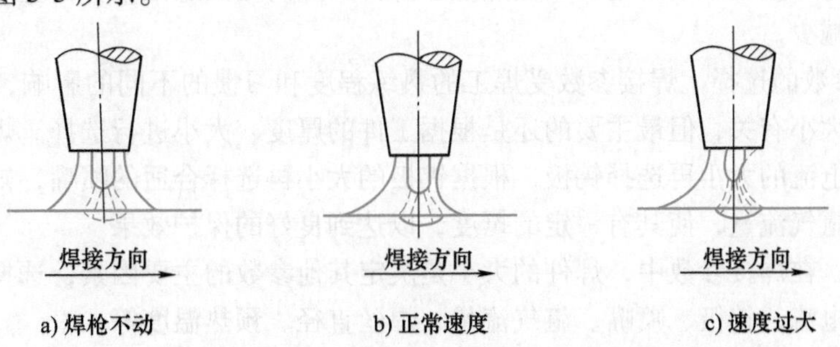

图5-3　焊接速度对氩气保护效果的影响

在钨极氩弧焊中采用较低的焊接速度比快速焊更有利于保证质量，主要原因如下。

1）保护效果下降。对于一些要求保护效果好且范围大的材料，不宜采用过大的焊接速度。

2）冷却速度加快。熔池中冶金反应不够充分，易出现冶金缺陷。

3）熔池的结晶速率增加，方向性强。焊缝中的气体和非金属夹杂物不易浮出熔池，从而增加了产生气孔、夹渣及裂纹的可能性。

4）焊缝的正反面宽度差增大。焊缝的受力状态不好，并且也容易出现局部的未焊透和咬边现象。

5）使操作增加困难。易出现操作不当而产生缺陷。

（5）喷嘴到焊件的距离　喷嘴到焊件距离越短，保护效果越好。当距离过大时，保护气流易受外界条件的扰动而使空气卷入量增加，造成保护效果变差。当距离超过一定值后，由于空气的大量卷入可能使氩气起不到保护作用。不过，距离值也不能过小，否则会影响焊工视线，且容易使钨极与熔池接触，产生夹钨且也会使冲击熔池的氩气流反射剧烈，破坏层流，而使焊缝保护性能变差，一般喷嘴端部与工件的距离在8~14mm之间。

（6）送丝速度与焊丝直径　焊丝的给送速度与焊丝的直径、焊接电流、焊接速度、接头间隙等因素有关。一般直径大时送丝速度慢；焊接电流、焊接速度、接头间隙大时，送丝速度快。送丝速度选择不当，可能造成焊缝出现未焊透、烧穿、焊缝凹陷、焊冠太高，焊缝成形不光滑等缺陷。

焊丝直径与焊接厚度、接头间隙有关。当焊接厚度、接头间隙大时，焊丝直径可选大些。选择不当可能造成焊缝成形不好，焊冠太高或未焊透。

（7）电弧长度及电弧电压　电弧电压与弧长是线性关系。当弧长增加时，电弧电压成正比增加，电弧发出的热量也越大。但弧长超过一定范围后，在弧长增加的同时，弧柱截面积也增大，热效率下降，保护变差。

1）对于钨极氩弧焊，弧长变化时引起电弧电压的变化比其他保护气体电弧焊所引起的变化小。弧长从1.5mm增加到5mm时，电弧电压（包括电极电压降）仅从12V升高到16.5V。弧长与焊接电流和焊丝直径也有关，一般电流大或焊丝直径大时，弧长可适当增加，如果弧长选择不当可能造成短路、未焊透、保护不好等缺陷。

2）随着机械化程度的提高，手工操作方法的改进以及高频引弧的应用，钨极氩弧焊电弧的长度一般以控制在1~3mm之间为宜。这样的电弧长度使焊接过程的有效功率得到了很大提高，因此电弧呈喇叭形，电弧长度越短，焊件加热的范围越集中，由空气和焊件损失的热量就明显地减少。

3）焊接参数的选择　焊接参数受焊工的熟练程度和习惯的不同的影响，也与焊件的几何形状和尺寸大小有关，但最主要的还是根据工件的厚度、大小进行选择。焊接时要有足够的功率，知道电流的大小再选择钨极，根据钨极的大小再选择合适的喷嘴，知道喷嘴的大小再选择合适的氩气流量，使其有一定的挺度，以达到良好的保护效果。

由此可见，在焊接参数中，焊件的大小是决定其他参数的主要因素，选择焊接参数的顺序是：焊件、电流、钨极、喷嘴、氩气流量、焊丝直径、预热温度等。

5.1.7 铝及铝合金的焊接操作要点

（1）焊前检查

1）焊接前，必须检查焊接设备连接是否正确与牢固，调整钨极伸出长度为3~5mm，钨极端部应磨成圆锥形，使电弧集中，燃烧稳定。

2）检查控制系统是否正常，冷却水流量是否合适。

3）检查阴极破碎作用，即引燃电弧后，电弧在工件上面垂直不动，熔化点周围呈亮白色，即有阴极破碎作用。

（2）引弧、收弧和熄弧　利用高频振荡器或高压脉冲发生器引弧，为防止引弧处产生缺陷，不允许用接触法在焊件上引弧，可用废铝板或石墨板引弧，当电弧引燃后，再引入焊接区。

焊接中断或结束时，一定要防止产生弧坑，裂纹或缩孔。收弧除利用焊机的自动衰减装置外，还要加快焊接速度及增大焊丝的添加频率，填满弧坑，然后慢慢拉长电弧进行熄弧，也可以用引出板熄弧。

（3）焊接操作

1）焊接操作要领。一般采用左焊法。开始焊接时，先从焊件端部15~30mm处采用右向焊法焊至始焊处，然后采用左向焊法从始焊处开始焊接。

焊接过程中，焊枪移动时，焊枪应平稳而匀速向前作直线运动，并保持弧长稳定。为了防止出现咬边缺陷和确保焊缝熔透，要采用短弧焊接（不加焊丝时，弧长应保持0.5~2mm，加焊丝时，弧长为4~6mm）。为了避免焊丝端部氧化，焊丝在电弧下移动时，不要移出氩气保护区范围。焊接过程重新引弧时，引弧处应在弧坑前20~30mm的焊缝上，然后再移向弧坑，使弧坑受到充分加热熔化后再向前继续焊接。

焊缝接头时，电弧在断弧处引弧，待电弧燃烧稳定后向右移动10~15mm，然后再向左移动焊枪，在接头处熔化形成熔池后，立即添加焊丝进行正常焊接。

2）添加焊丝要点。添加焊丝的方法有推丝连续填丝法和断续点滴填丝法两种。

①推丝连续填丝法。焊接时焊枪不摆动，适当加大焊接电流和焊接速度，用短弧焊接。填丝时，焊丝沿着焊枪前进方向紧贴着焊缝左侧，向熔池作推动式连续填丝，并且焊丝不脱离熔池，每次向熔池的填丝量不要过多，如图5-4所示。此法适用于T形接头及搭接接头的焊接。

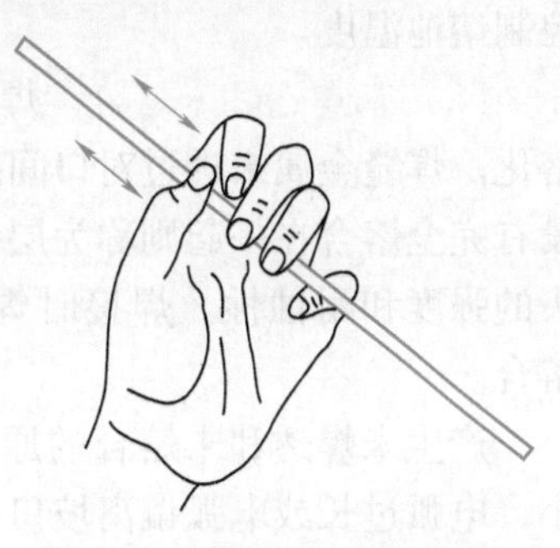

图5-4 推丝连续填丝法操作

②断续点滴填丝法（又叫点动送丝）。焊接过程中，焊丝在氩气保护区内，向熔池边缘以滴状形式往返加入，此时，焊枪视熔池熔化情况、焊缝宽度情况可做轻微摆动，如图5-5所示。此法适用于对接、角接和卷边对接接头的焊接。

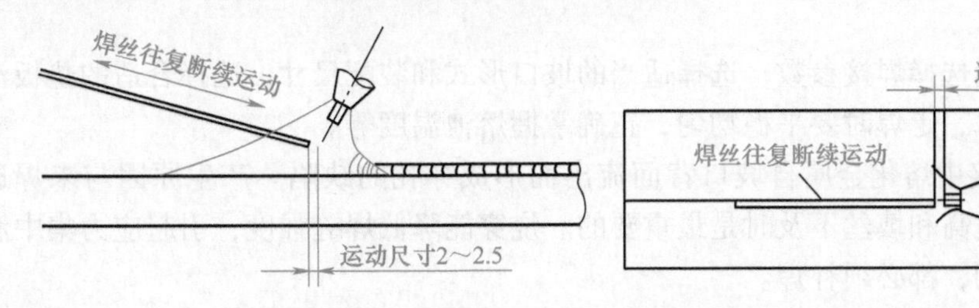

图5-5 断续点滴填丝法操作

5.1.8 焊后消除应力

铝合金焊接残余应力的存在会使工件处于不稳定状态，是工件开裂或变形的主要原因，也是影响构件强度和寿命的主要因素。因此，需对铝合金的焊接残余应力进行有效的消除。消除焊接残余应力方法有热处理、锤击、振动、抛丸处理、机械拉伸、超声波冲击等多种方法，有时几种方法结合使用。焊接残余应力的处理方法如下：

1）通过减少加热阶段产生的纵向塑性压应变，包括预拉伸法、等效降低热输入和降低整个焊件上温度梯度的均匀预热法。

2）通过增大冷却阶段的纵向塑性拉应变，主要通过采用激冷等方式，包括动态温差拉伸（随焊激冷）和静态温差拉伸等。

3）通过诸如焊缝滚压、焊后机械拉伸、机械振动、焊后锤击焊道等方法造成能抵消或部分抵消压缩塑性变形的伸长塑性变形，达到控制焊后残余应力和变形的目的。

5.1.9 焊接接头质量

手工钨极氩弧焊常见的焊接接头质量缺陷有几何形状不符合要求、未焊透和未熔合、烧穿、裂纹、气孔、夹渣和夹钨、咬边、焊道过烧和氧化等，通过采用有效地防止措施可控制焊接接头质量缺陷产生。

（1）几何形状不符合要求　焊缝外形尺寸超出要求，高低宽窄不一，焊波脱节凹凸不平，成形不良，背面凹陷凸瘤等。其危害是减弱焊缝强度或产生应力集中，降低动载荷强度。产生缺陷的原因：焊接参数选择不当，操作技术欠佳，填丝走焊不均匀，熔池形状和大小控制不准等。

防止措施：焊接参数选择合适，操作技术熟练，送丝及时，位置准确，移动一致，准确控制熔池温度。

（2）未焊透和未熔合　焊接时未完全熔透的现象称为未焊透，如坡口的根部或钝边未熔化。焊缝金属未透过对口间隙则称为根部未焊透。多层焊道时，后焊的焊道与先焊的焊道没有完全熔合在一起则称为层间未焊透，其危害是减少了焊缝的有效截面积，因而降低了接头的强度和耐蚀性。焊接时焊道与母材或焊道与焊道之间未完全熔化结合的部分称为未熔合。

产生未焊透和未熔合的原因：电流太小，焊接速度过快，间隙小，钝边大，坡口角度小，电弧过长或电弧偏离坡口一侧，焊前清理不彻底，尤其是铝合金的氧化膜，焊丝、焊炬和工件间位置不正确，操作技术不熟练等。当出现上述一种或数种原因时，就有可能产生未焊透和未熔合。

防止措施：正确选择焊接参数，选择适当的坡口形式和装配尺寸，选择合适的垫板沟槽尺寸，熟练操作技术，走焊时要平稳均匀，正确掌握熔池温度等。

（3）烧穿　焊接中熔化金属自坡口背面流出而形成穿孔的缺陷。产生原因与未焊透恰好相反。熔池温度过高和填丝不及时是最重要的。烧穿能降低焊缝强度，引起应力集中和裂纹，烧穿是不允许的，都必须补焊。

防止措施：正确选择焊接参数，选择适当的坡口形式和装配尺寸，选择合适的垫板沟槽尺寸，熟练操作技术，走焊时要平稳均匀，正确掌握熔池温度等。

（4）裂纹　在焊接应力及其他致脆因素作用下，焊接接头中部的金属原子结合力遭到破坏而形成的新界面产生的缝隙，它具有尖锐的缺口和大的长宽比的特征。裂纹有热裂纹和冷裂纹之分。焊接过程中，焊缝和热影响区金属冷却到固相线附近的高温区产生的裂纹叫热裂纹。焊接接头冷却到较低温度下（对于钢来说，马氏体转变温度以下，大约为230℃）时产生的裂纹叫冷裂纹。冷却到室温并在以后的一定时间内才出现的冷裂纹又叫延迟裂纹。裂纹不仅能减少焊缝金属的有效面积，降低接头的强度，影响产品的使用性能，而且会造成严重的应力集中，在产品的使用中，裂纹能继续扩展，以致发生脆性断裂。所以裂纹是最危险的缺陷，必须完全避免。热裂纹的产生是冶金因素和焊接应力共同作用的结果。

防止措施：限制焊缝中的扩散氢含量，降低冷却速度和减少高温停留时间以改善焊缝和热影响区的组织结构，采用合理的焊接顺序以减小焊接应力，选用合适的焊丝和焊接参数减少过热和晶粒长大倾向，采用正确的收弧方法填满弧坑，严格焊前清理，采用合理的坡口形式以减小熔合比。

（5）气孔　焊接时，熔池中的气泡在凝固过程中未能逸出而残留下来所形成的孔穴被称为气孔。常见的气孔有三种：氢气孔（多呈喇叭形）、一氧化碳气孔（呈链状）、氮气孔（多呈蜂窝状）。焊丝、焊件表面的油污、氧化皮、潮气、保护气体不纯或熔池在高温下氧化等都是产生气孔的原因。气孔的危害是降低焊接接头强度和致密性，造成应力集中时可能成为裂纹的气体。

防止措施：焊丝和焊件应清洁并干燥，保护气体应符合标准要求，送丝及时，熔滴过渡要快而准，移动平稳，防止熔池过热沸腾，焊炬摆幅不能过大。焊丝、焊炬、工件间保持合适的相对位置和焊接速度。

（6）夹渣和夹钨　由焊接冶金产生的，焊后残留在焊缝金属中的非金属杂质如氧化物、硫化物等称为夹渣。钨极因电流过大或与工件、焊丝碰撞而使端头熔化落入熔池中，即产生了夹钨。夹渣和夹钨均能降低接头强度和耐蚀性，都必须加以限制。

防止措施：保证焊前清理质量，焊丝熔化端始终处于保护区内，保护效果要好。选择合适的钨极直径和焊接参数，提高操作工技术熟练程度，正确修磨钨极端部尖角，当发生打钨时，必须重新修磨钨极。

（7）咬边　沿焊趾的母材熔化后未得到焊缝金属的补充而留下的沟槽称为咬边，咬边有表面咬边和根部咬边两种。产生咬边的原因：电流过大，焊炬角度不当，填丝慢或位置不准，焊速过快等。钝边和坡口面熔化过深使熔化焊缝金属难于充满就会产生根部咬边，尤其在横焊上侧。咬边多产生在立焊、横焊上侧和仰焊部位。富有流动性的金属更容易产生咬边，如含镍较高的低温钢、钛金属等。咬边的危害是降低接头强度，容易形成应力集中。

防止措施：选择合适的焊接参数，操作技术要熟练，严格控制熔池的形状和大小，熔池要饱满，焊接速度要合适，填丝要及时，位置要准确。

（8）焊道过烧和氧化　焊道内外表面有严重的氧化物，产生的原因：气体的保护效果差，如气体不纯，流量小等，熔池温度过高，如电流大、焊速慢、填丝迟缓等，焊前清理不干净，钨极外伸过长，电弧长度过大，钨极和喷嘴不同心等。焊道过烧能严重降低接头的使用性能，必须找出产生的原因从而制订预防措施。

防止措施：选择合适气体及气体流量，选择合适的焊接参数，提高操作技能水平，严格控制熔池的大小及停留时间，选择合适的焊接或填丝速度，焊接过程中压低电弧，焊前清理工件表面杂质等。

5.2 脉冲钨极氩弧焊工艺

脉冲钨极氩弧焊同一般钨极氩弧焊的主要区别在于它采用了周期性低频脉冲电流（直流或交流）加热工件。脉冲技术在TIG焊中的应用，使TIG焊接工艺更加完善，现已成为一种高效、优质、经济和节能的先进焊接工艺。

交流脉冲钨极氩弧焊适合铝及铝合金薄板的单面焊双面成形焊、立焊、仰焊、管子全位置焊以及在装配条件下的定位焊。

5.2.1 脉冲钨极氩弧焊基本原理

当每一次脉冲电流通过焊件时，在焊件上就形成一个点状熔池，待脉冲电流停歇时熔池凝固，形成一个焊点。此时电弧由基值电流维持稳定燃烧，以便下一次脉冲电流通导时，脉冲电弧能可靠地燃烧，又形成一个新的焊点。周而复始，只要合理地调节脉冲间隙时间 t_j 和焊枪移动速度，保证两相邻焊点之间有一定相互重叠，就能获得一条连续致密的焊缝。

5.2.2 脉冲钨极氩弧焊的脉冲特征参数

周期性的脉冲式电流由脉冲弧焊电源提供。电源输出两种电流，即基值电流和脉冲电流，焊接电流波形如图 5-6a、b 所示。焊接时，焊接电流从基值电流（低）到峰值电流（高），即电流幅值（或交流电流的有效值）按一定频率周期性地变化。脉冲特征参数如下：

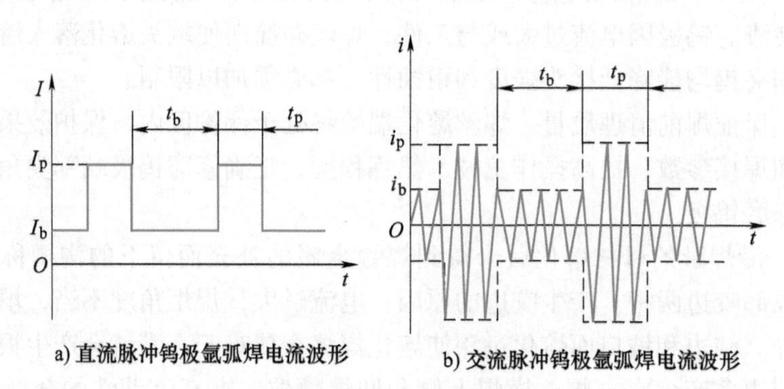

图 5-6 脉冲钨极氩弧焊电流波形

I_p—直流脉冲电流 i_p—交流电流幅值 I_b—直流基值电流 i_b—交流基值电流幅值

t_p—脉冲电流持续时间 t_b—基值电流持续时间

（1）基值电流 I_j（维弧电流） 在脉冲电流停歇时依靠基值电流维持电弧稳定燃烧、预热母材的作用。

（2）脉冲电流 I_p 主要用于加热熔化焊件。对于交流脉冲钨极氩弧焊来说，I_p、I_b 分别指脉冲电流和基值电流持续时间的电流平均值。

（3）脉宽比（脉冲电流的维持时间） 脉宽比的大小是反映脉冲焊特点强弱的参数。脉宽比大，说明脉冲电流持续时间相对较长，失去脉冲焊的意义；脉宽比小，则电弧不稳定。

$$脉宽比 = (t_p/T) \times 100\%$$

式中 t_p——脉冲电流持续时间；

T——脉冲周期（$T=t_p+t_b$）。

（4）脉冲频率 这是决定脉冲能量的重要参数之一，它与脉冲周期成反比，即：

$$f = 1/T$$

5.2.3 脉冲钨极氩弧焊的优点及适用范围

1）通过调节脉冲特征参数（如脉冲波形、脉冲电流、基值电流、脉冲电流持续时间和基值电流持续时间），可以对焊接热输入进行控制，从而控制焊缝及热影响区的尺寸和质量。

2）可调的焊接参数多，能精确控制对工件的热输入和熔池的形状及尺寸，提高焊缝抗烧穿能力和熔池的保持能力，易获得均匀的熔深，特别适用于薄板（≤1.0mm，甚至薄至0.1mm）和全位置焊接，以及单面焊双面成形焊接。

3）每个焊点加热和冷却迅速，所以适用于焊接导热性能和厚度差别大的工件。

4）脉冲电弧可以用较低的热输入获得较大的熔深，故同样条件下能减少焊接热影响区和焊件变形，这对薄板、超薄板焊接尤为重要。

5）由于热输入小，焊接过程中熔池金属冷却速度快，高温停留时间短，故焊接热影响区窄，焊件变形小。实践表明，脉冲钨极氩弧焊对提高铝合金接头强度、塑性和减少热裂纹的倾向有显著作用。

5.2.4 脉冲钨极氩弧焊焊接电源

铝及铝合金脉冲钨极氩弧焊采用交流电源，脉冲钨极氩弧焊焊机型号为WSM-400、YC-300WP等。脉冲钨极氩弧焊的焊接参数除脉冲特征参数外，其他均与一般钨极氩弧焊相同。选择脉冲特征参数时应注意以下四方面：

（1）脉冲电流 I_p　脉冲峰值电流是决定脉冲能量的重要参数。脉冲电流增加，可增大穿透能力，获得较大熔深，但过大电流会使钨极过早烧损。对于一定板厚，要有一个合适的通电量（$I_p \cdot t_p$），由于 I_p 取决于所焊材料的种类而与板厚无关，所以通常先按被焊材料选择 I_p。然后再按板厚决定 t_p。通常取等于或稍大于一般钨极氩弧焊所需的焊接电流作脉冲电流。当焊接薄板时，I_p 值应选得稍低些，同时适当延长 t_p；焊接厚板时，I_p 可选得稍高些，并适当缩短 t_p。

（2）基值电流 I_j（维弧电流）　基值电流影响熔池金属的冷却与结晶，是调节总焊接电流和热输入的重要参数。焊接薄铝板时，为了减小焊接变形和防止焊漏，宜选用较小的基值电流。I_b 与 t_b 要相互匹配，应保证电弧不灭及熔池在 t_b 期间得以凝固。I_j 一般为 I_p 的10%~20%，t_b 为 t_p 的1~3倍。

（3）脉宽比　脉宽比的选择以满足热输入为限。脉宽比较大时，脉冲特点较显著，有利于克服热裂纹。但脉宽比过大，就失去脉冲焊的意义，会增加咬边的倾向；脉宽比过小，电弧就不稳定。铝及铝合金焊接脉宽比一般取30%~40%较合适。

（4）脉冲频率 f　脉冲频率 f 的选取必须与焊接速度相匹配，以满足焊点间距的要求。因为脉冲焊缝是焊点连续搭接而成的，要使焊缝连续而致密，必须使焊点之间有一定的相互重叠量。它们之间的关系如下：

$$L_w = v_w/2.16f$$

式中　L_w——焊点间距（mm）；

v_w——焊接速度（cm/min）；

f——脉冲频率（Hz）。

L_w 不能太大，否则焊点之间无重叠量，从而得不到连续而致密的焊缝。脉冲频率一般低于 10Hz。脉冲钨极氩弧焊常用的脉冲频率范围见表 5-6。

表 5-6 脉冲钨极氩弧焊常用脉冲频率范围

焊接方法	手工焊	自动焊的焊接速度/(cm/min)			
		20	28	37	50
频率/Hz	1~2	≥3	≥4	≥5	≥6

5.2.5 交流脉冲钨极氩弧焊焊接参数

5A03、5A06 铝合金交流脉冲钨极氩弧焊焊接参数见表 5-7。

表 5-7 5A03、5A06 铝合金交流脉冲钨极氩弧焊焊接参数

材料	板厚/mm	焊丝直径/mm	电流/A		脉宽比(%)	频率/Hz	电弧电压/V	气体流量/(L/min)
			脉冲	基值				
5A03 (LF3)	1.5	2.5	80	45	33	1.7	14	5
	2.5	2.5	95	50	33	2	15	5
5A06 (LF6)	2.0	2.0	83	44	33	2.5	14	5

5.3 铝合金手工钨极氩弧焊操作技能训练

5.3.1 手工钨极氩弧焊基本操作技术

焊接前，首先根据焊件的情况选用合适的钨极和喷嘴，然后检查焊炬、控制系统、冷却水系统以及氩气系统是否有故障，若一切正常，采用交流 TIG 焊进行焊接。

手工钨极氩弧焊的基本操作技术有引弧、运弧以及焊丝的给送、停弧和熄弧等。

(1) 引弧　在一般情况下，规定电弧的引燃应在引弧板上进行，当钨极烧热后，再到焊缝上引燃就十分容易了。这主要是因为氩气的电离势较高，引燃需要很大的能量，冷的钨极端头由常温突然上升到几千度的高温，极易引起爆破（交流电焊接时），发生钨极爆破飞溅，落入熔池中造成焊缝的夹钨，夹钨的焊缝是很容易腐蚀的，这是工艺上所不能允许的。从引弧板上移到焊件上引弧时，一定要准确地对准焊缝，禁止在焊缝两侧引弧，以免击伤焊件。

钨极氩弧焊时，不允许用接触法引弧。因为钨极与工件接触时，会使焊缝污染并造成焊缝夹钨。因此引弧主要靠高频振荡或高压脉冲，即引弧时钨极端头与工件表面的距离要有 2~4mm，按下微动开关，引燃电弧，待电弧稳定燃烧后，再移到焊件上。

电弧引燃后，焊炬在一定的时间内应停留在引弧的位置不动，以获得一定大小的、明亮清净的熔池（约 5~10s，厚板形成熔池的时间还要稍微长些），所需的熔池一经形成就可以填充焊丝，开始焊接。

如果筒体上有几条圆周焊缝，则每条焊缝的引弧位置要错开，以减少焊接变形。如果零件两端不留加工余量，应该使用引弧板和引出板，以便去除由于引弧、收弧造成的缺陷。

（2）运弧及焊丝的给送　手工钨极氩弧焊的运弧与气焊、焊条电弧焊的运弧方法不同。钨极氩弧焊时，一般焊炬、焊丝和焊件间均有一定的位置关系，钨极端头到熔池表面的距离也有一定的要求。

焊接时，焊炬、焊丝和焊件之间必须保持正确的相对位置，如图5-7所示。焊接直缝时通常采用左焊法，如图5-7所示。焊接方向由右向左，手工钨极氩弧焊焊接时，焊炬以一定速度前移，在一般情况下，禁止跳动，尽量不要摆动。焊炬的位置与焊件表面成70°~85°（焊枪与焊件垂直向后成5°~20°），就是焊炬向其移动方向的反方向倾斜。如果填充焊丝，应在熔池的前半部接触加入，焊丝与焊件表面成10°~15°，这一角度不应过大，目的是使填充焊丝以滴状过渡到熔池中的途径缩短，以免填充金属过热。填充焊丝可稍稍偏离接头的中心线（靠近身边）、并不断有规则地从熔池中送进取出，但取出的距离应力求使焊丝的端头在氩气保护区内，以免焊丝端头氧化。焊丝的给进应是在熔池前的1/3处点给，而不能在电弧的空隙中滴给，否则会产生“乒、乓”的响声，焊道表面成形不良，呈灰黑色。

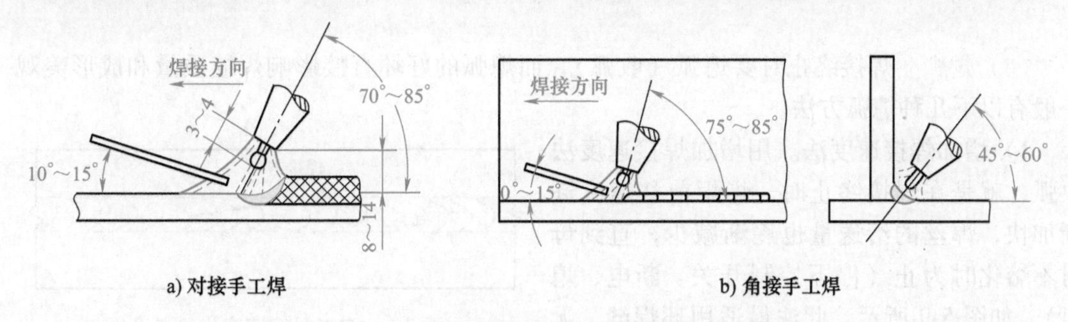

a) 对接手工焊　b) 角接手工焊

图5-7　焊炬、焊丝和焊件之间的相对位置

为了给送焊丝、观察熔池和焊缝成形的方便，防止喷嘴烧损，钨极应伸出喷嘴端面2~3mm，钨极端头与熔池表面的距离应保持在3mm左右，这样可使操作者的视线宽广，焊丝给送方便，避免打钨极，从而减少焊缝被钨极污染的可能性。

在正常情况下，即焊接速度和给送焊丝的速度都稳定的情况下，焊接过程应该是顺利进行，焊缝表面成形应是平整、波纹清晰而均匀的，否则应检查焊接参数是否正确，当然也取决于操作者的熟练程度。

在焊接过程中，切忌钨极与焊件或钨极与焊丝相接触（即打钨极）。打钨极会造成焊缝表面的污染和夹钨现象，以及熔池被“炸开”，焊接不能顺利地进行，妨碍氧化膜的清除等。另外，热的钨极被铝污染，立即破坏了电弧的稳定性，会发出噼啪的响声（直流焊接时，虽没有这种声音，但会造成大量的气孔和污染焊缝），焊接不能再继续进行，要立即停止并进行处理。处理的方法是：焊件被污染部位，采用机械法清理，直至露出光亮的金属光泽，严重者应将被污染处铲除，清理后重新焊接。钨极被污染后，应在引弧板上重新引弧燃烧，直到引弧板上被电弧光照射的斑痕白亮而无黑色时，方可到焊缝上继续焊接。直流焊接时若发生上述情况，还要重新打磨钨极。如果焊接时没有将打钨极处进行清理，就会造成焊缝污染和成形不好等缺陷。

（3）停弧　所谓停弧就是因为某种原因，一道焊缝没有焊完，中途停下来后，再继续进行焊接。一道焊缝要尽量一次引弧焊完，不要中途停弧，这样可以避免缩孔和气孔的产生。但焊接过程中，由于某种原因必须中途停下来时，应采取正确的停弧方法。正确的停弧，就是用加快运弧停下来，加快运弧的长度大约在20mm，特殊情况例外。如果停弧不当可造成大的弧坑和缩孔。如图5-8所示，从两种停弧方法的对照中可以看到，加快运弧停弧较好，这样可以没有弧坑和缩孔，给下次引弧继续焊接创造了有利条件。在重新引弧焊接时，待熔池基本形成后，向后压1~2个波纹，接头起点不加或稍加焊丝，而后转入正常焊接，以保证焊缝质量和表面成形的整齐美观。应当指出：为了防止气孔的产生，焊缝的起点或是接头处应适当地放慢焊接速度，还是有一定作用的。停弧的弧坑处最好打磨成斜坡再接着焊，对保证接头质量有好处。

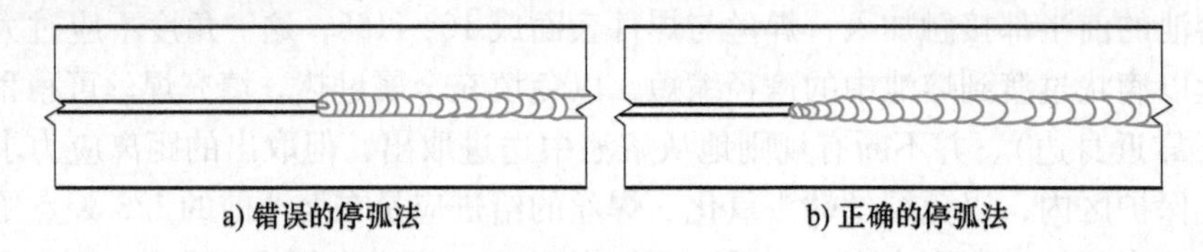

图5-8　停弧方法

（4）熄弧　焊接终止时要熄弧（收弧），而熄弧的好坏直接影响焊缝质量和成形美观，一般有以下几种熄弧方法。

1）增加焊接速度法。用增加焊接速度法收弧，就是在焊接终止时，焊炬前移速度逐渐加快，焊丝的给送量也逐渐减少，直到母材不熔化时为止（停下控制开关、断电、熄弧），如图5-9所示。此法最适用环焊缝，无弧坑和缩孔，实际证明效果良好。

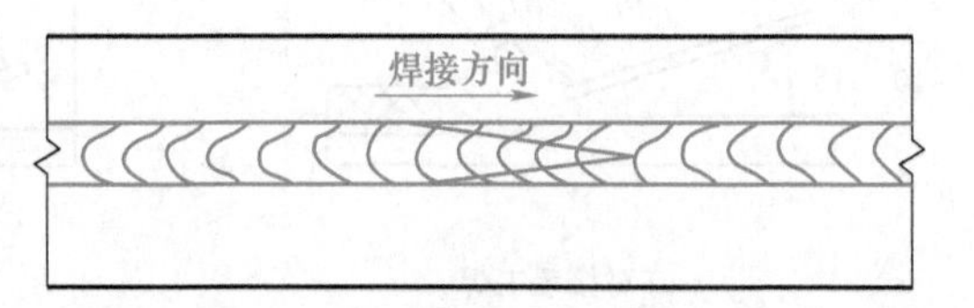

图5-9　增加焊接速度熄弧示意图

2）多次熄弧法。此种方法收弧，终止时焊接速度减慢，焊炬的后倾斜角度加大，而焊丝的给送量增多，电弧成点焊状态，熄弧后马上再引燃电弧，重复两三次，以便于熔池在凝固过程中，能继续得到补给。否则，熄弧处造成明显的缩孔（弧坑），一般的熄弧处增高量较大，焊后将熄弧处修平。

3）焊接电流衰减法。熄弧时，将焊接电流逐渐减小，从而减小熔池，以至母材不能熔化，达到收弧处无缩孔的目的（操作地点距焊机较远者较困难）。

4）引出板应用法。平板对接时应用引出板，焊后将引出板锯掉，修平。

根据实际操作证明，以上四种熄弧方法，第一种熄弧方法最好，可避免弧坑和缩孔的产生，因此在焊接过程中，熄弧或中途停弧最好采用第一种方法。

熄弧后不允许马上把焊矩移走，应停留在熄弧处不动，待6~8s，以保证高温下的熄弧部位不受氧化。

5.3.2 手工钨极氩弧焊操作技能训练

技能训练1　铝合金板对接平焊的单面焊双面成形

1. 焊接前的准备

（1）电源　福尼斯TPS3000数字化焊接电源。

（2）保护气体　99.999%（体积分数）纯氩气（Ar），气流速度为8~10L/min。

（3）焊丝　Al Mg 4.5 MnZr-5087，直径为3mm。

（4）练习材料　规格3mm×150mm×300mm，I形坡口，材料选用5356、5087、4043。

（5）清洗　用清洗液清洗工件表面的油脂、污垢等，然后用风动不锈钢丝轮对焊缝区域20mm范围内进行打磨、抛光，以去除其表面的氧化层。

（6）定位焊　分别在待焊部位两端进行定位焊，长度为6~10mm，一端间隙为1.6mm，另一端间隙为2.5mm，电流为160A，如图5-10所示。

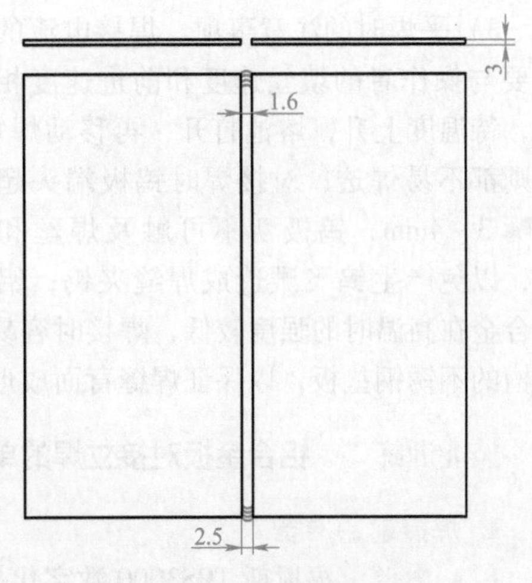

图5-10　试件装配图

2. 铝合金板对接平焊的单面焊双面成形操作

1）焊接参数见表5-8。

表5-8　铝合金板对接平焊焊接参数

序号	焊接层次	钨棒直径/mm	焊接电流/A	焊枪与焊接方向夹角	焊道分布
1	一层	2.5	110~120	70°~85°	

2）将焊枪置于将要焊接的试板上方，引燃电弧对待焊焊缝集中加热，母材形成熔池后（母材表面有下沉现象），使焊枪与垂直方向成15°~20°的夹角；将焊丝添加到熔池的前缘上，而不是加到电弧上，如图5-11所示。添加焊丝量要让焊缝达到所需要尺寸，然后将焊枪移动到原熔池前边缘的位置上。受训人员应努力提高平稳向前移动焊枪的技术，当熔池需要填充焊丝时，应能够及时、定量地将焊丝填进熔池中。注意使焊条熔化的末端始终保持在惰性气体的保护中，以防止高温时焊丝末端被氧化。

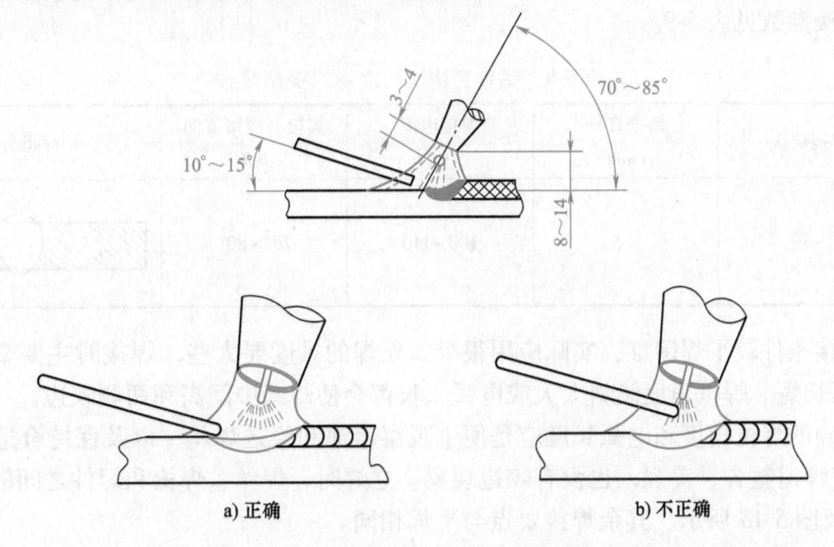

图5-11　填丝位置示意图

3）平焊时的注意事项。焊接电流的大小要与操作者的填丝速度和前进速度相适宜，待温度上升，熔池打开，再移动焊矩，否则都不易焊透；对接焊时钨极端头超出喷嘴 3～4mm，钨极切不可触及焊丝和焊件，以免产生钨飞溅造成焊缝夹钨；铝及铝合金在高温时的强度较低，焊接时容易使焊缝塌陷或焊穿，常采用正对焊缝处开一个圆弧形槽的不锈钢垫板，以保证焊缝背面成形良好，具体夹紧方式如图 5-12 所示。

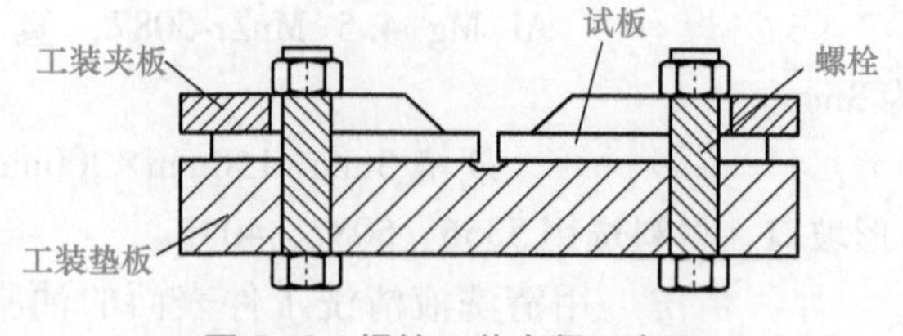

图 5-12　焊接工装夹紧示意图

技能训练 2　铝合金板对接立焊的单面焊双面成形

1. 焊接前的准备

（1）电源　福尼斯 TPS3000 数字化焊接电源。

（2）保护气体　99.999%（体积分数）纯氩气（Ar），气流为 8～10L/min。

（3）焊丝　Al Mg 4.5 MnZr-5087，直径为 3mm。

（4）练习材料　规格 3mm×150mm×300mm，I 形坡口，材料选用 5356、5087、4043。

（5）清洗　用清洗液清洗工件表面的油脂、污垢等，然后用风动不锈钢丝轮对焊缝区域 20mm 范围内进行打磨、抛光，以去除其表面的氧化层。

（6）定位焊　分别在待焊处两端进行定位焊，长度为 6~10mm，一端间隙为 1.6mm，另一端间隙为 2.5mm，电流为 130~150A，如图 5-13 所示。

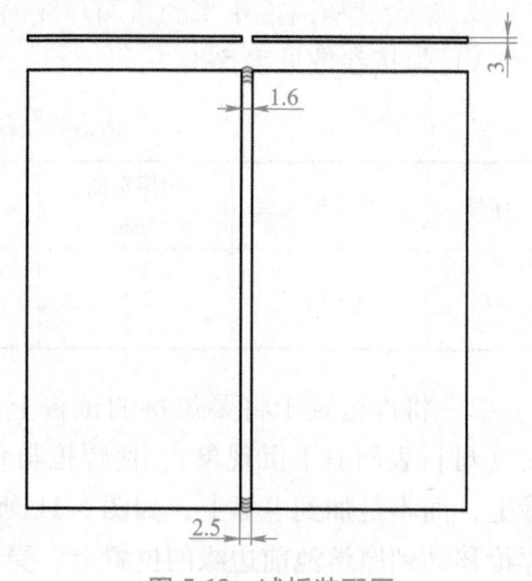

图 5-13　试板装配图

2. 铝合金板对接立焊的单面焊双面成形操作

1）焊接参数见表 5-9。

表 5-9　铝合金板对接立焊焊接参数

序号	焊接层次	钨棒直径/mm	焊接电流/A	焊枪与焊接方向夹角	焊道分布
1	一层	2.5	100～110	70°～80°	

2）焊接条件较平焊困难，实际应用很少。立焊的难度要大些，焊接时主要掌握住焊枪角度和电弧长短。焊枪角度倾斜太大或电弧太长都会使焊缝中间高和两侧咬边。

3）正确的焊枪角度和电弧长度应是便于观察熔池和给送焊丝，以及保持合适的焊接速度，以保证焊道整齐、美观，也没有咬边现象。立焊时，焊丝、焊枪和焊件之间的位置关系如图 5-14 及图 5-15 所示，其余焊接要点与平焊相同。

4）收弧采用多次熄弧法，熄弧后焊枪保持在原地再引燃电弧，重复两三次。熄弧后不能马上把焊炬移走，应停留在收弧处2~5min，用滞后气体保护高温下的收弧部位不受氧化。

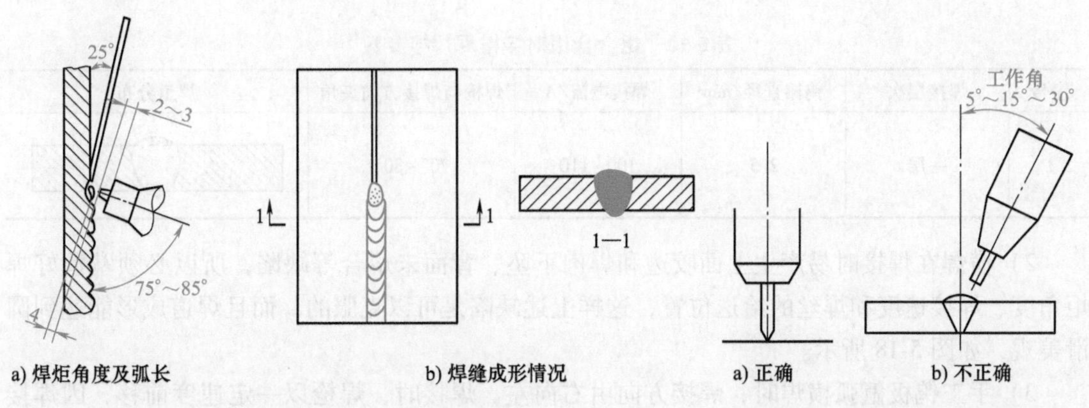

图5-14 正确的焊枪行走角度及弧长 图5-15 焊枪工作角示意图

5）熟练操作技术，正确控制熔池温度等，焊接时还必须注意适当的体位，并尽量利用焊接辅助设备。焊接时握焊枪的手支靠在一个支点上移动，如图5-16所示，这与悬手焊相比，优点甚多，特别是用小电流（如10A）焊接曲线焊缝更为突出，能有效地保证电弧长度的稳定，方便运用短弧焊。操作时可使焊枪垂直于焊接区域，以便提高保护效果，减少由于手不稳，钨极碰到熔池而产生夹钨的可能性，从而减轻焊接工人操作的劳动强度。

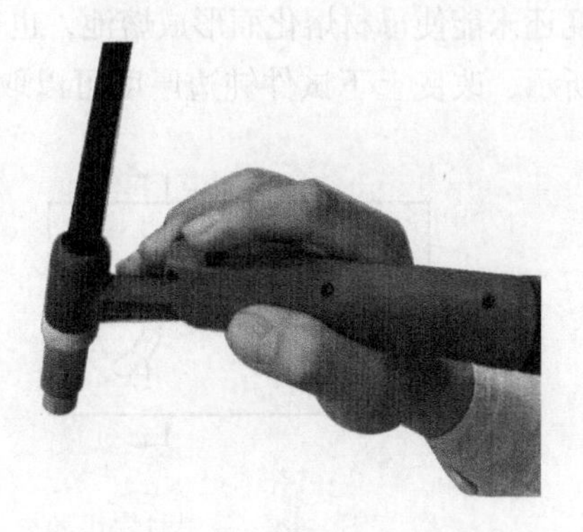

图5-16 焊接时焊枪手握姿势

技能训练3 铝合金板对接横焊的单面焊双面成形

1. 焊接前的准备

（1）电源 福尼斯TPS3000数字化焊接电源。

（2）保护气体 99.999%（体积分数）纯氩气（Ar），气流为8~10L/min。

（3）焊丝 Al Mg 4.5 MnZr-5087，直径为3mm。

（4）练习材料 规格3mm×150mm×300mm，I形坡口，材料选用5356、5087、4043。

（5）清洗 用清洗液清洗工件表面的油脂、污垢等，然后用风动不锈钢丝轮对焊缝区域20mm范围内进行打磨、抛光，以去除其表面的氧化层。

（6）定位焊 分别在两端进行定位焊，长度为6~10mm，一端间隙为1.6mm，另一端间隙为2.5mm，电流为130~150A，如图5-17所示。

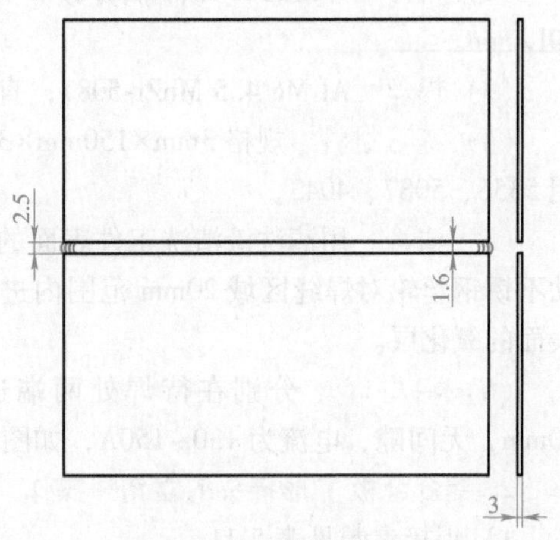

图5-17 试板装配图

2. 铝合金板对接横焊的单面焊双面成形操作

1）焊接参数见表 5-10。

表 5-10　铝合金板对接横焊焊接参数

序号	焊接层次	钨棒直径/mm	焊接电流/A	焊枪与焊接方向夹角	焊道分布
1	一层	2.5	100~110	70°~80°	

2）横焊在焊接时易产生上面咬边和焊肉下坠、背面未熔合等缺陷，所以必须掌握好焊炬角度、焊接速度和焊丝的给送位置，这样上述缺陷是可以克服的，而且焊道成形能达到圆滑美观，如图 5-18 所示。

3）手工钨极氩弧横焊时，焊接方向由右向左，焊接时，焊枪以一定速度前移，因焊接电弧热及被电弧加热的气流原因，导致上下试板形成温差，当上试板金属过热时，下试板温度还未能使母材熔化而形成熔池，也会导致上面咬边和焊肉下坠、背面未熔合缺陷。如图 5-19 所示，改变上下试件钝边厚度可以取得比较好的效果。

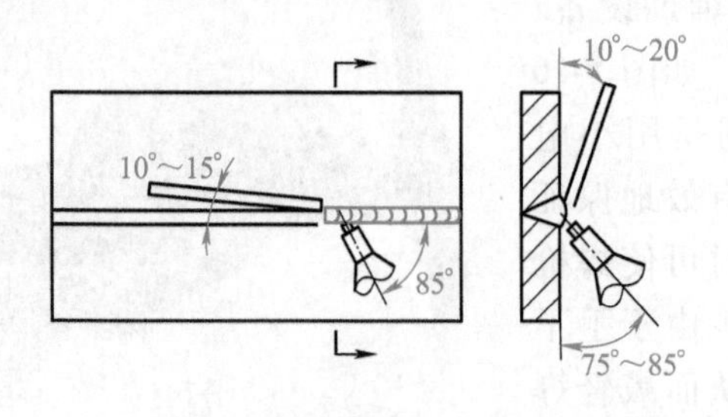

图 5-18　横焊时焊炬和焊丝位置图

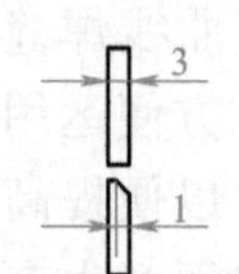

图 5-19　上下试件钝边厚度

技能训练 4　**铝合金板 T 形接头的立角焊**

1. 焊接前的准备

（1）电源　福尼斯 TPS3000 数字化焊接电源。

（2）气体　99.999%（体积分数）纯氩气（Ar），气流为 8~10L/min。

（3）焊丝　Al Mg 4.5 MnZr-5087，直径为 3mm。

（4）练习材料　规格 3mm×150mm×300mm，I 形坡口，材料选用 5356、5087、4043。

（5）清洗　用清洗液清洗工件表面的油脂、污垢等，然后用风动不锈钢丝轮对焊缝区域 20mm 范围内进行打磨、抛光，以去除其表面的氧化层。

（6）定位焊　分别在待焊处两端进行定位焊，长度为 6~10mm，无间隙，电流为 130~150A，如图 5-20 所示。

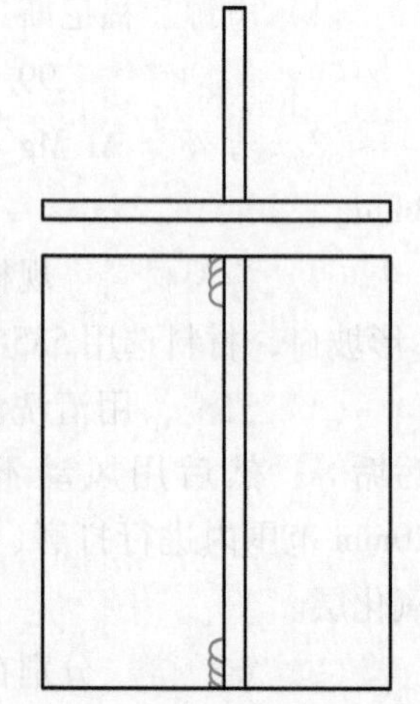

图 5-20　试板装配图

2. 铝合金板 T 形接头的立角焊操作

1）焊接参数见表 5-11。

表 5-11　铝合金板 T 形接头的立角焊焊接参数

序号	焊接层次	钨棒直径/mm	焊接电流/A	焊枪与焊接方向夹角	焊道分布
1	一层	2.5	100~110	70°~80°	

2）焊枪与焊缝移动方向的角度随着位置变化而保持一致，焊枪角度控制在 75°~80°，与焊缝两侧试板夹角为 45°，焊丝与焊缝的角度控制在 15°左右，运条方式采用直线运条方法进行焊接，钨棒中心必须指向焊角的根部位置，如图 5-21 所示。

3）若焊丝给送得过早，前进焊接移动速度过快，会造成焊角根部未焊透缺陷，如图 5-22 所示。焊接时，电弧与母材的间距应保持在 1~2mm 之间，并将电弧保持在熔池前端 1/2 处，同时焊丝始终保持在熔池前端，随时根据焊接熔池的形状将焊丝送进，并控制焊接移动速度的均匀性。

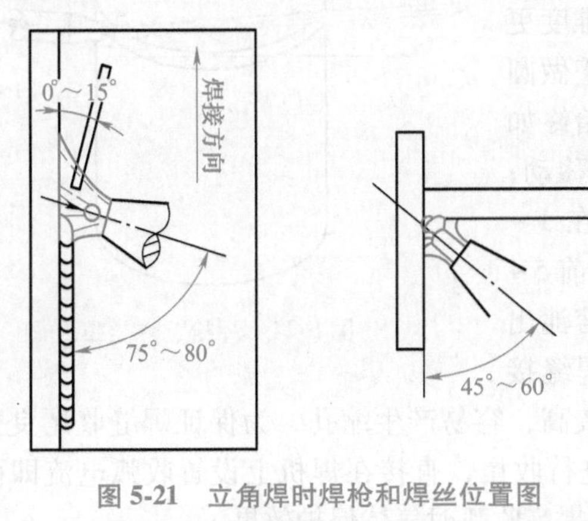

图 5-21　立角焊时焊枪和焊丝位置图

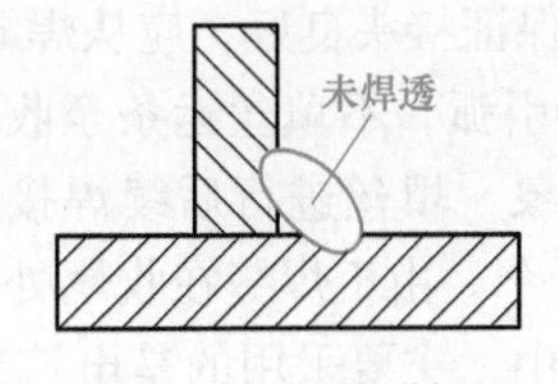

图 5-22　未焊透缺陷

技能训练 5　铝合金管垂直固定对接单面焊双面成形

1. 焊接前的准备

（1）电源　福尼斯 TPS3000 数字化焊接电源。

（2）气体　99.999%（体积分数）纯氩气（Ar），气流为 8~10L/min。

（3）焊丝　Al Mg 4.5 MnZr-5087，直径为 2mm。

（4）练习材料　管外径 32mm×壁厚 2mm×长 100mm，数量 2 件，I 形坡口，材料选用 5356、5087、4043。

（5）清洗　用清洗液清洗工件表面的油脂、污垢等，然后用风动不锈钢丝轮对焊缝区域 20mm 范围内进行打磨、抛光，以去除其表面的氧化层。

（6）定位焊　分别在时钟面 2 点和 10 点的位置处定位焊，每点长度为 4~6mm，电流为 80~90A，无间隙，为便于焊接时观察焊缝位置和背面焊透，下试管倒圆角，如图 5-23 所示。

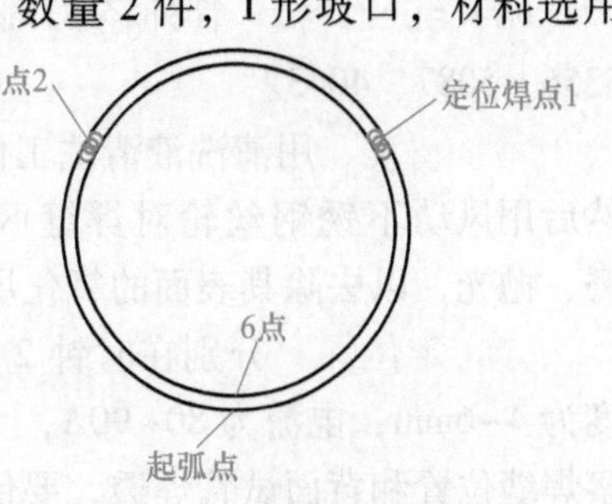

图 5-23　下试管装配图

2. 铝合金管垂直固定对接焊操作

1）焊接参数见表5-12。

表5-12 铝合金管垂直固定对接焊焊接参数

序号	焊接层次	钨棒直径/mm	焊接电流/A	焊枪与焊接方向夹角	焊道分布
1	一层	2.5	100~110	70°~80°	

2）采用左焊法进行焊接，焊丝与焊缝前进方向的角度为15°左右，焊枪前进角为80°~85°，而焊枪与焊缝两侧管表面角度为80°~85°，如图5-24所示。采用直线停顿运条方法进行焊接。焊接时，钨棒指向焊缝的中间部位。

3）两管对接比两试板对接的焊接操作难度要大，小直径管对接比大直径管操作难度更大。焊接时，管固定不动，焊枪随管外壁做圆周运动的同时还要保持焊丝和焊枪角度始终如一。握焊枪的手支靠在一个支点上匀速移动；电弧与母材的间距应采用短弧焊保持在1~2mm。为保证接头良好，应从焊缝收弧处前5~8mm开始引弧，不填丝运条至收弧处，熔池出现下沉现象，填丝进行后续焊接，整个焊缝接头有3~4个。由于焊缝在收尾处时温度较高，容易产生缩孔，为保证焊缝收尾良好，生产实际过程中，主要采用的是电流衰减法进行收尾，直接在焊机上设置收弧电流即可进行收弧，同时应用焊机面板上的延迟送气功能提高收弧时气体保护效果。

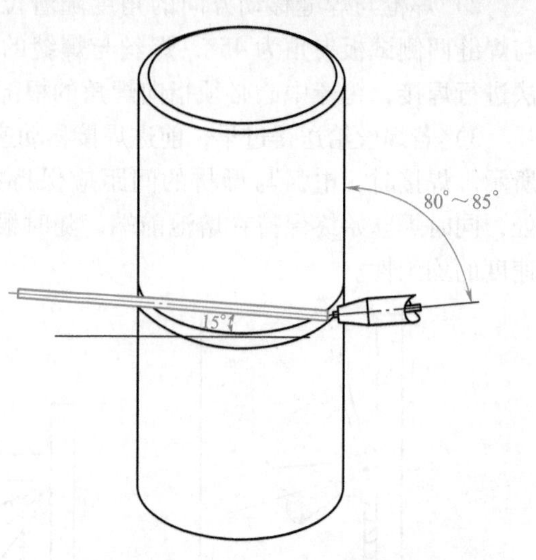

图5-24 焊枪、焊丝位置图

技能训练6 铝合金管水平固定对接单面焊双面成形

1. 焊接前的准备

（1）电源 福尼斯TPS3000数字化焊接电源。

（2）气体 99.999%（体积分数）纯氩气（Ar），气流为8~10L/min。

（3）焊丝 Al Mg 4.5 MnZr-5087，直径为2mm。

（4）练习材料 管外径32mm×壁厚2mm×长100mm，数量2件，I形坡口，材料选用5356、5087、4043。

（5）清洗 用清洗液清洗工件表面的油脂、污垢等然后用风动不锈钢丝轮对焊缝区域20mm范围内进行打磨、抛光，以去除其表面的氧化层。

（6）定位焊 分别在时钟2点和10点位置，每点长度为4~6mm，电流为80~90A，无间隙。为便于焊接时观察焊缝位置和背面试管焊透，要倒圆角，焊接时从过时钟面6点10~15mm处开始起弧，如图5-25所示。

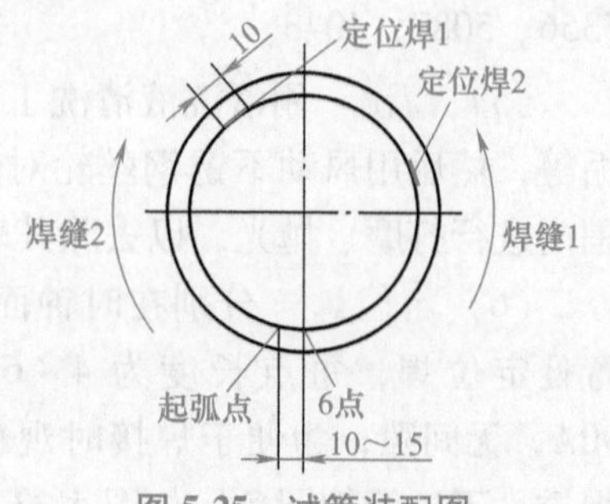

图5-25 试管装配图

2. 铝合金管水平固定对接焊操作

1）焊接参数见表5-13。

表5-13 铝合金管水平固定对接焊焊接参数

序号	焊接层次	钨棒直径/mm	焊接电流/A	焊枪与焊接方向夹角	焊道分布
1	一层	2.5	100~110	70°~80°	

2）管水平固定，焊枪沿焊缝采用立向上方向焊接，焊枪角度随着焊缝移动而保持不变，一般焊枪前进角度控制在75°~80°，工作角为90°，焊丝与焊缝的角度控制在15°左右，运条方式采用直线停顿运条方法进行焊接，钨棒必须指向焊缝的中间根部位置，如图5-26所示。

3）把水平管焊缝分成焊缝1和焊缝2，如图5-27所示。焊缝1起弧点在时钟面6:30处，收弧点在时钟面11：30处；焊缝2起弧点在时钟面5:30处，收弧点在时钟面12点处。管水平固定，焊接位置按仰对接、立对接、平对接依次改变，焊接时必须注意适当的体位，并尽量利用焊接辅助设备。焊接时握焊枪的手可支靠在一个支点上移动，焊接速度和给送焊丝的速度都要有规则和平稳，整条焊缝2个接头，焊缝表面平整、波纹清晰而均匀取决于焊接参数是否正确和操作者的熟练程度。

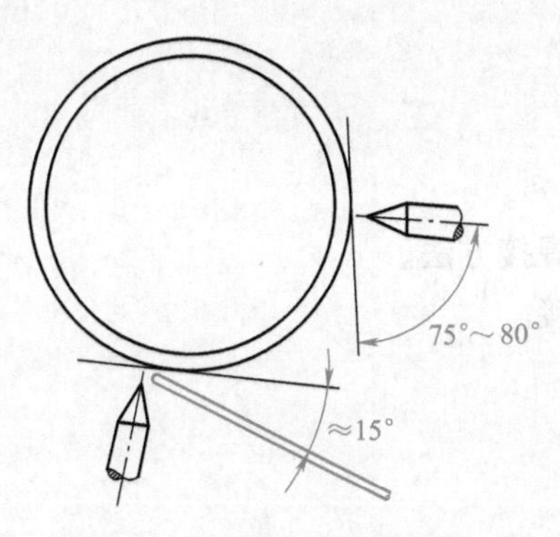

图5-26 焊枪、焊丝位置图

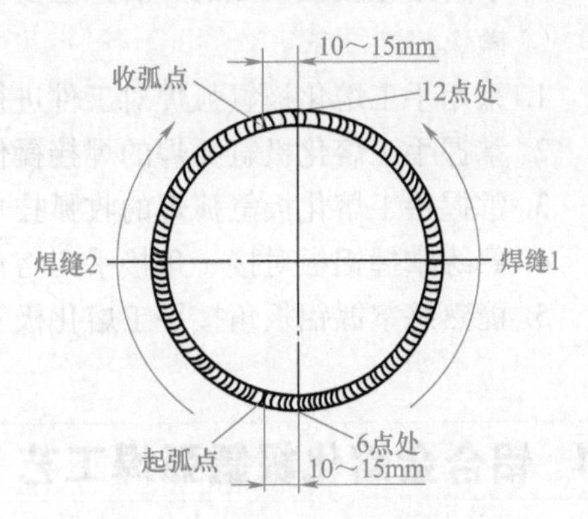

图5-27 焊接起弧与收弧位置

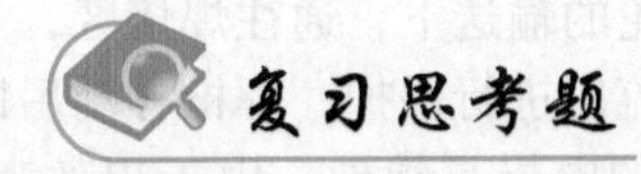

1. 对于厚度在8mm以上（包括8mm）的铝材，采用80~120℃焊前预热有哪些优点？
2. 手工钨极氩弧焊的焊接参数主要有哪些？
3. 手工钨极氩弧焊常见的焊接接头质量缺陷的产生原因及预防措施有哪些？
4. 手工钨极氩弧焊的基本操作技术有哪些要求？

第 6 章 Chapter 6

铝合金熔化极氩弧焊工艺及操作技能

☺ 理论知识要求

1. 了解熔化极氩弧焊的工作原理。
2. 了解铝合金熔化极氩弧焊的焊接性。
3. 了解铝合金熔化极氩弧焊焊前清理的相关知识。
4. 了解铝合金熔化极氩弧焊的工艺特点。
5. 了解铝合金熔化极氩弧焊的焊接参数。
6. 了解熔化极氩弧焊的焊后检验要求。

☺ 操作技能要求

1. 采用手工熔化极氩弧焊对工件进行定位焊。
2. 掌握手工熔化极氩弧焊的焊接操作手法。
3. 掌握手工熔化极氩弧焊的收弧技巧。
4. 熟练掌握铝板对接、角接手工熔化极氩弧焊焊接方法。
5. 能熟练掌握铝板角接手工熔化极氩弧焊的焊接。

6.1 铝合金熔化极氩弧焊工艺

熔化极氩弧焊（即 MIG 焊）是使用焊丝作为电极和填充金属，氩气作保护气体的一种焊接方法。焊接时焊丝在送丝滚轮的输送下，通往焊接区，与母材之间产生电弧，熔化焊丝与母材，形成熔池，氩气从喷嘴流出进行保护，焊枪移动后即形成焊缝。

熔化极氩弧焊的特点是使用的电极是焊丝，由于焊丝表面没有涂料层，电流可大大提高，且焊丝的端部常呈锥形，使得电弧集中，因而母材熔深大，焊丝熔化快，熔敷率高，与手工钨极氩弧焊相比，可大大提高生产率。所以，熔化极氩弧焊主要用于中等厚度以上铝及铝合金板材的焊接，尤其是板厚 8mm 以上的铝合金板材几乎都采用熔化极氩弧焊。

熔化极氩弧焊按操作方式不同，可分为半自动焊和自动焊两种。按电流特性又可分为无脉冲（普通）和有脉冲熔化极氩弧焊。半自动熔化极氩弧焊不仅操作灵活方便，焊缝成形美观，变形小，且可进行全位置的焊接。

半自动熔化极氩弧焊多用小直径焊丝，这时应采用恒压（即平特性）电源和等速送丝。主要通过调节送丝速度来调节焊接电流（送丝速度增加，焊接电流随之加大），获得所需的焊接电流以达到良好的熔合和一定的熔深。通过调节电弧电压来达到焊丝熔滴的喷射过渡，电弧电压的调节主要是通过调节电源外特性来实现（外特性上移则电弧电压增加，而焊接电流略有增加）。

大直径焊丝只能用于平焊位置的自动熔化极氩弧焊，这时应采用恒流（陡降特性）电源和变速送丝。焊接时主要调节电流大小，而送丝速度由自动系统调节维持弧长。这里主要介绍半自动熔化极氩弧焊（无脉冲）和脉冲熔化极氩弧焊。

6.1.1 半自动熔化极氩弧焊工艺

1. 焊接方法

铝及铝合金用 MIG 焊进行焊接时，根据板厚及接头形式，可以采用短路过渡、射流过渡和亚射流过渡、大电流 MIG 焊。半自动熔化极氩弧焊焊接铝及铝合金主要采用短路过渡和亚射流过渡两种形式。大电流 MIG 焊主要用于焊接板厚 20mm 以上的铝板，采用熔化极自动氩弧焊、Ar+He 混合气体焊或氦弧焊。

（1）短路过渡　采用细焊丝（≤1.0mm）、小电流，对母材的热输入较小，因此，适用于 1~2mm 厚的薄板的对接、搭接、角接及卷边接头，全位置的焊接。采用带拉丝式送丝装置的焊枪。

（2）射流过渡和亚射流过渡　铝及铝合金 MIG 焊最常用的熔滴过渡形式是射流过渡。铝合金氩弧焊时，熔滴过渡形式由滴状过渡转变为射流过渡有一定的临界电流，见表 6-1，即当焊接电流增大到临界电流值时，熔滴才实现射流过渡。

表 6-1　不同直径焊丝的临界电流参考值

焊丝直径/mm	0.8	1.2	1.6	2.4
临界电流/A	95	130	170	220

亚射流过渡是射流和短路相混合的过渡形式。亚射流过渡的特点是弧长较短，电弧电压较低，电弧略带轻微爆破声，焊丝端部的熔滴长大到约等于焊丝直径时便沿电弧轴线方向一滴一滴过渡到熔池，期间可能有瞬时短路发生。铝合金亚射流过渡焊接时，电弧的固有自调节作用特别强，当弧长受外界干扰而发生变化时，焊丝的熔化速度发生较大变化，促使弧长向消除干扰的方向变化，因而可以迅速恢复到原来的长度。此外，采用亚射流电弧焊接时，阴极雾化区大，熔池的保护效果好，焊缝成形好，焊接缺陷较少。

2. 半自动熔化极氩弧焊工艺要点

（1）焊前准备

1）焊接电源。铝及铝合金的熔化极氩弧焊通常采用直流反接电源。常用半自动熔化极氩弧焊机较多，常用的国产焊机型号为 NBA-400、NBA-500，国外引进的福尼斯 TPS4000、TPS500 焊机等。福尼斯 TPS4000、TPS500 焊机能实现全数字化控制。按下特殊焊铝程序按钮，就可实现专门焊铝的特殊引弧程序，起弧时有较大的起弧电流（使起弧处易焊透），然后将电流降至正常值进行焊接，收弧时再降至较小的收弧电流（可防止烧穿）。所有这些工作，均可通过焊枪来控制和完成。

2）焊前清理。铝及铝合金的 MIG 焊对焊前清理要求严格，需采用异丙醇对焊件表面油污杂质清理干净，再采用不锈钢钢丝轮或钢丝刷对焊接区域周围氧化膜清理至亮白色。

3）预热。铝及铝合金半自动熔化极氩弧焊一般不预热，板厚>8mm 时必须预热，预热温度为80~150℃。

4）保护气体。熔化极氩弧焊对氩气纯度的要求要高于钨极氩弧焊，一般要求≥99.99%（体积分数），中、厚板要求≥99.999%（体积分数），也可采用氩-氦混合气体（Ar 25%+He 75%）（体积分数）。

铝及铝合金焊接采用氩-氦混合气体保护，不仅使电弧燃烧稳定，温度高，且焊丝熔化速度快，焊滴易呈现较稳定的射流过渡，熔池流动性也得到改善，焊缝成形好，致密性提高。

（2）焊接参数　铝及铝合金熔化极氩弧焊时，影响焊缝成形和焊接性能的参数主要有：焊接电流、电弧电压、焊接速度、焊丝伸出长度、氩气流量、焊丝倾角、焊丝直径、焊接位置、喷嘴高度等。

1）焊接电流。通常先根据工件的厚度选择焊丝直径，然后再按所需的熔滴过渡形式确定焊接电流。铝及铝合金焊接时，应尽量选取较大的焊接电流（但以不应导致焊穿工件为度），这样，既可获得稳定的亚射流过渡，也有利于消除气孔类的缺陷，并提高生产效率。

2）电弧电压。焊丝直径一定时，为使电弧稳定和熔滴过渡稳定，不仅要选择合适的焊接电流，同时还应使电弧电压与焊接电流相匹配。对应于一定的临界电流值，都有一个最低的电弧电压值与之匹配。与之匹配的最低的电弧电压值（弧长）根据焊丝直径来选定，其关系式为：

$$L = Ad$$

式中　L——弧长（mm）；

d——焊丝直径（mm）；

A——系数（纯氩直流反接时，取2~3）。

电弧电压匹配适当时，飞溅小，雾化区宽，焊缝光亮，波纹（鱼鳞）细致，成形美观。电弧电压匹配不适当时，焊缝不光亮，成形不好。电弧电压过高（即电弧过长），则飞溅大，易产生气孔；电弧电压过低（即短弧），就可能电弧短接。若电弧电压低于计算值，即使焊接电流比临界电流大很多，也得不到稳定的喷射过渡。

3）焊接速度。焊接速度与板材厚度、焊接电流、电弧电压等密切相关。半自动熔化极氩弧焊时，为了防止气孔，一般焊接速度应选得大些。

4）焊丝伸出长度。焊丝伸出长度根据焊丝直径等条件确定。铝及铝合金半自动熔化极氩弧焊短路过渡时，焊丝伸出长度为6~13mm，长期用其他形式过渡时，推荐焊丝伸出长度为13~25mm。

5）氩气流量。一般为15~25L/min。喷嘴高度应保持在8~20mm之间，焊接铝镁合金时宜短些。

铝合金短路过渡焊接参数见表6-2，铝合金射流过渡及亚射流过渡的焊接参数见表6-3。

表6-2　铝合金短路过渡焊接参数（对接）

<table>
<tr><th>板厚/mm</th><th>接头形式</th><th>焊接层数</th><th>焊接位置</th><th>焊丝直径/mm</th><th>焊接电流/A</th><th>电弧电压/V</th><th>焊接速度/(mm/min)</th><th>氩气流量/(L/min)</th></tr>
<tr><td>2</td><td>对接</td><td>1</td><td>全</td><td rowspan="3">0.8</td><td>70~85</td><td rowspan="3">14~15</td><td>400~600</td><td>15</td></tr>
<tr><td>1</td><td rowspan="2">T接</td><td rowspan="2">1</td><td rowspan="2">全</td><td>40</td><td>500</td><td rowspan="2">14</td></tr>
<tr><td>2</td><td>70</td><td>300~400</td></tr>
</table>

表6-3　铝合金射流过渡及亚射流过渡焊接参数（对接、平焊）

材料厚度/mm	坡口形式	焊道层数	焊接电流/A	电弧电压/V	填充丝直径/mm	氩气流量/(L/min)
2.4	I	1	70~110	8~22	0.8	14
3.0	I	1	110~130	20	1.2	
6.0	I或V	1	180~225	26~28	1.5	18
9.0	V或X	1或2	230~320			23
12.5		2或3	280~340	26~30	2.4	
25.0		4或5	320~420			28
50.0		≥12	350~450			

（3）焊后消除应力　由于金属厚度、热输入和结构刚度等原因，可能在焊接中会导致过量的残余应力，继而造成构件的早期失效。为减小残余应力，常用的方法是焊后进行锤击，但锤击一般对薄件不适用，对于薄件在某些情况下还是推荐热处理消除应力。

对非热处理强化的铝镁合金，加热到340℃后，能显著降低残余应力，在大多数情况下，加热到230℃并持续4h也能有效消除残余应力。但对热处理强化铝合金来说，需要用来消除应力的温度，对力学性能有不利影响，还可能降低抗蚀能力，必须引起注意。一般推荐整体加热，局部加热只有在试验证明有效的某些情况下才采用。

（4）焊接操作　半自动熔化极氩弧焊焊接时一般采用左焊法，焊炬向右倾斜，与垂线的夹角约为10°~20°。室外焊接时，注意防风。

6.1.2 脉冲熔化极氩弧焊工艺

使用熔化电极的脉冲氩弧焊叫脉冲熔化极氩弧焊（简称MIGP焊）。这种焊接方法的焊接电流特征是在较低的基值电流上周期性地叠加高峰值的脉冲电流，并采用脉冲喷射过渡形式。

脉冲喷射过渡既具有普通熔化极氩弧焊短路过渡和喷射过渡的优点，又弥补了它们的不足，扩大了熔化极氩弧焊的适用范围，脉冲喷射过渡可以对焊丝熔化和熔滴过渡进行控制，既可以改善电弧稳定性，又可以在小于平均焊接电流下实现熔滴喷射过渡和全位置焊接。所以，脉冲熔化极氩弧焊是目前焊接铝及铝合金的主要方法之一。

1. 脉冲喷射过渡过程

脉冲熔化极氩弧焊和脉冲钨极氩弧焊原理上是相同的，脉冲波形和脉冲特征参数也相同。在送丝速度不变（即平均电流不变）的条件下，使焊接电源的输出电流以一定的频率和幅值变化来控制熔滴有节奏地过渡到熔池。

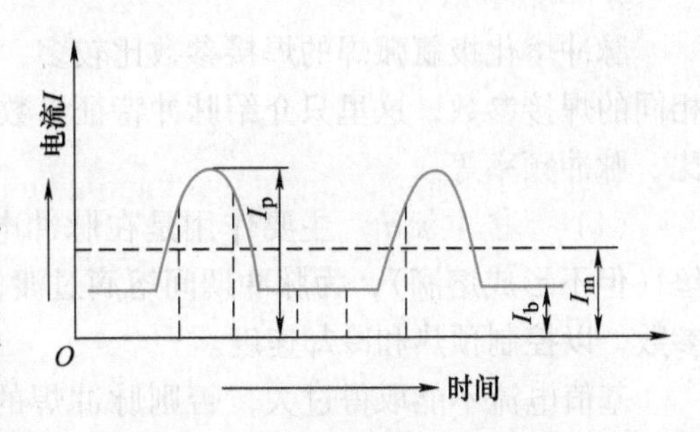

图6-1　正弦脉冲电流波形图
I_p—脉冲电流　I_b—基值电流　I_m—平均电流

只是在电源上两者有所不同，脉冲钨极氩弧焊用的电源是交流脉冲，而脉冲熔化极氩弧焊用的电源是直流脉冲，脉冲电流的波形目前国内多用正弦波和矩形波（或方波）。正弦脉冲电流的波形如图6-1所示。

脉冲熔化极氩弧焊采用脉冲喷射过渡的熔滴过渡方式。图6-1中脉冲电流I_p的主要作用是让熔滴喷射过渡，其峰值高于脉冲喷射过渡临界电流值。在脉冲喷射过渡中，虽然脉冲峰值电流超过某一临界电流值，但因其导电时间很短，而且基值电流也较低，故焊接的平均电流要比连续喷射过渡的临界电流低得多。因此脉冲熔化极氩弧焊是一种在较低的焊接电流（平均电流）下，获得喷射过渡和低热输入的焊接方法。

2. 脉冲熔化极氩弧焊的特点

1）脉冲熔化极氩弧焊可实现对焊丝熔化及熔滴过渡的控制，改善电弧稳定性。脉冲焊可以使用比临界电流小的平均电流值得到稳定的射滴过渡，选用合适的脉冲电流和脉冲电流时间，可以实现一个脉冲周期仅过渡一个尺寸等于或小于焊丝直径的熔滴，熔滴的过渡频率等于脉冲频率。所以，其特点是熔滴过渡速度较慢，但很有力，轴向性好，脉冲与熔滴过渡同步，有规律性，无飞溅且过渡稳定，从而得到最稳定的焊接过程。

2）焊接电流的调节范围很宽。在同样条件下（指焊丝材质和直径相同），脉冲喷射过渡采用的焊接电流范围很宽，既包括了普通熔化极氩弧焊短路过渡和滴状过渡使用的电流范围，也包括连续喷射过渡所采用的部分电流范围，所以对薄板和厚板均能焊接。

3）可采用较粗的焊丝焊接薄板，不但送丝稳定，而且降低了焊丝成本。

例如，焊接2mm厚的铝板时，普通熔化极氩弧焊一般使用ϕ0.8mm的细焊丝，这样的焊丝刚度小，送丝很困难，焊接过程不稳定。而脉冲熔化极氩弧焊可用ϕ1.6mm的粗焊丝，实现稳定送丝要求，且粗焊丝比细焊丝焊接气孔倾向小。

4）可以实现3~6mm铝板对接接头不开坡口的单面焊双面成形。厚度大于6mm的铝板（或铝管）一般需开坡口。

5）可进行空间位置焊缝的焊接。由于其平均电流比连续电流喷射过渡的临界电流低，因而母材的热输入低，且当焊接电流超过临界电流时，熔滴在任何空间位置均可以沿焊丝轴线向熔池有力地过渡，不至于因重力而下淌，因此适合于全位置的焊接，容易进行立焊和仰焊。

6）脉冲熔化极氩弧焊的优缺点。

①优点：使铝及铝合金的焊接接头性能提高，减少焊缝金属中气孔、夹渣等缺陷。

②缺点：脉冲熔化极氩弧焊所需要的焊接设备复杂、成本较高，焊接时需调节的参数较多，因此，对操作者的知识和技术水平要求较高。

3. 焊接参数

脉冲熔化极氩弧焊的焊接参数比较多，除脉冲特征参数以外，还有与普通熔化极氩弧焊相同的焊接参数，这里只介绍脉冲特征参数。脉冲特征参数包括基值电流、脉冲电流、脉宽比、脉冲频率等。

（1）基值电流I_j　主要作用是在脉冲电流停歇期间维持电弧燃烧稳定，预热母材和焊丝（但不形成熔滴），为脉冲期间熔滴过渡作准备，是调节总焊接电流和母材热输入的重要参数，以控制预热和冷却速度。

基值电流不能取得过大，否则脉冲焊的特点不明显，甚至在脉冲停歇期间也有熔滴过渡，使熔滴过渡失去控制；而且平均电流被大大地提高了，给全位置焊接带来困难。基值电流也不能取得太小，否则电弧不稳定。通常I_j取50~80A比较合适。平焊位置焊接时可取高些，其他位置焊接时则取低些。

（2）脉冲电流 I_p 脉冲电流的主要作用是使熔滴喷射过渡。为此，脉冲峰值电流必须高于脉冲喷射过渡临界电流值（见表6-4），若该值持续一定时间，熔滴便可呈喷射过渡。若脉冲电流峰值低于产生喷射过渡的临界电流值，则不会产生喷射过渡。

脉冲喷射过渡临界电流值不是固定值，它随脉冲持续时间及基值电流的增加而降低，反之，随这两个参数的减小而增大。

表6-4 5A06（LF6）铝镁合金的脉冲喷射过渡的临界电流值（总电流平均值）

焊丝直径/mm	1.2	1.6	2.0	2.5
临界电流值/A	25~30	30~40	50~55	75~80

脉冲峰值电流是决定脉冲能量的重要参数。它影响着熔滴的过渡力、尺寸和母材的熔深。在平均总电流不变（即送丝速度不变）的条件下，熔深随脉冲峰值电流增加而增加，反之则降低。因此，可根据工艺需要，通过调节脉冲电流峰值来调节熔深。

（3）脉宽比 脉宽比的大小反映脉冲的强弱。

$$脉宽比 = t_p/T$$

式中 t_p——脉冲电流通电时间；

T——脉冲周期。

喷射过渡的脉冲峰值电流高于喷射过渡临界电流的程度与脉冲电流的持续时间（脉宽比）有关。脉冲峰值电流高于临界电流的数值随脉冲持续时间增加而减小。

若脉宽比过大，说明脉冲电流持续时间相对较长，已经接近连续喷射过渡，失去了采用脉冲焊的意义，即脉冲特点弱；若脉宽比过小，为了保证一定的熔化效率，在保持平均电流不变情况下，势必采用较高的峰值电流，不能产生所希望的喷射过渡，所以，脉宽比过大或过小都不好。

脉冲电流和脉冲通电时间都是决定焊缝形状和尺寸的主要参数，随着脉冲电流的增大和脉冲通电时间的延长，焊缝熔深和熔宽增大，调节这两个参数，就可以获得不同的焊缝熔深和焊宽。

脉宽比一般选择在25%~50%之间为宜。对非平焊位置的焊缝，由于需选用较小的焊接电流，但又要保证喷射过渡，这时应选择较小的脉宽比，以保证电弧有一定的挺直度。对热裂倾向大的铝合金也宜选用较小的脉宽比。

（4）脉冲频率（脉冲周期） 脉冲频率也是决定脉冲能量的重要参数之一。脉冲频率的大小，一般由焊接电流确定。若要求焊接电流（或送丝速度）较大，则需选择较高的脉冲频率；要求焊接电流较小时，脉冲频率应选得低些。对于一定的送丝速度，脉冲频率与熔滴尺寸成反比，而与母材熔深成正比，因此，较高的脉冲频率适合于焊接厚板，较低的脉冲频率适合于焊接薄板。为了满足稳定的喷射过渡的要求，脉冲频率一般在30~120Hz之间选取。

4. 焊接参数选择的一般程序

实际生产中，选择脉冲喷射过渡焊接参数的一般程序如下：先根据被焊母材的性质、厚度和质量要求，选用合适的焊丝直径。然后根据焊丝直径确定基值电流、脉冲频率和脉宽比。基值电流、脉冲频率和脉宽比在焊接设备上都可以单独给定和调节。焊前应先调好这三个参数，焊接时不再改变。焊接时，再调节焊接电流（总平均电流）、电弧电压（弧长）和焊接速度。为保持一定的弧长，必须使送丝速度等于焊丝熔化速度。在等速送丝情况下，主要是通过调节送丝速度来改变焊接电流的大小，并匹配合适的弧长。

6.2 铝合金熔化极氩弧焊操作技能训练

技能训练1　铝合金板对接平焊的单面焊双面成形

1. 焊前准备

（1）试件材质　试件型号为6082，规格为300mm×150mm×10mm（2块），V形坡口，坡口面角度为35°，如图6-2所示。

（2）焊接材料　焊丝：ER5087，ϕ1.2mm；氩气Ar：99.999%（体积分数）。

（3）焊接要求　单面焊双面成形

（4）焊接设备　TPS5000型半自动熔化极氩弧焊机。

（5）电源极性　直流反接。

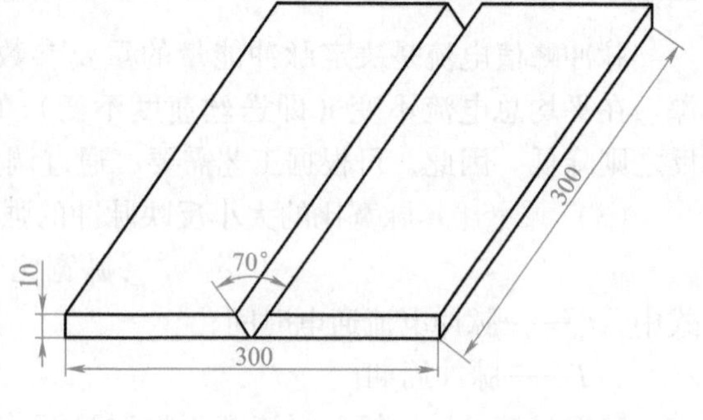

图6-2　6082铝合金试件示意图

2. 装配定位焊

1）修磨钝边为0.5~1.0mm。

2）焊前清理。将试板表面的油污、灰尘、污垢等用丙酮或酒精清洗干净，并使丙酮或酒精自然挥发干燥，然后将坡口两侧20mm范围内的氧化铝薄膜用不锈钢丝轮抛光或不锈钢丝刷去除，直至露出金属光泽。清理好的试件应在8h内施焊。

3）预留间隙为3.0~3.5mm。

4）错边≤0.5mm。

5）装配定位焊　试件组对时，采用3mm不锈钢板放在试板中间作为装配时预留间隙，定位焊2点，位置应在试件两端的坡口内。定位焊缝要薄一些，但熔深要大，要焊透，这样，定位焊缝就可不必铲除（否则需铲去）。先焊起弧端定位焊缝，定位焊缝长度为20mm，后焊收弧端定位焊缝，焊前应保证间隙为3.5mm，定位焊缝长度为30mm，如

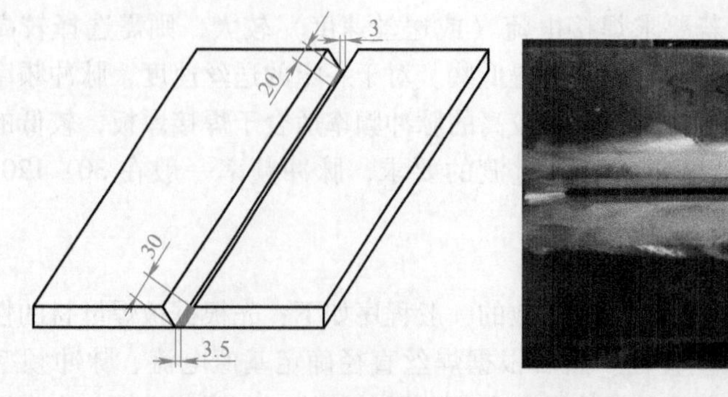

图6-3　试件装配定位焊示意图

图6-3所示。为了保证焊接正常进行，试件放入工装夹具再进行焊接，并将定位焊缝修磨成缓坡状，以便于焊接，如图6-4所示。

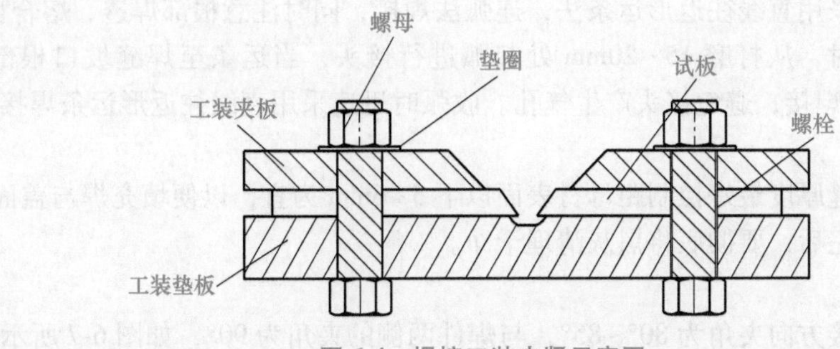

图6-4 焊接工装夹紧示意图

3. 焊接参数

10mm铝合金V形坡口对接平焊的焊接参数见表6-5。

表6-5 10mm铝合金V形坡口对接平焊的焊接参数

焊接层次	焊接电流/A	电弧电压/V	弧长/mm	焊丝伸长度/mm	气体流量/(L/min)	焊道分布
打底层1	165~180	18~20	-2	12~15	15~20	3 2 1
填充层2	230~240	24~25	-4			
盖面层3	210~220	22~23	0			

4. 操作步骤及注意事项

重要件可采用氧乙炔火焰对坡口及其两侧进行预热，预热温度一般为80~120℃；焊接过程中，应控制层间温度在60~100℃之间。

（1）打底焊

1）引弧前先提前放气5~10s；调整焊丝伸出长度为15~20mm。

2）采用左焊法焊接。焊接时，焊枪与焊接方向的夹角为80°~85°，与焊件两侧的夹角为90°，如图6-5和图6-6所示。

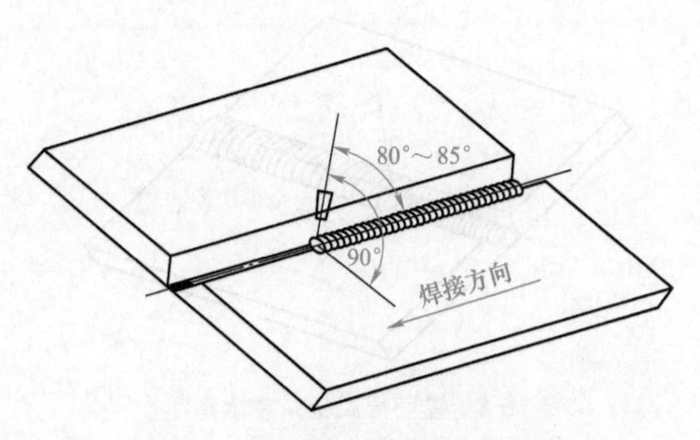

图6-5 打底焊焊枪角度示意图

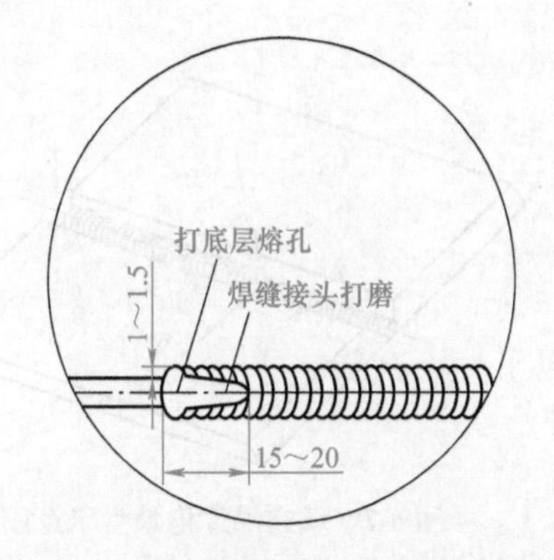

图6-6 焊接过程中的熔孔及接头打磨

3）焊接时，应始终保持熔池在焊缝前端，而且母材两侧分别熔入1~1.5mm形成一明亮的熔孔。焊接过程中尽量控制焊速均匀，熔孔大小一致，确保焊缝正面与母材熔合良好，背面成形美观，如图6-6所示。

4）运条方式采用直线往返形运条法，连弧法焊接，同时注意根部焊透、熔合良好。

5）焊缝接头时，从打磨15~20mm处起弧进行接头，当运条至焊缝坡口根部位置时，应稍压低电弧进行焊接，避免接头产生气孔。收弧时迅速采用直线往返形运条焊接5~10mm收弧。

6）打底层焊缝厚度最好控制距母材表面以下5~6mm为宜，以便填充焊与盖面焊。

7）打底焊焊完后，要彻底将黑灰清理干净。

（2）填充焊

1）焊枪与焊接方向夹角为80°~85°，与焊件两侧的夹角为90°，如图6-7所示。

2）采用锯齿形或圆圈形运条，两侧稍有停顿，以保证焊缝两侧边充分熔合，避免产生“夹皮沟”现象，同时，也防止咬边、未熔合、夹渣等缺陷的产生，并应随时注意观察熔池是否与母材熔合良好。

3）控制填充层焊缝表面距母材表面2~3mm，尽可能保证填充层焊缝呈内凹圆弧状，同时注意电弧不要熔伤坡口的棱边，以便盖面层焊缝焊接时控制焊缝的直线度，如图6-7所示。

4）填充层焊缝焊完后要彻底清除焊缝及试件表面的“黑灰”、焊渣和飞溅。

（3）盖面焊

1）起弧位置应采用熄弧法点焊2~3点，然后再进行连续焊接。

2）焊枪与焊接方向的夹角为75°~80°，与焊件两侧的夹角为90°，如图6-8所示。

3）采用锯齿形运条，两侧稍作停留。焊枪作横向摆动时，电弧以熔池边缘超过坡口两条棱边各1~2mm为佳，这样能更好地控制焊缝的宽度，保证焊缝与试板熔合良好。

4）为保证焊缝外观成形美观，避免焊缝两侧产生咬边，两侧停留时应观察熔池是否填满，保持焊接速度均匀，使焊缝的余高趋于一致。

5）收弧时采用反复收弧法或采用焊机的焊接电流衰减装置，将弧坑填满。

6）焊缝接头时，采用打磨机将接头处磨成缓坡状，再进行焊接。

7）试件焊完后要彻底清除焊缝及试件表面的“黑灰”、焊渣和飞溅。

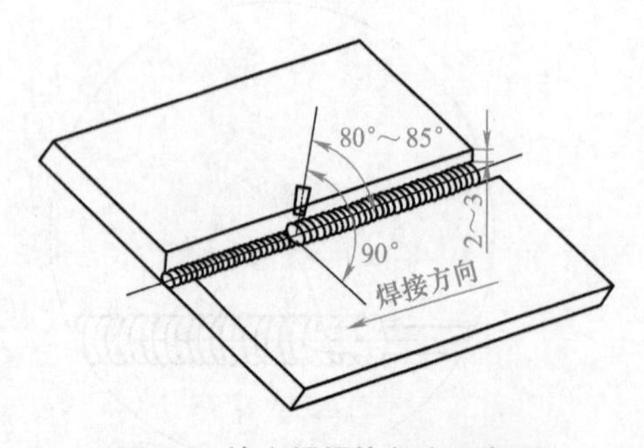

图6-7 填充焊焊枪角度示意图

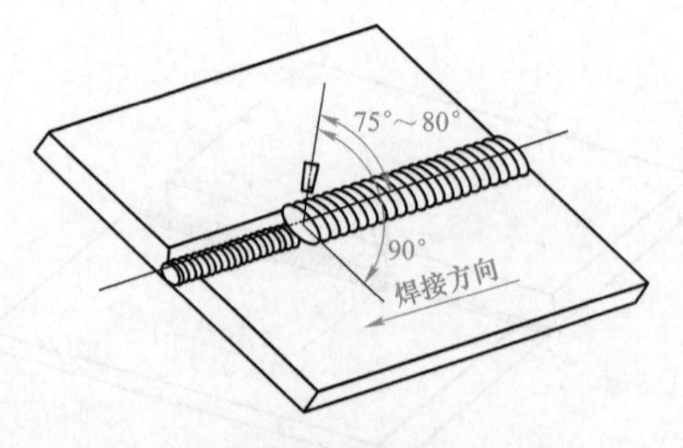

图6-8 盖面焊焊枪角度示意图

（4）焊后检查

1）外观检测：正面余高≤2.5mm，背面余高≤3.0mm，且焊缝的正面、背面宽窄差

≤2mm。

2）内部检验：经X射线检测后，要达到Ⅰ级合格。

技能训练2　铝合金板对接立焊的单面焊双面成形

1. 焊前准备

装配定位焊与本节铝及铝合金平板对接平焊相同，如图6-9所示，焊缝装配间隙为3.5~4.0mm。

图6-9　试件夹具装配示意图

2. 焊接参数

10mm铝合金V形坡口对接立焊的焊接参数见表6-6。

表6-6　10mm铝合金V形坡口对接立焊的焊接参数

焊接层次	焊接电流/A	电弧电压/V	弧长/mm	焊丝伸出长度/mm	气体流量/(L/min)	焊道分布
打底层1	150~160	16~18	−2	12~15	15~20	3 2 1
填充层2	165~180	18~20	−4			
盖面层3	155~165	16~18	0			

3. 操作要点及注意事项

（1）打底焊

1）引弧前先提前放气5~10s，调整焊丝伸出长度为12~15mm。

2）焊接时，焊枪与焊接方向的夹角为80°~85°，与焊件两侧的夹角为90°，如图6-10所示。

3）焊接时，应始终保持熔池在焊缝前端，而且母材两侧分别熔入1~1.5mm形成一明亮的熔孔。焊接过程中尽量控制焊速均匀，熔孔大小一致，确保焊缝正面与母材熔合良好，背面成形美观，如图6-11所示。

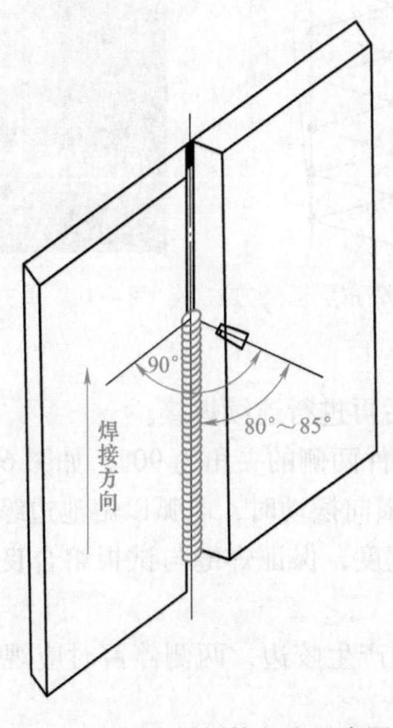

图6-10　打底焊焊枪角度示意图

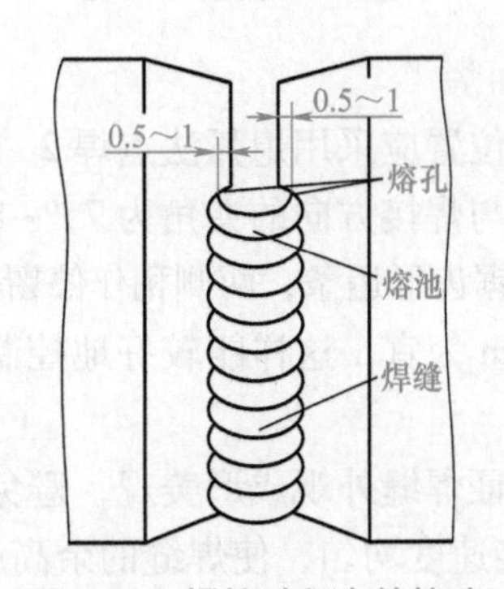

图6-11　焊接过程中的熔孔

4）运条方式采用直线往返形运条法，连弧法焊接，同时注意根部焊透、熔合良好。

5）焊缝接头时，从打磨5~10mm处起弧进行接头，当运条至根部位置时，应稍压低电弧进行焊接，避免接头产生气孔。焊接至收弧时迅速采用直线往返形运条焊接5~10mm收弧。

6）打底层焊缝厚度最好控制距母材表面以下5~6mm为宜，以便填充焊与盖面焊。

7）打底焊焊完后，要彻底将黑灰清理干净。

（2）填充焊

1）焊枪与焊接方向夹角为80°~85°，与焊件两侧的夹角为90°，如图6-12所示。

2）采用锯齿形或月牙形运条，两侧稍有停顿，以保证焊缝两侧边充分熔合，避免产生“夹皮沟”现象，同时，也防止咬边、未熔合、夹渣等缺陷的产生，并应随时注意观察熔池是否与母材熔合良好，如图6-13所示。

3）控制填充层焊缝表面距母材表面2~3mm，尽可能保证填充层焊缝呈内凹圆弧状，同时注意电弧不要熔伤坡口的棱边，以便盖面焊时控制焊缝的直线度，如图6-14所示。

4）填充层焊缝焊完后要彻底清除焊缝及试件表面的黑灰、焊渣和飞溅。

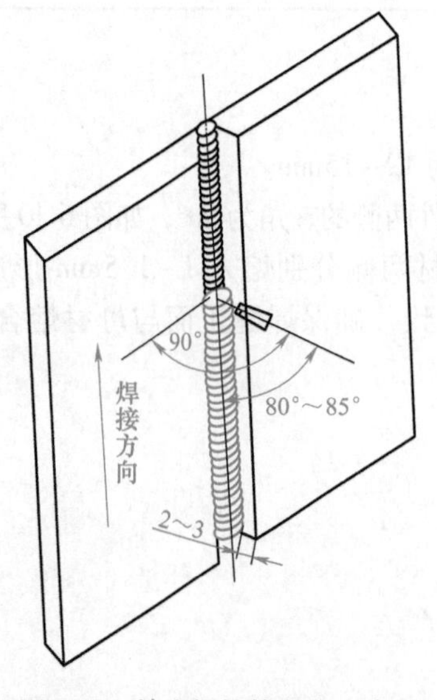

图6-12 填充焊焊枪角度示意图

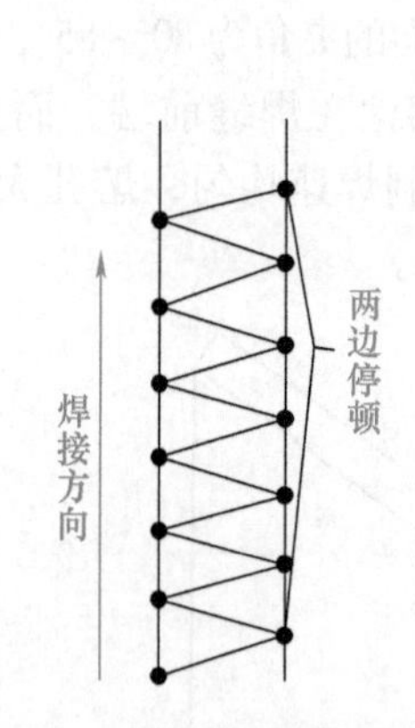

图6-13 填充层运条方法

图6-14 填充层示意图

（3）盖面焊

1）起弧位置应采用熄弧法点焊2~3点，然后再进行连续焊接。

2）焊枪与焊接方向的夹角为75°~85°，与焊件两侧的夹角为90°，如图6-15所示。

3）采用锯齿形运条，两侧稍作停留。焊枪作横向摆动时，电弧以熔池边缘超过坡口两条棱边各1~2mm为宜，这样能较好地控制焊缝的宽度，保证焊缝与试板熔合良好，如图6-16所示。

4）为保证焊缝外观成形美观，避免焊缝两侧产生咬边，两侧停留时应观察熔池是否填满，保持焊接速度均匀，使焊缝的余高趋于一致。

5）试件焊完后要彻底清除焊缝及试件表面的黑灰、焊渣和飞溅。

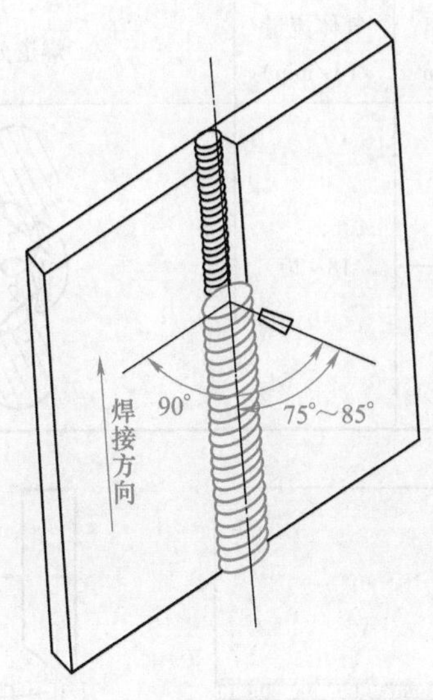

图 6-15 盖面焊焊枪角度示意图

图 6-16 盖面层示意图

（4）焊后检查

1）外观检测：正面余高≤2.5mm，背面余高≤3.0mm，且焊缝的正面、背面宽度差≤2mm。

2）内部检验：经 X 射线检测后，达到 I 级合格。

技能训练 3 铝合金板对接横焊的单面焊双面成形

1. 焊前准备

试件材质、焊接材料、焊接要求与本节铝及铝合金平板对接平焊相同，试件示意图如图6-17 所示。

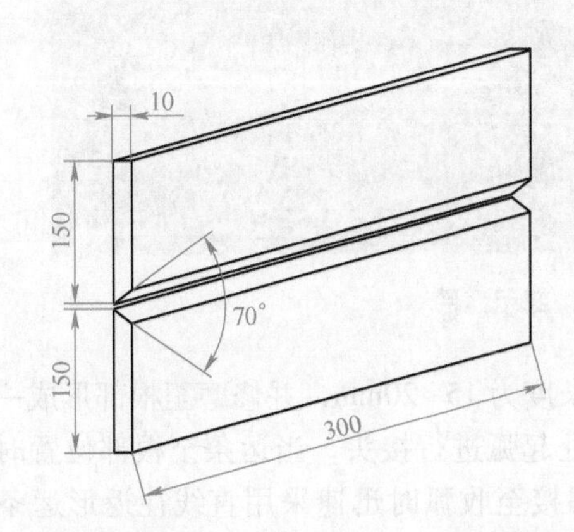

图 6-17 横焊试件示意图

2. 焊接参数

10mm 铝合金 V 形坡口对接横焊焊接参数见表 6-7。

表 6-7　10mm 铝合金 V 形坡口对接横焊焊接参数

焊接层次	焊接电流/A	电弧电压/V	弧长/mm	焊丝伸出长度/mm	气体流量/(L/min)	焊道分布
打底层 1	200~210	22~23	-6	12~15	18~20	
填充层 2	220~230	23~24	-8			
填充层 3	230~240	24~25	-6			
盖面层 4	190~200	20~21	-2	10~12		
盖面层 5	180~190	18~19	-1			
盖面层 6	180~185	17~18	-3			

3. 操作要点及注意事项

（1）打底焊

1）引弧前先提前放气 5~10s，调整焊丝伸出长度 12~15mm，采用左焊法进行焊接。

2）焊接时，焊枪与焊接方向的夹角为 80°~85°，与下坡口的焊枪角度为 80°~85°，如图 6-18 所示。

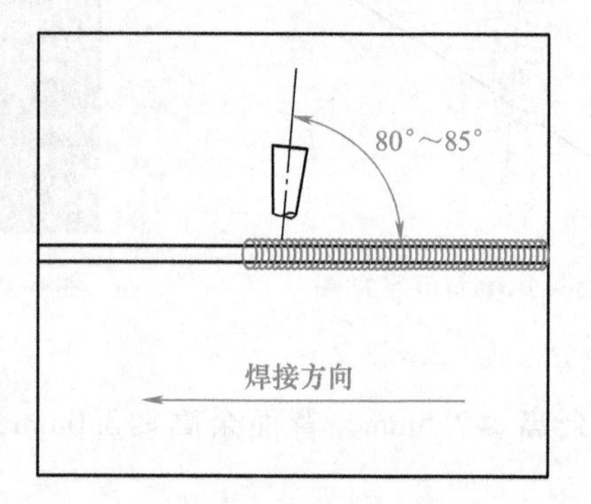

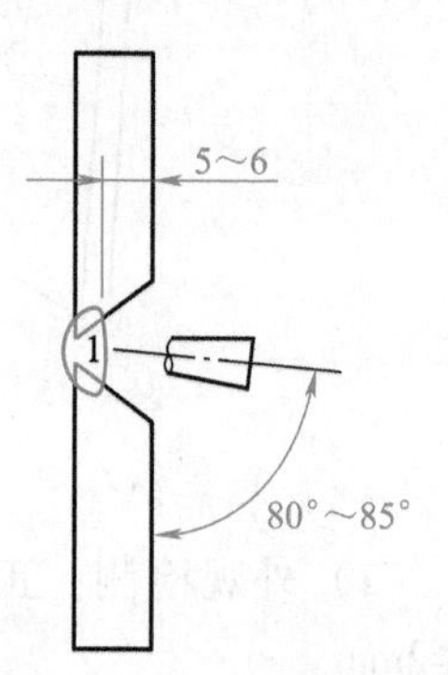

图 6-18　打底焊焊枪角度示意图

3）运条方式采用直线往返形，连弧法焊接。电弧匀速移动时，在控制熔孔大小的同时应注意控制熔池的形状，使焊缝与坡口边缘部位过渡平整，避免产生“夹沟”现象，同时及时清理坡口飞溅及黑灰，如图 6-19 所示。

图 6-19　打底层焊缝示意图

4）焊缝接头时，将接头处打磨成缓坡状，长度为 15~20mm，并修磨至根部形成一个熔孔，如图 6-20 所示。焊缝接头从打磨 5~10mm 处起弧进行接头，当运条至根部位置时，应稍压低电弧进行焊接，以避免接头产生气孔。焊接至收弧时迅速采用直线往返形运条焊接 5~10mm，可有效避免收弧处产生焊瘤。

5）打底层焊缝厚度最好控制在距母材表面以下 5~6mm 为宜，以便填充焊与盖面焊。

（2）填充焊

1）焊接第 2 道焊缝时，焊丝指向第 1 道焊缝与下坡口面熔合线位置并进行焊接；第 2

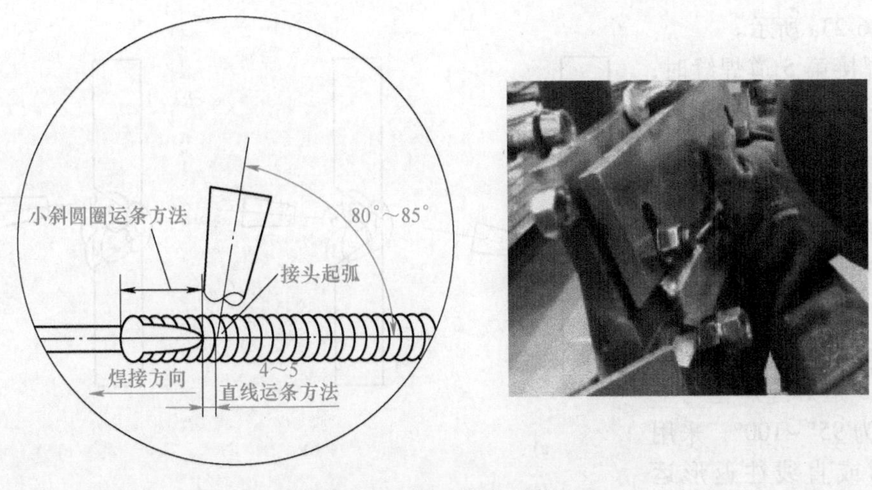

图 6-20 接头修磨示意图

道焊缝焊枪角度为 100°~110°，如图 6-21a 所示，采用直线往返形或斜圆圈形运条。

2）焊接第 3 道焊缝时，焊丝指向第 2 道焊缝与上坡口夹角根部进行焊接，焊接时应注意观察熔池是否与母材熔合良好，每焊完一道一定要彻底清理干净，防止未熔合、夹渣等缺陷的产生，第 3 道焊缝焊枪与下坡口角度为 85°~90°，如图 6-21b 所示，采用直线形或直线往返形运条。

3）采用快速焊接法，填充层焊缝以平整为宜，焊缝表面距母材表面控制 1~2mm，如图 6-22 所示，同时注意电弧不要熔伤坡口的棱边，以便盖面层焊接时控制焊缝的直线度，可有效防止盖面层过高。

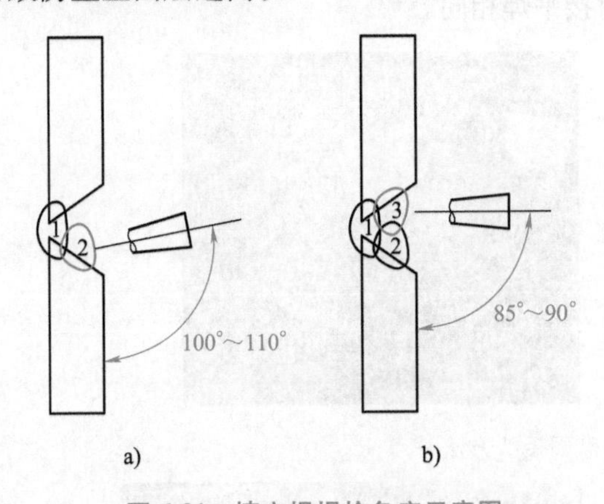

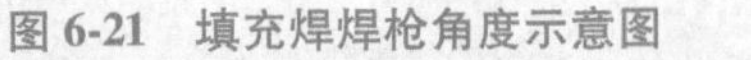
图 6-21 填充焊焊枪角度示意图

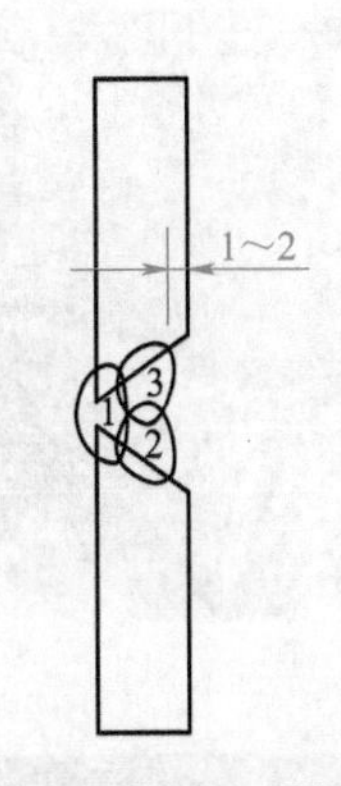

图 6-22 填充层焊道和焊缝表面的距离

4）施焊过程中焊丝应处于熔池前端的 1/3 处，可有效避免产生未熔合缺陷。两道焊缝形成的填充层以平整为宜，焊缝厚度比母材厚度小 2mm 为盖面层打下良好基础。

5）填充层焊完后要彻底清除焊道表面的黑灰、焊渣和飞溅。

（3）盖面焊

1）焊接第 4 道焊缝时，焊丝指向第 2 道焊缝与下坡口面熔合位置进行焊接，同时控制好熔池的大小，使熔池熔合下坡口母材棱边 1~1.5mm，这样能较好地控制焊缝的宽度，保证焊缝与试板很好的熔合，第 4 道焊缝焊枪角度为 95°~100°，采用直线形或直线往返形运条，如图 6-23a 所示。

2）焊接第 5 道焊缝时，焊丝指向第 4 道焊缝的上熔合线位置，焊接时应注意观察熔池，使熔池下部边缘熔敷在第 4 道焊缝余高的峰线上，焊接速度应稍慢点，每焊完一道要彻底清理干净，防止未熔合、夹渣等缺陷的产生，第 5 道焊缝焊枪与下坡口角度为 95°~100°，采用斜圆圈形或直线往返形运条，如图 6-23b 所示。

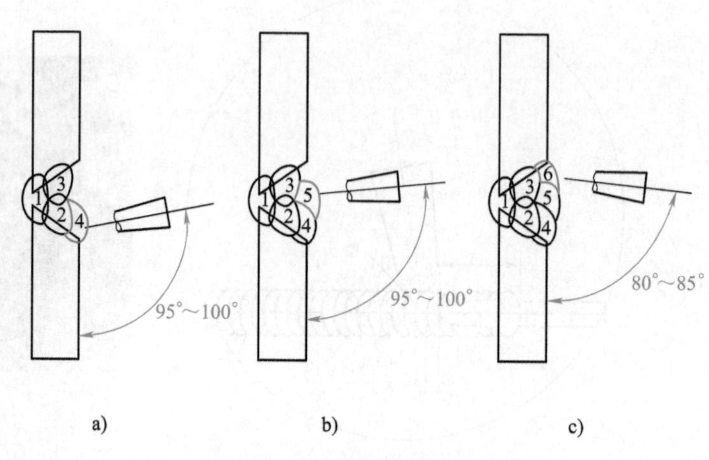

图 6-23　盖面焊焊枪角度示意图

3）焊接第 6 道焊缝时，焊丝指向第 5 道焊缝上熔合线与上坡口中间位置进行焊接，焊接时应注意观察熔池，使熔池下部边缘熔敷在第 5 道焊缝余高的峰线上，焊接速度应稍快点，同时保证熔池上部边缘高于上坡口棱边 1~1.5mm，第 6 道焊缝焊枪与下坡口角度为 80°~85°，采用直线形或直线往返形运条，如图 6-23c 所示。

4）焊缝接头时，将接头磨成缓坡状后再焊接，然后从接头打磨端部向前 4~5mm 处起弧，采用小斜圆圈形运条法进行焊接，可有效防止接头部位产生气孔，同时压低电弧，减少空气中氢侵入熔池，降低气孔的产生，如图 6-24 所示。

5）试件焊完后要彻底清除焊缝及试件表面的黑灰、焊渣和飞溅，如图 6-25 所示。

（4）焊后检查　与本节铝及铝合金平板对接平焊相同。

图 6-24　横焊盖面接头方法

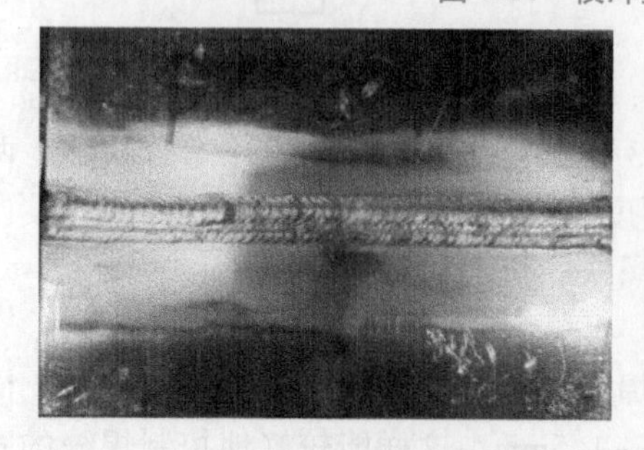
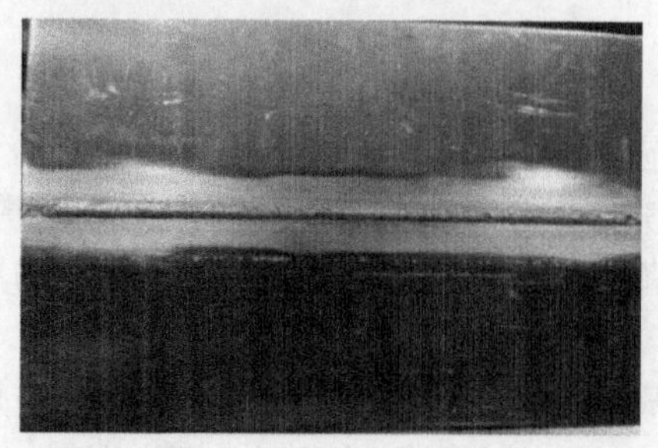

图 6-25　横对接焊缝示意图

技能训练4 铝合金板对接仰焊的单面焊双面成形

1. 焊前准备

1）采用CSS型陶瓷垫板，其成形槽宽度为9 mm，深度为1 mm，适用于铝合金仰对接焊，有利于打底层焊缝的背面成形，同时使背面焊缝有良好的气体保护，如图6-26a所示。

2）为确保电弧在焊接过程中的稳定性，宜选用ϕ1.3mm的导电嘴。

3）其余准备与本节铝及铝合金平板对接平焊相同。

4）装配定位焊时，除根部间隙为2.0~3.0mm、钝边为0~1.0mm外，其余与本节铝及铝合金平板对接平焊相同，如图6-26b所示。

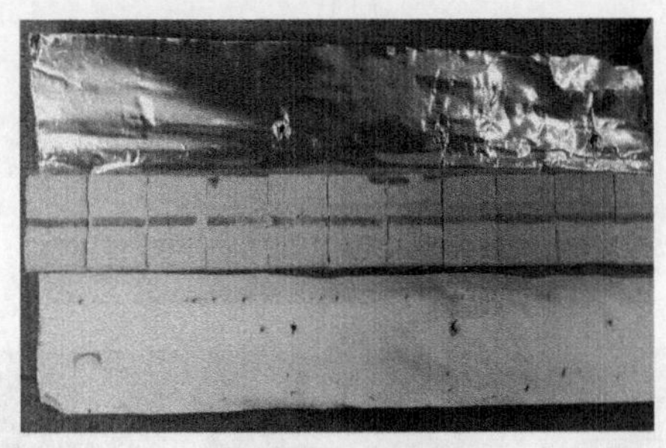

a) 陶瓷垫板示意图

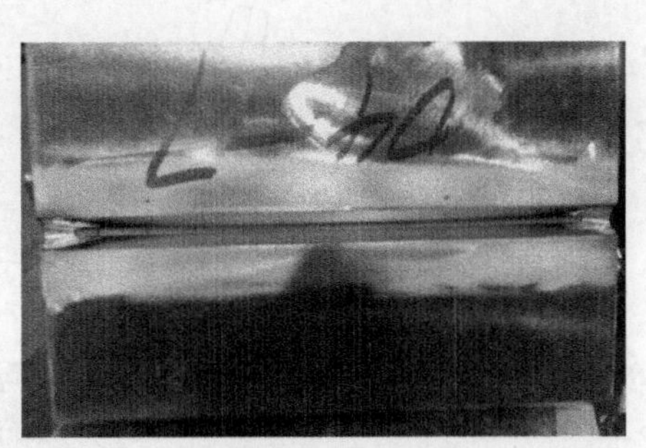

b) 装配定位焊示意图

图6-26 试件陶瓷垫板安装示意图

2. 焊接参数

铝及铝合金平板对接仰焊焊接参数见表6-8。

表6-8 铝及铝合金平板对接仰焊焊接参数

焊层	道数	焊接电流/A	焊接电压/V	焊丝干伸长/mm	弧长/mm	气体流量/(L/min)	图示
打底层	1	160~179	23.0~23.5	15~18	-6		
填充层	2、3	168~182	21.7~23.3	12~15	-3	24	1 2 3 4 5
盖面层	4、5	163~180	21.6~23.2	12~15	1		

3. 操作要点及注意事项

（1）打底焊

1）焊枪角度。焊枪与焊缝两侧的角度如图6-27a所示，焊枪沿焊缝长度方向移动的角度如图6-27b所示。

2）在试板前端引弧，当电弧到达定位焊焊缝前端的坡口间隙处时，把焊丝对准坡口根部中心，采用直线形或小圆圈形运条方式施焊。施焊时焊丝应处于熔池前端的1/3处，并且焊接速度稍快，使焊道厚度控制在3~4mm之间，以防焊道过厚造成液态金属下坠而产生“夹沟”及焊缝背面产生凹陷现象。

（2）填充焊

1）焊枪角度。填充层的焊枪角度如图6-27c、d所示。

2）施焊时，焊丝应处于熔池前端的1/3处，以避免产生未熔合缺陷。

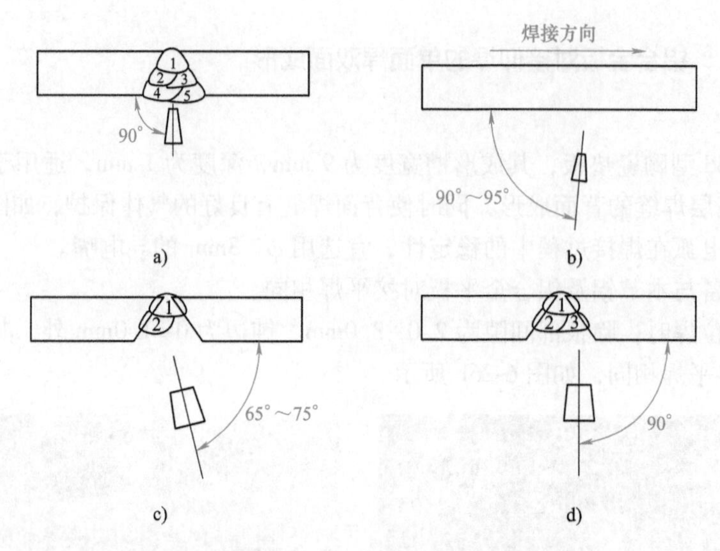

图 6-27　铝及铝合金平板对接仰焊时焊枪角度

3）第 2 道用小圆圈形或斜圆圈形运条法。

4）第 3 道宜采用直线形或直线往返形运条法。两道焊缝形成的填充层以平或上拱为宜，焊缝厚度比母材厚度低 2~3mm，以便为盖面焊打下良好基础。

5）中间填充层根据个人焊接手法或工艺要求，采用单道焊接，如图 6-28 所示。

图 6-28　对接仰焊填充层示意图

（3）盖面焊

1）焊枪角度。第 4 道焊缝的焊枪角度与第 2 道焊缝的焊枪角度相同；第 5 道焊缝的焊枪角度与第 3 道焊缝的焊枪角度相同。

2）运条法与填充焊的运条法相同。

3）为避免咬边，焊接速度应稍微控制，不可过快，第 5 道焊缝的熔池边缘应覆盖在第 4 道焊缝峰线和坡口的棱边上，如图 6-29 所示。

图 6-29　对接仰焊盖面层示意图

4）试件焊完后要彻底清除焊缝及试件表面的黑灰、焊渣和飞溅，如图 6-30 所示。

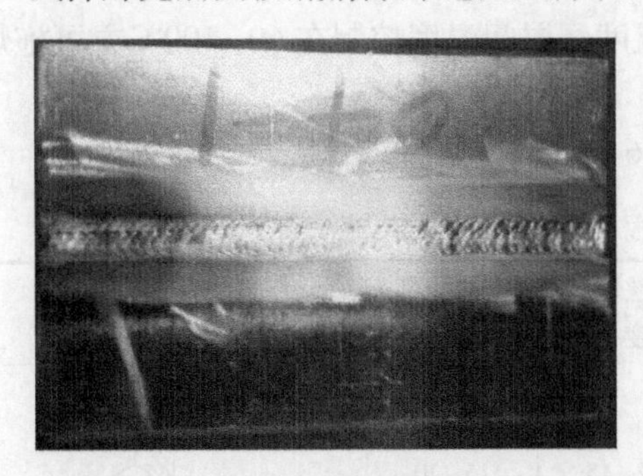

图 6-30　对接仰焊焊缝示意图

（4）焊后检查　与本节铝及铝合金平板对接平焊相同。

技能训练 5　铝合金板 T 形接头的平角焊

1. 焊前准备

（1）试件材质　试件型号为 6082，规格为 300mm×150mm×10mm，2 块，开 I 形坡口，如图 6-31 所示。

（2）焊接材料　焊丝：ER5087，ϕ1. 2mm；氩气 Ar：99. 999%（体积分数）。

（3）焊接要求　单面焊单面成形

（4）焊接设备　TPS5000 型半自动熔化极氩弧焊机。

（5）电源极性　直流反接。

（6）装配定位焊

1）焊前清理。将试板表面的油污、灰尘、污垢等用丙酮或酒精清洗干净，并让丙酮和酒精自然挥发干燥；然后将坡口两侧 20mm 范围内的氧化铝薄膜用不锈钢丝轮抛光或不锈钢丝刷去除，直至露出金属光泽。清理好的试件应在 8h 内施焊。

2）装配定位焊。为了保证焊接正常进行，试件定位焊时应保证组对的试件不能有间隙，定位焊缝分两段（起头与收尾），定位焊缝长度为 20mm，定位点在焊缝背面，如图 6-32 所示。并将定位焊缝修磨成缓坡状，以便于焊接。

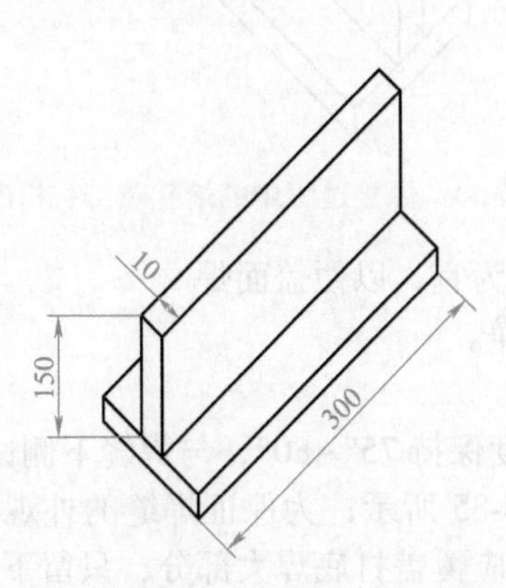

图 6-31　6082 铝合金板 T 形接头试件示意图

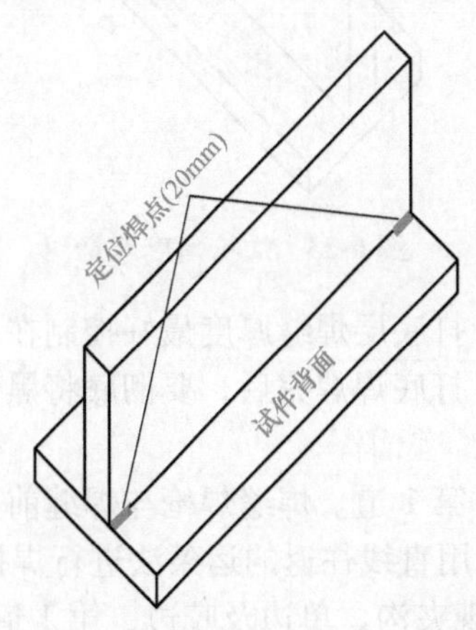

图 6-32　试件装配定位焊示意图

3）焊前预热。焊接前采用氧乙炔火焰对焊缝区域进行预热，铝合金的预热温度一般在80~120℃；焊接过程中，注意测试焊缝层间温度，层间温度控制在60~100℃方可施焊。

2. 焊接参数

10mm 铝合金板 T 形角接焊焊接参数见表 6-9。

表 6-9　10mm 铝合金板 T 形角接焊焊接参数

焊层	焊接电流/A	焊接电压/V	弧长/mm	焊丝伸出长度/mm	气体流量/(L/min)	层道分布
打底层 1	250~260	25~27	−6			
盖面层 2	230~240	24~25	−1	12~15	15~20	
盖面层 3	210~220	22~23	0			

3. 操作要点及注意事项

（1）打底焊

1）焊接角度。焊缝焊接时，焊枪与焊缝方向成 75°~80°，与母材保持在 50°左右，如图 6-33 所示。

2）引弧前先提前放气 5~10s；调整焊丝伸出长度为 8~10mm。

3）焊接时，应始终保持熔池在焊缝前端，来保证角焊缝的熔深。

4）运条方式采用直线往返形运条法，连弧焊接，同时注意根部焊透、熔合良好。

5）焊缝接头时，在收弧处打磨 20mm 左右，如图 6-34 所示。然后进行接头，当运条至根部位置时，应稍压低电弧进行焊接，避免接头产生气孔。焊接至收弧时迅速采用直线往返形运条焊接 5~10mm 后收弧。

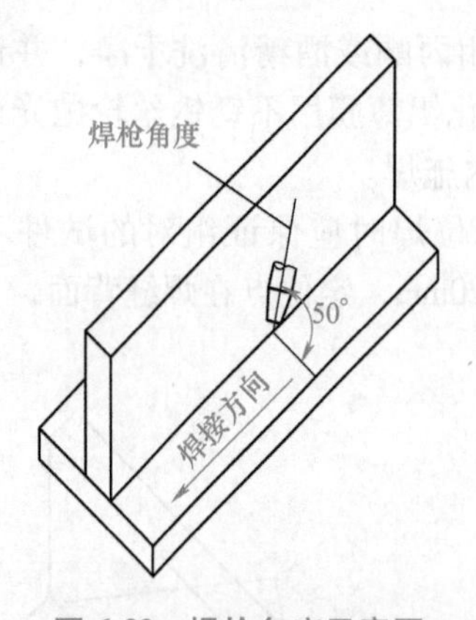

图 6-33　焊枪角度示意图

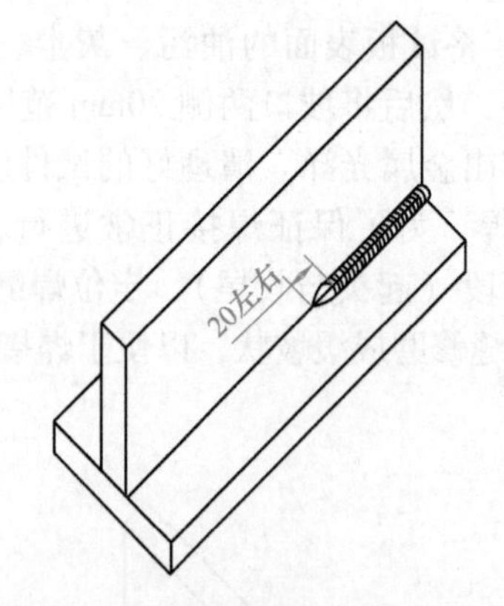

图 6-34　焊接过程中的熔孔及接头打磨

6）打底层焊缝厚度最好控制在 3mm 左右为宜，以便盖面焊。

7）打底焊焊完后，要彻底将黑灰清理干净。

（2）盖面焊

1）第 1 道。焊缝焊枪与焊缝前进方向角度保持 75°~80°，与焊缝下侧试板夹角为 60°~65°，采用直线往返的运条法进行焊接，如图 6-35 所示；为保证焊缝的外观成形美观，避免焊缝出现夹沟、单边及咬边，第 1 道盖面焊缝应覆盖打底焊大部分，只留下 1/3 左右，如图 6-36 所示。

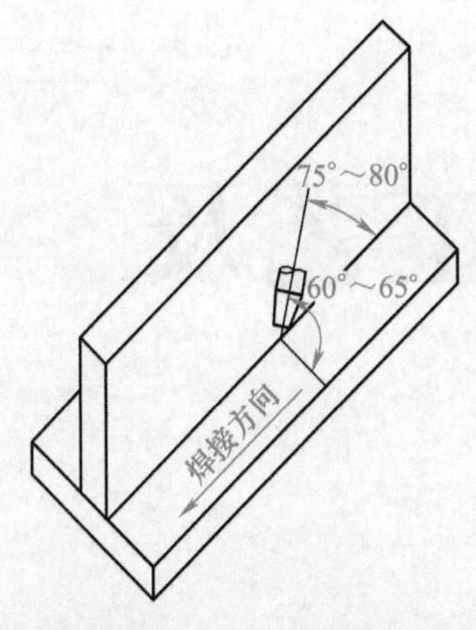

图 6-35　盖面层第 1 道焊枪角度示意图

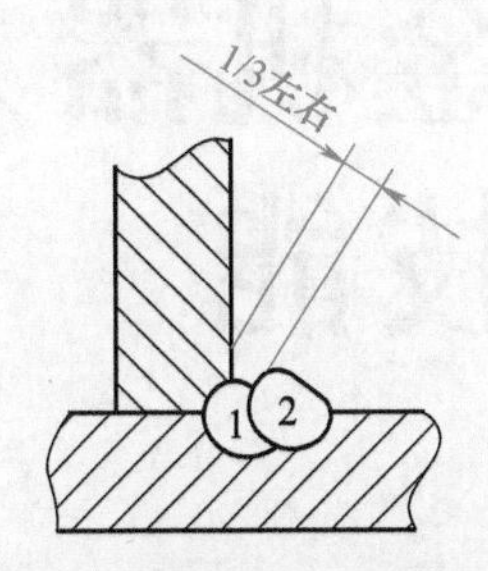

图 6-36　盖面层第 1 道成形示意图

2）第 2、3 道。焊缝焊枪与焊缝前进方向角度保持 75°~80°，与焊缝下侧试板夹角为 50°左右，采用直线往返形运条法进行焊接。

3）为避免起弧端焊接时焊缝熔化金属因重力的作用造成往下流形成焊瘤，在起弧位置采用熄弧法点焊 2~3 点，然后再进行连续焊接，收弧时采用反复收弧法或采用设定收弧程序的方法将弧坑填满。

4）角接接头根部容易产生气孔，因此装配时应保证根部间隙控制 1mm 以内。

5）试件焊完后要彻底清除焊缝及试件表面的黑灰、焊渣和飞溅。

（3）焊后检查

1）焊缝外观。试件焊角 a 值在 7~8mm 之间，焊角单边也控制在 1mm 以内。

2）焊缝内部。焊缝宏观金相达到相关技术要求。

3）焊缝断口。未发现超标焊接缺陷，符合 ISO10042 B 级检验标准。

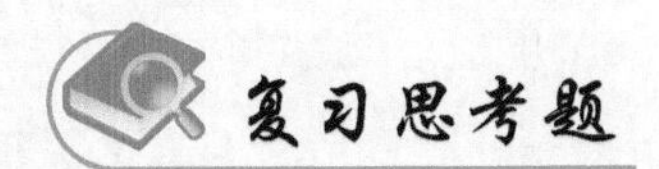

1. 铝合金熔化极氩弧焊的特点有哪些？
2. 铝合金熔化极氩弧焊中影响焊缝成形和工艺性能的主要参数有哪些？
3. 焊缝在进行接头焊接时应注意哪些事项？

第7章 Chapter 7

铝合金机器人焊接工艺及操作技能

☺ 理论知识要求

1. 了解铝合金焊接机器人焊接焊前清理的要求。
2. 了解铝合金焊接机器人焊接时变形的控制及接头质量的要求。
3. 了解铝合金焊接机器人设备的准备。

☺ 操作技能要求

1. 掌握铝合金焊接机器人焊接时机器人的直线、圆弧、摆动等动作的编程方法。
2. 掌握铝合金焊接机器人在各种焊接位置的焊接方法、编程方法、层道数、编程步点位置。

7.1 焊前准备工作

7.1.1 焊前清理

焊前清理工作见“4.3 铝及铝合金的清理”一节。

7.1.2 焊接环境的选择

铝合金焊接时的环境必须防尘、防水、干燥。环境温度通常控制在5 ℃以上，湿度控制在70%以下，湿度过高会使焊缝中气孔的产生概率明显增加，从而影响焊接质量。空气的剧烈流动会引起气体保护不充分，从而产生焊接气孔，可设置挡风板以避免室内穿堂风的影响。

7.1.3 工装夹具

在进行铝合金焊接时，要想在最短的时间内获取综合性好、质量高的焊缝，工装夹具是一个重要的因素。合适的工装夹具可以减少定位焊的数量与长度，使焊接容易且较快地完成。焊接时工装夹具应该保证夹持力均匀，焊枪有很好的可达性，以及夹具拆卸方便。

由于铝合金的热导率要比铁大数倍，而且线胀系数大，熔点低，电导率高，再加上母材本身刚度不足，在焊接过程中就容易产生较大的焊接变形，如果不采用焊接工装夹紧进行焊接，在焊接过程中很容易产生焊接弯曲变形和角变形从而影响正常焊接。对于试板的焊接一般采用不锈钢制的工装夹具，如图 7-1 所示。

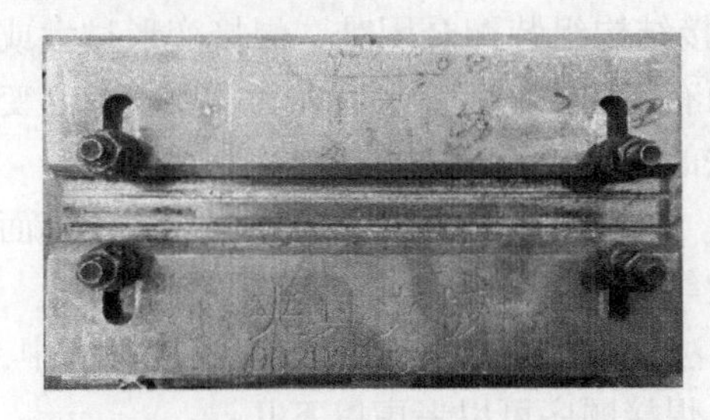

图 7-1 工装夹具示意图

7.1.4 焊接装配

1）铝合金车体自动焊焊接装配时，由于不能采用工装夹具进行固定，为防止焊接过程中产生焊缝错边，应采取在焊缝背面进行定位焊固定，定位焊时采用手工 MIG 焊，定位焊缝的长度为 50~80mm，间距为 500mm。

2）铝合金板单面焊双面成形的焊接时，可采用不锈钢夹具保护焊缝反面成形，还可以采用带沟槽的陶瓷垫板保护焊缝反面成形。采用不锈钢夹具时既可以增加焊缝背面的气体保护，使试板的反面焊缝成形得到保证，又可以利用夹具的刚性固定，能有效地控制试板的焊接变形，如图 7-2 所示。采用陶瓷垫板作为保护焊缝反面成形的方法时，由于陶瓷不导电，焊接时容易造成断弧或跳弧，使焊缝产生缺陷，所以焊接速度要稍慢些让熔池走在焊丝的前端，焊接时因没有刚性固定，焊接前应适当给试件作反变形，如图 7-3 所示。

图 7-2 焊件与不锈钢夹具的装配

3）在实际铝合金焊接生产中，对于全焊透的焊缝主要采用材料为铝合金的永久性焊接垫板来保证焊缝接头质量，如图 7-4 所示。

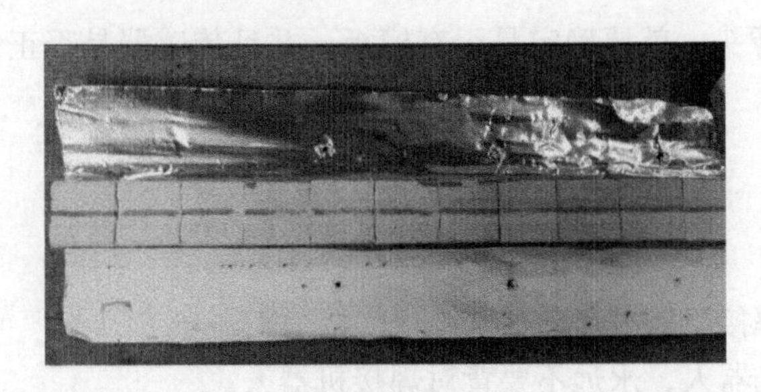

图 7-3 焊件与陶瓷的装配

图 7-4 铝合金材质永久性焊接垫板

7.1.5 焊接变形与控制

1）当在金属局部区域加热时，未加热区域会抑制加热区域的膨胀而产生变形。局部冷却时，由于周围金属的抑制，也可能导致变形或翘曲。由于铝合金散热迅速，焊接金属的收缩是引起焊接变形的主要原因。

2）焊接变形造成焊接结构尺寸和形状超差，焊接结构组装配合困难，焊接变形过大或矫正无效，有可能使产品报废，造成经济损失。因而有效的控制其变形就尤为重要。控制变形与正确的结构设计、接头的准备和装配、焊接方法的选择和正确的焊接次序有关。

3）合理的选择焊接工艺，可以使变形减至最小。如选用热输入集中的焊接方法，单面焊时采用反变形法，双面焊时使焊缝的每一边都熔敷等量的焊缝金属。

4）正确的焊接顺序是控制和减小变形的主要方法。它使焊接变形消失于焊接过程中，或使不同时期、不同位置产生的焊接变形相互抵消。焊接顺序可以考虑以下几点：

①应从中心向外进行焊接。

②先焊接具有较大收缩的焊缝。

③可采用平衡收缩，对于一个结构的两边，焊接应同时进行。

④对于焊缝应力分布在两边的结构，焊接时，焊道要两边交替焊接，以平衡应力。

⑤若条件允许，应尽量采用分段逆焊法。

5）采用工装夹具对焊件进行刚性固定之后再实施焊接，也是防止变形的有效措施，且不必过多考虑焊接顺序。但是对于一些大的、形状复杂的焊件来说，夹具的制造比较麻烦，而且拆除固定之后，焊件还会有少许变形。因此，这种方法更适合小的、形状规则的焊件焊接。如果焊件尺寸大、形状复杂，又是成批量生产，则可以设计一个能够转动的专用焊接模具，既可以防止变形，又可以提高生产效率。

7.2 铝合金焊接机器人的准备

7.2.1 设备准备

1）焊接电源为福尼斯 TPS5000 焊机。

2）检查设备水循环系统、电源控制系统、焊丝、保护气体、压缩空气是否正常。

3）对焊接机器人各轴进行校零。

4）对 TCP 进行调整校正。

5）如果需要 ELS 传感器或激光摄像头，就要确定是否有模板，并且传感器是否正常工作，包括软硬件是否齐全。

6）焊接机器人各部分准备就绪。

7.2.2 操作注意事项

1）只有经过培训的人员方可操作焊接机器人。

2）手动操作时，应始终注视焊接机器人，永远不要背对焊接机器人。

3）不要高速运行不熟悉的程序。

4）进入焊接机器人工作区，应保持警惕，要能随时按下急停开关。

5）执行程序前，应确保焊接机器人工作区内不得有无关的人员、工具、物品，工件是否夹紧，工件与程序是否对应。

6）机器人高速运行时，不要进入机器人工作区。

7）电弧焊接时，应注意防护弧光辐射。

8）焊接机器人静止并不表示它不动作了，有可能是编制了延时。

9）在不熟悉焊接机器人的运动之前，应保持慢速运行。

7.2.3 程序的新建、调用、激活、删除、存储

1）程序的新建。在操作面板上按下“新建（F3）”，然后在弹出对话框的“程序名”处输入名称：123. PRG，然后单击“确认（√）”，如图7-5所示。

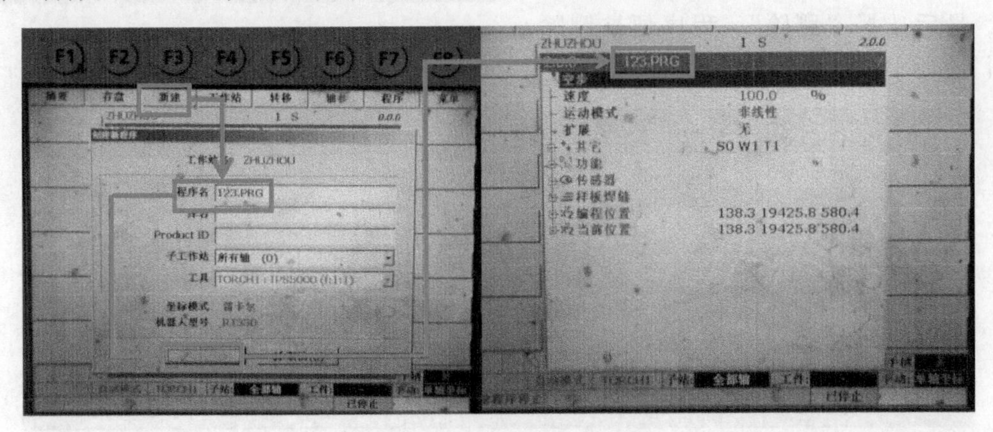

图7-5 新建程序步骤示意图

2）程序的调用。在操作面板上按下“程序（F7）”，然后选择介质（F2为硬盘、F3为软盘），接着选择想要的程序，最后将程序“装入至内存”，程序便被调用，如图7-6所示。

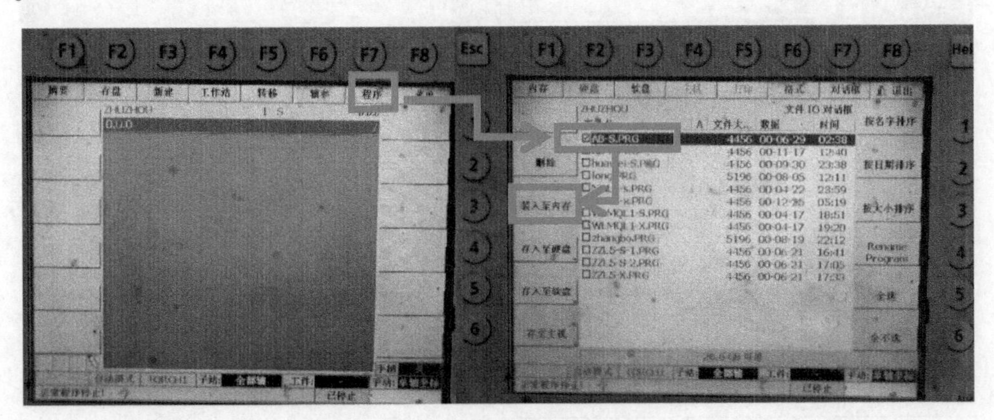

图7-6 程序调用步骤示意图

3）程序的激活（只有在内存中的程序才能被激活）。首先按下程序（F7），后选择内存（F1），再次选择程序，后选择“激活”，程序便被激活，如图7-7所示。

4）程序的存储。

①直接按下“存盘（F2）”，则当前激活的程序及其库程序被存入到硬盘。

②首先选择“程序（F7）”，接着选择介质（F1 为内存、F2 为硬盘、F3 为软盘），然后再次选择“程序”，最后将程序存入到硬盘或软盘，程序便被储存，如图 7-8 所示。

5）程序的删除。首先选择“程序（F7）”，接着选择介质（F1 为内存、F2 为硬盘、F3 为软盘），然后再次选择“程序”，最后选择“删除”，程序便被删除，如图 7-9 所示。

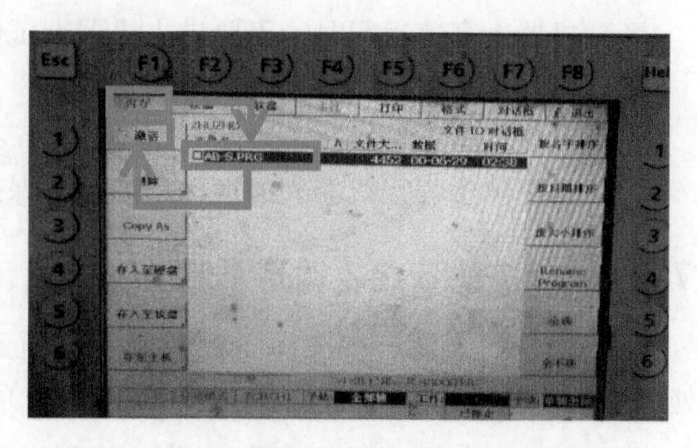

图 7-7　程序激活步骤示意图

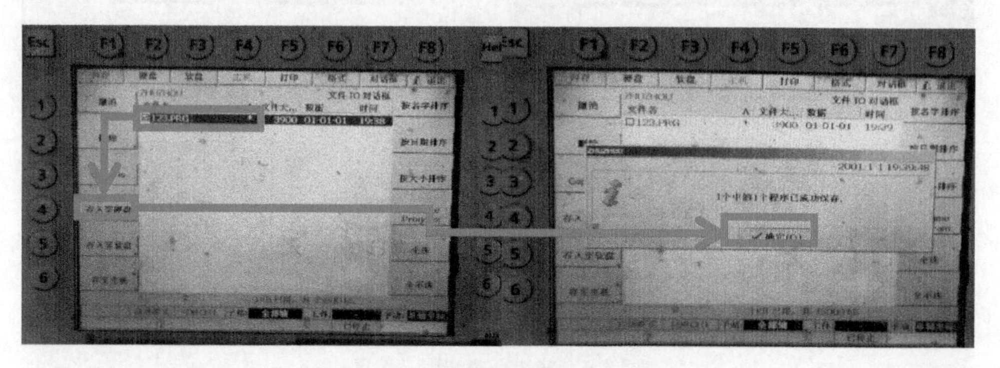

图 7-8　程序存储步骤示意图

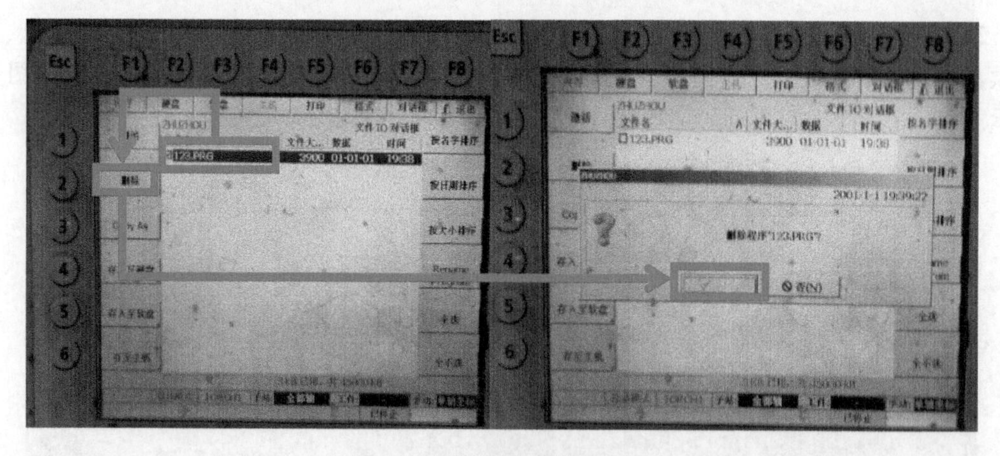

图 7-9　程序删除步骤示意图

7.3　铝合金机器人焊接操作工艺

7.3.1　示教器编程

1. 直线焊缝

直线焊缝编程示意图如图 7-10 所示。直线焊缝编程示例见表 7-1。

将机器人移动到所需位置，转换步点类型，输入或选定必要的参数内容，通过使用ADD键得到示教器当前显示的步点。

图 7-10 直线焊缝编程示意图

表 7-1 直线焊缝编程示例

顺序号	步点号	类型	扩展	备注
3	3.0.0	空步+非线形	无	—
4	4.0.0	空步+非线形	无	焊缝起始点
5	5.0.0	工作步+线形	无	焊缝目标点
6	6.0.0	空步+非线形	无	离开焊缝

2. 直线摆动

摆动是指焊接过程中，在保证沿焊缝方向设定的行走速度的前提下，焊枪在所编制的二个至四个摆动点之间摆动，如图 7-11 所示。编程示例见表 7-2。

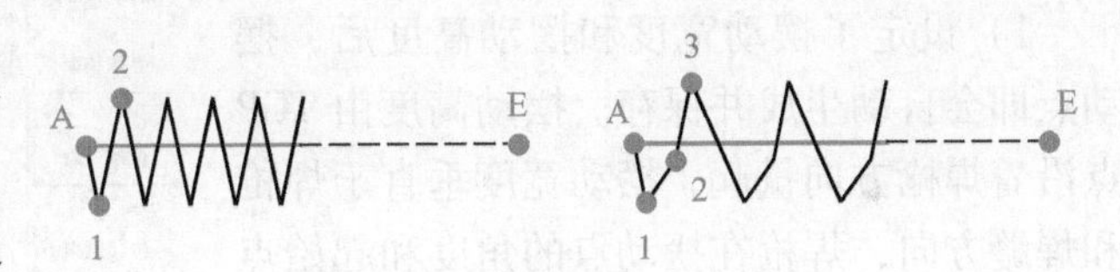

图 7-11 直线焊缝摆动编程示意图

表 7-2 直线焊缝摆动编程示例

点	描述
A	开始点
1	摆动点 1
2	摆动点 2
3	摆动点 3
E	目标点

1）支持两种编程方式：直接示教摆动点或设定摆动宽度和高度，摆动点自动生成并以步点的形式插入。

2）当前路径焊接时是否摆动，取决于该路径的目标步点（的设定）。目标步点的类型必须是工作步。在自动模式时，摆动频率可以在线修改。任何改动立即随步点保存，如图 7-12 所示。

3）运动模式：当焊缝为直线时则设为线性，当焊缝为圆弧或圆时则设为圆弧。

4）若定义了往复运动，则焊接机器人摆动点和起点之间做往复摆动，注意仅适用多于

2 个摆动点的情况，如图 7-13、图 7-14 所示。

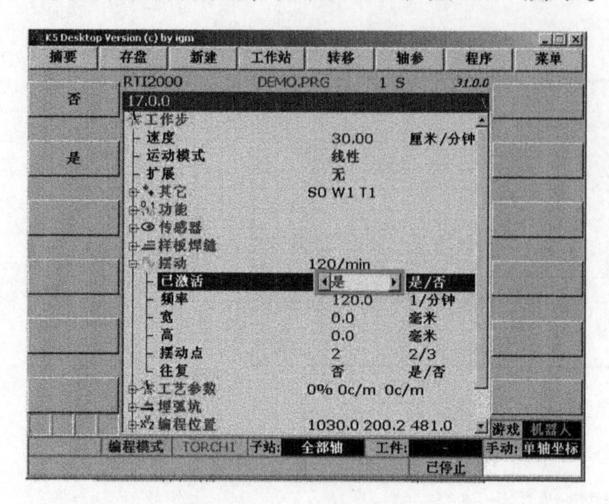

图 7-12　摆动激活

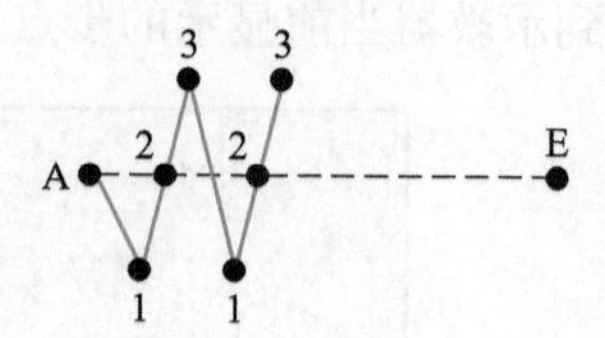

图 7-13　不设定往复时

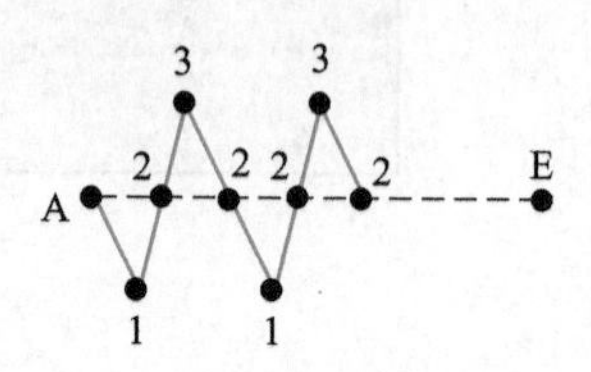

图 7-14　设定往复时

3. 摆动点

摆动点是作为某段路径起点的子步来编制的。摆动点为一线性空步，扩展为摆动点，如图 7-15 所示。

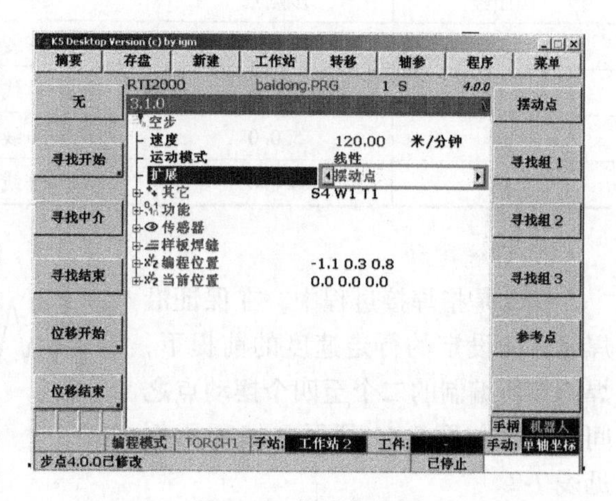

图 7-15　摆动点编辑

4. 摆动宽度/高度

1）设定了摆动宽度和摆动高度后，摆动点即会自动生成并保存。摆动高度由 TCP 点沿着焊枪方向量起，摆动宽度垂直于焊枪和焊缝方向，焊枪在摆动点的角度和起始点位置相同，设定摆动宽度/高度之前，目标步点不必先存入，目标点和摆动点可以同时加入，如图 7-16 所示。

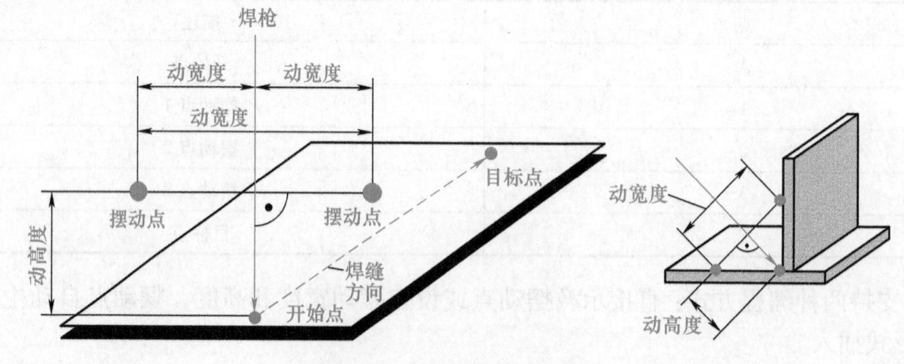

图 7-16　摆动宽度/高度

2）若摆动点已在显示的工作步之前就编制了，则在当前显示的工作步中会显示先前摆动点的摆动宽度和高度。

3）给出摆动宽度、摆动高度及摆动点的个数，即可将焊缝参数化。按CORR键即可生成摆动点，且以起始点的子步形式保存。已存在的摆动点将被取代。

4）若需要改变某段路径的摆动点次序时，可以给摆动宽度加符号。若摆动宽度为正号（或没有），则第一摆动点在右边，若为负号，左摆动点将会先生成。此处，“左”或“右”是焊接机器人相对焊缝的行走方向。摆动点生成后，若发现摆动宽度的符号变成了负号，其仅对内部计算有意义。

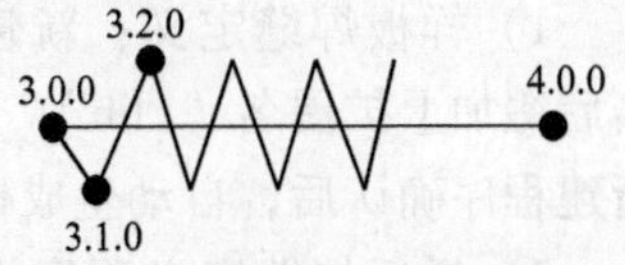

图 7-17 两个摆动点的直线编程

5. 示例

两个摆动点的直线编程，如图 7-17 所示，步点类型和扩展编制见表 7-3。

表 7-3 步点类型和扩展编制

序号	步点号	类型	子类型	扩展	备注
1	3.0.0	空步	—	—	—
2	3.1.0	空步	线性	摆动点	—
3	3.2.0	空步	线性	摆动点	—
4	4.0.0	工作步	线性摆动	—	摆动激活

6. 圆焊缝

圆焊缝的编程如图 7-18、图 7-19 所示，圆焊缝编程示例见表 7-4。

1）一段圆弧至少由三个点组成，一个整圆至少由四个点进行确定。编程圆焊缝时，确定圆弧三个点中的两个点是由运动类型为圆弧的工作步组成，第一个工作步点作为圆弧的起点。

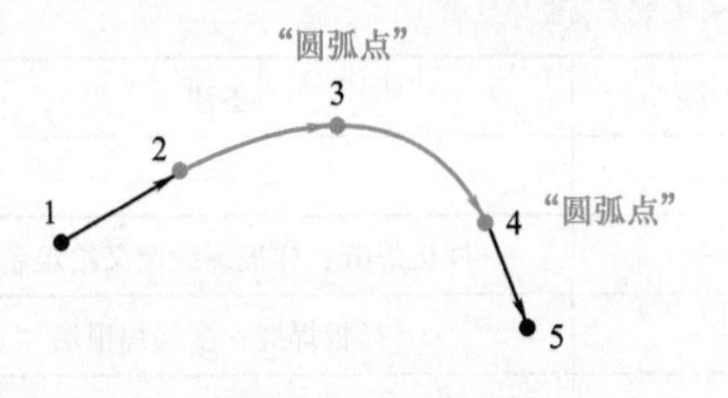

图 7-18 圆弧编程

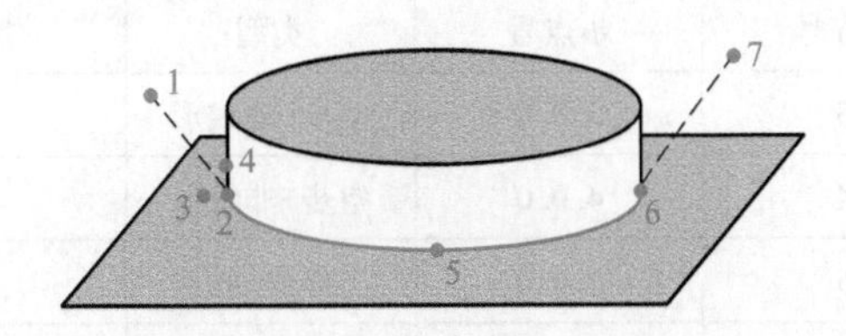

图 7-19 圆焊缝编程

表 7-4 圆焊缝编程示例

顺序号	步点号	类型	扩展	备注
3	3.0.0	空步+非线形	—	—
4	4.0.0	空步+非线形	—	焊缝起始点
5	5.0.0	工作步+圆弧	—	焊缝
6	6.0.0	工作步+圆弧	—	焊缝目标点
7	7.0.0	空步+非线形	—	离开焊缝

2）注意事项：

①包括起始点，圆弧焊缝至少需要三个点，整圆至少需要四个点。

②焊枪角度的变化尽可能使用第六轴。

③每两点之间的角度不得超过 180°。

7.3.2 样板焊缝的定义和调用

1. 样板焊缝的定义

1）样板焊缝定义：新建程序后在文件名后缀加上扩展名“.lib”，如图 7-20 所示，新建程序确认后，自动生成样板焊缝定义。

2）样板焊缝定义程序设定：在程序中选定样板焊缝，选择样板焊缝类型，再选择定义名，输入名称即可。

3）样板焊缝定义的编程如图 7-21 所示，样板焊缝编程示例见表 7-5。

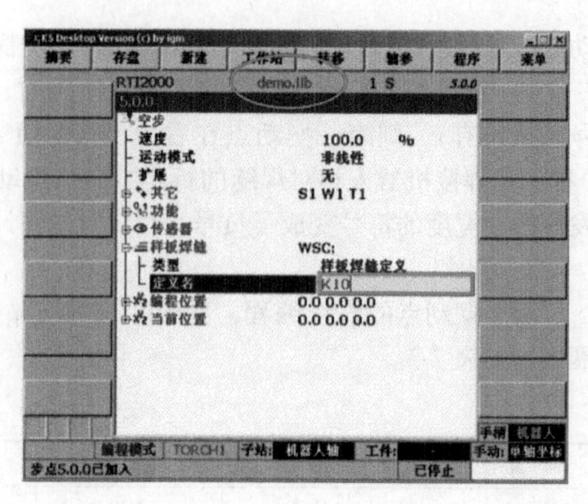

图 7-20 样板焊缝定义

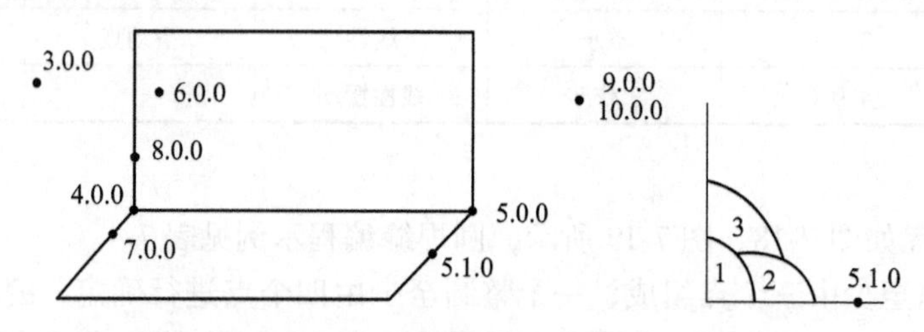

图 7-21 样板焊缝定义编程

表 7-5 样板焊缝编程示例

顺序号	步点号	类型	扩展	备注
3	3.0.0	空步+非线形	—	—
4	4.0.0	空步+非线形	—	样板焊缝：样板焊缝定义给定名字
5	5.0.0	工作步+线形	—	样板焊缝：多层焊根层
6	5.1.0	空步+非线形	参考点	定义多层焊顺序
7	6.0.0	空步+线形	—	层间过渡点
8	7.0.0	工作步+线形	—	样板焊缝：覆盖层（覆盖层逆向）
9	8.0.0	工作步+线形	—	样板焊缝：覆盖层（覆盖层逆向）
10	9.0.0	空步+非线形	—	—
11	10.0.0	辅助步	—	类型：程序停止

切记：层间过渡点为线形工作步时覆盖层不需要也不能使用电弧传感。

2. 样板焊缝的调用

样板焊缝的调用如图 7-22 所示，样板焊缝调用示例见表 7-6。

1）样板焊缝的调用在程序后缀名加上扩展名“.prg”的程序，且该程序的库名为包含所调用的样板焊缝的库程序的程序名。

2）样板焊缝的调用调用的是所有的焊接参数和层间的位置关系。

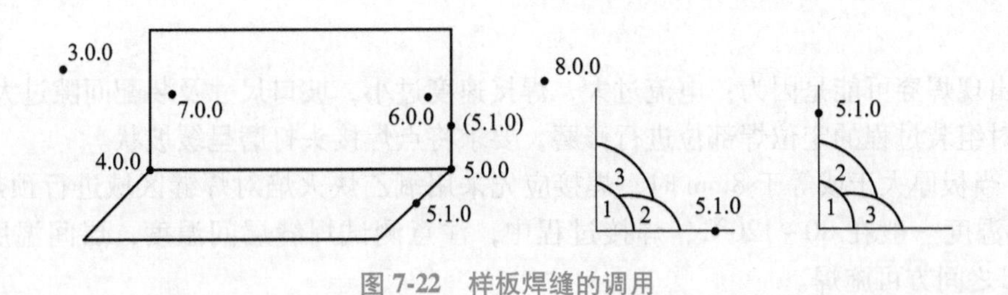

图 7-22　样板焊缝的调用

表 7-6　样板焊缝调用示例

顺序号	步点号	类型	扩展	备注
3	3.0.0	空步+非线形	—	—
4	4.0.0	空步+非线形	—	—
5	5.0.0	工作步+线形	—	样板焊缝：样板焊缝调用+定义名
6	5.1.0	空步+非线形	参考点	定义多层焊顺序
7	6.0.0	空步+非线形	—	样板焊缝：多层焊空点（层间过渡点）
8	7.0.0	空步+非线形	—	样板焊缝：多层焊空点（层间过渡点）
9	8.0.0	空步+非线形	—	—

7.3.3 焊接工艺和焊接参数的影响

(1) 现场作业环境　由于铝合金焊接对产生气孔较为敏感，故现场的作业环境对湿度要求较高，湿度应控制在70%以下，在焊接操作时，要注意避免穿堂风对焊接过程的影响，以免产生焊接气孔。

(2) 焊缝区域及表面处理　铝合金焊接对焊缝区域的表面清洁处理尤为重要，如焊接区域存在油污、氧化膜等，在焊接过程中极易产生气孔，严重影响产品焊接质量。

(3) 焊接参数匹配　各参数的选择要进行匹配，焊接产品时应严格按照文件规定的参数进行焊接，焊接前应进行试焊以得出合适的参数。

1) 焊接电流的大小应合适，电流过大，焊缝余高增大、熔深加大，焊件易烧穿，还易产生咬边，焊脚过大。电流过小，焊缝余高减小，熔深变小，导致熔深不足，焊脚过小。

2) 焊接电压的选择应与焊接电流相匹配，电压过大，焊接热输入大，焊丝熔化速度变快，熔宽变大，焊缝低于母材。电压过小，焊缝余高增大，熔宽变小，焊缝易产生未熔合，焊缝成形不良。

3) 焊接的位置不正确或焊枪寻找时易出现焊偏的问题。这时要考虑TCP焊枪中心位置是否准确，并加以调整。如果频繁出现这种情况就要检查一下焊接机器人各轴的零位，重新校零予以修正。

4) 出现咬边可能因为大电流高速焊或电压过大，焊枪角度或焊枪位置不对，可适当调整功率的大小来改变焊接参数，调整焊枪的姿态以及焊枪与工件的相对位置。

5) 当现场环境的湿度及表面清理符合要求时，还出现气孔就可能因为焊丝伸出长度过大（应在10~12mm）、气体流量过小或过大（保证在20min/L）、喷嘴被飞溅物堵塞等。

6) 飞溅过多可能是因为焊接参数选择不当、气体成分或焊丝伸出长度太大，可适当调整功率的大小来改变焊接参数，选用符合要求的保护气体，调整焊枪与工件的相对位置。

7) 焊缝结尾处冷却后形成一弧坑，编程时在工作步中添加埋弧坑功能，可以将其填满。

8）出现焊穿可能是因为：电流过大，焊接速度过小，坡口尺寸及装配间隙过大。

9）对组装过程的定位焊部位进行修磨，要求将点焊接头打磨呈缓坡状。

10）当板厚大于或等于 8mm 时，焊接应先采用氧乙炔火焰对焊缝区域进行预热，铝合金的预热温度一般在 80～120℃，焊接过程中，注意测试焊缝层间温度，层间温度控制在 60～100℃之间方可施焊。

7.3.4 焊后消除应力

被焊工件内由焊接引起的内应力称为焊接应力。焊接过程中焊件中产生的内应力和焊接热过程引起的焊件的形状和尺寸变化。焊接过程的不均匀温度场以及由它引起的局部塑性变形和成分不同的组织是产生焊接应力和变形的根本原因。根据焊接应力产生时期的不同，可把焊接应力分为焊接瞬时应力和焊接残余应力。焊接瞬时应力是焊接时随温度变化而变化的应力，焊接残余应力则是被焊工件冷却到初始温度后所残留的应力。根据焊接应力在被焊工件中的方向不同，可将焊接应力分为纵向应力、横向应力和厚向应力。

1. 焊后消除应力的方法

（1）时效消除法　时效消除法是降低淬火残余应力的传统方法。由于铝合金材料，尤其是航空用铝合金材料对温度非常敏感，时效温度的提高，必然明显降低强度指标，使 $MgZn_2$等强化相析出过多，产生过时效现象。

（2）振动消除法　振动消除法的工作原理是用便携式强力激振器，使金属结构产生一个或多个振动状态，从而产生如同机械加载时的弹性变形，使零件内某些部位的残余应力与振动载荷叠加后，超过材料的屈服应力引起塑性应变，从而引起内应力的降低和重新分布，经过振动时效后的铝合金构件具有良好的尺寸稳定性，在后续的机械加工中不易产生加工变形。

（3）机械拉伸法　机械拉伸法消除应力的原理是将淬火后的铝合金板材，沿轧制方向施加一定量的永久拉伸塑性变形，使拉伸应力与原来的淬火残余应力叠加后发生塑性变形，使残余应力得以缓和与释放。该方法仅适合于形状简单的零件，多用于铝加工工厂。

（4）模冷压法　模冷压法是在一个特制的精整模具中，通过严格控制限量冷整形来消除复杂形状铝合金模锻件中的残余应力。由于铝合金模锻件本来就已存在很大的残余应力，模压变形量过大将可能引起冷作硬化、裂纹和断裂。

（5）深冷处理法　深冷处理法也称冷稳定处理法，按工艺可划分为深冷急热法与冷热循环法两种。深冷处理只能消除热处理温度梯度产生的残余应力，而不能有效消除机械加工、冷成形等不均匀塑性变形产生的残余应力，对焊接残余应力的消除效果也不佳。

2. 铝合金焊接机器人焊接后处理事项

1）清理焊后留在焊缝及附近残存的焊剂和焊渣等会破坏铝表面的钝化膜，这些焊剂和焊渣有时还会腐蚀铝件，应清理干净。

2）焊后热处理铝容器一般不要求焊后热处理。如果所用铝材在容器接触的介质条件下确有明显的应力腐蚀敏感性，还需要通过焊后热处理以消除较高的焊接应力，来使容器上的应力降低到应力腐蚀开裂的临界应力以下，这时应由容器设计文件提出特别要求，才能进行焊后消除应力热处理。

7.3.5 焊接接头质量

1）焊缝的质量取决于焊接时所用的焊丝、气体的质量，接头的装配质量，焊接顺序，坡口的清理，施工条件，焊工操作技术水平，焊机的性能和所选择的焊接参数等因素。为保证焊接质量，必须严格检查焊接结构制造过程的各个环节，以防止各种缺陷的产生。

2）焊缝外部和内部检查前，必须进行表面清理，表面上存在的不规则程度，应不妨碍对表面缺陷及底片上缺陷的辨认，否则事先应加以修整。检查焊缝的外观采用 PT 渗透检查，应无咬边、表面气孔、裂纹、烧穿、焊瘤、表层未熔合、弧坑等缺陷，以及焊缝的外形尺寸要符合要求。

3）焊缝内部质量可采用射线检测，可按国家标准 GB 3323—2005 的规定进行。

7.4 铝合金焊接机器人焊接技能训练

技能训练1 铝合金板对接平焊的单面焊双面成形

1. 试件准备

1）试件规格为 300mm×150mm×10mm，如图 7-23 所示。

2）试板坡口角度为 30°。

3）不锈钢垫板夹具如图 7-1 所示。

4）试件材质为 6005A。

5）焊接材料为 Al Mg4.5Mn Zr 5087，ϕ1.6mm。

6）气体为 99.999%（体积分数）高纯氩，气体流量为 18~20L/min。

7）在试板的焊接过程中，为保证焊缝预留装配间隙（3.0~3.5mm），试件在组对时采用 3mm 不锈钢板放在试板中间作为装配时预留间隙，对焊缝进行定位焊，定位焊在坡口内侧 10~15mm 以内，定位需全焊透。首先，起弧端定位焊长度为 10mm，再对收弧端进行定位焊，收弧端的装配间隙应大于起弧端装配间隙 0.5~1.0mm，焊缝长度为 10mm，保证焊缝的焊接收缩，如图 7-23 所示。最后将定位焊部位透出坡口根部金属部分用风动直磨机修磨成缓坡状，如图 7-24 所示。

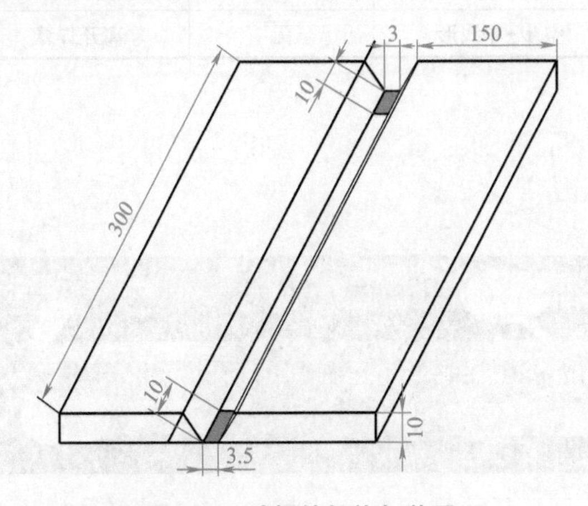

图 7-23 试板的规格与装配

图 7-24 试件定位焊接头的打磨

2. 焊接

(1) 焊接参数及焊缝编程（见表 7-7、表 7-8）

表 7-7　10mm 铝合金平板对接平焊焊接参数

层数	焊接速度/(cm/min)	功率	弧长/mm	摆动频率/(次/min)	脉冲	往复	焊丝伸出长度/mm	气体流量/(L/min)	层道分布
打底层 1	65	50%	-5	无	是	是	12	18~20	
填充层 2	35	50%	2	80	是	是	12	18~20	
盖面层 3	50	50%	6	70	是	是	12	18~20	

表 7-8　10mm 铝合金平板对接平焊程序

顺序号	焊接层道	步点号	类型	扩展	备注
1	打底层	2.0.0	空步+非线形	无	焊缝临近点
2		3.0.0	空步+线形	无	焊缝起始点
3		4.0.0	工作步+线形	无	焊缝目标点
4		5.0.0	空步+非线形	无	离开焊缝
5	填充层	6.0.0	空步+非线形	无	焊缝临近点
6		7.0.0	空步+线形	无	焊缝起始点
7		7.1.0	空步+线形	摆动	摆动点
8		7.2.0	空步+线形	摆动	摆动点
9		8.0.0	工作步+线形	无	焊缝目标点
10		9.0.0	空步+非线形	无	离开焊缝
11	盖面层	10.0.0	空步+非线形	无	焊缝临近点
12		11.0.0	空步+线形	无	焊缝起始点
13		11.1.0	空步+线形	摆动	摆动点
14		11.2.0	空步+线形	摆动	摆动点
15		12.0.0	工作步+线形	无	焊缝目标点
16		13.0.0	空步+非线形	无	离开焊缝

(2) 打底层示教器编程（见图 7-25）

1）新建程序，输入程序名并确认，自动生成程序文件。

2）正确选择坐标系：基本移动采用直角坐标系，靠近工件或角度移动均采用工具（或绝对）坐标系。

3）调整机器人各轴为合适的焊枪姿势及焊枪角度，打底层为直线焊接，生成空步点 2.0.0。

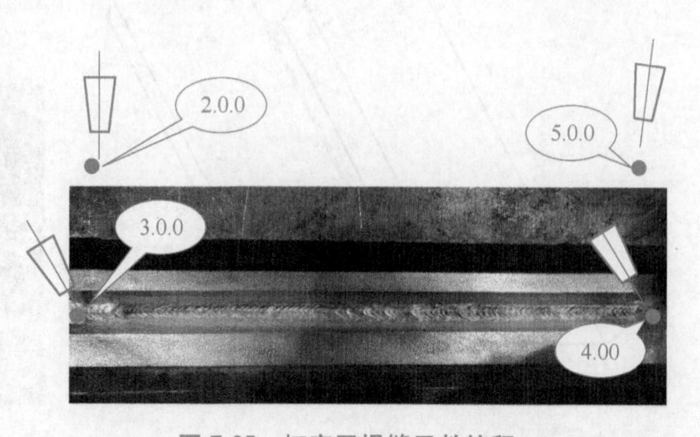

图 7-25　打底层焊缝示教编程

4）将焊枪设置为接近试件起弧点，为防止和夹具发生碰撞，采用低挡慢速，掌握微动调整，精确靠近起弧点，调整焊枪角度，焊枪与焊缝前进方向的夹角为80°，焊枪与两侧试板的夹角为90°，调整焊丝伸出长度为12mm，按〈ADD〉键保存步点，自动生成空步点3.0.0。

5）缝焊分成一个工作步点进行焊接，将焊枪移动至焊缝收弧点位置，调整好焊枪角度及焊丝伸出长度，按〈ADD〉键自动生成空步点4.0.0，按〈JOG/WORK〉键将4.0.0空步转换成工作步，设定合理参数，按〈CORR〉保存。

6）将焊枪移动离开焊缝至安全区域，按〈ADD〉键自动生成工作步点5.0.0，按〈JOG/WORK〉键将工作步转换成空步点5.0.0。

7）示教编程完成后，对整个程序进行试运行。试运行过程中观察各个步点的焊接参数是否合理，并仔细观察焊枪角度的变化及设备周围运行的安全性。

（3）填充层与盖面层的示教编程

1）填充层与盖面层都采用摆动的形式焊接，其编程的方法与步点相同，只是摆动的宽度与参数不相同，如图7-26所示，示教编程见表7-6和表7-7。

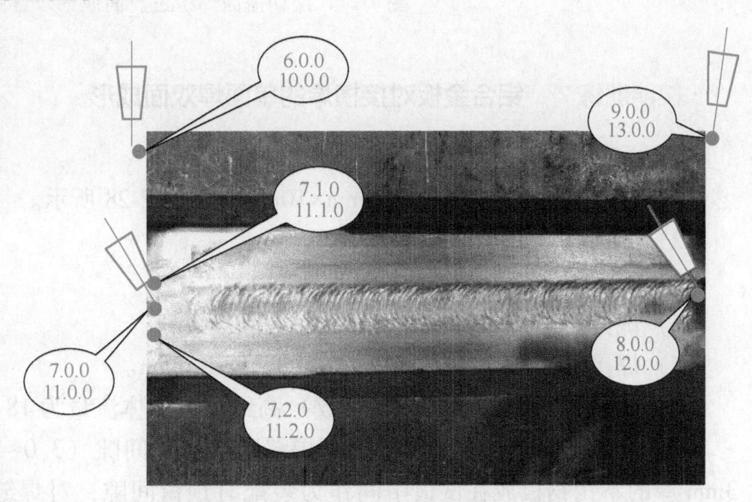

图7-26 填充层与盖面层焊缝示教编程

2）调整机器人各轴，调整为合适的焊枪姿势及焊枪角度，将焊枪移至起弧点的上方，按〈ADD〉键保存步点，自动生成步点6.0.0。

3）将焊枪设置为接近试件起弧点，为防止和夹具发生碰撞，采用低挡慢速，掌握微动调整，精确地靠近起弧点，调整焊枪角度使焊枪与焊缝前进方向的夹角为80°，焊枪与两侧试板的夹角为90°，调整焊丝伸出长度为12mm，按〈ADD〉键保存步点，自动生成空步点7.0.0。

4）将焊枪移至坡口侧并精确好位置，将空步点7.0.0的运动模式改成“线性”，扩展里选择“摆动”，按〈ADD〉键自动生成摆动点7.1.0，在将焊枪移至另一侧坡口并精确好位置，按〈ADD〉键自动生成摆动点7.2.0。

5）缝焊分成一个工作步点进行焊接，将焊枪移动至焊缝收弧点位置，调整好焊枪角度及焊丝伸出长度，按〈STEP〉键回到空步点7.0.0，按〈ADD〉键自动生成空步点8.0.0，按〈JOG/WORK〉键将空步点8.0.0转换成工作步，设定合理参数，按〈CORR〉键保存。

6）将焊枪移动离开焊缝至安全区域，按〈ADD〉键自动生成工作步点9.0.0，按〈JOG/WORK〉键将工作步转换成空步点9.0.0。

7）示教编程完成后，对整个程序进行试运行。试运行过程中观察各个步点的焊接参数是否合理，并仔细观察焊枪角度的变化及设备周围运行的安全性。

（4）焊缝焊接　对整个程序进行试运行后，同时确认各步点参数，按启动键开始焊接，摆动盖面焊缝正反面成形示意图如图 7-27 所示。

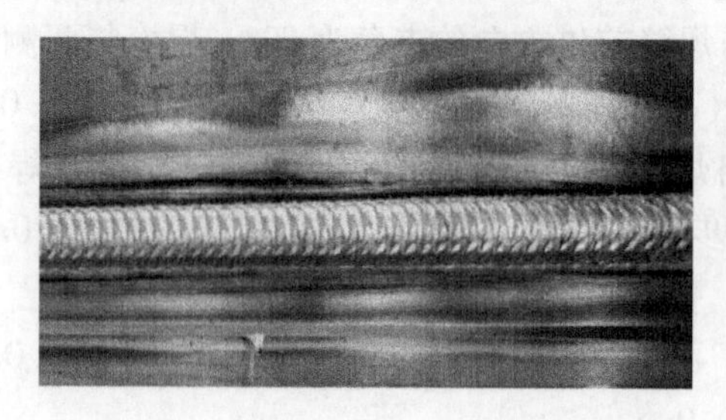
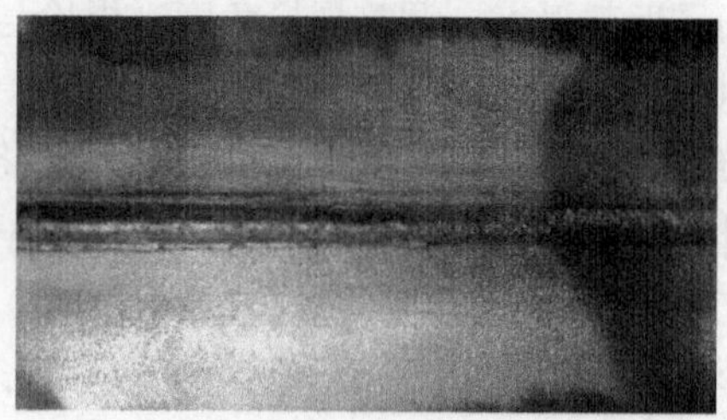

图 7-27　摆动盖面焊缝正反面成形示意图

技能训练 2　铝合金板对接横焊的单面焊双面成形

1. 试件准备

1）试件规格为 300mm×150mm×10mm，如图 7-28 所示。

2）试板坡口角度为 30°。

3）不锈钢垫板夹具如图 7-1 所示。

4）试件材质为 6005A。

5）焊接材料为 Al Mg4. 5Mn Zr 5087，ϕ1. 6mm。

6）气体为 99. 999%（体积分数）高纯氩，气体流量为 18～20L/min。

7）在试板的焊接过程中为保证焊缝预留装配间隙（3. 0～3. 5mm），试件在组对时采用 3mm 厚的不锈钢板放在试板中间作为装配时预留间隙，对焊缝进行定位焊，定位焊为坡口内侧 10～15mm 以内，定位需全焊透。首先在起弧端定位焊，焊缝长度为 10mm，再对收弧端进行定位焊，收弧端的装配间隙应大于起弧端装配间隙 0. 5～1. 0mm，焊缝长度为 10mm，保证焊缝的焊接收缩，如图 7-28 所示。最后将定位焊部位透出坡口根部金属部分用风动直磨机修磨成缓坡状，如图 7-29 所示。

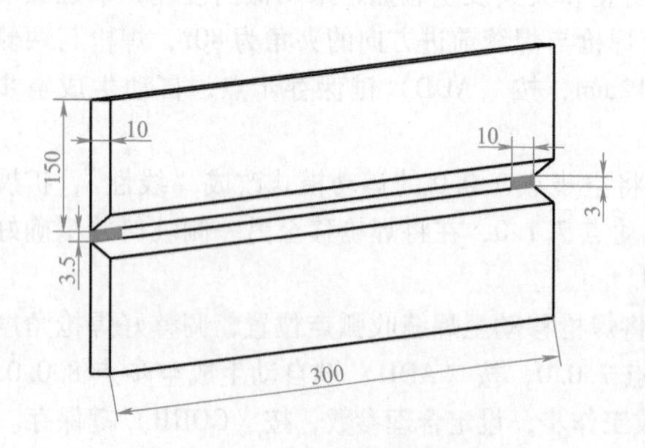

图 7-28　试板的规格与装配

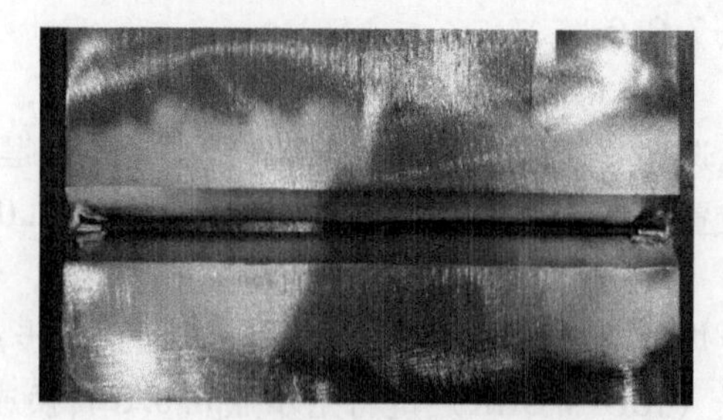

图 7-29　试件定位焊接头的打磨

2. 焊接

（1）焊接参数及焊缝程序（见表 7-9 和表 7-10）　打底、填充和盖面都是属于直线运条，采用 3 层 6 道焊分布，见表 7-9，编程方法与平对接打底层相同。

表 7-9 10mm 铝合金对接横焊焊接参数

层数	焊接速度/(cm/min)	功率	弧长/mm	摆动频率	脉冲	往复	焊丝伸出长度/mm	气体流量/(L/min)	层道分布
打底层 1	55	50%	-5	无	是	无	12	18~20	
填充层 2	80	55%	4	无	是	无	12	18~20	
填充层 3	73	60%	2	无	是	无	12	18~20	
盖面层 4	85	55%	6	无	是	无	12	18~20	
盖面层 5	80	53%	6	无	是	无	12	18~20	
盖面层 6	95	50%	8	无	是	无	12	18~20	

表 7-10 10mm 铝合金对接横焊焊缝程序

顺序号	焊接层道	步点号	类型	扩展	备注
1	打底层 1	2.0.0	空步+非线形	无	焊缝临近点
2		3.0.0	空步+线形	无	焊缝起始点
3		4.0.0	工作步+线形	无	焊缝目标点
4		5.0.0	空步+非线形	无	离开焊缝
5	填充层 2	6.0.0	空步+非线形	无	焊缝临近点
6		7.0.0	空步+线形	无	焊缝起始点
7		8.0.0	工作步+线形	无	焊缝目标点
8		9.0.0	空步+非线形	无	离开焊缝
9	填充层 3	10.0.0	空步+非线形	无	焊缝临近点
10		11.0.0	空步+线形	无	焊缝起始点
11		12.0.0	工作步+线形	无	焊缝目标点
12		13.0.0	空步+非线形	无	离开焊缝
13	盖面层 4	14.0.0	空步+非线形	无	焊缝临近点
14		15.0.0	空步+线形	无	焊缝起始点
15		16.0.0	工作步+线形	无	焊缝目标点
16		17.0.0	空步+非线形	无	离开焊缝
17	盖面层 5	18.0.0	空步+非线形	无	焊缝临近点
18		19.0.0	空步+线形	无	焊缝起始点
19		20.0.0	工作步+线形	无	焊缝目标点
20		21.0.0	空步+非线形	无	离开焊缝
21	盖面层 6	22.0.0	空步+非线形	无	焊缝临近点
22		23.0.0	空步+线形	无	焊缝起始点
23		24.0.0	工作步+线形	无	焊缝目标点
24		25.0.0	空步+非线形	无	离开焊缝

（2）打底层焊接注意要点

1）焊接时，焊枪与焊缝方向角度控制在 80°～85°之间，与下坡口的焊枪角度为 80°～85°，如图 7-30 所示。

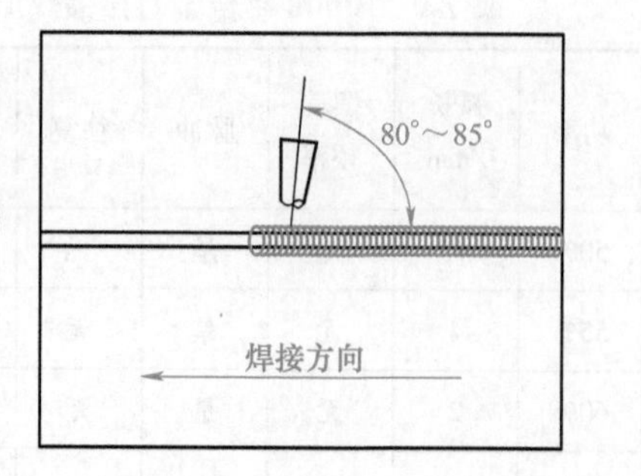

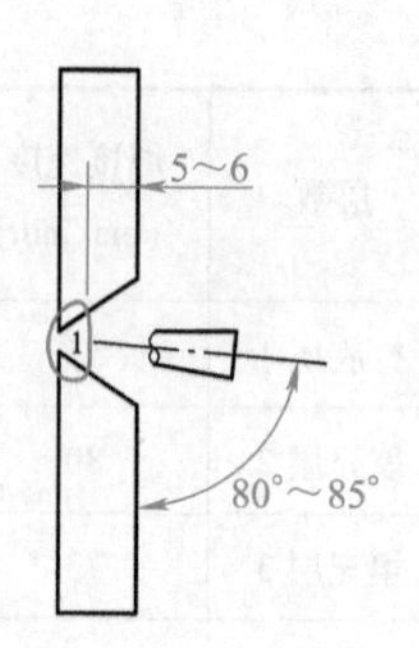

图 7-30　打底焊焊枪角度示意图

2）采用直线运条法进行连弧焊。横焊时由于熔池金属易下榻，会造成焊缝背面咬边，正面下坡口产生“夹沟”现象。所以焊接速度、功率及弧长要配合得非常准确，才能使电弧在匀速移动时，保持熔池和熔孔的大小一致，使焊缝与坡口边缘部位过渡平整，同时清理坡口的飞溅及“黑灰”。

3）打底层焊缝厚度最好控制在距母材表面以下 5～6mm 为宜。经试验证明，打底层焊缝产生的气孔较少，便于填充与盖面焊。

（3）填充层焊接注意要点

1）焊接第 2 道焊缝时，焊丝指向第 1 道焊缝与下坡口面熔合线位置，第 2 道焊缝焊枪角度为 100°～110°，如图 7-31a 所示，采用直线运条方式。

2）焊接第 3 道焊缝时，焊丝指向第 2 道焊缝与上坡口夹角根部，焊接时应注意观察熔池是否与母材熔合良好，每焊完一层一定要彻底清理干净，防止未熔合、夹渣等焊接缺陷的产生，第 3 道焊缝焊枪与下坡口角度为 85°～90°，如图 7-31b 所示。

3）合理地分布填充层的焊缝厚度，采用快速焊接法，填充层焊缝以平整为宜，焊缝表面距母材表面 1～2mm，如图 7-32 所示，同时注意电弧不要熔伤坡口的棱边，以便盖面层焊接时控制焊缝的直线度，可有效防止盖面层过高。

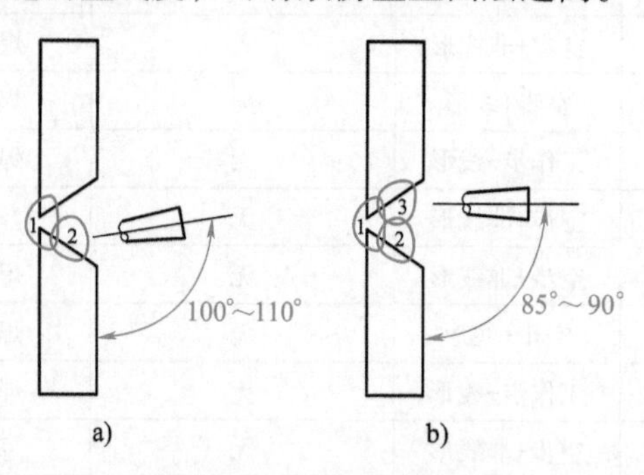

图 7-31　填充层焊枪角度

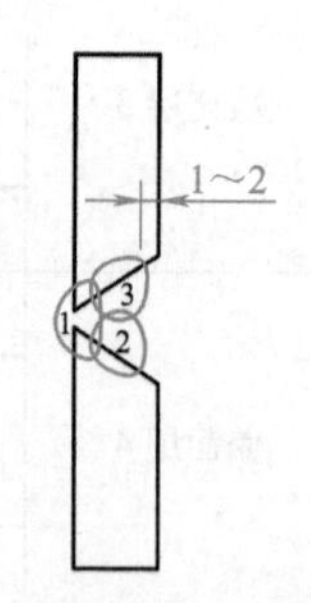

图 7-32　填充层焊缝分布

（4）盖面层焊接注意要点

1）焊接第 4 道焊缝时，焊丝指向第 2 道焊缝与下坡口面熔合位置，同时控制好熔池的大小，使熔池熔合下坡口母材棱边 1～1.5mm，这样能较好地控制焊缝的宽度以及保证焊缝与试板很好的熔合，第 4 道焊缝焊枪角度为 95°～100°，采用直线运条方式，如图 7-33a 所示。

2）焊接第 5 道焊缝时，焊丝指向第 4 道焊缝与上坡口熔合线位置，焊接时应注意观察熔池，使熔池下部边缘熔敷在第 4 道焊缝余高的峰线上，焊接速度应稍慢点，每焊完一层一定要彻底清理干净，防止未熔合、夹渣等焊接缺陷的产生，第5道焊缝焊枪与下坡口角度为95°~100°，采用直线运条方式，如图7-33b所示。

3）焊接第6道焊缝时，焊丝指向第5道焊缝与上坡口熔合线位置，焊接时应注意观察熔池，使熔池下部边缘熔敷在第5道焊缝余高的峰线上，焊接速度应稍快点，同时保证熔池上部边缘熔敷上坡口棱边1~1.5mm，第5道焊缝焊枪与下坡口角度为80°~85°，采用直线运条方式，如图7-33c所示。

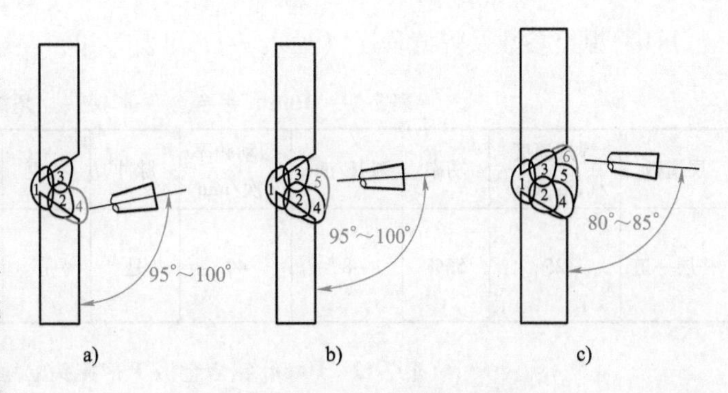

图7-33 盖面层焊枪角度示意图

（5）清理 试件焊完后要彻底清除焊缝及试件表面的“黑灰”、焊渣和飞溅。

技能训练3 铝合金板T形接头的立角焊

1. 试件准备

1）试件规格为300mm×100mm×10mm，如图7-34所示。

2）试件为I形板。

3）焊接要求：焊脚$K=8$mm。

4）焊接材料为Al Mg4.5Mn Zr 5087，ϕ1.6mm。

5）气体为99.999%（体积分数）高纯氩。

6）装配前应严格按照要求进行清洗抛光。

7）装配定位焊时，为防止根部产生条状气孔，应保证根部无间隙。定位焊位置为焊缝背面两端，定位焊焊缝的长度为15mm，如图7-34所示。

2. 焊接

焊接时，一般采用三个摆动点往复运动的形式焊接，如图7-35所示。

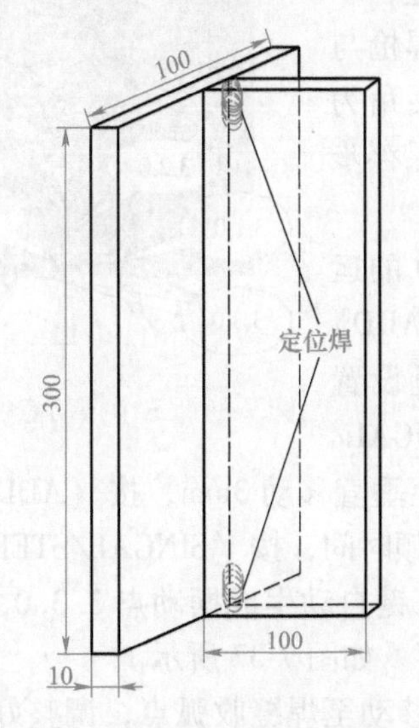

图7-34 试板的规格与装配

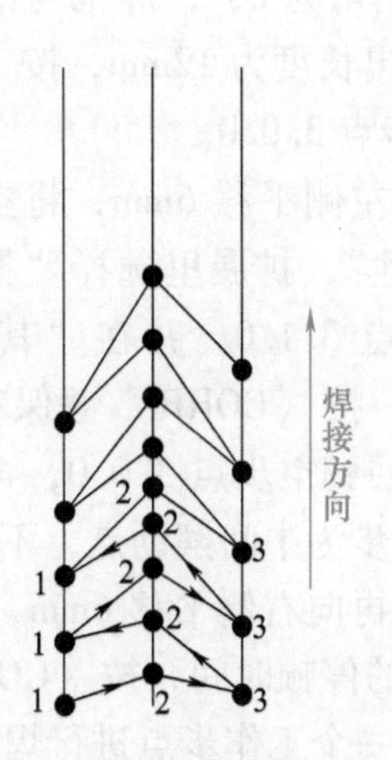

图7-35 立角焊焊缝示教编程

（1）焊接参数及焊缝程序（见表 7-11 和表 7-12）

表 7-11　10mm 铝合金 T 形接头立角焊焊接参数

层道数	焊接速度/(cm/min)	功率	弧长/mm	摆动频率/(次/min)	脉冲	往复	焊丝伸出长度/mm	气体流量/(L/min)	层道分布
一层一道	25	55%	8	40	是	是	12	18~20	1

表 7-12　10mm 铝合金板 T 形接头立角焊焊缝程序

顺序号	焊接层道	步点号	类型	扩展	备注
1	一层一道	2.0.0	空步+非线形	无	焊缝临近点
2		3.0.0	空步+线形	无	焊缝起始点
3		3.1.0	空步+线形	摆动	摆动点
4		3.2.0	空步+线形	摆动	摆动点
5		3.3.0	空步+线形	摆动	摆动点
6		4.0.0	工作步+线形	无	焊缝目标点
7		5.0.0	空步+非线形	无	离开焊缝

（2）示教器编程（见图 7-36）

1）新建程序，输入程序名并确认，自动生成程序。

2）正确选择坐标系：基本移动采用直角坐标系，接近或角度移动采用工具（或绝对）坐标系。

3）调整机器人各轴为合适的焊枪姿势及焊枪角度，打底层为直线焊接，生成空步点 2.0.0。

4）生成空步点 2.0.0 之后，将焊枪设置为接近试件起弧点，为防止和夹具发生碰撞，采用低挡慢速，掌握微动调整，精确地靠近工件。调整焊枪角度，焊枪与焊缝前进方向的夹角为 80°，焊枪与两侧试板的夹角为 45°，调整焊丝伸出长度为 12mm，按〈ADD〉键保存步点，自动生成空步点 3.0.0。

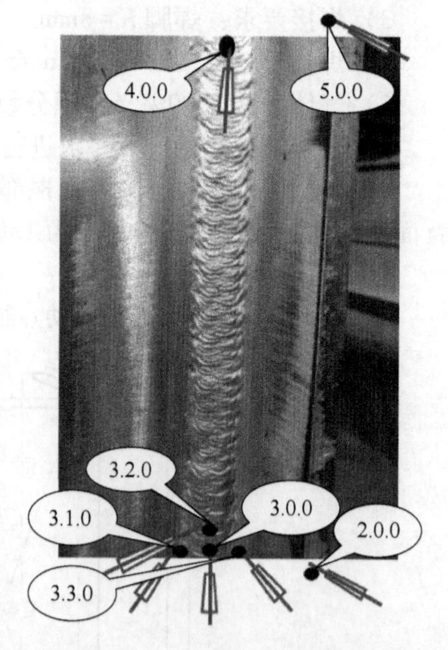

图 7-36　三个摆动点往复运条示意图

5）将焊枪向左侧平移 6mm，将空步点 3.0.0 的运动模式改成“线性”，扩展里选择“摆动”，按〈ADD〉键自动生成摆动点 3.1.0，并在“其它”选项里设置 0.3s 的停顿时间，按〈CORR〉键保存，按〈SINGAL/STEP〉键使焊枪回到空步点 3.0.0，再将焊枪向上垂直移动 3mm，按〈ADD〉键自动生成摆动点 3.2.0，此步为中间摆动点，不需要设置停顿时间，按〈SINGAL/STEP〉键使焊枪回到空步点 3.0.0，再向右侧平移 6mm，按〈ADD〉键自动生成摆动点 3.3.0，并在“其它”选项里设置 0.3s 的停顿时间，按〈CORR〉键保存。如图 7-37 所示。

6）缝焊分成一个工作步点进行焊接，将焊枪移动至焊缝收弧点，调整好焊枪角度及焊丝伸出长度，按〈STEP〉键回到空步点 3.0.0，按〈ADD〉键自动生成空步点 4.0.0，按

〈JOG/WORK〉键将空步点 4.0.0 转换成工作步，设定合理参数，按〈CORR〉键保存，如图 7-38 所示。

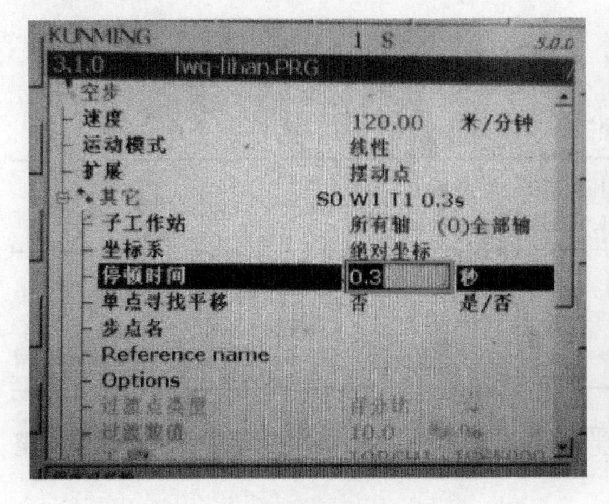

图 7-37　摆动点参数的设定

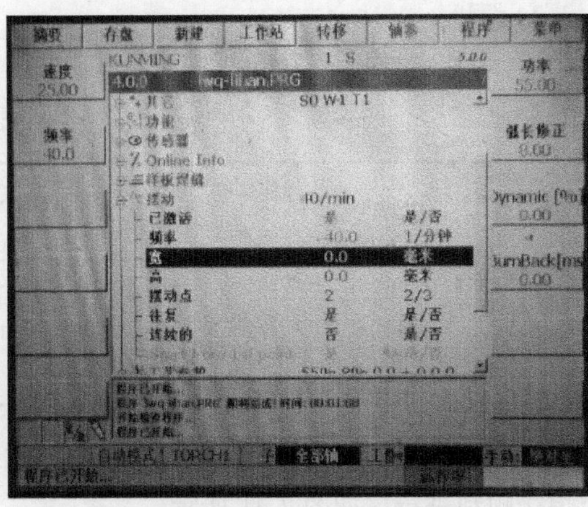

图 7-38　工作步参数的设定

7）将焊枪移动离开焊缝至安全区域，按〈ADD〉键自动生成工作步点 5.0.0，按〈JOG/WORK〉键将工作步转换成空步点 5.0.0。

8）示教编程完成后，对整个程序进行试运行。试运行过程中观察各个步点的焊接参数是否合理，并仔细观察焊枪角度的变化及设备周围运行的安全性。

技能训练 4　铝合金管板环形焊

1. 试件准备

（1）试件规格

1）管规格：ϕ200mm×100mm×8mm，如图 7-39 所示。

2）板规格：10mm×400mm×400mm，如图 7-39 所示。

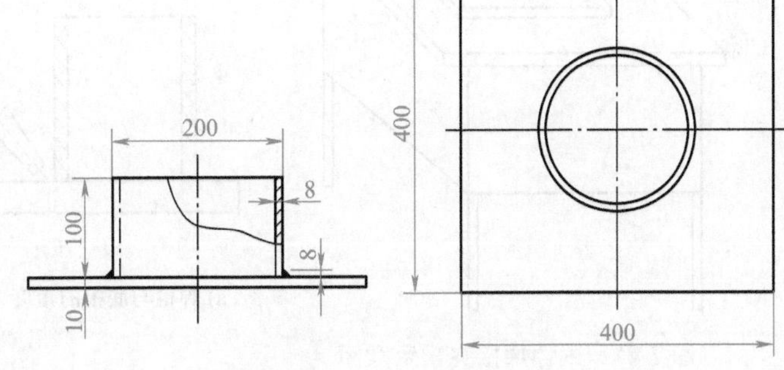

图 7-39　试板规格

（2）试件材质　6005A。

（3）焊接要求　焊脚 K=8mm。

（4）焊接材料　Al Mg4.5Mn Zr 5087，ϕ1.6mm。

（5）气体　99.999%（体积分数）高纯氩，气体流量为 18~20L/min。

2. 试件装配

1）装配前应严格按要求进行清洗抛光。

2）装配定位焊时为防止根部产生条状气孔，应保证根部无间隙。定位焊位置为时钟面 2 点钟与 11 点钟位置，如图 7-40 所示。

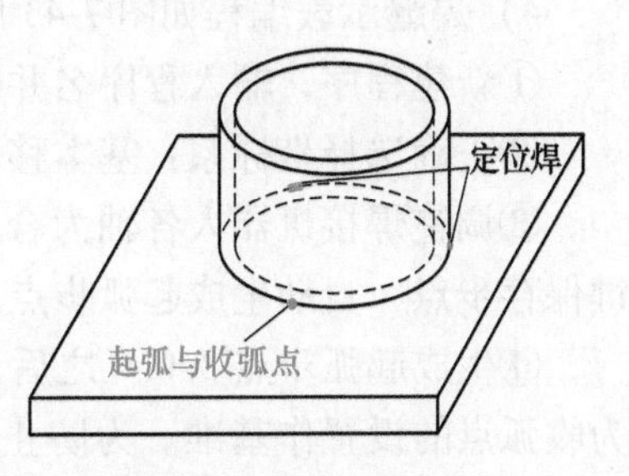

图 7-40　试板装配定位焊

3）若条件允许尽可能采用 TIG 焊接进行定位焊，定位焊时在保证熔深的前提下，尽量减小焊脚（焊脚为2~3mm），定位焊缝的长度为10mm，以避免影响正式焊接的焊缝成形。若定位焊焊脚过大，应采用风动直磨机将其打磨处理好。

3. 焊接

1）焊接参数见表7-13。

表7-13　铝合金管板环形焊焊接参数

焊丝规格	功率	焊接速度/(cm/min)	弧长修正	气体流量/(L/min)	焊丝伸出长度/mm	脉冲	层道分布
ϕ1.6mm	75%	75	-8%	18~20	8~10	NO（开）	1

2）将装配定位焊好的焊接试件放在工作平台上，并采用F型夹具将试件夹紧以保证整个焊接顺利进行，如图7-41所示。

焊枪角度直接影响到焊缝熔深及焊缝成形，将焊枪姿态调整到最佳位置可以较好地减少焊缝未熔合、咬边以及盖面焊缝不均匀等缺陷，焊枪与立板成43°夹角可以有效防止焊缝熔池下塌偏向底板，焊丝离根部2.5mm可以有效地解决焊缝单边的问题，如图7-42a所示。

3）焊枪与焊接前进方向成80°夹角，电弧的吹力轻微地将熔池往前吹动，有效地控制焊缝的凸度使焊缝平整，如图7-42b所示。

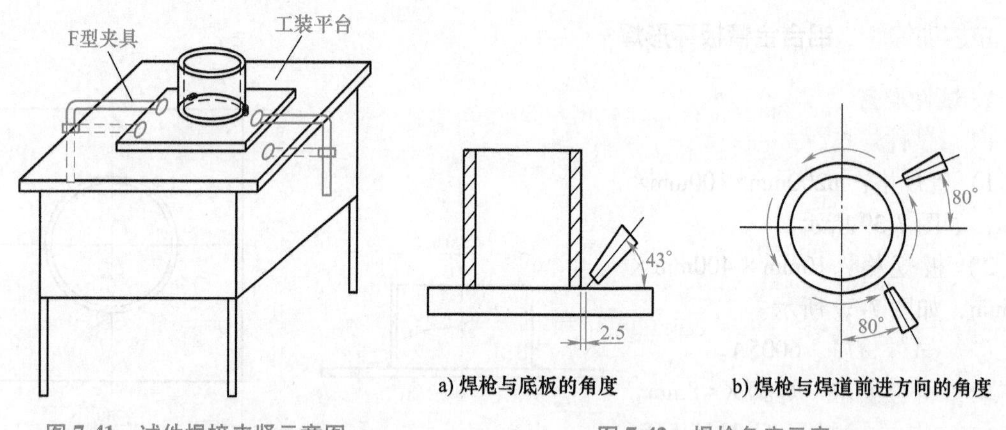

a) 焊枪与底板的角度　　b) 焊枪与焊道前进方向的角度

图7-41　试件焊接夹紧示意图　　图7-42　焊枪角度示意

4）焊缝示教编程如图7-43所示，铝合金管板环形焊程序见表7-14。

①新建程序，输入程序名并确认，自动生成程序。

②正确选择坐标系：基本移动采用直角坐标系，接近或角度移动采用绝对坐标系。

③调整焊接机器人各轴为合适的焊枪姿势及焊枪角度，生成空步点2.0.0，按〈ADD〉键保存步点，自动生成起弧步点3.0.0。

④生成起弧步点3.0.0之后，将焊枪设置为接近试件起弧点，并标记好起弧点的位置，为收弧点的设置作基准。为防止和夹具发生碰撞，采用低挡慢速，掌握微动调整，精确地靠近。

⑤调整焊丝伸出长度为8~10mm。

⑥调整焊枪角度使焊枪与平板成43°左右夹角，与焊接方向成80°夹角，按〈ADD〉键保存步点，自动生成步点4.0.0。

⑦缝焊分成三个工作步点进行焊接，将焊枪移动至焊缝中间位置，调整好焊枪角度及焊丝伸出长度，按〈JOG/WORK〉键将空步点4.0.0转换成工作步，设定合理参数，将工艺参数中的运动模式“线性”修改为“圆弧”，按〈ADD〉键自动生成工作步点5.0.0，调整合适焊枪角度及焊丝伸出长度。

⑧将焊枪移至焊缝收弧点，为保证接头熔合好需焊过起弧点5mm，如图7-43所示，调整好焊枪角度及焊丝伸出长度，按〈ADD〉键自动生成工作步点6.0.0，调整好焊枪角度及焊丝伸出长度，按〈ADD〉键自动生成工作步点7.0.0，按〈JOG/WORK〉键将工作步转换成空步点。

⑨将焊枪移开试件至安全区域。

⑩示教编程完成后，对整个程序进行试运行。试运行过程中观察各个步点的焊接参数是否合理，并仔细观察焊枪角度的变化及设备周围运行的。

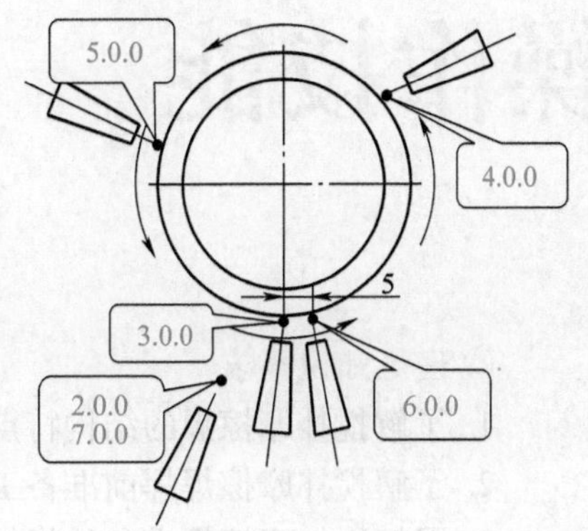

图7-43　焊缝示教编程

表7-14　铝合金管板环形焊程序

顺序号	步点号	类型	扩展	备注
2	2.0.0	空步+非线形	无	—
3	3.0.0	空步+非线形	无	焊缝起始点
4	4.0.0	工作步+圆弧	无	焊缝中间点
5	5.0.0	工作步+圆弧	无	焊缝中间点
6	6.0.0	工作步+圆弧	无	焊缝目标点
7	7.0.0	空步+非线形	无	离开焊缝

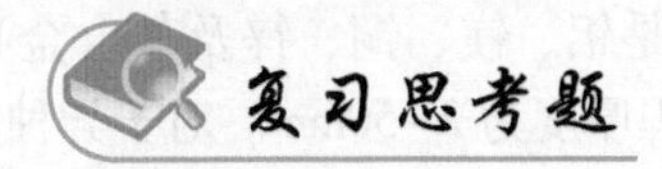

复习思考题

1. 简述焊接应力的定义，应力可分为哪几种？

2. 铝合金焊缝的质量取决于哪些因素？

3. 焊接机器人在焊接过程中可能出现焊偏、咬边、气孔、飞溅过多、收弧弧坑等各种焊接缺陷，其产生的原因及解决措施是什么？

4. 弧焊机械手在焊接角焊缝时，立板侧咬边的原因有哪些？

第 8 章 铝合金搅拌摩擦焊工艺及操作技能

Chapter 8

☺ 理论知识要求

1. 了解搅拌摩擦焊的结构特点。
2. 了解搅拌摩擦焊焊前准备工作。
3. 了解搅拌摩擦焊设备的焊接参数。
4. 了解搅拌摩擦焊的基本操作方法。
5. 了解搅拌摩擦焊焊接缺陷的定义及限值标准。

☺ 操作技能要求

1. 掌握铝合金搅拌摩擦焊 I 形薄板平对接焊工件装配。
2. 掌握铝合金搅拌摩擦焊 I 形薄板平对接焊编程及焊接。

8.1 搅拌摩擦焊简介

搅拌摩擦焊（Friction Stir Welding，FSW）于 1991 年发明于英国的 TWI，是一项新型的摩擦焊技术。经过十多年的发展，搅拌摩擦焊技术已经成功应用于航空、航天、汽车、造船和高速铁路列车等诸多轻合金（主要是铝、镁、铜、锌及其合金）结构的制造领域，如图 8-1 所示，并日趋完善，搅拌摩擦焊可焊厚度为 2~50mm。对于异种金属间的连接及用常规熔焊方法难以焊接的轻金属材料，采用搅拌摩擦焊一般均能获得成形及性能良好的焊接接头。

8.1.1 搅拌摩擦焊焊接原理

搅拌摩擦焊是利用摩擦热作为焊接热源，在焊接过程是由焊头的高速旋转运动和工件的相对直线移动，并通过对焊接材料的高温摩擦与搅拌来完成焊接的。

在工件相对焊头移动或焊头相对工件移动的情况下，利用在搅拌针侧面和旋转方向上产生的机械搅拌和顶锻作用，搅拌针的前表面把塑化的材料磨碎并移送到后表面。因而，在搅拌针沿着接缝前进时，只是工具前头的对接接头表面被摩擦加热至超塑性状态。搅拌针磨碎接缝，破碎氧化膜，搅拌和重组工具后方的磨碎材料，工具后方的材料冷却后就形成固态焊缝。这种方法可以看作是一种利用固相小孔效应的焊接方法，在焊接过程中，焊针所在处形成小孔，小孔在随后的焊接过程中又被填满，如图 8-2 所示。

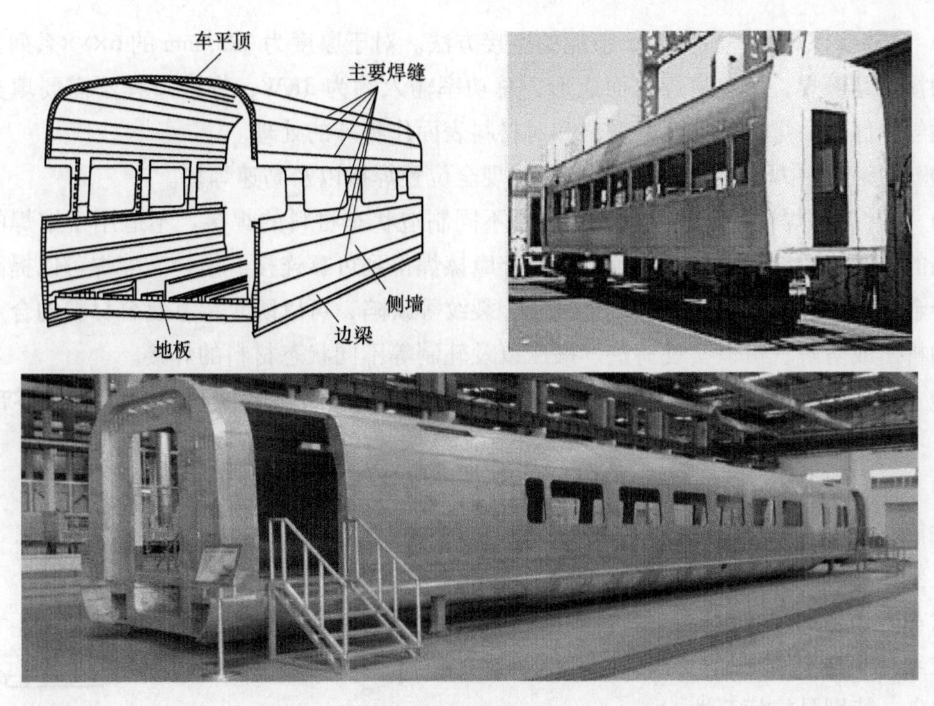

图 8-1 搅拌摩擦焊高速铁路列车应用

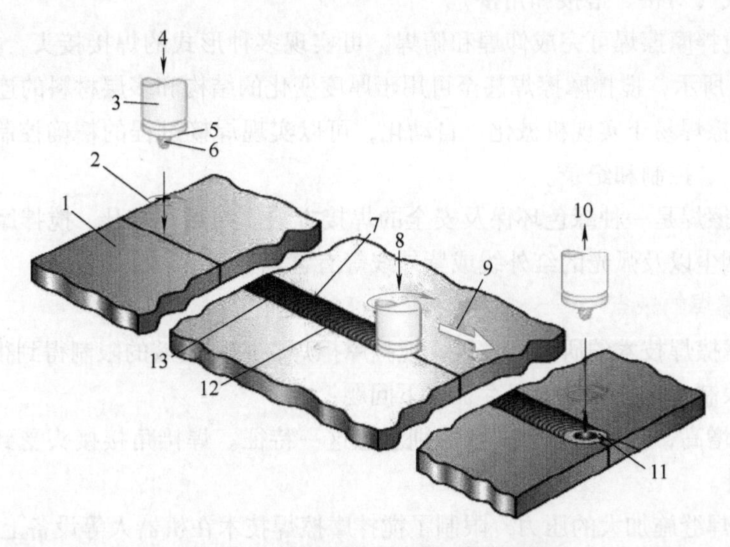

图 8-2 搅拌摩擦焊焊接原理示意图

1—母材 2—搅拌头旋转方向 3—搅拌头 4—搅拌头向下运动 5—搅拌头轴肩 6—搅拌针 7—焊缝前进侧 8—轴向力 9—焊接方向 10—搅拌头向上运动 11—尾孔 12—焊缝后退侧 13—焊缝表面

1. 搅拌摩擦焊的优点

由于搅拌摩擦焊在焊接过程中热输入相对于熔焊过程的热输入较小，接头部位不存在金属的熔化，是一种固态焊接过程，可以焊接金属基复合材料、快速凝固材料等采用熔焊时会有不良反应的材料。其主要优点如下：

1）搅拌摩擦焊是一种高效、节能的连接方法。对于厚度为12. 5mm的6×××系列铝合金材料的搅拌摩擦焊，可单道焊双面成形，总功率输入约为3KW；焊接过程不需要填充焊丝和惰性气体保护；焊前不需要开坡口和对材料表面作特殊的处理。

2）焊接过程中母材不熔化，有利于实现全位置焊接以及高速焊接。

3）搅拌摩擦焊适用于热敏感性很强及不同制造状态材料的焊接。不适用于熔焊的热敏感性强的硬铝、超硬铝等材料均可以用搅拌摩擦焊得到可靠连接。搅拌摩擦焊可以提高热处理铝合金的接头强度，焊接时不产生气孔、裂纹等缺陷，可以防止铝基复合材料的合金和强化相的析出或溶解，可以实现铸造、锻压以及轧制等不同状态材料的焊接。

4）焊接接头无变形或变形很小　由于焊接变形很小，可以实现精密铝合金零部件的焊接。

5）焊缝组织晶粒细化接头力学性能优良　焊接时焊缝金属产生塑性流动，接头不会产生柱状晶粒等组织，而且可以使晶粒细化，焊接接头的力学性能优良，特别是抗疲劳性能。

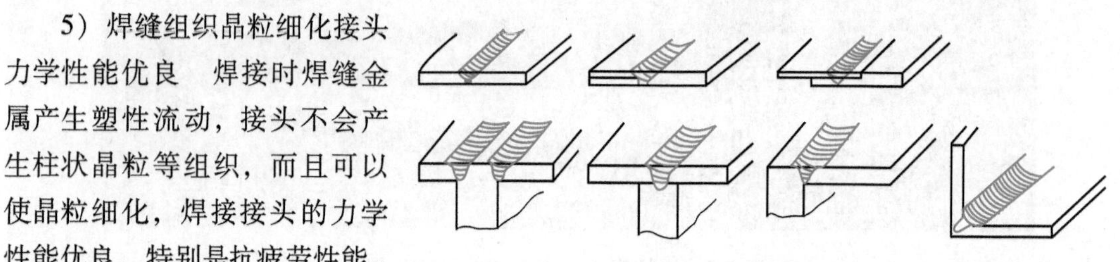

图8-3　搅拌摩擦焊接头形式

6）不需开专门的坡口，适合多种接头形式（对接、搭接和角接）。

原则上，搅拌摩擦焊可完成仰焊和俯焊，可实现多种形式的焊接接头，如对接、角接、搭接，如图8-3所示，搅拌摩擦焊甚至可用于厚度变化的结构和多层材料的连接。

7）搅拌摩擦焊易于实现机械化、自动化，可以实现焊接过程的精确控制，以及焊接参数的数字化输入、控制和纪录。

8）搅拌摩擦焊是一种绿色环保及安全的焊接方法。与熔焊相比，搅拌摩擦焊焊接过程中没有飞溅、烟尘以及弧光的红外线或紫外线等有害辐射。

2. 搅拌摩擦焊的缺点

随着搅拌摩擦焊技术的研究和发展，搅拌摩擦焊在应用领域的限制得到很好解决，但是受它本身特点限制，搅拌摩擦焊仍存在以下问题：

1）焊缝无增高，在接头设计时要特别注意这一特征。焊接角接接头受到限制，接头形式必须特殊设计。

2）需要对焊缝施加大的压力，限制了搅拌摩擦焊技术在机器人等设备上的应用。

3）焊接结束由于搅拌头的回抽在焊缝中往往残留搅拌指棒的孔，所以必要时，焊接工艺上需要添加“引入板或引出板”。

4）被焊零件需要由一定的结构刚度或被牢牢固定来实现焊接；在焊缝背面必须添加一个耐摩擦力的垫板。

5）必需严格控制接头的错边量及间隙大小。

6）适用范围窄，目前只限于对轻金属及其合金的焊接。

与熔焊相比，它是一种高质量、高可靠性、高效率、低成本的绿色连接技术。

8.1.2 搅拌摩擦焊与熔焊的比较

1. 材料的比较

搅拌摩擦焊已被证明可以用来实现所有牌号铝合金材料［如2×××(Al-Cu)、5×××(Al-Mg)、6×××(Al-Mg-Si)、7×××(Al-Zn-Mg)、8×××(Al-Zn) 等］以及铝基复合材料的焊接；对于不同制造形态的铝合金，也已经实现了锻压板材和铸材铝合金的连接，如图8-4所示。

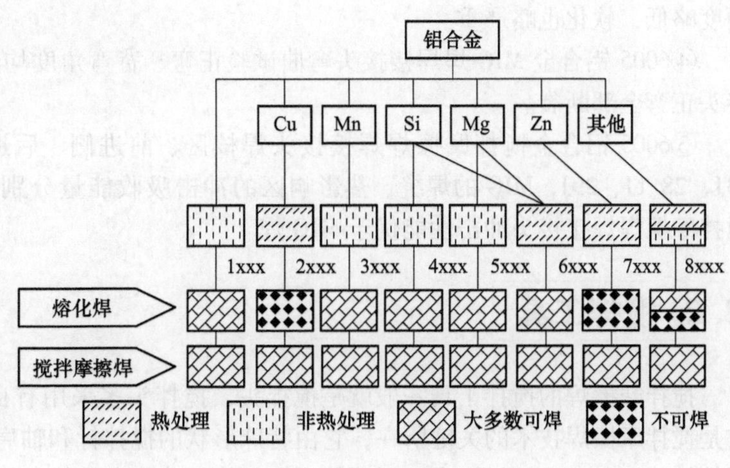

图8-4 铝合金材料的熔焊和搅拌摩擦焊焊接性对比

2. 工艺的比较

1）搅拌摩擦焊与传统的MIG焊相比，热变形引起的焊接变形少，不产生MIG焊的堆高及根部的穿透熔深，省略板侧焊道的精整工艺，减少焊接变形的校正工时。搅拌摩擦焊焊缝是经过塑性变形和动态再结晶而形成的，焊缝区晶粒细化，组织致密。热影响区较熔化焊时窄，无合金元素烧损、杂质偏析、裂纹和气孔等缺陷，综合性能良好。搅拌摩擦焊可以有效提高焊缝位置的冲击韧度，降低焊缝在撞击条件下的开裂倾向，提高高速列车的安全性，搅拌摩擦焊与MIG焊工艺特点的对比见表8-1。

表8-1 搅拌摩擦焊与MIG焊工艺特点的对比

序号	对比项目	MIG	搅拌摩擦焊
1	焊后变形	大	小
2	填充金属保护气体	需要	不需要
3	结合质量	易产生气孔、疏松、焊瘤、咬边等缺陷	不依赖作业者技能、变形小、缺陷少
4	作业环境	飞溅、烟雾、粉尘，必须有吸尘装置和弧光遮护板	清洁、无弧光、飞溅、辐射、烟雾、粉尘

2）通过对6005铝合金MIG焊和搅拌摩擦焊两种接头分别进行组织和性能研究后，得出如下结论：

①6005铝合金MIG焊焊接接头焊缝组织为等轴枝晶，熔合区组织为细网状，晶粒粗大。搅拌摩擦焊焊接接头比MIG焊焊接接头具有更为细小的晶粒和狭窄的焊接热影响区。

②6005铝合金MIG焊焊接接头焊态下，焊接接头抗拉强度最高为母材的81%，搅拌摩擦焊的抗拉强度最高为母材的77.1%，MIG焊的抗拉强度略高于搅拌摩擦焊，产生原因可能是搅拌摩擦焊未选择最佳的焊接参数。

③6005铝合金MIG焊焊接接头硬度值在55~103HV之间，熔合线处的硬度值最高，焊

接热影响区有软化区。6005 铝合金搅拌摩擦焊焊接接头硬度值在 50~105HV 之间，两侧焊接热影响区处均有软化区。搅拌摩擦焊焊接接头最低点的硬度比 MIG 焊焊接接头最低点的硬度略低，软化也略严重。

④6005 铝合金 MIG 焊焊接接头弯曲试验正弯、背弯角度均超过 180°。搅拌摩擦焊焊接接头正弯全部断裂。

⑤6005 铝合金搅拌摩擦焊焊接接头焊核区、前进侧、后退侧的冲击吸收能量分别为 23J、28.1J、29J，MIG 的焊缝、热影响区的冲击吸收能量分别为 10.3J、17.2J，由此说明搅拌摩擦焊焊接接头冲击性能优于 MIG 焊。

8.2 搅拌工具

搅拌摩擦焊的搅拌工具一般就是搅拌头，搅拌头多采用有良好耐高温、抗磨损的材料，它是搅拌摩擦焊技术的关键所在，它由特殊形状的搅拌针和轴肩组成，且轴肩的直径要大于搅拌针的直径。它的好坏决定了搅拌摩擦焊能否获得高性能的焊接接头，能否扩大待焊材料的种类，能否提高待焊材料的板厚范围等。

8.2.1 搅拌头的分类

随着搅拌摩擦焊技术在工业领域应用推广，搅拌头的形状设计也在不断发展。按轴肩的种类来分，可分为单轴肩搅拌头、双轴肩搅拌头和可伸缩式搅拌头，见表 8-2。

表 8-2 常用搅拌头类别

类别	说明	图示
单轴肩搅拌头	工程应用中较为常用，这种搅拌头适用于各种板厚的焊接	
双轴肩搅拌头	双轴肩搅拌头适用于中空型材、复杂焊缝的焊接，双面焊接成形效果较好，但焊接不适用于厚板	
可伸缩式搅拌头	可伸缩式搅拌头可以通过调整搅拌头长度，可用于焊接厚度不变的焊缝，一种搅拌头适用于多种板材	

8.2.2 搅拌针的作用

1）在高速旋转时与被焊材料相互摩擦产生部分搅拌摩擦焊接所需要的热量。

2）确保被焊材料在焊接过程中能够得到充分搅拌。

3）控制搅拌头周围塑化材料的流动方向。

8.2.3 轴肩的作用

1）压紧工件。

2）与被焊工件相互摩擦产生焊接时所需要的热量。

3）防止塑性状态材料的溢出。

4）清除焊件表面氧化膜。

8.2.4 常用的搅拌工具材料

常用的搅拌工具材料有中碳钢、高碳钢、工具钢和马氏体不锈钢等。

8.2.5 搅拌头的设计

1）搅拌头一般要有轴肩，轴肩直径、搅拌头和工件厚度要匹配。在焊接不同厚度的板时所需要的搅拌头是不同的，搅拌摩擦头参数及焊缝截面积见表8-3。

表8-3 搅拌摩擦头参数及焊缝截面积

板厚/mm	搅拌针直径/mm	搅拌针长度/mm	轴肩直径 d/mm	角度/(°)	焊缝截面积/mm^2
3	3	2.8	9	2	18
5	5	4.5	15	4	50
10	6	9	18	6	120
15	8	14	24	8	240
20	10	19	30	10	400

2）搅拌头一般设计成锥形、平端面，如图8-5所示。这样的设计一方面使得搅拌头比较容易下压到母材金属，另一方面搅拌头可以转移更少的塑性材料，提高搅拌头的寿命。外形做成特殊的螺旋状，这种形式的搅拌头一方面可以进一步减小搅拌头的体积，提高材料的流动性；另一方面可以增大搅拌头的表面积，这样就可增加搅拌头和材料的接触面积，有利于增大搅拌头和工件之间的摩擦，从而能够产生更多的热量。

3）轴肩采用图8-6所示的形状，有利于轴肩与塑化材料紧密地结合在一起，增大了轴肩与焊件表面的接触面积，同时也提高了焊接时的闭合性，从而可以防止塑化的材料在搅拌头旋转时喷射出去。

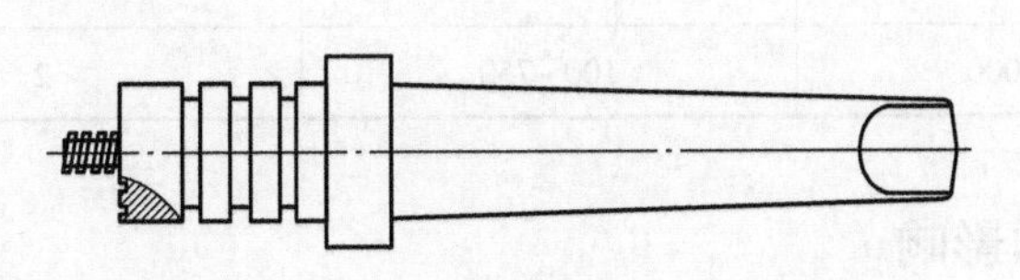
图8-5 搅拌头

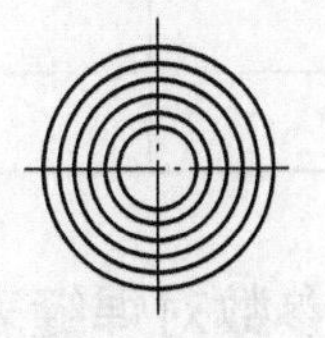
图8-6 轴肩

8.3 搅拌摩擦焊焊接参数

8.3.1 搅拌摩擦焊焊接参数的选择

搅拌摩擦焊焊接参数主要有搅拌头的倾角、转速、焊接深度、焊接速度以及焊接压力。搅拌摩擦焊焊接参数的选择与被焊接材料、厚度以及搅拌头的形状密切相关。

1. 搅拌头的倾角

如图 8-7 所示，搅拌头倾角的大小与搅拌头轴肩的大小以及被焊接工件的厚度有关，搅拌头的倾角在焊接过程中一般控制在 0°~5°。倾斜的搅拌头在焊接过程中会向后方的热塑化金属材料施加向前、向下的压力，这个力是保证焊接成功的关键。

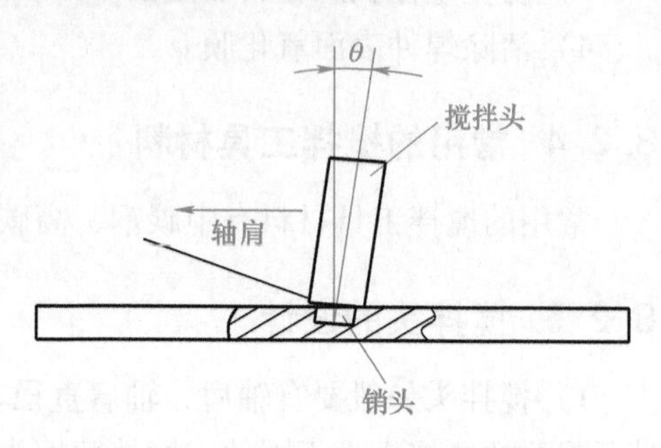

图 8-7　搅拌头倾角（θ）

2. 转速

搅拌头的转速决定着搅拌摩擦焊热输入的大小，而热输入的大小对焊缝的性能有较大的影响，所以不同特性的材料选用搅拌头的转速也不同。

3. 焊接速度

焊接速度就是搅拌头和工件之间的相对运动速度，焊接速度的快慢决定着焊缝的外观成形及焊缝质量。焊接速度过快，焊缝中很可能出现沟槽或隧道孔洞等缺陷。一般来说被焊工件的厚度决定了搅拌摩擦焊的焊接速度。

4. 焊接压力

搅拌摩擦焊的焊接压力指焊接时搅拌头向焊缝施加的轴向顶锻压力。焊接压力的大小与被焊接材料的速度、刚度等物理性能以及搅拌头的形式和焊接时搅拌头压入被焊材料的深度有关。通过不同铝合金系列的焊接实例可以发现，不同材料的搅拌摩擦焊焊接参数是不同的，见表 8-4。

表 8-4　不同材料的搅拌摩擦焊焊接参数

铝合金系列	搅拌头转速/(r/min)	焊接速度/(mm/min)	搅拌头倾角/(°)
1000	800~1500	50~200	1.5
2000	200~600	30~150	2
3000	500~1500	50~200	2.5
4000	600~1500	50~250	2.5
5000	800~2500	80~1500	2
6000	800~2000	100~750	2

8.3.2 焊接参数对焊缝表面的影响

搅拌摩擦焊的热输入和材料在搅拌头作用下产生的塑性流动形态是影响搅拌摩擦焊焊缝

成形的主要因素，这与搅拌头尺寸、形状以及焊接参数等很多因素有关。在保持转速、起弧时间、压力等参数不变，而只改变焊接速度的情况下，当焊接速度过大时，搅拌摩擦焊所产生的热量来不及使其周围金属达到热塑性状态，故不能形成完好的焊缝；而当焊接速度过慢时，搅拌头摩擦产热过量。当焊合区金属温度接近金属熔点时，使焊缝表面凹凸不平。所以只有在一定焊接速度下才能获得良好的焊接接头。

例如，将规格为300mm×150mm×6mm的6005试板分成三组进行焊接，每组采用不同的焊接参数（见表8-5），焊接后得到如图8-8、图8-9、图8-10所示的焊缝。

表8-5 焊接参数

试板序号	主轴转速/(r/min)	起弧时间/s	焊接速度/(mm/min)
1号试板	1200	7	90
2号试板	1200	7	100
3号试板	1200	7	120

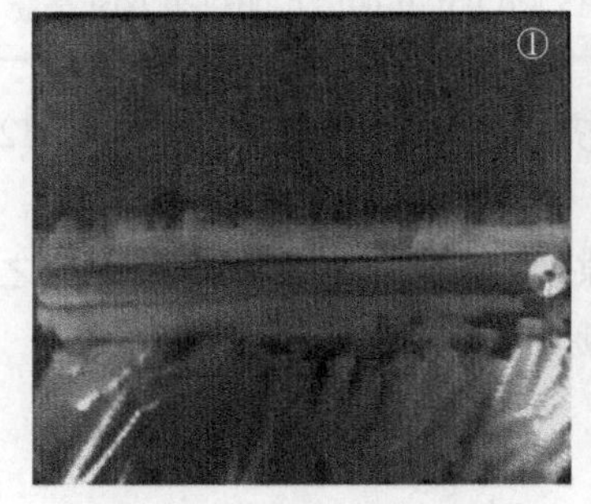

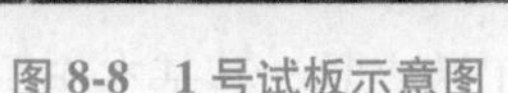
图8-8 1号试板示意图

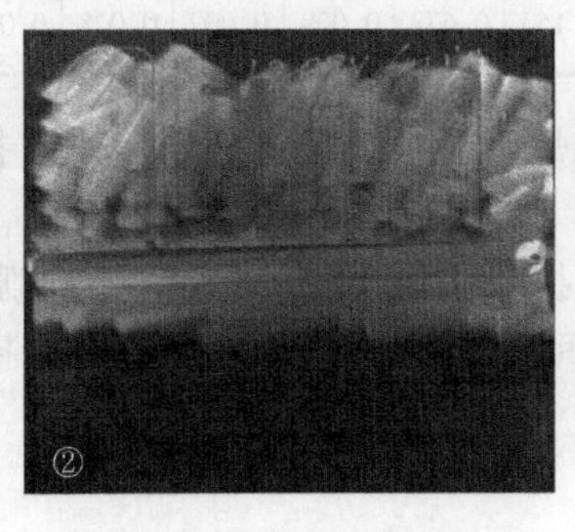

图8-9 2号试板示意图

图8-10 3号试板示意图

由上面三个图可以看出，三组焊件都得到较光滑的焊缝，由图8-8可知1号试板有轻微的飞边缺陷，这是由于焊接速度慢，焊缝单位长度上的热输入过大引起的。随着焊接速度的增加，该现象逐渐消失，如图8-9中2号试板所示。再进一步增加焊接速度，焊缝单位长度上的热输入有些不足，如图8-10中3号试板所示。但当焊接速度过快时，焊缝表面可能会出现沟槽。值得指出的是，沟槽的产生是有一定规律的，并不是焊缝中心两侧产生沟槽，沟槽是单边的，产生的位置与搅拌头的旋转方向有关，当搅拌头顺时针旋转时，沟槽产生在搅拌头前进方向的左侧；而逆时针旋转时，沟槽产生在搅拌头前进方向的右侧。

8.4 搅拌摩擦焊焊接工艺

8.4.1 焊前清理

焊前清理是保证铝合金焊接质量的一个重要工艺措施，由于铝合金极易氧化，表面生成一层致密而坚硬的氧化膜，若工件表面氧化膜清除不彻底，被油污、锈、污垢污染后会引起焊缝内部产生缺陷。为了保证焊接质量，焊前必须采取严格的清理措施，彻底清除焊缝区域的油污和氧化膜。

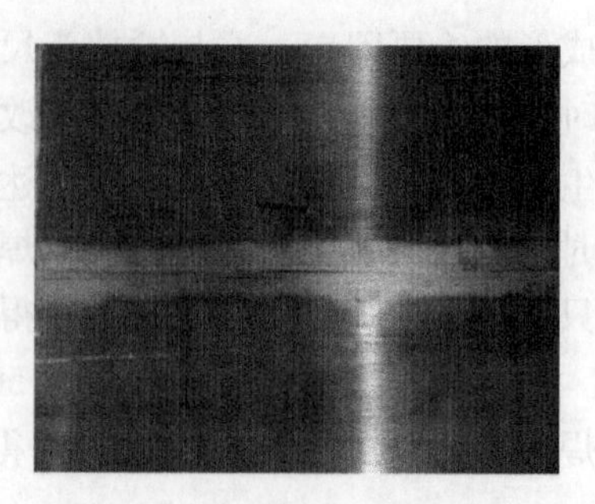

图 8-11　氧化膜清理示意图

（1）清洗　用异丙醇将试板表面的油污、灰尘等污物清洗干净，并使之自然挥发干燥。

（2）清理氧化膜　用不锈钢丝轮将焊缝两侧 20mm 范围内的氧化膜进行清除，直至露出铝的亮白色光泽，如图 8-11 所示。

8.4.2 焊接装配

（1）材料选择　采用 6005A 系列铝合金焊接，其化学成分见表 8-6。

表 8-6　6005A 系列铝合金材料化学成分　（质量分数，%）

材料＼化学成分	Si	Fe	Cu	Mn	Mg	Cr	Ni	Zn	Ti	Co	Sn	V	Zr	Al
6005A	0.558	0.270	0.023	0.153	0.633	0.008	0.002	0.023	0.015	<0.001	0.001	0.005	<0.005	余量

（2）焊接装配　搅拌摩擦焊侧墙板焊接接头采用中空挤压型材对接接头，如图 8-12 所示。

装配要求：两型材在装配时，两型材对接将形成对接间隙，要求装配时上下对接间隙之和不超过 0.4mm；两型材搭接间隙，要求装配时上下型材搭接间隙不超过 0.4mm。

8.4.3 工装夹具的选择

搅拌摩擦焊工装夹具种类很多，有固定式工装夹具、自由式工装夹具，其基本作用也不同，对于大件焊接产品，一般使用的是固定整体式工装夹具，而对于小配件或试验件焊接大都采用可移动自由式工装夹具，如图 8-13 所示。在对工件进行焊接前，将移动压臂固定于焊件上，但不阻挡搅拌头前进焊接即可。

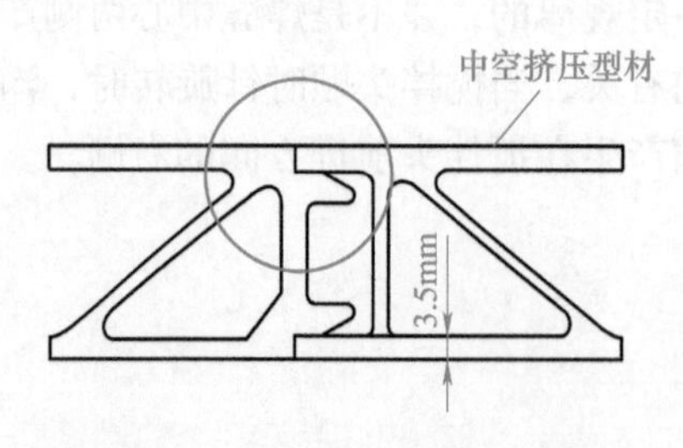

图 8-12　侧墙板焊接接头形式

图 8-13　移动式工装夹具

8.4.4 焊接操作

1）通过操控设备仪表盘，实现控制搅拌头的焊接功能。搅拌摩擦焊的焊接操作过程主要分四步，见表 8-7。

表 8-7 搅拌摩擦焊焊接步骤

序号	步骤	图示	说 明
1	旋转		搅拌头工具对准焊缝中心线，在设备主轴作用下，按一定的速度旋转。铝合金材质焊接时，搅拌头转速一般为300~1700r/min
2	伸入		搅拌头设备在主轴压力 F 作用下，伸入母材中
3	预热		旋转的搅拌头伸入母材后，在同一个位置维持旋转并停留一定的时间，起到预热作用，使待焊接位置金属塑性软化
4	焊接		搅拌头在设备带动下，沿着焊接方向移动。3~15mm板厚的铝合金材质的焊接速度一般为200~800mm/min

2）在焊接过程中，搅拌头在旋转的同时，搅拌针伸入工件的接缝中，如图8-14所示，旋转搅拌头与工件产生的摩擦热使搅拌头前面的材料发生强烈的塑性变形，然后随着搅拌头的移动，塑性变形的材料流向搅拌头的背后，从而形成搅拌摩擦焊焊缝。

图 8-14 搅拌摩擦焊焊接示意图

8.4.5 变形控制

因搅拌摩擦焊焊接过程中产生的热量相对较小，且铝合金材质具有散热快等特点，因此，焊接过程中，焊件产生的变形较小，一般不需要进行调平。但对于薄板焊件来讲，焊接变形仍会存在。因此，焊接前对工装夹具的装夹还是有一定的要求。为了良好的控制焊接变形，焊接前需对工件进行夹紧，焊后待工件温度冷却之后再进行工件的松卸。

8.4.6 铝合金搅拌摩擦焊I形薄板平对接焊

1. 设备的选择

以龙门式搅拌摩擦焊设备为例，如图8-15所示。其结构主要有搅拌摩擦焊控制系统、龙门轨道、焊接工装、液压系统等几部分组成。

图 8-15　搅拌摩擦焊设备主要组成部分

2. 工件装配

工件装配是指将焊件吊入焊接工装利用液压压臂加压作用来符合搅拌摩擦焊焊接的过程。搅拌摩擦焊焊接对工装及各夹具要求很高，因焊接时整个工件受搅拌头下伸的压力作用，故焊接时一旦焊件与工装之间留有间隙，将影响到焊接的质量，如图 8-16 所示。装配前必须确保焊接工装面无任何飞边、焊渣等杂物。

图 8-16　工件装配图

3. 焊接编程

1）搅拌摩擦焊焊接是通过编程来实现的一种自动化焊接，即通过手动设定各焊接参数后，焊缝起始端手动进行对点（将搅拌针对准焊缝中心），然后利用激光跟踪进行焊接。搅拌摩擦焊焊接操作界面如图 8-17 所示。

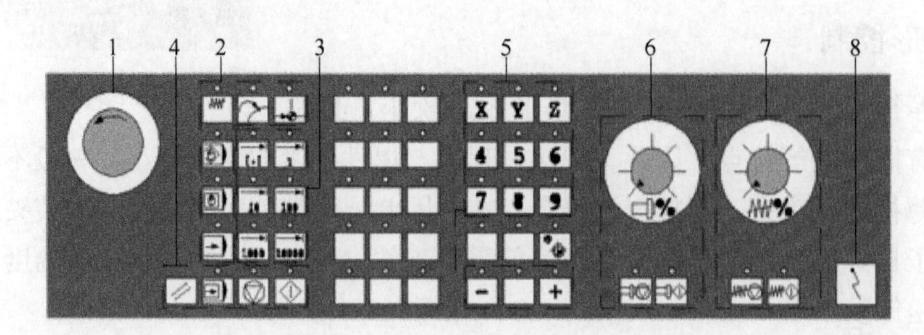

图 8-17　搅拌摩擦焊焊接操作界面

1—急停按钮　2—操作方式（带有机床功能）　3—JOG/增量键　4—程序控制　5—带快速横移修调的方向键　6—主轴控制　7—进给控制　8—键开关

2）焊接前需将各焊接参数输入到参数设置界面，如图 8-18 所示，包括待焊焊接长度、主轴旋转方向（CW 或 CCW）、主轴压入深度、焊接速度（mm/min）、转速（r/min）等。待所有参数设置完毕后，方可通过操作界面各按键的相互配合，并通过摄像头界面观察并进行焊接（见图 8-19）。

4. 焊接

焊接过程中，操作应始终观察着摄像头界面，且根据搅拌头焊接过程中伸入焊缝母材的深度来调整焊接速度及焊接压力值的大小，如图 8-20 所示，焊后断面金相见图 8-21 所示。

一般判断焊接质量是否良好，即可通过搅拌头高速旋转过程中两侧母材流失的多少来判断，飞边流失量过多将形成隧道及沟槽缺陷（见图 8-22）。当搅拌头伸入量过少，焊缝根部无法熔合，会形成未熔合等缺陷，如图 8-23 所示。

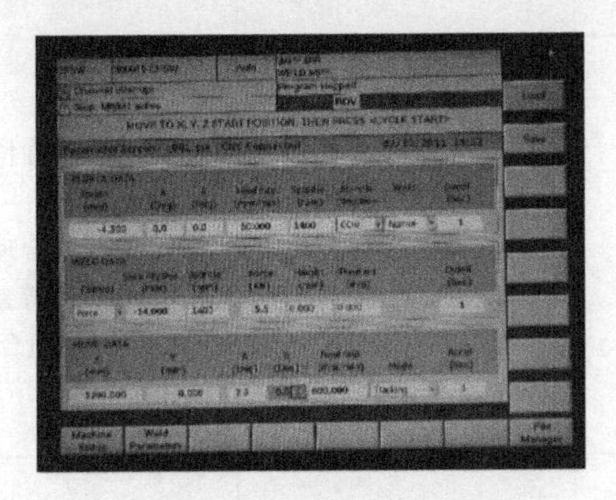

图 8-18　参数设置界面

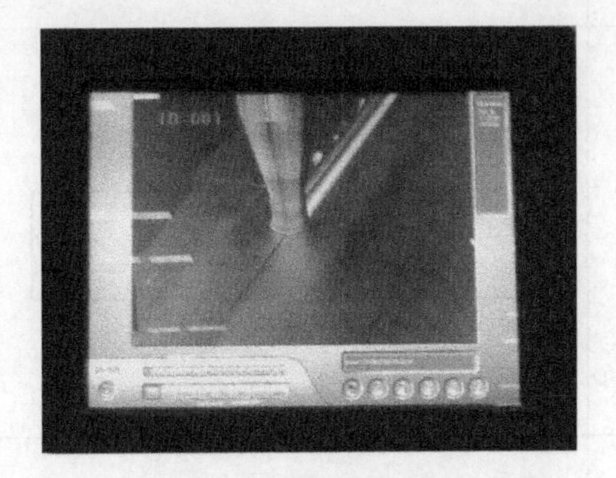

图 8-19　摄像头界面

图 8-20　搅拌摩擦焊焊接过程图

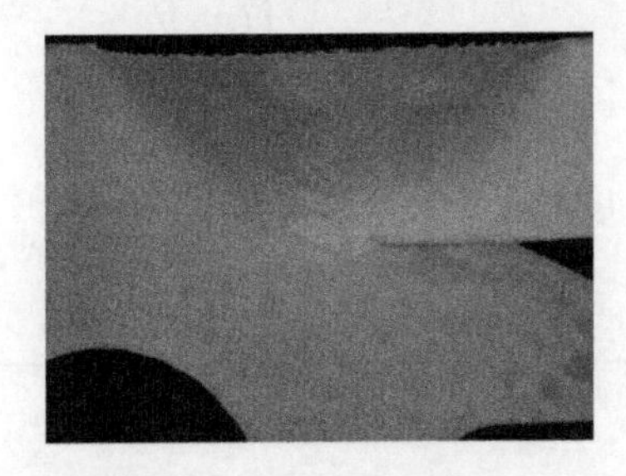

图 8-21　FSW 接头宏观金相

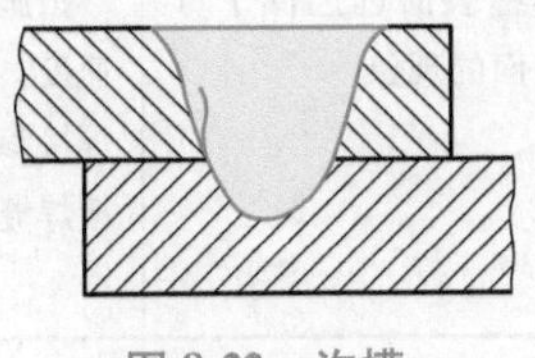

图 8-22　沟槽

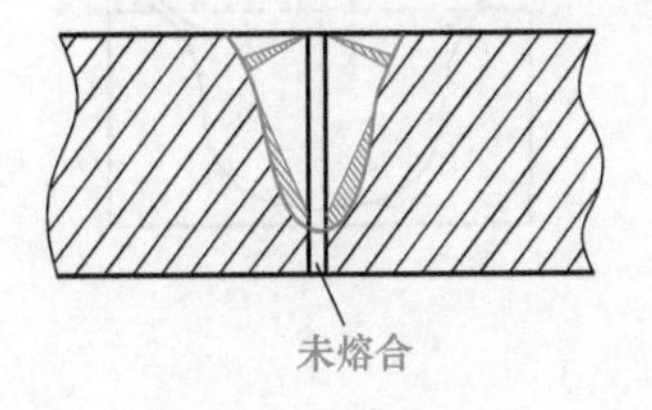

图 8-23　未熔合

8.5 焊接缺陷及检验

1）搅拌摩擦焊的焊接缺陷主要分为焊缝内部缺陷和焊缝表面缺陷，常见的缺陷有未焊透、隧道、表面沟槽、焊接塌陷等，见表 8-8。

表 8-8 搅拌摩擦焊缺陷说明、原因及解决措施

缺陷	示意图	说明	原因及解决措施
未焊透	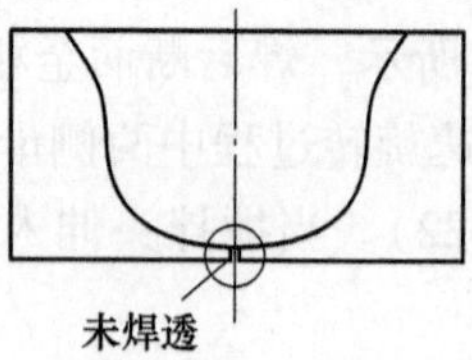 未焊透	常见于焊接接头根部未熔合的现象	原因：搅拌针太短导致无法搅拌到根部的材料 措施：选择合理的搅拌针长度
隧道	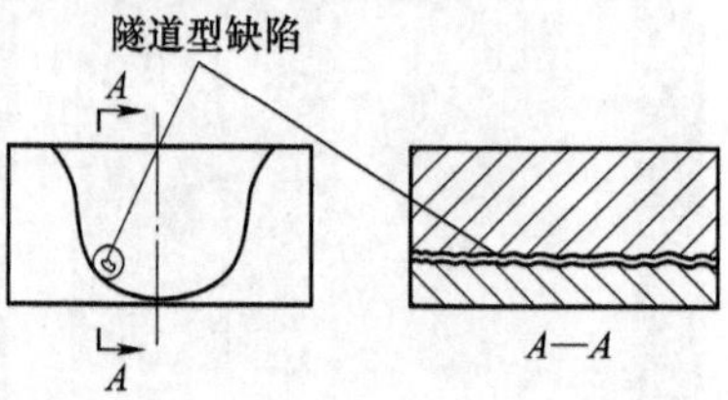 隧道型缺陷 A A A—A	沿焊接方向塑性金属流动未填满焊缝形成的类似隧道的孔洞	原因：金属在搅拌过程中流动不充分 措施：选择合理焊接转速、轴向压力等参数，确保摩擦输入热量合理
表面沟槽	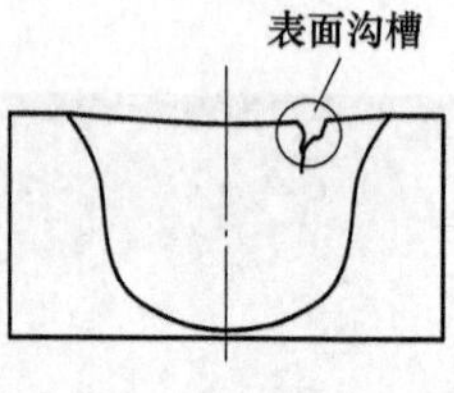 表面沟槽	缝表面出现的类似沟槽的缺陷	原因：轴向压力过小或焊接速度过快，搅拌头周围金属塑化不均匀 措施：调整焊接速度、轴向压力
焊接塌陷	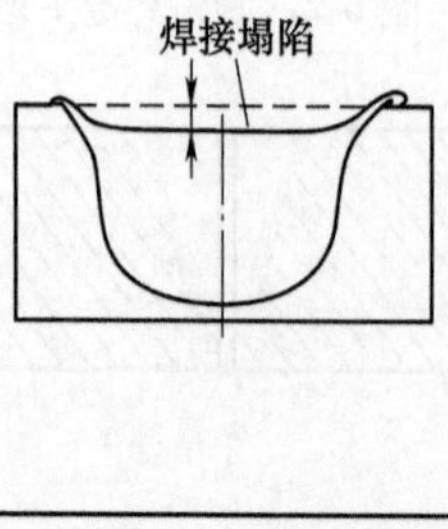 焊接塌陷	由于压入量过大，使得焊缝表面远远低于母材表面的现象	原因：焊接速度一定，轴向压力较大，搅拌头金属被挤向两侧 措施：选择合理的焊接速度、转速、轴向压力等焊接参数，控制好起始焊接焊缝成形

2）搅拌摩擦焊焊接缺陷的定义及限值见表 8-9。

3）常规的焊接检验。外观检查、渗透检测、射线检测、超声波检测，另外的一些检验方法，譬如破坏性抽样试验。搅拌摩擦焊的检验手段在不断地完善，近年推出的相控车技术开始应用在搅拌摩擦焊薄板上。

表 8-9　搅拌摩擦焊焊接缺陷的定义及限值

序号	缺陷名称	定义	图示及说明	质量等级缺陷限值		
				B	C	D
			1 表面缺陷			
1.1	根部未焊透或未熔合（只当对于坡口焊有焊透要求时）	接头板厚深度在根部没有完全焊接的缺陷： 1）原始对接线在未熔合区没有发生塑性变形 2）原始对接线在未熔合区发生较小的塑性变形 3）原始对接线在未熔合区发生剧烈的塑性变形	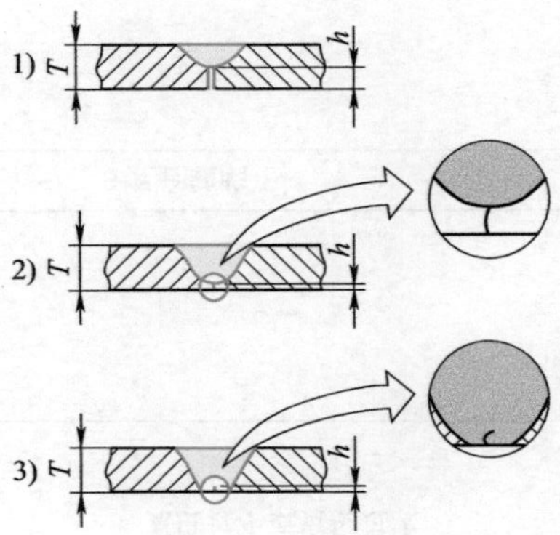 1) T h 2) T h 3) T h	不允许	不允许	不允许
1.2	飞边	焊接过程中，在搅拌头轴肩的作用下，与轴肩接触的焊件表面金属发生塑性流变，沿轴肩边缘挤出，在焊缝边缘形成毛刺	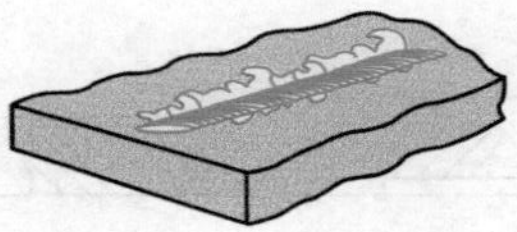	不允许	不允许	不允许
1.3	焊缝减薄，盖面未填满或凹陷（只适用于焊缝表面不进行焊后加工的情况）	焊缝表面低于临近的母材表面	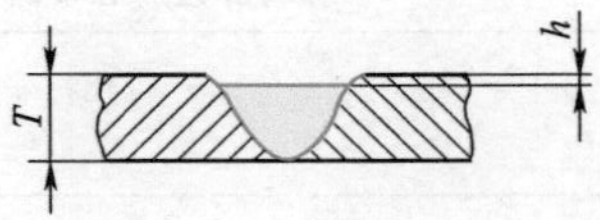 T h	$h \leq 0.2\text{mm}+0.1T$	$h \leq 0.2\text{mm}+0.1T$	$h \leq 0.2\text{mm}+0.1T$
1.4	表面裂纹	焊缝表面产生的裂缝	—	不允许	不允许	不允许

（续）

序号	缺陷名称	定义	图示及说明	质量等级缺陷限值		
				B	C	D
1.5	表面沟槽	焊缝表面产生类似沟槽的缺陷	—	不允许	不允许	不允许
2 接头几何形状缺陷						
2.1	接头线性错边	两块焊接试件发生错位，虽然两试件表面所在平面是平行的，但它们并不在同一平面		不允许	$h \leq 0.2T$ 或 2mm，取最小值	母材金属厚度公差的 1.05 倍
2.2	焊缝宽度不规则	焊缝宽度尺寸与规定要求的偏差	宽度过小或宽度过大	设计文件中规定	设计文件中规定	设计文件中规定
2.3	侧偏移	搅拌头轴线与对接焊缝的最小距离	—	$l \leq 0.75$mm	$l \leq 0.75$mm	$l \leq 0.75$mm
3 复合缺陷						
3.1	复合缺陷（只有在单个缺陷不超过规定限值时适用）	同一截面出现相邻的两个或两个以上的缺陷，任何两个被隔开的相邻缺陷，只要其隔开的距离小于较小缺陷的主尺寸，就应作为单个缺陷被考虑	缺陷尺寸的总和	$N \leq 0.2T$ 或 $N \leq 0.2a$	$N \leq 0.3T$ 或 $N \leq 0.3a$	$N \leq 0.4T$ 或 $N \leq 0.4a$

注：T—母材的理论厚度；h—缺陷的高度；l—焊缝纵向长形孔洞的长度；N—焊缝横向长形孔洞的最大宽度；a—角焊缝喉高。

8.6 搅拌摩擦焊技术的应用

搅拌摩擦焊技术的应用见表 8-10。

表 8-10 搅拌摩擦焊技术应用

应用领域	说明	应用
轨道车辆	在轨道交通车辆领域，搅拌摩擦焊技术的引进，解决了车辆轻量化发展的问题，满足了承载安全性的同时，又能实现车辆自重减负	高速动车组、地铁车辆、客货运车等车身零部件
船舶	在船舶工业上的应用，该技术应用于船舰甲板和壁板等的制造。与传统的焊接制造技术相比，意味着更轻更强的优越性能，同时又能高效节能	大船舰甲板以及高速轮船，气垫船、游艇等
航空航天	在航空航天领域应用了大量的搅拌摩擦焊技术，采用搅拌摩擦焊提高了生产效率，降低了生产成本，对航空航天工业来说有着明显的经济效益	航天飞机的机身、地板等结构，运载火箭燃料储箱等

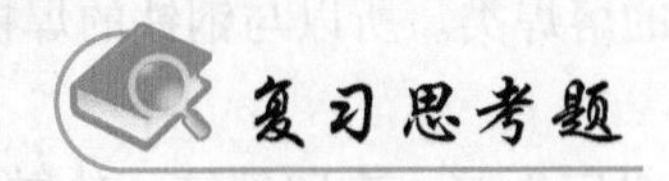

1. 搅拌摩擦焊的优点有哪些？
2. 搅拌摩擦焊搅拌头的分类有哪些？
3. 搅拌针的作用是什么？
4. 搅拌摩擦焊焊接步骤有哪些？
5. 搅拌摩擦焊主要焊接参数有哪些？
6. 搅拌摩擦焊的常见缺陷有哪些？

第 9 章 铝及铝合金常见焊接缺陷与检验

Chapter 9

☺ 理论知识要求

1. 了解铝及铝合金焊接缺陷的分类。
2. 了解铝及铝合金焊接缺陷产生的主要原因及控制措施。
3. 了解着色检测基本原理及操作步骤。
4. 了解射线检测基本原理。
5. 了解超声波检测基本原理。

9.1 焊接缺陷的分类

焊接缺陷是指在焊接生产过程中，由于被焊金属的焊接性、焊接工艺的选择、焊前准备、工人操作等因素所造成的焊接接头上所产生的金属不连续、不致密或连接不良的现象。

焊接铝及铝合金时，常用的焊接方法有 TIG 焊和 MIG 焊。这两种焊接方法都是惰性气体保护熔焊，同属于焊接方法中的熔焊类。所以与钢铁的焊接一样，焊接铝及铝合金也存在同样的缺陷种类。

（1）裂纹　包括微观裂纹、纵向裂纹、横向裂纹、放射状裂纹、弧坑裂纹、间断裂纹、层状撕裂等。

（2）孔穴　包括气孔（球形气孔、均布气孔、局部密集气孔、链状气孔、条形气孔、虫形气孔、表面气孔）和缩孔（结晶缩孔、弧坑缩孔、开口缩孔、显微缩孔、枝状显微缩孔、穿晶显微缩孔）。

（3）固体夹渣和夹杂　包括焊剂夹渣、氧化物夹杂、金属夹杂等。

（4）未熔合和未焊透　包括侧壁未熔合、焊道间未熔合、根部未熔合、微观未熔合、根部未焊透、穿透等。

（5）形状和尺寸缺陷　包括形状不良、咬边、焊缝超高、凸度过大、下榻、焊瘤、错边、角变形、下垂、烧穿、未焊满、焊脚不对称、焊缝宽度不齐、表面不规则、根部收缩、根部气孔、焊缝接头不良、变形过大、焊缝尺寸不正确等。

（6）其他焊接缺陷　包括电弧擦伤、飞溅、表面撕裂、划伤、凿痕、打磨过量、定位焊缺欠、双面焊道错开、回火颜色（明显氧化膜）、表面氧化、焊剂残渣、焊渣残留、角焊缝根部间隙不正确、膨胀等。

9.2 焊接缺陷产生的原因及控制措施

9.2.1 气孔

焊接过程中高温时吸收和产生的气泡，在熔池冷却凝固时未能及时逸出而残留在焊缝金属内所形成的孔穴，称为气孔。气孔会影响焊缝的外观质量，削弱焊缝的有效工作截面，降低焊缝的强度和塑性，贯穿焊缝的气孔则会破坏焊缝致密性造成渗漏。按位置不同可分为外部气孔和内部气孔，如图 9-1、图 9-2 所示；按形状不同可分为球形气孔、条虫状气孔和针状气孔等；按其分布特征可分为单个气孔、密集气孔、链状气孔等，如图 9-3、图 9-4 所示。

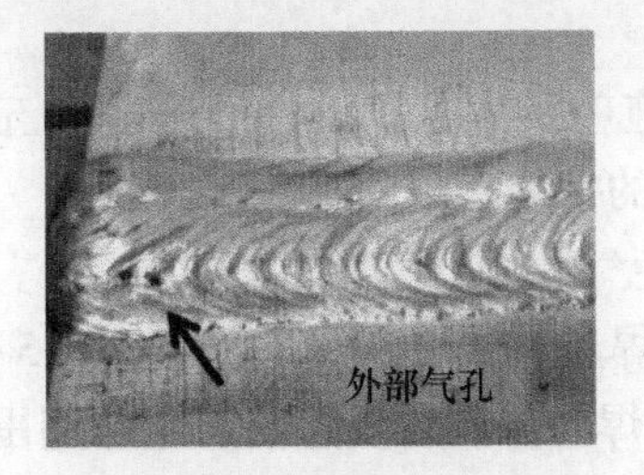

图 9-1 外部气孔

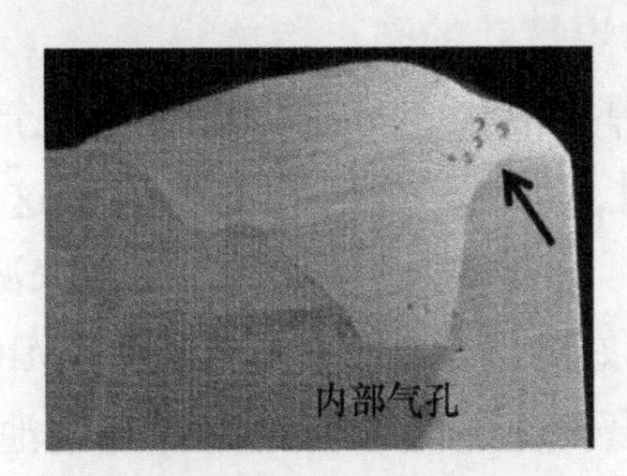

图 9-2 内部气孔

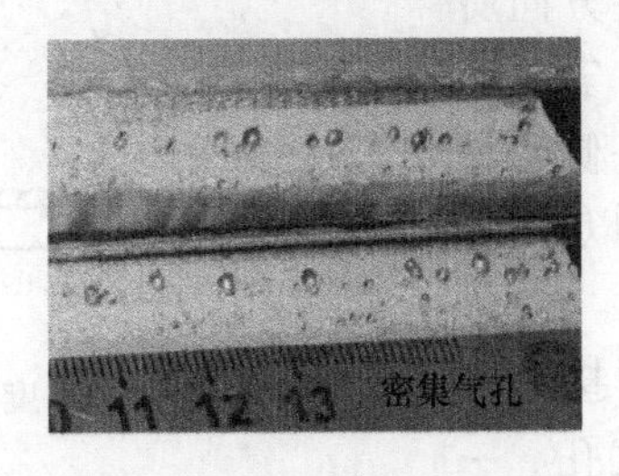

图 9-3 密集气孔

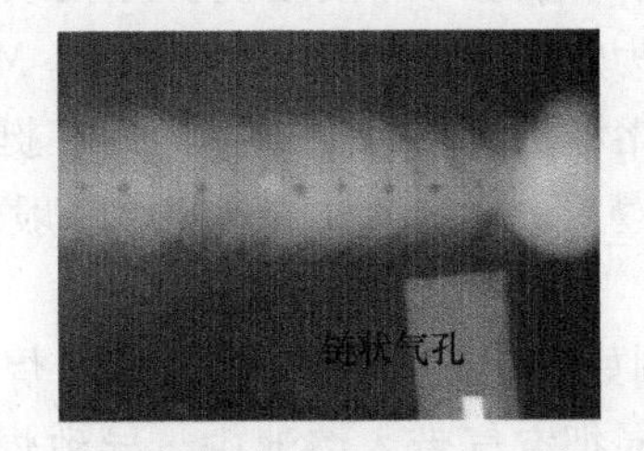

图 9-4 链状气孔

1. 气孔的产生原因

钢类材料焊接时，按焊缝中形成气孔的气体可分为氢气孔、氮气孔和一氧化碳气孔。铝合金焊接时，由于铝材料中的合金元素不含碳，也就不会产生一氧化碳气孔；对于氮而言，由于氮在液态铝中几乎不溶，所以也就不会有氮气孔产生。通过从铝合金焊缝产生的气孔中直接抽取气体分析的检测证实，产生气孔的气体主要为氢。

弧焊产生的高温使得焊接区周围的水、油、潮湿空气等侵入焊接电弧，在电弧中很容易分解成氢原子或氢质子。这时，氢原子或氢质子溶入到熔池中集聚形成氢气泡；与此同时，由于铝合金具有的导热性很强，促使熔池结晶速度加快；铝的密度小造成氢气泡上浮速度慢，使得熔池中的氢气泡来不及完全逸出，从而残留在焊缝内形成氢气孔。

2. 氢的来源

氢是产生气孔的最重要原因，其来源有以下几个方面：

1）在焊材和母材中溶解的氢。

2）焊材和母材表面的氧化膜、油污、水分等。

3）保护气氛中的氢和水分。

4）在保护条件不完善时卷入电弧气氛中的空气所带有的氢和水分。

3. MIG 焊和 TIG 焊对气孔的敏感性

1）不同的焊接方法对弧柱中水分的敏感性是不同的。常用的焊接方法中 MIG 焊和 TIG 焊相比，在同等条件下，MIG 焊比 TIG 焊更容易产生气孔。

2）MIG 焊时，焊丝是以细小的熔滴形式通过弧柱进入熔池，由于弧柱温度高，大量且细小的熔滴金属有利于吸收弧柱中的氢，而把较多的氢带到熔池中，加之 MIG 焊的熔深较大，焊接速度较快，不利于气体逸出，最终导致焊缝产生气孔概率变大。

3）TIG 焊时，熔池金属表面与氢反应，因熔滴较大且数量少，熔池温度较弧柱温度低，熔滴金属吸收的氢较少，加之 TIG 焊的熔深较小利于气体逸出，使得进入熔池的氢含量少，焊接速度较慢，使得焊缝产生气孔概率变小。

4. MIG 焊气孔的防止措施

MIG 焊焊接铝合金时，防止氢气孔产生的措施应从人、机、料、法、环五个方面来进行。TIG 焊时，焊缝产生气孔亦可借鉴这五个方面的措施来排除气孔。

（1）人　焊工应从“三个”控制来减少或避免气孔的产生。

1）控制好合适的焊丝伸出长度。MIG 焊时，焊丝伸出长度一般控制在 15～20mm 范围内，焊丝伸出长度过低影响操作者对熔池的观察；焊丝伸出长度过高，电弧周围的惰性气体易受到空气的侵入而产生气孔。

2）控制好合适的焊接角度。焊枪喷嘴与焊接方向所呈夹角称之为焊接角度，如图 9-5 所示。MIG 焊时，若角度偏小，保护熔池的气体挺度不均匀，在挺度弱的一侧容易受到空气的侵入，导致气孔的产生。一般焊接角度以 65°～75°为宜。

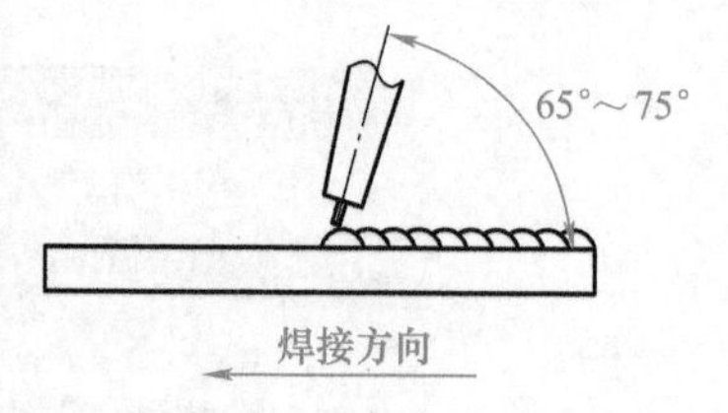

图 9-5　焊接角度示意图

3）控制好合适的焊接速度。MIG 焊时，若焊接速度忽快忽慢容易把空气带入熔池中，导致焊缝产生气孔。一般采用较均匀的焊接速度可避免气孔的产生。

（2）机　焊接设备状态的好坏也决定了产生气孔的生成量。焊接设备状态不佳有以下因素，具体产生原因及解决措施见表 9-1。

表 9-1　焊接设备引起气孔的产生原因及解决措施

序号	产生原因	原因分析	解决措施
1	导丝轮	导丝轮表面黏附含油脂的打磨粉尘	用丙酮清洗导丝轮表面和轮槽的油脂
2	导气管	1. 导气管破损或受潮 2. 使用一般橡胶管	1. 修复或更换导气管；导气管受潮时，用氩气去除管子内壁的水分 2. 选用特氟龙管做导气管
3	导丝管	1. 导丝管受潮 2. 导丝管内壁黏附粉尘	1. 用氩气去除导丝管内壁的水分 2. 更换导丝管
4	密封环	推拉丝焊枪枪颈部位的密封环破损，造成冷却水渗入，造成焊丝表面黏附冷却水	更换密封环

（续）

序号	产生原因	原因分析	解决措施
5	喷嘴	1. 喷嘴严重变形 2. 喷嘴黏附过多飞溅	1. 更换喷嘴 2. 清理飞溅
6	导电嘴	导电嘴偏离喷嘴的中轴线	重新安装导电座或导电嘴，使导电嘴和喷嘴的中轴线重合
7	气体流量不足	保护气体的流量值低于工艺规定值	检测喷嘴口的气体流量值，使其不低于22L/min
8	气体衰减	1. 焊枪的气路不畅 2. 气管的连接处漏气 3. 使用了与焊丝直径不匹配的导丝管	1. 清理焊枪气管内的粉尘 2. 紧固气管的连接处 3. 使用与焊丝直径匹配的导丝管

（3）料　包括保护气体和焊丝及母材。

1）保护气体。保护气体纯度的高低决定焊缝是否容易产生气孔。对于TIG焊而言，由于其气孔的敏感性相对较弱，一般可用≥99.9%（体积分数）Ar即可；对于MIG焊而言，由于其气孔的敏感性相对较强，应采用≥99.999%（体积分数）Ar方可减少气孔的产生。

2）焊丝及母材。焊丝或母材中的含氢量偏高，导致焊缝气孔产生。对此，焊丝或母材自身的含氢量宜控制在每100g金属内含氢量不大于0.4mL。使用新批次焊丝时，应先做焊接试板检验，采用X射线或断口检查检验焊缝中气孔是否超标，确认能否用于焊接生产。

（4）法　整个焊接过程应遵守和执行相关工艺要求，这样也可减少或避免焊接气孔的产生。如焊工上岗作业前应取得相应的铝合金国际焊工资质证和通过岗位所有项目的焊接模拟工作试件考试后方可上岗作业；焊接前，使用有机溶剂（丙酮、三氯乙烯、四氯化碳等）去除焊接区域的油污、水分，使用不锈钢丝刷或不锈钢丝轮清除坡口及坡口两侧20mm宽度范围的氧化膜；焊前预热可蒸发焊接区域的水分，可延长熔池存在时间，利于氢气泡逸出。

（5）环　焊接环境。铝合金焊接厂房的相对湿度不宜超过70%。厂房湿度越高，焊缝产生气孔越多；穿堂风和压缩空气气流会破坏保护气体对熔池的有效保护，使焊缝容易产生气孔。因此应时刻关闭厂房大门，避免厂房湿度的增加以及穿堂风对熔池的侵入，同时应避免焊接区域的风动工具产生压缩空气气流对熔池的影响。

9.2.2 裂纹

在焊接应力及其他致脆因素共同作用下，焊接接头中局部地区的金属原子结合力遭到破坏形成新的界面而产生的缝隙称为焊接裂纹。裂纹是危害最大的缺陷，不仅降低了焊接接头的强度，还会引起应力集中，使焊接结构承载后造成断裂，使产品报废，甚至会引起严重的事故。国际标准ISO 10042—2018《铝及其合金弧焊接头缺欠质量分级》中规定裂纹是不允许存在的。

铝合金焊接裂纹的性质属于热裂纹，它们是在固相线温度附近的高温下沿晶界产生的。与黑色金属不同，铝合金很少出现冷裂纹。按裂纹分布的走向可分为纵向裂纹、横向裂纹、弧坑裂纹等；按裂纹发生的主要部位可分为焊缝金属中裂纹、热影响区裂纹、层状撕裂等。

1. 裂纹的成因

铝合金热裂纹的产生机理主要有以下几点：

1）铝及铝合金线胀系数大，是钢的2倍。其在拘束条件下会造成较大的焊接应力。

2）铝及铝合金属典型共晶型合金，热裂敏感性随液-固相线温度区间的增大而增大。

3）当杂质多时，其低熔共晶物增加，晶界容易产生并存有低熔共晶薄膜，增大热裂纹倾向。

2. 裂纹的防止措施

铝合金焊接生产过程中，常见的裂纹有焊缝裂纹、液化裂纹、弧坑裂纹、层状撕裂等。裂纹不同，其产生的原因也不同，对其采用的防止措施也不同。

（1）焊缝裂纹　焊缝裂纹，一般发生在定位焊或焊缝焊接完成后，在焊缝纵向中间部位通常开裂。焊缝裂纹外观形貌如图9-6所示。

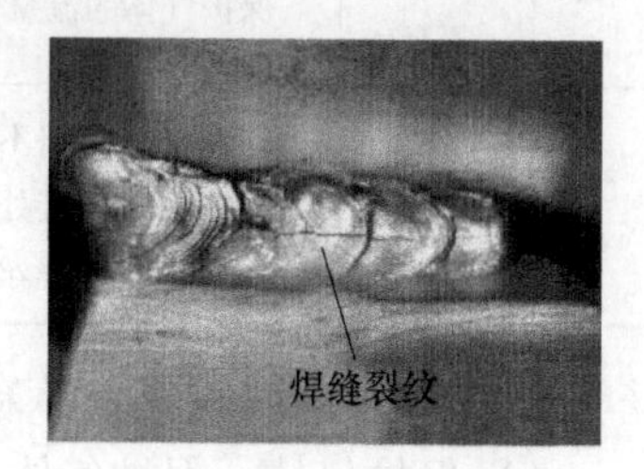

图9-6　焊缝裂纹

焊缝裂纹的形成主要有以下原因：

1）拘束应力过大。焊缝在冷却时膨胀的体积必然收缩，这时，因周围金属的限制，对焊缝产生拉伸作用，由于焊缝金属在半熔化状态下，焊缝强度较低，导致焊缝金属不能抵抗拉应力而裂开。

2）焊缝的厚度尺寸偏小。由于焊接速度快，使得焊缝较薄，导致焊缝金属的强度不能抵抗拉应力而裂开。

3）焊接材料和母材不匹配导致的裂纹。焊丝强度过低或者焊接材料和母材共同熔化后，产生了晶间低熔点物质，导致焊缝在应力作用下开裂。

焊缝裂纹的防止措施：

1）焊前预热。使被焊工件温度提高，促使了焊接速度的加快，减少了熔池在高温下停留的时间，减少合金元素的烧损，减少变形和裂纹的产生。

2）采用合理的焊接顺序，使焊接收缩应力最小。

3）适度降低焊接速度，增加焊缝厚度，以提高焊缝金属抗裂的能力。

4）选配合适的焊丝。

（2）液化裂纹　焊接时由于焊缝附近的基本金属受到电弧热的影响，使晶界上的低熔点共晶物熔化（晶界液化），形成了沿晶界分布的液态膜，在拉伸应力作用下导致晶间开裂，称为液化裂纹。其外观形貌如图9-7所示。

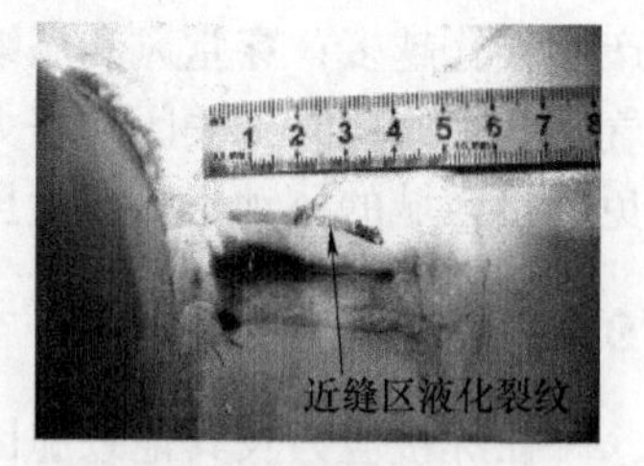

图9-7　液化裂纹

液化裂纹的产生主要有以下原因：

1）材料成分　当母材的化学成分存在问题，母材的晶间存在过多的低熔点物质时，在焊接热作用下，材料晶间先行熔化，在应力作用下沿晶间开裂。因此，出现此问题的首要解决步骤是检查材料是否有不合格的化学成分。

2）较大拘束度与较大热输入叠加。如果工件有较大的拘束度则焊缝产生较大应力；同时过多的热输入造成热影响区局部过热，使得近缝区母材形成力学性能较低的粗大晶粒，在应力的作用下产生液化裂纹。

液化裂纹的防止措施：

1）检查材料是否有不合格的化学成分。

2）通过改变焊接顺序、卡紧位置，通过缓解拘束应力的大小来降低拘束应力。

3）通过提高焊接速度来减小热输入。

4）严格控制温度。多层焊时，将层间温度控制在60～100℃后再焊下一层（道）焊缝；板薄且焊缝较密集时，每焊完一条焊缝后，待焊接区域母材温度降至60℃以下方可焊接另一条焊缝。

（3）弧坑裂纹　弧焊时，在焊接收尾处形成低于焊缝高度的凹陷，在其表面产生的裂纹称之为弧坑裂纹。其外观形貌如图9-8所示，弧坑裂纹是铝合金焊接的常见缺陷。

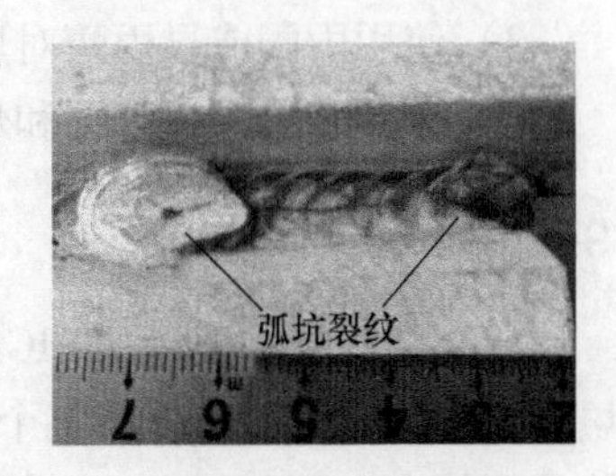

图9-8　弧坑裂纹

弧坑裂纹的形成主要有以下原因：

1）弧坑在冷却过程中，其外缘冷却速度快，最先凝固。

2）同时冷却结晶时会形成较大的拉应力。

3）当弧坑中心处由液态向固态转变时，易产生区域偏析，杂质元素被推向弧坑中心，此时在拉应力的作用，液-固相间的弧坑中心金属最终产生缝隙。

弧坑裂纹的防止措施：

1）尽可能加装引弧板和收弧板。

2）焊前，启用焊机的铝合金特殊四步档，利于收弧电流把弧坑填满。

3）采用反复填充法把弧坑填满。

（4）层状撕裂　在焊接构件中金属板材沿轧制方向形成的呈梯状的一种裂纹称为层状撕裂。其外观形貌如图9-9所示，主要产生于中、厚板的T形接头和角接接头中。

层状撕裂产生的原因：铝锭夹有金属或非金属夹杂物，在轧制铝板过程中被延展成片状或者团簇状（见图9-10），分布在与表面平行的各层中，造成铝板在Z向塑性变形能力降低。焊接时产生垂直于厚度方向的拉应力大于铝板在Z向的塑性变形能力，引起铝板中各层的层状夹杂物与基体金属发生分离、开裂、扩展并相互贯通，最终造成层状撕裂。

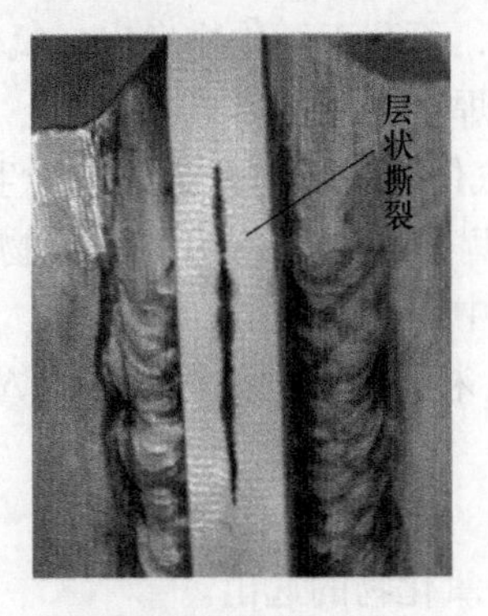

图9-9　层状撕裂

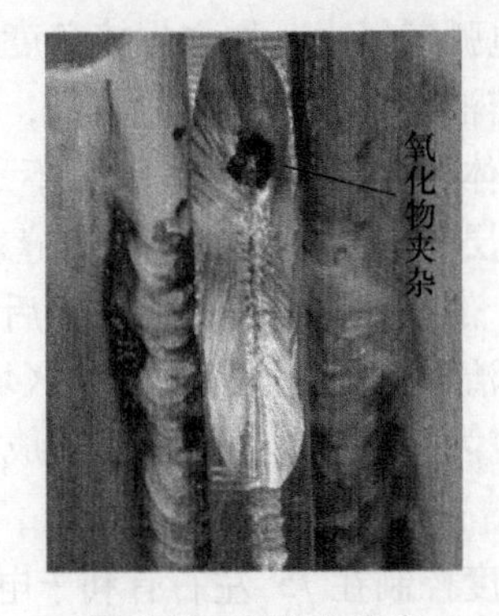

图9-10　氧化物夹杂

层状撕裂的防止措施：

1）选择口碑好的企业采购铝材，加强来料检查。若发现铝材中存在裂纹、夹层及分层，坚决不能使用，杜绝缺陷铝材流入到加工工序。

2）同牌号的铝材，挤压铝（型材）板较轧制铝板的Z向塑性变形能力高。

3）合理设计焊接接头形式。正确进行焊接接头形式设计、坡口的设计，减小铝材的Z

向拉应力，以防止十字接头、T形接头、角接接头等出现层状撕裂问题。

3. 消除裂纹的措施

1）对焊接裂纹区域进行渗透检测，利用红色渗透液的显现作用，明确裂纹位置，使用旋转锉（或其他工具）清除裂纹。

2）再使用渗透检测验证裂纹是否彻底清除，直至无裂纹。

3）使用丙酮或异丙醇对原裂纹部位进行清洗，清除残留渗透液。

4）选择合适焊接方法和焊接参数进行施焊，经渗透检测无裂纹后才算完成此工作。

9.2.3 夹杂

铝合金焊接一般采用TIG焊和MIG焊，这两种焊接方法的保护气体都是惰性气体，且填充材料为实芯焊丝，在整个铝合金焊接过程中无药皮和焊剂对熔池的保护，所以铝合金焊缝的固体夹杂不包括夹渣、焊剂夹渣这两种缺陷。铝合金焊缝的固体夹杂多为氧化物夹杂、金属夹杂，简称为夹杂。

夹杂是指在焊缝金属凝固过程中残留的金属氧化物或来自外部的金属颗粒。MIG焊时铝合金焊缝中的金属氧化物有MgO、Al_2O_3等，TIG焊时金属夹杂以夹钨为主。焊缝断口检查时，其内部的黑色夹杂物为MgO，如图9-11所示。铝合金焊缝夹杂不仅仅是降低接头强度，更重要的是脆化焊缝金属，使焊缝极易产生裂纹。

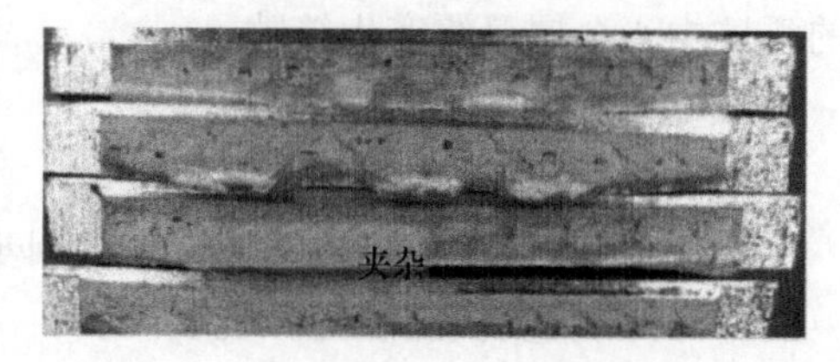

图9-11 夹杂

1. 氧化物夹杂

（1）产生原因

1）焊接角度过于垂直。MIG焊时，电弧的高温使少量合金元素蒸发并逸出保护气体之外，这些逸出的合金元素瞬时与空气中的氧生成氧化物。由于焊枪的横向或往返摆动，部分氧化物被带到电弧气氛中，加之焊接角度过于垂直，不利于氧化物逸出，氧化物被保护气体的气流被吹入熔池当中，随着熔池冷却，最终形成焊缝夹杂。

2）保护气体纯度不高或气体流量不足时，其气体中的氧与合金元素会生成氧化物。

3）多层焊层间未清理。铝合金焊缝表面和两侧会产生黑色的“氧化物”，多层多道焊时，如不清理，部分氧化物会被熔入到后焊的焊道中而形成夹杂。

4）焊前未清理氧化膜。焊前焊接区域的Al_2O_3未清理，电弧气氛中的Al_2O_3进入熔池后会阻碍熔化金属之间良好结合，最终形成夹杂。

（2）防止措施

1）焊接角度控制在75°左右有利于电弧气氛中氧化物的逸出。

2）使用高纯度的保护气体，如Ar≥99.999%（体积分数）；MIG焊的气体流量应控制在23~25L/min。

3）多层焊时，彻底清除前道焊缝表面的氧化物。

4）焊前，使用不锈钢丝轮（刷）清除焊接区域表面的氧化膜，直至露出金属光泽。

2. 夹钨

（1）产生原因　金属夹杂是指残留在焊缝金属中的外来金属颗粒。对于TIG焊而言，金属夹杂就是夹钨。

1）焊接操作中，（钨）电极接触到熔池或焊丝触碰到电极。

2）焊接电流大于（钨）电极所能承载的焊接电流上限。

3）（钨）电极的夹头未夹紧。

4）滞后停气时间短，造成（钨）电极端部氧化。

5）（钨）电极端部开裂。

（2）防止措施

1）加强操作技能的练习，提高操作熟练程度，避免钨极与熔池或焊丝的接触。

2）根据使用的焊接电流选择（钨）电极的直径。

3）焊前检查并拧紧（钨）电极。

4）延长滞后停气时间，避免（钨）电极端部氧化。

5）去除（钨）电极端部开裂部位并重新磨削。

9.2.4 未熔合和未焊透

1. 简介

（1）未熔合　未熔合是指熔焊时，焊道与母材之间或焊道与焊道之间，未完全熔化结合的部分。未熔合缺陷在铝及铝合金焊接中极易发生，但不容易被发现。未熔合属于一种面状缺陷，使接头抗拉强度下降，而且还引起应力集中，其危害程度类同于裂纹，是一种非常危险的焊接缺陷。ISO 10042：2005《焊接-铝及铝合金电弧焊接头-缺陷质量等级》标准中规定：未熔合在焊缝质量等级的B级和C级中是不允许存在的。

未熔合可出现在焊缝外部或焊缝内部。外部未熔合可直接通过观察或PT检查发现，如图9-12所示；内部未熔合通过焊接工件做宏观金相发现，焊接产品的焊缝通过UT检查来发现。其形式有侧壁未熔合、层间未熔合及焊缝根部未熔合，此三种形式的未熔合分别如图9-13、图9-14、图9-15所示。

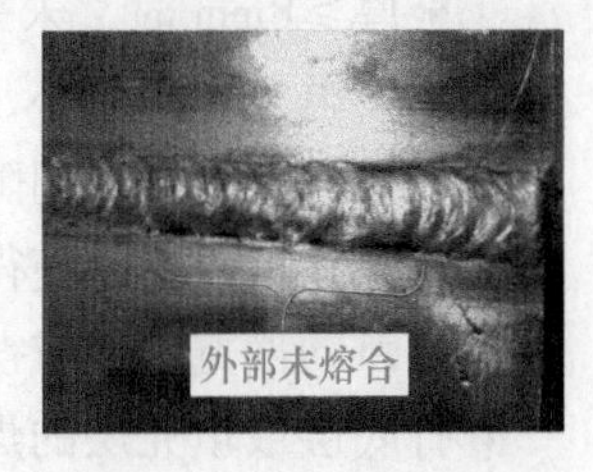

图9-12　外部未熔合

（2）未焊透　未焊透在ISO 10042：2005《焊接-铝及铝合金电弧焊接头-缺陷质量等级》标准中包括根部未焊透和熔深不足（对接接头和角接接头）。根部未焊透是指熔焊时，要求全焊透焊缝的根部未完全熔透的现象，如图9-16所示。熔深不足是指焊缝实际的熔深未达到设计要求的熔深深度，如图9-17所示。根部未焊透和熔深不足都是比较严重的焊接缺陷，它减小了焊缝截面积，使焊缝的强度降低；在焊缝的根部引起应力集中，严重时会扩展成裂纹和开裂，最终导致焊接结构被破坏。

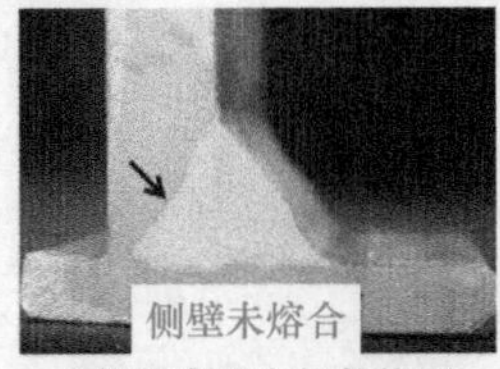

a) 焊件宏观金相整体图

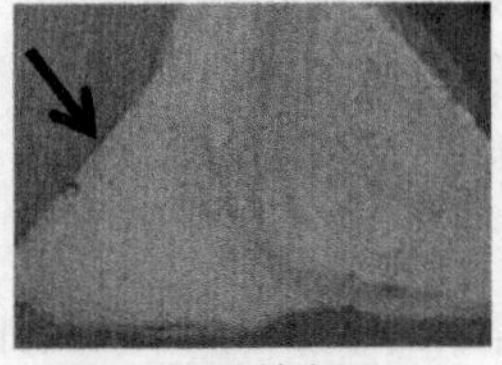
b) 局部放大图

图9-13　侧壁未熔合

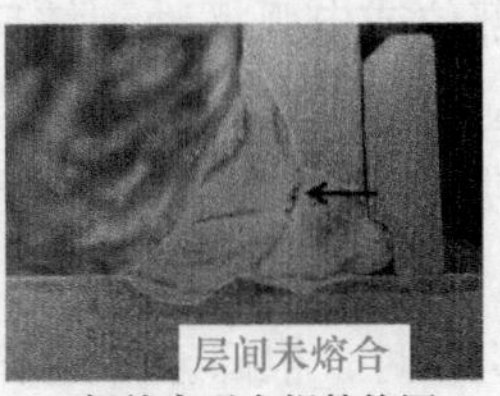

a) 焊件宏观金相整体图

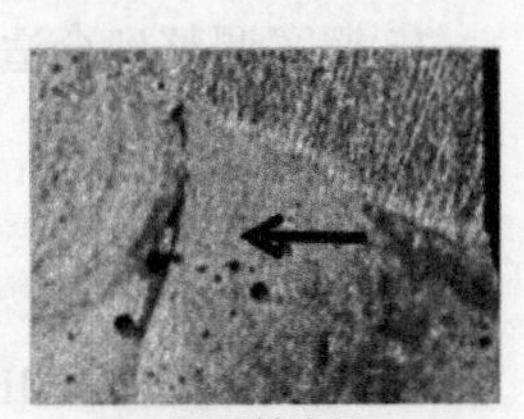
b) 局部放大图

图9-14　层间未熔合

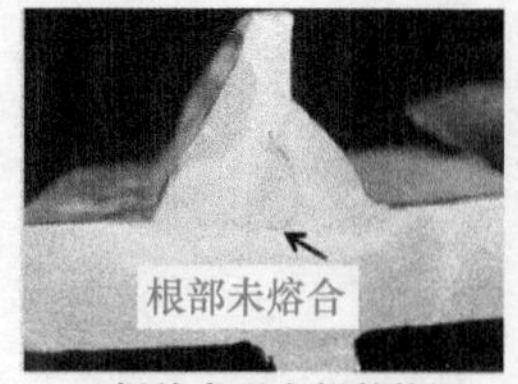

a) 焊件宏观金相整体图

b) 局部放大图

图 9-15　根部未熔合

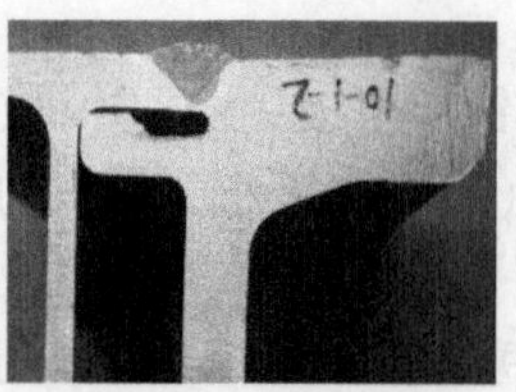

a) 焊件宏观金相整体图

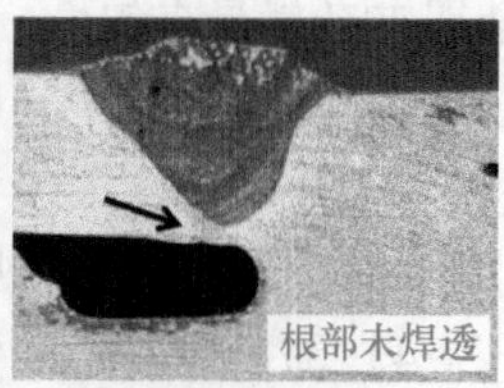

b) 局部放大图

图 9-16　根部未焊透

a) T形对接熔深不足　　b) 对接熔深不足　　c) 角接熔深不足

图 9-17　熔深不足

a—角焊缝的标称厚度（喉高）　h—缺陷的高度或宽度　s—对接焊缝标称厚度

2. 产生原因及防止措施

（1）未熔合

1）铝合金脉冲 MIG 焊时，未熔合产生的原因如下：

①板厚≥8mm 时，未采取预热措施。

②焊接电流选择偏小、焊接电弧不集中。

③坡口角度、根部间隙偏小。

④焊接速度较慢，使得电弧处于熔池后部。

⑤电弧的摆宽不够或摆动到坡口侧未做停留。

⑥打底层或填充层的焊道凸起，导致后续焊接电弧不能熔透“沟槽”的底部。

⑦焊枪角度与一侧的坡口面近乎平行。

2）防止产生未熔合的措施：

①焊前预热。

②选择合适的焊接参数。

③按工艺要求加工、修配坡口角度，根部间隙控制在 2.5~3mm。

④焊接时，使焊丝处于熔池前端 1/3 处，确保电弧能够熔化母材或前道焊缝金属。

⑤摆宽调整到合适部位或电弧摆动到坡口侧应有停留时间。

⑥多层多道焊时，应使焊缝趋于平整，避免沟槽出现。

⑦调整焊接角度，使电弧热能能够熔化母材和前道焊缝金属。

（2）未焊透和熔深不足

1）铝合金脉冲 MIG 焊时，根部未焊透和熔深不足产生的原因如下：

①坡口角度不符合设计要求。

②对接接头的根部间隙过小。

③焊接电弧不集中。
④双面焊时，另一侧坡口清根不彻底。
⑤操作不熟练。
2）防止产生未焊透和熔深不足的措施：
①按设计要求加工、修配坡口角度。
②对接接头的根部间隙为2.5~3mm。
③调节焊接弧长，适度增加焊接电弧的硬度。
④另一侧坡口清根直至看到已焊侧焊缝根部。
⑤提高操作技能。

9.2.5 形状和尺寸缺陷

铝合金MIG焊常见的形状和尺寸缺陷的主要产生原因是焊接参数选择不当、各种焊接位置的操作技能不熟练等。这些缺陷不仅降低了焊缝的力学性能，还会引起致密性焊缝的渗漏或漏水，严重时还会影响轨道车辆的正常运营。铝合金MIG焊常见形状和尺寸缺陷的危害、产生原因及防止措施见表9-2。

表9-2　铝合金MIG焊常见形状和尺寸缺陷的危害、产生原因及防止措施

缺陷及示意图	危害	产生原因	防止措施
咬边	减弱了母材的截面积，同时削弱焊接接头的强度，产生应力集中；又是引起裂纹的发源地和断裂失效的原因	焊接参数选择不当，操作不正确。如焊接电流过大、电弧过长；运条手法及焊枪角度不当、坡口两侧停留时间不够等	选择适当的焊接电流及焊接速度；采用短弧操作，电弧电压不宜过高；掌握正确的运条手法和焊条角度
错边	焊缝根部易产生气孔、裂纹等缺陷，严重时导致托底垫槽焊穿；易引起应力集中	焊件装配不当	正确装配焊件
烧穿	破坏焊缝连续性，使焊缝强度急剧降低；使烧穿区域背面伴生出气孔、夹杂、裂纹、焊瘤等缺陷	焊接电流偏大；焊接速度较慢；对接时坡口根部间隙过大、T形接头和搭接接头的缝隙过大；焊接时，保护气体用完	选择合适焊接电流；适度提高焊接速度；按工艺要求合理装配间隙，消除缝隙；气瓶压力≤0.2MPa时停止施焊，并及时更换满气瓶
焊缝接头不良	易产生气孔、未熔合等缺陷，还会引起致密性焊缝的渗漏或漏水	焊缝接头操作不当	提高焊缝接头操作技能

9.2.6 其他焊接缺陷

铝合金 MIG 焊焊接生产过程中不时出现电弧擦伤、飞溅、划伤（挤伤）、打磨过量等缺陷。这些缺陷不仅降低了操作者的工作效率，还影响产品的整体质量。铝合金 MIG 焊常见的其他焊接缺陷的危害、产生原因及防止措施见表 9-3。

表 9-3 铝合金 MIG 焊常见的其他焊接缺陷的危害、产生原因及防止措施

缺陷及示意图	危害	产生原因	防止措施
电弧擦伤	导致母材引起应力集中，严重时形成小的弧坑产生微细裂纹	1. 地线连接不牢固 2. 误触 MIG 焊焊枪开关	1. 拧紧地线夹 2. 把 MIG 焊焊枪放置在合适位置
飞溅	平焊位时，滞留在坡口内的飞溅会恶化焊缝成形，易形成夹杂缺陷	1. 焊枪与坡口的夹角较小 2. 焊接电流与弧长（焊接电压）不匹配	1. 焊枪与坡口的夹角控制在 65°~75° 2. 调节“弧长”功能键，使焊接电流与弧长匹配
划伤(挤伤)	1. 引起应力集中 2. 尖锐的划痕形成裂纹源 3. 挤伤造成母材局部变形	产品在转运或吊起、下落过程中，与工装或其他设施的尖锐部位发生刮擦	产品在转运或吊起、下落前，移走障碍物件
打磨过量	使焊缝及其附近的母材凹凸不平，弱化此区域的强度	使用旋转锉或角磨机时，操作不当，造成修磨的焊缝低于母材表面	提高焊缝接头操作技能

9.3 铝合金产品的焊缝质量检验

铝合金材料制作而成的轨道车辆车体及其零部件在生产过程中，为及时发现、消除缺陷并防止缺陷重复出现，确保铝合金焊接产品的质量，常采用外观检查和无损检测的方式来检验焊缝质量。

9.3.1 外观检查

外观检查是用肉眼或借助于标准样板、焊缝检验尺、量具或低倍放大镜观察焊件，以发现焊缝表面缺陷的方法，也称 VT 检测。主要目的是发现焊接接头的表面缺陷，如焊缝的表

面气孔、表面裂纹、咬边、焊瘤、烧穿及焊缝尺寸偏差、焊缝成形等。检查前须将焊缝附近10~20mm 内的飞溅、铝屑、焊缝两侧的黑灰清除干净。

当焊接区域的表面光照度较低时，可借助冷光源电筒发出的光来增加缺陷与被检区域间的对比，以获得凸显缺陷的效果。对外观检查结果存在疑异时，应采用适用于铝合金材料的着色检测来辅助外观检查。

9.3.2 无损检测

无损检测是检验焊缝质量的有效方法，主要包括渗透检测（PT）、磁粉检测（MT）、射线检测（RT）、超声波检测（UT）等。其中射线检测、超声波检测适合于焊缝内部缺陷的检验，渗透检测、磁粉检测则适合于焊缝表面缺陷的检验。由于铝合金材料不是铁磁性材料，所以磁粉检测不能用于检查铝合金焊接缺陷。

1. 渗透检测

渗透检测包括荧光检测和着色检测两种方法，是利用带有荧光染料（荧光法）或红色染料（着色法）的渗透剂的渗透作用，显示缺陷痕迹的无损检测法，也称 PT 检测。它可用于对黑色和有色金属焊接件表面存在的裂纹、气孔、未熔合以及材料的分层等缺陷的检查。

渗透检测装置可分为便携式、固定式和专业化式三种。便携式渗透检测装置由清洗剂、渗透剂和显像剂组成。因其体积小，重量轻、便于携带，缺陷显现明显等，故适用于铝合金焊接生产现场的检测。

（1）荧光检测　检验时，将具有很强渗透能力的荧光染料渗入焊件表面的开口性缺陷中，然后将焊件表面清除干净，再涂上吸附剂，在暗室内的紫外线照射下，残留在表面缺陷内的荧光染料就会显现出黄绿色的缺陷痕迹，从而发现和判断缺陷的性质和具体分布位置，适用于小型零件的探伤。

（2）着色检测　检验时，将擦干净的焊件表面涂上一层红色的流动性和渗透性良好的着色剂，使其渗入到焊缝表面的细微缺陷中，随后将焊件表面擦净并涂以显像剂，便会显现出缺陷的痕迹，从而确定缺陷的位置和形状。由于着色检测操作方便，且显现缺陷的灵敏度高于荧光检测，适用于大型非铁磁性材料焊接缺陷的检测，所以普遍用于铝合金焊缝的检查。着色检测一般是通过七个步骤来实现的，具体过程见表 9-4。

表 9-4　着色检测的步骤

步骤及示意图	说　明
1.工件表面预清洗	使用清洗剂对受检表面及附近 30mm 范围内进行清理，将被检表面上的油脂、附着物、锈以及各种表面涂层去掉 用千页磨片磨平的铝合金焊缝，在预清洗后应使用不锈钢丝轮来抛去开口性缺陷表面的密闭层，以确保着色剂将渗入到焊件表面的焊接缺陷中
2.着色渗透	为确保被检工件表面在整个渗透时间内保持完全湿润，检测面的温度在 5~50℃之间 使用渗透剂（红色）均匀的喷涂或刷涂在焊缝及热影响区上，静置 10~15min

（续）

步骤及示意图	说　明
3.清洗干燥	用干燥、洁净不脱毛的布或纸按一个方向擦拭焊件表面，直至大部分多余渗透剂被去除后，再用蘸有清洗剂的干净不脱毛的布或纸进行擦拭，将被检面上多余的渗透剂全部擦净，经自然风干或用压缩空气吹干
4.显像	将显像剂（白色）充分摇匀后，对焊件表面（已经清洗干净、干燥后的工件）保持距离 150~300mm 均匀喷涂，喷洒角度为 30°~40°，显像时间不小于 7min
5.观察	显像后，检测面上的光照度至少为 500Lx 用肉眼或借助 3~5 倍放大镜进行观察，为发现细微缺陷，可间隔 5~8min 观察一次，重复观察 2~3 次
着色检查记录表 1. 2. 3. 6.评判和记录	根据缺陷显示的尺寸及验收标准进行评定与验收
7.后清洗	用湿布擦除焊件表面显像剂或用水冲洗。避免残留在焊缝上的渗透液和显像剂影响随后进行的焊接，使其产生缺陷

2. 射线检测

（1）定义　射线检测是利用射线可穿透物质并在物质中逐渐衰减的特性来发现焊缝内部缺陷的一种检测方法，也称 RT 检测。它具有检验缺陷的直观性、准确性和可靠性，且射线底片可作为质量凭证存档。但此法设备复杂，成本高，并应注意射线防护。

（2）原理　利用射线透过物体并用照相底片感光的性能来进行焊接检验。当射线通过被检验焊缝时，有缺陷处和无缺陷处被吸收的程度不同，射线透过接头后，射线强度的衰减有明显差异，在胶片上相应部位的感光程度也不一样。当射线通过缺陷时，由于被吸收较少，穿出缺陷的射线强度大，对底片感光较强，冲洗后的底片，在缺陷处颜色就较深。当射线通过无缺陷处则底片感光较弱，冲洗后颜色较淡。

（3）分类　按其所使用的射线源不同，可分为 X 射线检测、γ 射线检测和高能 X 射线检测等；按其显示缺陷方法不同，又可分为射线电离法检测、射线照相法检测、射线实时图像法检测和射线计算机断层扫描检测等。目前，X 射线检测法显示缺陷效果较好，在铝及铝合金焊接接头和焊接结构无损检测及其质量控制的检验方法，目前应用最多。

（4）焊接缺陷在胶片上的特点　X 射线检测后在胶片上呈现淡色影像的焊缝区域范围

内，显示较黑的斑点或条纹就是焊接缺陷。胶片上所显示的缺陷大小、数量及形状与焊件的焊缝内部所具有的缺陷相当。各种焊接缺陷的影像特征见表9-5。

表9-5　焊接缺陷的影像特征

焊接缺陷		射线照相法底片显示的特征
种类	名称	
裂纹	横向裂纹	与焊缝长度方向垂直的黑色条纹
	纵向裂纹	与焊缝长度方向平行的黑色条纹，两头尖细
	放射裂纹	由某点辐射出去星形黑色条纹
	弧坑裂纹	弧坑中纵、横向及星形黑色条纹
孔穴	球形气孔	黑度值中心较大、边缘较小且均匀过渡的圆形黑色影像
	均布气孔	均匀分布的黑色点状影像
	局部密集气孔	局部密集的黑色点状影像
	链状气孔	与焊接方向平行的成串并呈直线状的黑色影像
	条状气孔	黑度极大且均匀的黑色圆形显示
	表面气孔	黑度值不太高的圆形影像
	弧坑缩孔	指焊道末端的凹陷，为黑色显示
夹杂	氧化物夹杂	点状或较均匀的呈长条灰白色不规则影像
	金属夹杂	白色块状影像
未熔合及未焊透	未熔合	坡口边缘、焊道之间以及焊缝根部等处的伴有气孔或夹渣的连续或断续黑色影像
	未焊透	焊缝影像比应有黑度要黑
	根部未焊透	焊缝根部钝边未熔化的直线黑色影像
形状和尺寸不良	咬边	位于焊缝边缘与焊缝走向一致的黑色条纹
	焊缝超高	焊缝正中的灰白色突起
	凸度过大	焊缝正中的灰白色突起
	下塌	单面焊，背面焊道正中的灰白色影像
	焊瘤	焊缝边缘的灰白色突起
	错边	焊缝一侧与另一侧黑色的黑度值不同，有一明显界限
	下垂	焊缝表面的凹槽，黑度值较高的一个区域
	烧穿	单面焊，背部焊道由于熔池塌陷形成孔洞，在底片上为黑色影像
	未焊满	焊道两侧的黑色影像较深
	根部收缩	焊道正中的沟槽，呈黑色影像
其他缺陷	电弧擦伤	母材上的黑色影像
	飞溅	灰白色圆点
	表面撕裂	黑色条纹
	磨痕	黑色影像
	凿痕	黑色影像

3. 超声波检测

（1）定义　利用超声波在物质中的传播、反射和衰减等物理特征来发现缺陷的一种检测方法，也称UT检测。与射线检测相比，超声波检测具有灵敏度高、探测速度快、成本低、操作方便、检测厚度大、对人体和环境无害，特别对裂纹、未熔合等危险性缺陷检测灵敏高等优点。但也存在缺陷评定不直观、定性定量与操作者的水平和经验有关，存档困难等缺点。在检测中，常与射线检测配合使用，可提高检测结果的可靠性。

（2）原理　检验时利用一个探头（直探头或斜探头）把高频脉冲电信号转换成脉冲超声波并传入工件。当超声波遇到缺陷和工件的底面时，就分别发生反射。反射波被探头所接收，并被转换为电脉冲信号，经放大后由荧光屏显示出脉冲波形，根据这些脉冲波形的位置和高低来判断缺陷的位置和大小。

（3）特点　超声波检测主要用于焊缝内部缺陷的检测，对于面积型缺陷如未熔合、裂纹、分层等有较高的检出率，但其定性和定量困难，复杂形状检测困难，并且对工件表面光洁度要求较高。

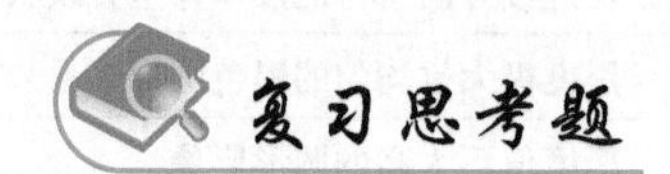

复习思考题

1. 铝合金焊接缺陷的分类有哪些？
2. 焊缝常出现的缺陷有哪些？
3. 氢气孔的产生原因及控制措施是什么？
4. 渗透检测操作步骤有哪些？
5. 射线检测基本原理是什么？
6. 超声波检测基本原理是什么？

第10章 铝合金焊接技术应用实例

Chapter 10

☺ 理论知识要求

1. 了解铝合金受电弓框架、克力菲尔德线槽 TIG 焊的焊接工艺。
2. 了解底架牵引梁翼板与边梁焊接、车体组焊下门角及空调围板 MIG 焊的焊接工艺。
3. 了解顶盖与侧墙搭接焊缝、长大侧墙板、长地板及薄板圆弧顶盖机器人焊接工艺。
4. 了解铝合金空调板、地板的搅拌摩擦焊焊接工艺。

☺ 操作技能要求

1. 掌握受电弓框架焊接裂纹的应对措施。
2. 掌握克力菲尔德线槽底板未熔合缺陷的解决方案。
3. 掌握底架牵引梁翼板与边梁的焊接方法及清根技巧。
4. 掌握空调围板的焊接返修技巧。
5. 掌握顶盖与侧墙搭接焊缝、长大侧墙板、长地板及薄板圆弧顶盖的示教器编程。
6. 掌握铝合金空调板、地板的搅拌摩擦焊编程与操作。

10.1 钨氩弧焊焊接技术在轨道车辆中的应用实例

10.1.1 实例1 铝合金受电弓框架的焊接

受电弓是焊接结构部件，如图10-1所示。上框架焊接件采用 Al-Mg-Zn 高强铝合金 7020-T6 材料，该材料除具备一般铝合金的轻量特性外，还具有高强度特性，以确保在机车运行过程中的强度。

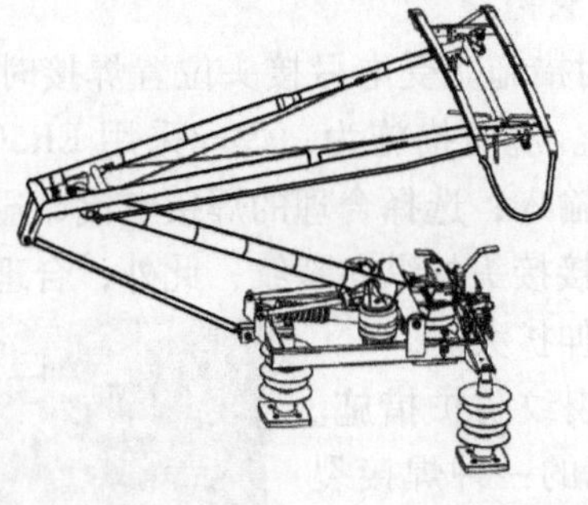

图 10-1 受电弓结构示意图

1. 焊接工艺

（1）焊前清理　用风动不锈钢丝轮将工件坡口和坡口两侧表面至少 20mm 范围内的氧化膜清除干净，以抛光处呈亮白色为标准。

（2）焊接电源　福尼斯 3000TPS 数字化焊机。

（3）气源　99.999%（体积分数）纯氩气（Ar），气体流速为 8~10L/min。

（4）焊丝　Al Mg 4.5 MnZr-5087，直径为 3mm。

（5）焊接参数　受电弓框架焊接参数见表 10-1。

表 10-1　受电弓框架焊接参数

序号	焊接层次	钨棒直径/mm	焊接电流/A	焊枪与焊接方向夹角	焊道分布
1	一层	3	115~130	70°~85°	

2. 受电弓框架焊接裂纹的形式

焊接裂纹是焊接构件的最大危害之一，尤其在高速行车过程中，会使裂纹源扩大，严重者会导致整个结构断裂。根据该受电弓实际焊接情况分析，高强度铝合金材料在焊接过程中出现了几种焊接裂纹形式：

1）管对接处的纵向裂纹。

2）支管接头位置的扩散性裂纹。

3）弧坑裂纹。

3. 受电弓框架焊接裂纹的成因分析

En-AW 7020-T6 铝合金材料焊接裂纹的影响因素为：

1）焊丝与母材的匹配是否合理。合适的焊丝不仅在焊接时有抵抗结晶裂纹形成的能力，而且有助于改善焊缝处金属的塑性和韧性。根据 En-AW 7020 铝合金材料的焊接特性，选择 Si 含量适当的焊丝，有助于 Al-Si 共晶的形成，降低热裂纹倾向。

2）焊接参数的选择是否合理。合理的焊接参数对焊接裂纹的防护有很关键的作用，采用小的焊接电流和焊接速度，可减少熔池过热现象，也有利于改善抗裂性。而提高焊接速度，会增加焊缝金属凝固的不均衡性，从而增大热裂的倾向。

3）母材装配间隙的大小，焊接坡口形式、角度、焊接装配等有可能导致焊接裂纹。

4. 防止受电弓框架焊接裂纹的工艺措施

1）针对管对接处纵向裂纹的应对措施。受电弓接头位置焊接时若存在微裂纹，在频繁的受力振动后，裂纹延伸且明显可见。应对措施为：焊丝采用 ER5087（SG-AlMg4.5MnZr），该焊丝具有抗热裂纹特性，可减少热输入；选择合理的焊接电流，避免熔池过热，处理好工件的坡口，从工艺角度来避免管管对接接头的纵向裂纹；此外，合理的接头设计可以有效地满足受力要求，避免焊接裂纹源的延伸扩大。

2）支管接头位置的扩散性延迟裂纹防护措施。这是薄壁支管焊接时所形成的不常见的一种焊接裂纹，如图 10-2 所示。

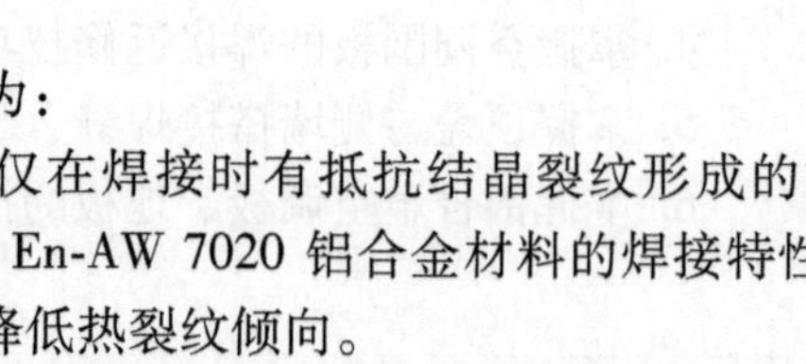

图 10-2　焊接裂纹示意图

应对措施为：对焊接性较差的材料，制作工作试件时需要确定起弧电流与收弧电流大小，焊接前处理好焊缝接头位置，确认无缺陷后再进行焊接；对操作难度较大的支管接头，需要用多种工艺参数测试，从优选择工艺电流。

3）定位焊时要保证焊接质量。工件在刚性固定时，需精整工件的尖锐处，避免应力集中。可有效地预防该类型的裂纹。另外，通过不断加强焊接操作人员培训来提高技能水平，也是预防措施之一。

10.1.2 实例2 克力菲尔德线槽的焊接

1. 克力菲尔德线槽的组成

克力菲尔德线槽由两个铝合金型材组成，体积大，在焊接过程中采用钨极氩弧焊。主要接头形式为平角焊。

2. 焊接工艺

（1）焊前清理 用风动不锈钢丝轮将工件坡口和坡口两侧至少20mm范围内的氧化膜清除干净，以抛光处呈亮白色为标准。

（2）焊接电源 福尼斯TPS3000数字化焊机。

（3）保护气体 99.999%（体积分数）纯氩气（Ar），气体流速为8~10L/min。

（4）焊丝 Al Mg 4.5 MnZr-5087，直径为3mm。

（5）焊接参数 克力菲尔德线槽焊接参数见表10-2。

表10-2 克力菲尔德线槽焊接参数

序号	焊接层次	钨棒直径/mm	焊接电流/A	焊枪与焊接方向夹角	焊道分布
1	一层	3	180~200	70°~85°	

3. 克力菲尔德线槽底板未熔合缺陷成因（见图10-3）

1）板厚组合差异大，分别是2mm板和4mm的Z型材进行焊接。

2）焊缝比较短，只有40mm和20mm两种规格，焊工操作时间短。

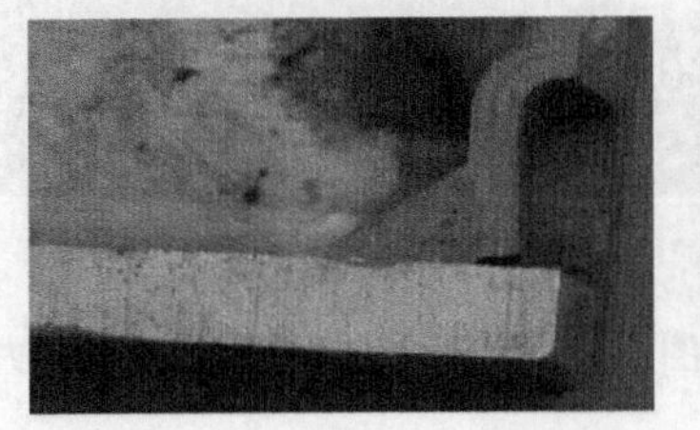
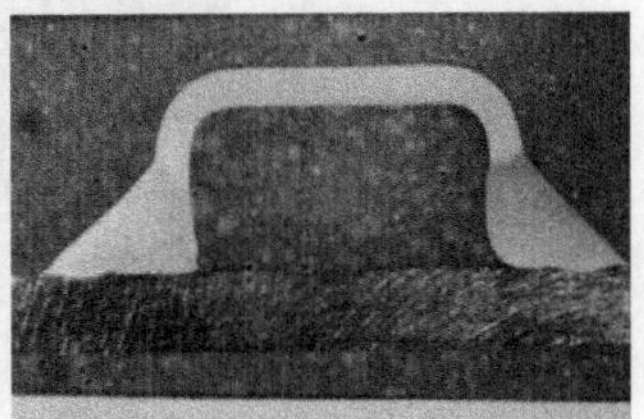

图10-3 未熔合缺陷

3）焊缝数量较多，一件线槽有96条焊缝，焊接变形大。

4）焊接位置可操作性差，操作者易疲劳。

5）装配间隙大。

4. 克力菲尔德线槽底板未熔合缺陷解决方案

1）确保装配间隙小于0.5mm，改善克力菲尔德线槽定位焊位置，如图10-4所示，装配方法如图10-5所示。

2）选择适宜操作的平台提高焊工可操作性，同时焊前预留反变形，如图10-6所示。在线槽正中间用U形压块压紧（位置1）；再在线槽两头垫130~140mm高垫块（位置2），离

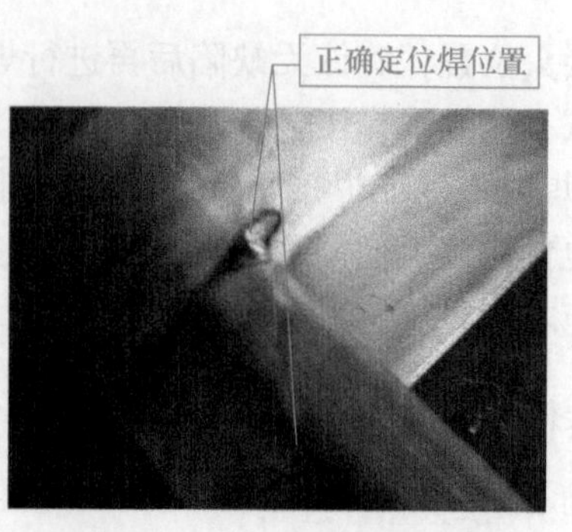

图 10-4　定位焊位置示意图

线槽两头隔 6 根横梁边缘处用 U 形压块压紧，线槽离平台高度为 70~80mm（位置 3）。

3）采用两个焊工从中间往两边对称焊接的方式对横向 20mm 焊缝进行焊接，然后采用同样的方式对纵向 40mm 焊缝进行焊接，如图 10-7 所示。

图 10-5　装配间隙示意图

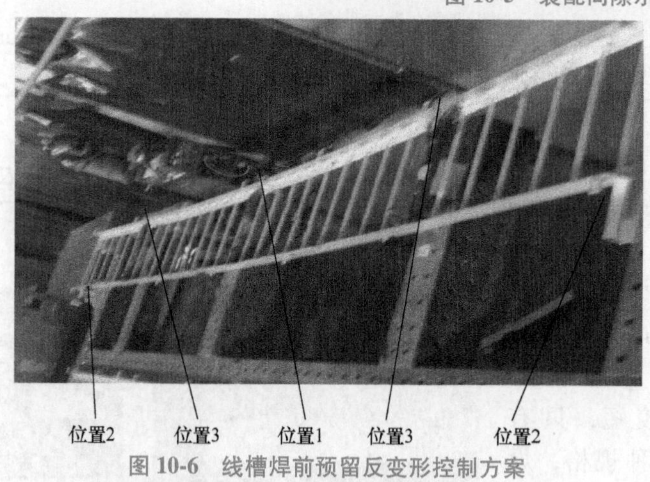

图 10-6　线槽焊前预留反变形控制方案

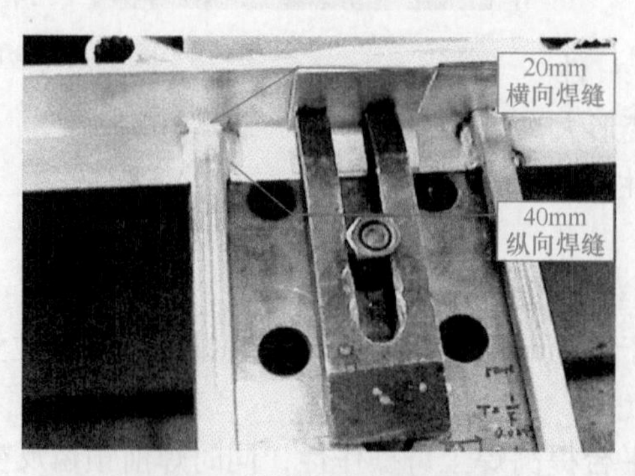

图 10-7　线槽焊缝方式及位置

10.2 熔化极氩弧焊接技术在轨道车辆中的应用实例

10.2.1 实例1 底架牵引梁翼板与边梁的焊接

铝合金车体一般由底架、顶盖及侧墙3个主要部件组焊而成，其中底架由于承受整个地铁车辆的重量，底架质量的好坏直接关系到地铁运行中的安全，因此底架是车体制作中最重要的部件，也是铝合金车体制作的一个难点，而牵引梁翼板与边梁的焊缝是端部件与边梁连接最重要的焊缝之一（焊缝位置如图10-8所示），是车体承载的重要部位，所以此处的焊缝采用100%做超声波探伤（UT）的CP B质量等级，是整个车体制造中焊缝质量等级要求最高的，在前期底架组焊时，由于工艺措施不对以及焊工经验不足，在牵引梁翼板与底架边梁焊缝多次出现焊透、焊穿、气孔超标、未熔合等现象，特别是焊透、焊穿出现最多。由于底架边梁是一根长2180mm的中空挤压型材，如果型腔内焊穿或焊透将很难进行返修，如果多次返工不合格，将使整个底架报废，所以尽量要求牵引梁翼板与底架边梁焊缝一次焊接合格。

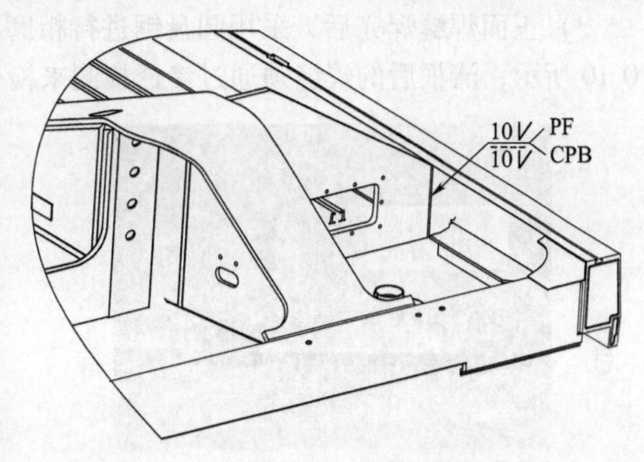

图10-8 牵引梁翼板与边梁焊缝示意图

1. 焊前准备

（1）焊接电源 福尼斯TPS5000数字化焊机。

（2）焊枪 推拉式焊枪。

（3）气体 30%He+69.85%Ar+0.15%N_2混合气体。

（4）焊丝 5087，ϕ1.6mm。

（5）材质 底架边梁为EN-AW-6005A-T6（Al-Mg-Si0.7），牵引梁翼板为EN AW-6082-T651。

2. 焊前清理

1）用3M异丙醇清洗液清洗工件上的油污、杂质。

2）用风动不锈钢砂轮机对焊缝区域进行打磨，去除氧化膜，并保证焊缝坡口周围20mm以内不得有锈蚀。

3. 装配

1）装配前应保证牵引梁翼板角度为55°的双面坡口的钝边为1mm。

2）装配时应根据图样尺寸要求进行，并尽量控制牵引梁翼板与底架边梁焊缝的间隙在2mm以内，来保证焊接质量。

3）定位焊为上下各一段长度为50mm的断焊，并要求预热温度为80°~120°。

4. 预热

焊接时为防止未熔合、熔深不够、气孔的产生，必须进行预热，预热温度为80°~120°。由于铝及铝合金熔点低和工件散热快，为防止预热温度不够和坡口边缘熔化，加热范围应大一些并偏向牵引梁翼板一侧，并在两端头定位焊固定引弧板和引出板。

5. 焊接

1）先对断焊处打磨缓坡状，然后再进行正面的打底焊，打底焊时采用直线停顿的焊接手法，并控制层温在 80°~100°，尽量使焊枪深入到焊缝的根部，来保证正面焊缝的厚度，减少焊缝在背面清根深度，对焊缝的质量与预防变形都有好处。

2）层间焊缝采用锯齿形的运条手法，每层每道都要用小钢丝刷把焊渣刷干净，以免焊缝中间产生夹渣，如焊缝层间成形不良，采用打磨机对不良处打磨光滑后再焊接。

3）正面焊缝焊完后，采用圆盘锯进行粗磨，直磨机进行细磨具体标准，如图 10-9、图 10-10 所示，清根后的焊缝须通过渗透检测来检查焊缝根部缺陷是否清理干净。

图 10-9　圆盘锯清理示意图

图 10-10　直磨机清理示意图

4）背面打底焊前用 3M 异丙醇清洗液清洗，然后用白棉布把做完渗透检测后的显像剂擦拭干净，并检查焊缝清根时是否损伤母材较深，以采取适当的措施保证焊缝质量。

6. 牵引梁翼板与底架边梁焊缝的焊接参数（见表 10-3）

表 10-3　牵引梁翼板与底架边梁焊缝的焊接参数

层道	电流/A	电压/V	弧长/mm	送丝速度/(m/min)	焊接层道数
1	258	24.1	−14	8.9	
2	225	23.3	−8	8.0	
3	276	25.6	−19	9.6	
4	237	23.6	−8	8.4	
5~6	208	23.3	−2	7.7	

7. 焊接过程中的主要问题与解决方案

（1）焊穿或焊透　采用内窥镜探头进行观察，如图 10-11、图 10-12 所示。

1）原因分析。

①牵引梁翼板板厚有 20mm，而底架边梁厚度只有 7mm，相差较大，而铝合金的熔点较低（660℃），焊接时如果没有合理的焊接参数与正确的操作手法，底架边梁腔内处很容易焊透。

②焊接第一层时，由于焊缝间隙较大熔池难以控制而造成底架边梁正面焊穿，如图 10-11 所示。

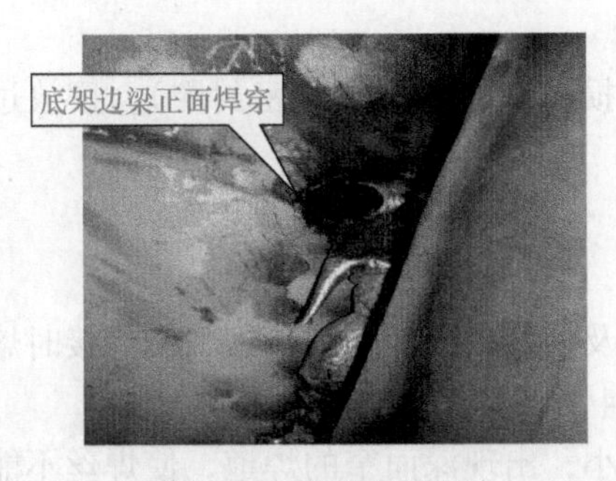

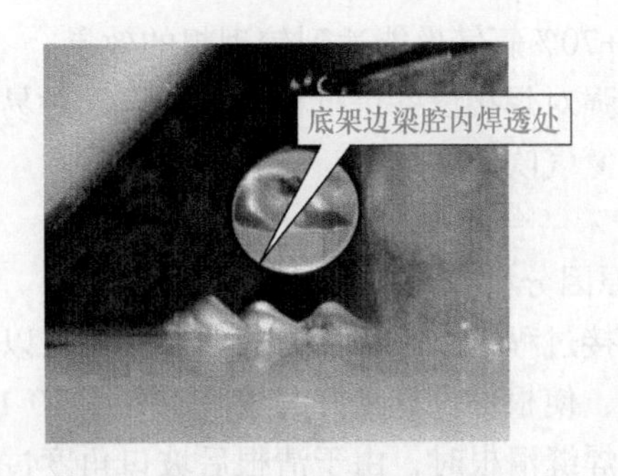

图 10-11 焊穿示意图　　图 10-12 焊透示意图

③清根时，由于操作不当使母材损伤太深而引起。

④焊接第一层时，由于焊接参数选择不当引起的烧穿。

2）解决方案。

①焊接时选择好焊接参数并在操作时焊枪稍微偏向板厚较大的牵引梁进行焊接，可使焊缝既有良好的熔合又不会烧穿底架边梁。

②装配时尽量保证间隙在 2mm 以内，但焊接时焊丝不要走在熔池前面，以便控制熔池。当焊缝间隙超过 2mm 时，在焊缝背面加不锈钢垫板使熔池有支撑点，也能保证底架边梁不致焊穿。

③背面清根时，先用圆盘锯往牵引梁处清理尽量不要伤底架边梁，如图 10-9 所示，然后用直磨机清理到位，如图 10-10 所示，清根时最好控制在 1. 5mm 以内，不要超过 2mm，如果伤到底架边梁超过 2mm 时，须对底架边梁进行堆焊后再焊接。

④焊前根据以上试件的焊接试验参数来合理选择好焊接参数再焊接，特别在焊缝起始处一定要选择好焊接参数。

（2）气孔

1）原因分析。

①环境因素　铝合金焊接时，空气的湿度对焊接过程中气孔的产生较为敏感，特别是当湿度超过 70%时非常容易产生气孔，此外流动气体（如风）对保护气氛稳定性也有一定影响。

②母材、焊材因素　焊材与母材上的氧化膜、油渍、水分含有大量的氢，由于铝合金的物理本质特性，液态熔解的氢很难释放出来而形成气孔。

③设备因素　由于铝合金焊接采用较大的焊接电流，只能采用水冷式焊枪才能保证焊接正常进行，而焊枪中的密封圈出现问题时，水分进入熔池形成气孔，此外焊接设备在自然状态下摆放过久，在焊接设备中继管（焊接电源与送丝机构连接中继线上的气管）与焊枪软管有湿气渗入，也是产生气孔的原因之一。

2）解决方案。铝合金焊接产生的气孔主要是氢致扩散气孔，解决了氢的来源也就控制了气孔的产生，氢的来源的主要从以下几个方面来控制：

①对焊接场地进行恒温恒湿封闭式管理，尽量把湿度控制在 70%以下（经多次焊接试验验证，当湿度超过 70%时很容易产生气孔）进行焊接作业。

②建立焊丝存放库房并将湿度控制在 50%以下，做到随取随用，当天未使用完的焊丝应放置在库房内存放，焊前采用清洗液清洗母材上的油污、杂质，并用风动不锈钢砂轮去除母材上的氧化膜。另外，焊接时氦气比纯氩产生的气孔要少，但氦气的价格较高，采用

30%氦气+70%氩气也能达到较理想的效果。

③加强对焊接设备进行检查，并定期对易损件进行更换（如密封圈），摆放过久的焊接设备，用氮气吹干中继管、软管的湿气。

（3）未熔合（见图 10-13）。

1）原因分析。

①焊接过程中由于焊接参数、焊接手法以及焊枪的角度未控制好，使焊接时熔池不能深入到根部，使根部没有良好的熔合，如图 10-14 所示。

②在焊缝清根时，由于清根后坡口角度过小，出现深而窄的焊道，使焊丝不能深入到根部进行焊接。

③清根时坡口面出现沟槽、直角、尖角，焊接时会使熔敷金属与母材熔合不好。

图 10-13　未熔合示意图

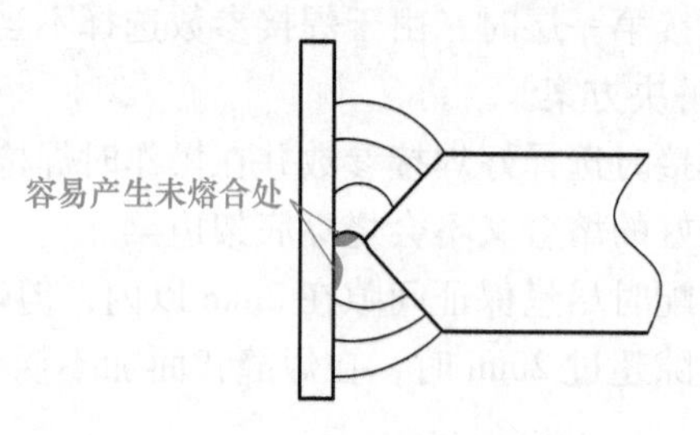

图 10-14　根部未熔合示意图

2）解决方案。

①未熔合现象一般出现在焊缝清根的打底焊，针对这一现象，在打底焊焊接时采用直线停顿的焊接手法，并控制好焊枪的角度，如图 10-15 所示。

②在焊缝清根时，按图 10-9、图 10-10 所示进行清根，要求清根后的坡口角度控制在 55°左右，使焊枪能深入到根部，并保证坡口要圆滑过渡，不能出现沟槽、直角、尖角等，以免产生层间未熔合。

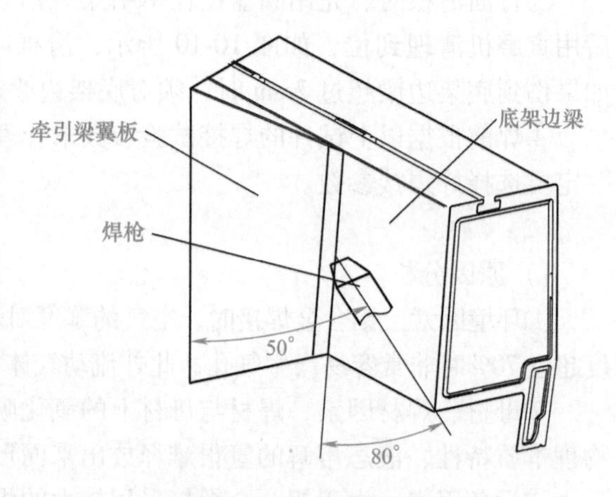

图 10-15　焊枪角度示意图

8. 效果验证

底架边梁与牵引梁翼板的焊缝采用上述措施后，并经过多次工艺验证，其金相与 UT 检验合格率达到 100%，如图 10-16 所示。说明此工艺能成功解决牵引梁与翼板焊缝中存在的缺陷，效果良好。

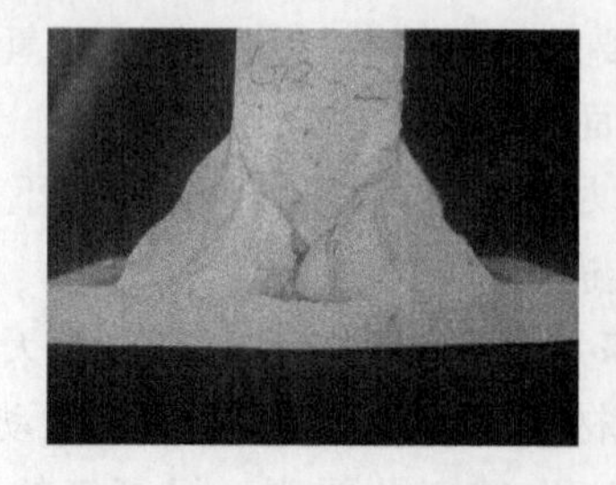

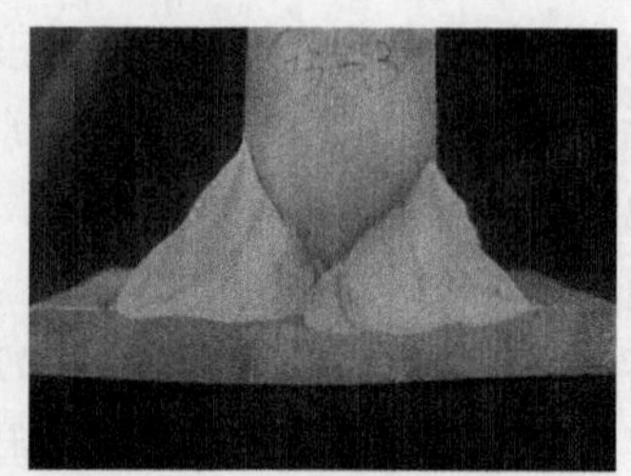

图 10-16　金相示意图

10.2.2 实例2 车体组焊下门角的焊接

1. 车体组焊下门角简介

车体组焊是将底架、顶盖及侧墙组焊在一起，而车体门角焊缝是侧墙与底架组焊的其中一条焊缝，下门角属于带拐角焊缝的下门角类型，由于此类门角的焊缝数量多，焊缝位置有平焊、立焊、横焊位；有对接、角接接头的接头形式，以及焊缝有清根焊缝与主焊缝交叉施焊等，因此焊接过程中极易产生裂纹、未熔合、未焊透及成形不良等缺陷。由于焊缝质量等级要求较高，焊接作业过程中，在依据铝合金焊接通用规程的同时，还应当注意诸多的细节，结合操作技巧要点，从而确保下门角的焊接质量，下面将通过对下门角焊接过程的分析，阐述操作过程对焊缝质量的直接关系。

2. 门角焊接

（1）焊前准备

1）焊接作业现场温度应高于5℃，湿度应小于70%，作业现场附近应无流动风，以免引起气体保护不良。

2）焊前根据操作规程，使用白棉布蘸异丙醇对焊接坡口及其附近进行清洗，将待焊区域20 mm以内的氧化膜用不锈钢丝轮进行抛光，抛光至露出银白色金属光泽，装配定位焊后应保证焊缝区域清洁，对所有的定位焊及段焊进行修磨接头，对加不锈钢垫板打底焊缝进行清根，不锈钢垫板应保证清洁。所有永久垫板的定位焊、段焊按同等标准处理。

3）焊接准备：福尼斯TPS5000氩弧焊机，焊机设置好提前、滞后送气参数，电弧电流及收弧电流参数，采用直流反接极性，焊机地线夹应夹持有力，使用气体流量对焊枪喷嘴的气流量进行测量，保证气体流量为17~22L/min.

4）焊丝为ER5087，焊丝直径为1.2 mm。选用纯度为99.999%（体积分数）的工业纯氩气作为焊接保护气体。

5）工具及材料有：异丙醇、抛光机、直磨机、圆盘锯、千叶片、接触式点温仪、氧气、乙炔、烤枪、PT用品、夹嘴钳、钢丝刷、不锈钢垫板。

（2）焊接操作

1）预热。根据焊接要求，对下门角进行预热，采用氧乙炔焰烤枪，对所有的待焊区域进行预热，烤枪火焰调为中性焰，火焰沿焊接坡口两侧进行均匀加热，加热不同板厚焊缝时火焰应偏向厚板侧。

2）测温。采用接触式点温仪对焊接坡口进行测量温度，预热温度为80~120℃，下门角预热时，预热温度可以取上限值，即不应低于100~110℃，以免底架边梁侧散热快而产生温度不够。

3）焊缝施焊顺序。焊前用侧墙轮廓模板对门立柱轮廓度进行测量，从而确定各条焊缝的施焊顺序，以预防门立柱的焊后变形。一般先焊内侧或外侧的直焊缝，最后焊接拐角焊缝，必要时应加撑杆对门立柱进行反变形。

4）焊接过程黑灰处理。采用不锈钢钢丝刷对焊缝表面黑灰进行处理，包括各层各道之间的黑灰处理。

（3）下门角焊接参数（见表 10-4）。

表 10-4　下门角焊接参数

焊接位置	焊缝类型	焊接位置	焊接方法	焊丝规格	焊道位置	电流/A	电弧长度/mm	示意图
底架边梁与门立柱	8HV	PB	131	ϕ1.2mm	打底	230	−10	
					填充	220	−9	
					盖面	200	−3	
					盖面	195	1	
底架边梁与门立柱外侧	7HV	PC	131	ϕ1.2mm	打底	230	−10	
					填充	220	−8	
					盖面	200	−3	
					盖面	190	1	
边梁与门立柱拐角	8HV	PB	131	ϕ1.2mm	打底	225	−10	
					填充	215	−9	
					盖面	200	3	
					盖面	195	1	
边梁与门立柱拐角	8HV	PF	131	ϕ1.2mm	打底	185	−9	
					填充	160	−6	
					盖面	155	1	
立柱圆弧板与底架边梁	2.5DHV	PB	131	ϕ1.2mm	打底	225	−10	
					盖面	210	−6	
					盖面	190	−2	
					打底	230	11	
					盖面	210	−6	
					盖面	185	−2	
立柱边缘板与底架边梁	5HV	PC	131	ϕ1.2mm	打底	210	−5	
					盖面	180	1	
					盖面	165	1	
					盖面	160	1	
					盖面	160	1	

注：HV 指单边 V 形坡口焊接；DHV 指双边 V 形坡口焊接；HV/DHV 前的数字代表焊缝熔深。PB 指平角焊；PC 指横对接焊；PF 指立角焊。

（4）焊缝清根　在对焊缝 2.5DHV 进行正面施焊后必需进行清根，清根时，使用角向砂轮机将焊缝从背面进行切割，切割的坡口要合适，经渗透检测确定焊缝根部无缺陷后，用直磨机对清根后的坡口经行修磨，将清根坡口用异丙醇进行彻底清洗，干燥后再进行清根焊缝的焊接，清根焊缝焊完后，将焊缝端头进行切割，如图 10-17 所示。最后堆焊出一个端头待修磨。

(5) 焊接操作注意事项

1) 装配过程中将间隙控制在1.5mm以下。

2) 焊接垫板在焊接过程中熔化后直接进入熔池形成焊缝，焊接垫板的焊前清理应与焊接坡口的清理相同，焊接垫板在装配时应当规范，在焊缝拐角处应与底架边梁型材角度相同，间隙应<2mm，焊接过程中根部气体才不会影响熔池金属。

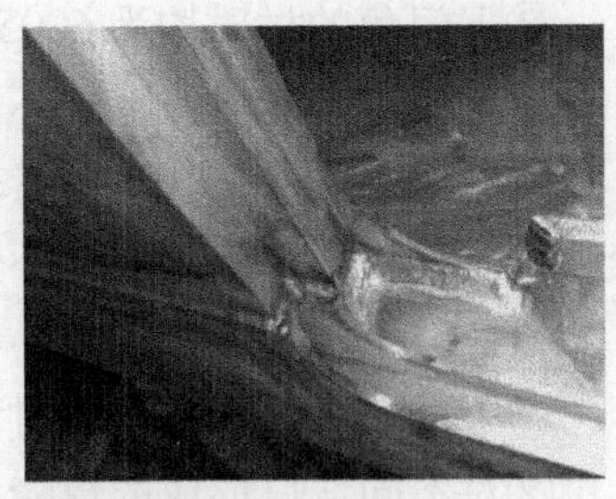

图10-17 焊缝清根示意图

3) 焊接接头处理。由于焊缝起弧的热量较小，极易产未熔合的缺陷，因此焊缝的接头处应采用直磨机对前道焊缝起弧点及收弧点进行修磨，修磨一个平缓的坡口形状，保证接头无缺陷，焊缝层间接头也应该修磨。

4) 焊缝拐角是门角焊接的关键之一，拐角焊缝的长度较短，焊枪施焊空间狭小，焊枪必须三次调换角度，因此在设置门角拐角焊处的焊接电流时，可选择调大10%~15%，完成拐角焊接后再将电流调整到正常。焊接拐角焊缝时2.5DHV正面，8HV的PB焊位，PF焊位三条焊缝要一次焊接完成，在施焊前应选择好施焊姿势，焊缝8HV由PB向PF焊位过渡时，拐角处应适当调整电流不留焊接接头。

5) 焊缝清根。焊缝2.5DHV在单面施焊后进行清根处理，清根坡口的原则是利于施焊，便于观察坡口根部熔池，清根坡口与8HV焊缝接的坡口须修磨至半圆带斜缓坡状，以便于接头时熔合，如图10-17所示。

6) 清根焊缝焊接。采用从门中间向侧墙窗口方向焊接，将焊缝收弧坑留在8HV焊缝处，可以有效减少起弧未熔合及密集气孔现象。

7) 对焊缝5HV，焊接时由于焊接打底时加不锈钢垫板，必须保证2~3mm的间隙。如果间隙较小时，第一层焊接打底焊尽量使用大电流，快焊速，使加垫板根部熔合，焊接盖面层时，焊缝尺寸较小，因此尽量采用二道一次性正反方向焊完，不在此处产生焊接接头。

8) 由于焊接门角过程一般是单人作业，为了保证焊接过程中的层间温度，应该采取一次焊接一个门角，严禁两个门角同时施焊。

(6) 焊后检验　目前铝合金车体生产焊缝检验的主要方法有：VT（目测检查）、PT（渗透检测）、UT（超声波检测）和RT（射线检测）四种。根据图样质量检查要求，首先对下门角焊缝进行100%目测检测，然后对焊缝进行100%渗透检测，下门角的缺陷在进行如下控制后基本不会发生：

1) 底架边梁与门立柱外横焊缝与侧墙立焊缝交叉处的裂纹完全消除。

2) 焊缝2.5DHV与8HV接头处的密集气孔问题基本解决。

3) 焊缝2.5DHV端头封口处的未熔合现象完全消除。

4) 小拐角处5HV处经台下交车PT检查，根部未熔合能够有效控制。

3. 下门角焊接主要问题的产生原因与解决方法

(1) 门柱丁字接头易产生裂纹及气孔

1) 产生原因：

①由于侧墙板吊装后在与自动焊焊缝相交处是由三条焊缝交叉组成。

②下门角的材质均为6005A-T6，但是板厚不一样，散热速度不一样。

③三条焊缝的坡口形式不同，焊接过程中，焊接参数，操作方法需要进行改变。

④底架边梁垫板加工余量较大，而进行手工切割时，容易切削过量，形成较大的无垫板间隙，焊接时气体保护效果不佳，极易产生气孔。

2）解决方法：

①丁字交叉焊缝在焊前对坡口进行修磨减缓坡状，如果接头处有气孔，将其打磨干净。

②对不同坡口形成的焊缝，在坡口变化处不熄弧，一次焊接完成，不留焊接接头。

③底架边梁垫板进行手工切割时，应进行划线，保证切削垫板长度为250mm±2mm，尽量减小焊缝根部间隙。

④焊接电弧应当偏向较厚板一侧。

（2）2.5DHV与8HV焊缝接头处产生密集性气孔和未熔合

1）产生原因：

①2.5DHV焊缝清根后与8HV接头处的坡口形状不正确，使焊接电弧难以完全熔化母材金属。

②焊接清根焊缝的方向不正确，起弧点在8HV焊缝上，一般起弧端的气孔较多。

③清根焊缝与8HV焊缝打底接头没有修磨。

④清根焊缝打底层直通焊接到8HV焊缝的盖面层时，由于电弧较硬，形成较深的咬边，产生未熔全。

⑤板材厚度不一样，接头热量分布不均匀。

2）解决方法：

①2.5DHV焊缝清根后与8HV焊缝接头处进行修磨，打磨出一个半圆弧形接头坡口。

②采用合理的焊接方向，将焊接弧坑收在8HV焊缝上，减少起弧端留在焊缝中间。

③清根焊缝打底后对收弧弧坑进行修磨。

④2.5DHV焊缝打底层焊接至接坡口接头处即可。

（3）焊缝2.5DHV端头封口未熔合

1）产生原因：

①清根坡口形状不便于施焊。

②焊接清根焊缝打底层的电弧较散，根部没有熔合。

③对清根焊缝起弧端切削时，切削量过小。

④端头切削的角度不正确。端头封口时，焊接电弧较散，没有完全熔合。

⑤封口时焊枪角度不正确。

2）解决方法：

①清根坡口的形状应尽量宽而浅，便于电弧深入坡口根部。

②清根焊缝焊接打底层时尽量使用较硬的电弧。

③对清根焊缝起弧端切削时，采取划线切割，切割点到门立柱立板距离为110mm。清根焊缝起弧端切削成45°~60°，便于施焊。

④端头封口时，电弧硬度适中，不跳弧，不散弧。

⑤封口施焊尽量一次焊接完成，不留接头，焊枪角度要及时调整。

（4）小拐角5HV焊缝磨平后根部未熔合

1）产生原因。

①焊缝较短。

②打底层焊时装配没有间隙。

③打底层焊时焊接电流过大，烧穿后未填满。

④打底层焊时焊接速度过慢。

⑤焊缝拐角时，焊枪角度不正确。

2）解决方法。

①打底层焊时尽量保证 2~3mm 间隙。

②打底层焊时采用适当的焊接电流。

③采用较快的焊接速度，使打底层焊缝较薄，特别注意根部熔合要好；拐角时，焊枪角度及时调整。

④焊缝不留接头。

4. 效果验证

利用上述焊接操作方法对下门角进行焊接作业，焊缝缺陷得到明显控制，常见的焊缝接头密集性气孔、交叉焊缝接头处裂纹、清根焊缝的收弧未熔合、封口焊缝裂纹及 5HV 磨平焊缝未熔合现象，得到有效控制。焊缝一次合格率达 98%左右，达到车体交验产品质量要求，如图 10-18 所示。

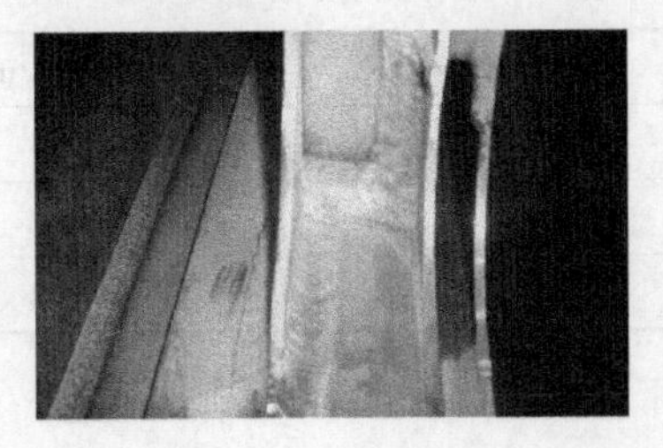
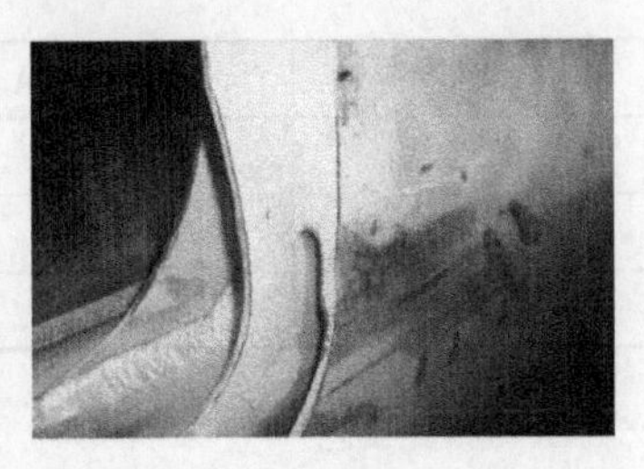

图 10-18 焊缝焊接效果示意图

10. 2. 3 实例 3 空调围板的焊接

1. 焊前准备

（1）焊接电源 TPS5000 型数字化焊机。

（2）保护气体 Ar99. 999%（体积分数）。

（3）焊丝 5087，ϕ1. 2mm。

（4）材质 围板为 5083；板厚 3mm，空调排风口为 6082。

2. 焊前清理

1）用 3M 异丙醇清洗工件表面的油脂及油污。

2）采用风动不锈钢丝轮对焊缝区域 20mm 进行抛光，去除工件表面的致密氧化膜。

3. 装配及焊接

（1）装配

1）将空调排风口与空调底板进行装配定位点焊。

2）先定位焊两侧空调围板，再定位焊中间围板；且定位焊采用点焊形式。

3）接头打磨呈缓坡状。

（2）焊接

1）焊接顺序。先焊接两侧围板边缘搭接焊缝；再焊接边缘角接焊缝；最后焊接与围板对接焊缝，如图 10-19 所示。

2）焊接时的注意事项有：

①焊接围板与空调板搭接焊缝时，注意焊接规范不宜过大，易造成空调板焊漏，围板焊缝边缘易产生热裂纹。

②焊接 T 形焊缝位置时采用连弧进行焊接，错开焊缝接头。

③焊接围板与围板对接焊缝时，从空调板焊缝上引弧，往空调排风口进行焊接，避免接头熔合不良。

3）焊接参数，见表 10-5。

图 10-19　焊接顺序示意图

表 10-5　空调围板焊接参数

焊缝	焊接电流/A	焊接电压/V	弧长/mm	气体流量/(L/min)
焊缝 1	138	8.1	4	18~20
焊缝 2	146	8.7	2	18~20
焊缝 3	125	7.6	4	18~20

4. 返修工艺

1）将焊接缺陷位置采用异丙醇清洗干净。

2）采用风动直磨机清理干净焊接缺陷，并用抛光机将补修位置抛光，如图 10-20 所示。

3）采用钨极氩弧焊对焊缝缺陷进行返修，如图 10-21 所示。

4）焊接方向从空调排风口往空调板进行焊接。

5）焊接参数：焊接电流为 140A；气体流量为 10~12L/min；TIG 焊丝为 5087，ϕ3.2mm。

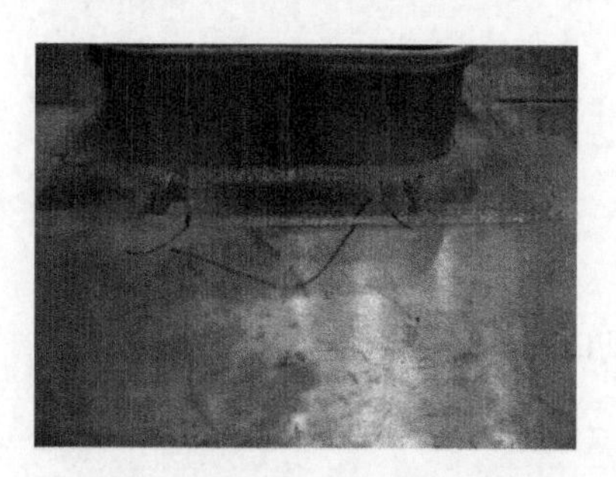

图 10-20　焊接缺陷清理示意图

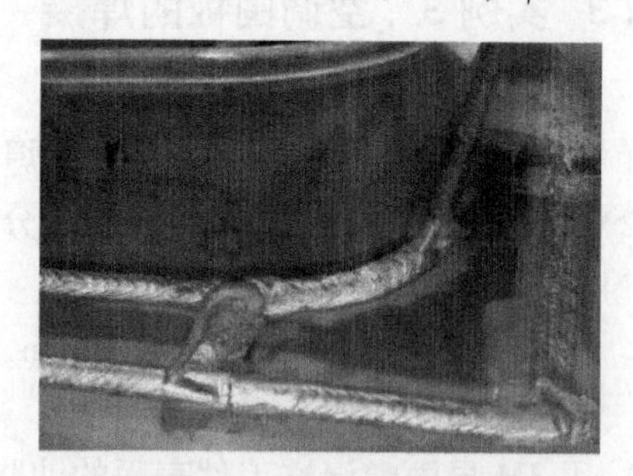

图 10-21　焊接缺陷返修示意图

10.3　焊接机器人焊接技术在轨道车辆中的应用实例

10.3.1　实例 1　顶盖与侧墙搭接焊缝的编程焊接

1. 试件准备

（1）试件规格　1000mm×300mm×5mm，如图 10-22 所示。

（2）试件材质　6005A。

（3）焊接材料　Al Mg4.5Mn Zr 5087，ϕ1.6mm。

（4）气体　99.999%（体积分数）高纯氩，气体流量为18～20L/min。

（5）焊接　焊接过程中为保证焊缝无装配间隙，试件在组对时采用F型夹具将试件夹紧后对焊缝进行定位点焊，段焊位置为焊缝反面，均匀分为四段，定位焊顺序从一端往另一端依次进行定位点焊，段焊长度为50mm左右，如图10-23所示。

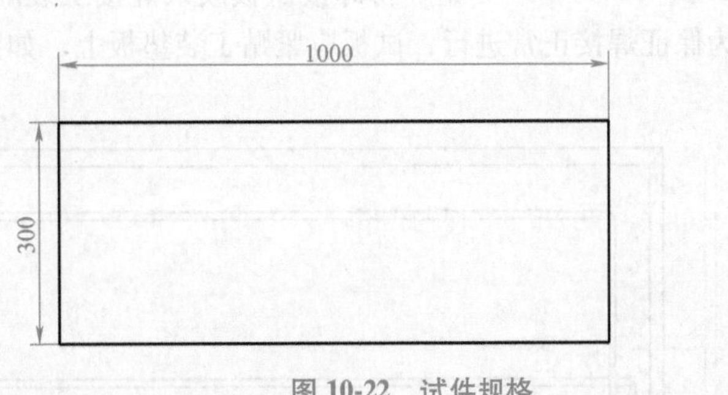

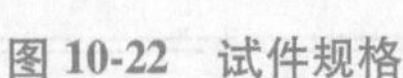
图10-22　试件规格

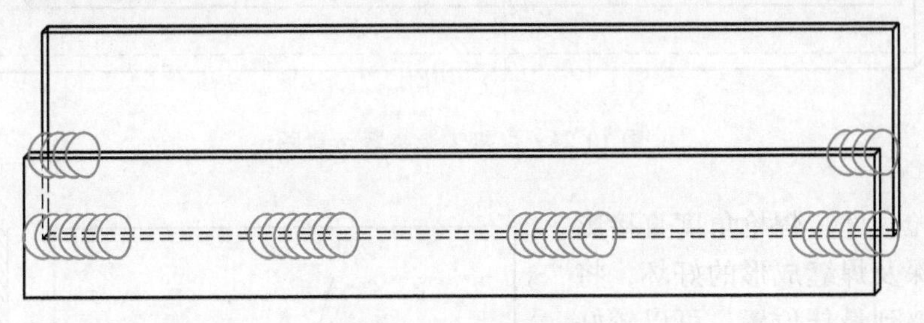

图10-23　试件装配

（6）焊缝区域及表面处理　焊缝区域的表面清洁非常重要，如果焊接区域存在油污、氧化膜等未清理干净，在焊接过程中极易产生气孔，严重影响焊接质量。

1）焊前清理。在试件组装前，要求先对焊缝位置采用异丙醇或酒精进行清洗坡口两侧30mm表面的油脂、污物等。

2）试件采用风动钢丝轮或砂纸对焊缝进行抛光、打磨，抛光要求呈亮白色，不允许存有油污和氧化膜等。

3）对组装过程的定位焊部位进行修磨，要求将定位焊接头打磨呈缓坡状。

4）焊缝区域焊接前采用氧乙炔火焰进行预热，目的是去除水分。

2. 焊接

（1）焊接参数　5mm铝合金平板搭接焊焊接参数见表10-6。

表10-6　5mm铝合金平板搭接焊焊接参数

焊丝规格	功率	焊接速度	弧长修正	气体流量	伸出长度	脉冲	层道分布
ϕ1.6mm	60%	90cm/min	15%	18～20L/min	8～10	NO（开）	1

（2）试板放入工装夹紧　将焊接试板放入焊接工装的垫板上，并采用F型夹具将试板夹紧，为保证焊接正常进行，试板应紧贴工装垫板上，如图10-24所示。

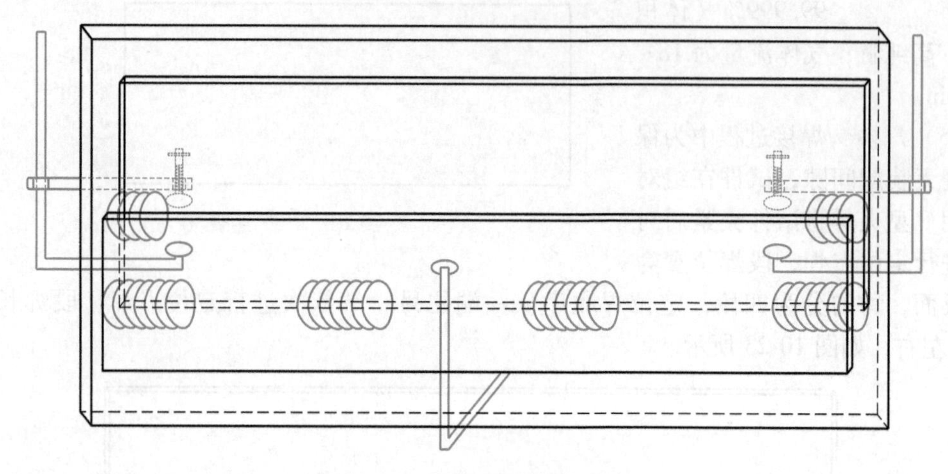

图10-24　焊接工装夹紧示意图

（3）焊枪角度　焊枪角度直接影响到焊缝熔深及焊缝成形的好坏，将焊枪姿态调整到最佳位置，可以较好地减少焊缝未熔合、咬边以及盖面焊缝不均匀等缺陷，焊枪与立板成40°~45°夹角，与焊接方向成70°~75°夹角，如图10-25所示。

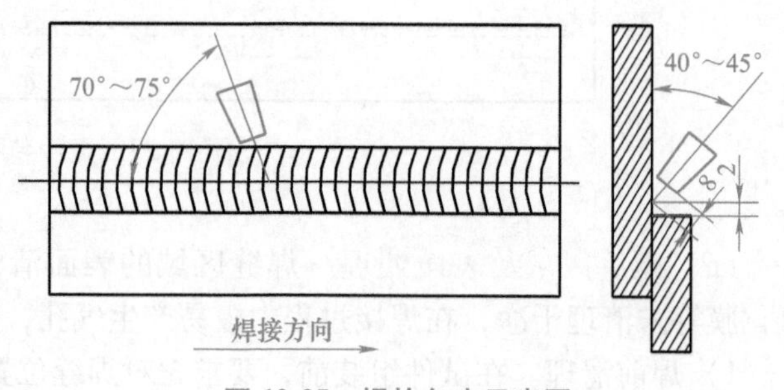

图10-25　焊枪角度示意图

（4）示教器编程　掌握正确的编程方法及步骤，是高效、精确完成编程工作的关键。对于简单的直线或圆弧焊接，只需选择焊缝固定的几个步点进行编程，就可以完成焊接；而对于复杂工件的焊接，需连续由直线及圆弧（拐角处采用圆弧进出编程）步点组成，需设置几十个步点，且要求从头到尾、360°一次性进行焊接，并进行直线摆动和圆弧摆动，如图10-26所示，程序见表10-7。

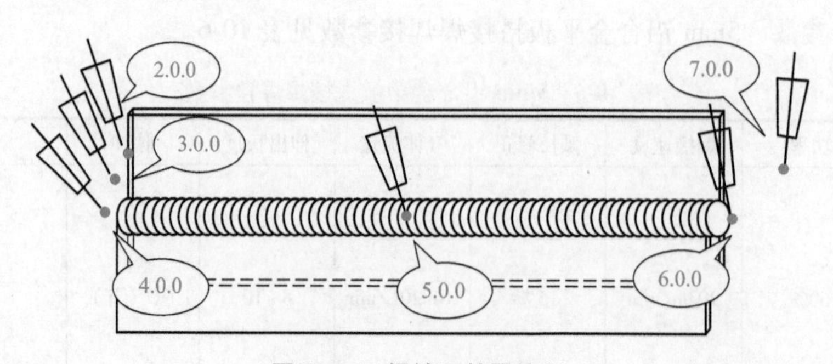

图10-26　焊缝示教器编程

表 10-7 5mm 铝合金平板搭接焊缝程序

顺序号	步点号	类型	扩展	备注
2	2.0.0	空步+非线形	无	—
3	3.0.0	空步+非线形	无	接近焊缝起始点
4	4.0.0	空步+非线形	无	焊缝起始点
5	5.0.0	工作步+线形	无	焊缝中间点
6	6.0.0	工作步+线形	无	焊缝目标点
7	7.0.0	空步+非线形	无	离开焊缝

1）新建程序。输入程序名（如：T5FWPB）并确认，自动生成程序。

2）正确选择坐标系。基本移动采用直角坐标系，接近或角度移动采用工具（或绝对）坐标系。

3）调整机器人各轴。调整为合适的焊枪姿势及焊枪角度，生成空步点 2.0.0，按〈ADD〉键保存步点，自动生成步点 3.0.0。

4）生成焊接步点 3.0.0 之后，将焊枪设置接近试件起弧点。为防止和夹具发生碰撞，采用低挡慢速，掌握微动调整，精确地靠近工件。

5）调整焊丝伸出长度为 8~10mm。

6）调整焊枪角度。焊枪与立板成 40°~45°夹角，与焊接方向成 70°~75°夹角，按〈ADD〉键保存步点，自动生成步点 4.0.0。

7）缝焊分成两个工作步点进行焊接。将焊枪移动至焊缝中间位置，调整好焊枪角度及焊丝伸出长度，按〈JOG/WORK〉键将 4.0.0 空步转换成工作步，设定合理焊接参数，按〈ADD〉键自动生成工作步点 5.0.0。

8）将焊枪移至焊缝收弧点。调整好焊枪角度及焊丝伸出长度，按〈ADD〉键自动生成工作步点 6.0.0，按〈JOG/WORK〉键将工作步转换成空步点 7.0.0。

9）将焊枪移开试件至安全区域。

10）示教器编程完成后，对整个程序进行试运行。试运行过程中观察各个步点的焊接参数是否合理，并仔细观察焊枪角度的变化及设备周围运行的安全性。

（5）完成焊接 焊接从起弧端往收弧端依次进行焊接，焊接完成后，刷黑灰，清除飞溅。

3. 焊接试板的检验

1）经采用上述焊接工艺措施后，焊缝在外观检验中，焊缝成型良好，宽窄一致，无单边及咬边现象，如图 10-27 所示。

2）试块取样：将试块两端 25mm 去除，再将试块均分为四等份（可采取锯床切割或机加工方法直接取样）取样，如图 10-28 所示。

3）焊缝内部检验：检验依据 EN15085 要求进行宏观金相检验，将试件焊缝打磨抛光后采用 30%的硝酸酒精溶液腐蚀，待腐蚀彻底后用清水冲洗，风干后进行照相评判，焊缝质量等级达标，无缺陷等级，焊缝的外观与内部质量完全符合 EN287-2 国际标准，此外各项力学性能试验指标均符合 EN15085 焊工艺评定标准。

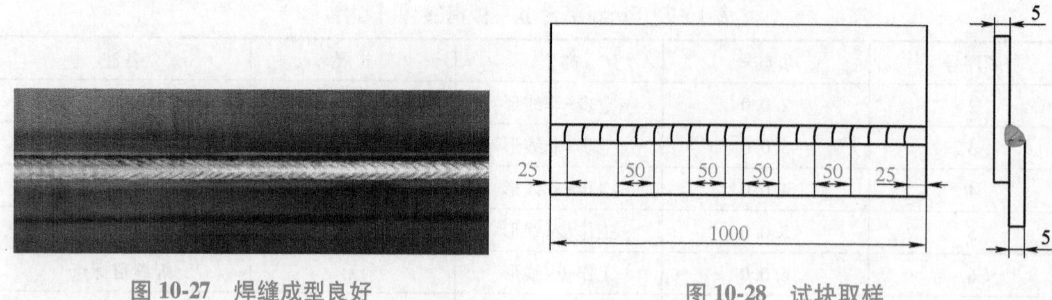

图 10-27　焊缝成型良好　　　　图 10-28　试块取样

10.3.2 实例 2　长大侧墙板的编程焊接

1. 工件准备

（1）试件材质　6005A 型材，如图 10-29 所示。

图 10-29　侧墙板型材示意图

（2）焊接材料　Al Mg4.5Mn Zr 5087，ϕ1.6mm。

（3）气体　99.999%（体积分数）高纯氩，气体流量为 18～20L/min

（4）焊接准备　为保证焊缝无装配间隙，试件在组对时采用 F 型夹具或顶压装置将试件夹紧后对焊缝进行定位点焊，段焊长度为 60mm，如图 10-30 所示。

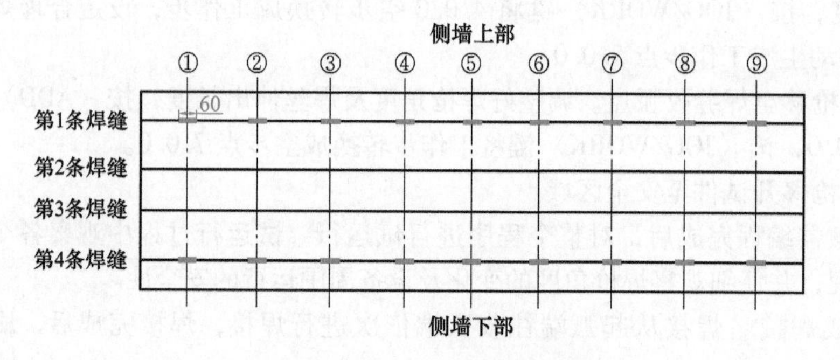

图 10-30　试件装配定位段焊示意图

对组装过程的定位焊部位进行修磨，要求将定位焊接头打磨呈缓坡状。

焊接前采用高压风将焊缝表面的灰尘及杂物清理干净，试运行焊接程序，检查工装对焊枪正常运行有无影响。

2. 合理的焊接顺序

如图 10-31 所示，先焊接中间两条焊缝，采用双枪焊接，从中间往两端方向进行焊接（见焊接方向①②③④），减少焊缝热输入量，控制焊接变形。

3. 采用合理的焊接参数

焊接参数见表 10-8。

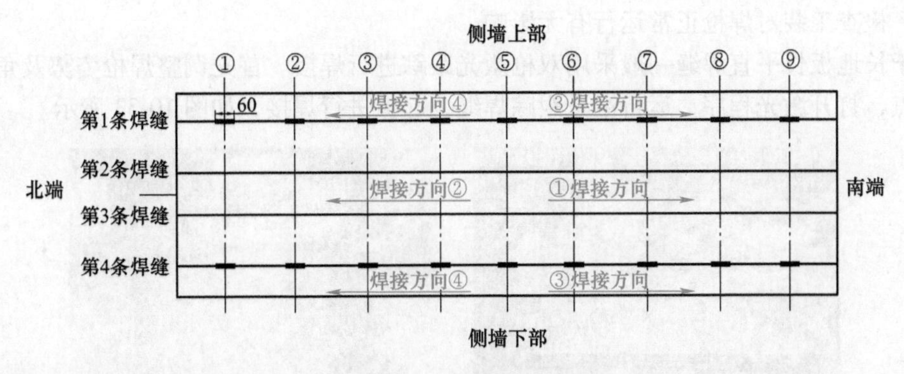

图 10-31 焊接顺序示意图

表 10-8 侧墙板焊接参数

焊丝规格	功率	焊接速度	弧长修正	气体流量	伸出长度	脉冲	层道分布
ϕ1.6mm	56%	85cm/min	-5%	18~20L/min	8~10	NO（开）	

4. 侧墙板编程焊接

对于长直焊缝一般采用激光跟踪进行焊接。首先调整焊枪姿势及角度，寻找起弧点，打开激光程序，运行激光跟踪焊缝，起弧进行焊接，如图 10-32 所示。

图 10-32 侧墙板编程焊接

10.3.3 实例 3 长地板的编程焊接

1）工件准备，同实例 2 长大侧墙板的编程焊接。

2）合理的焊接顺序，如图 10-31 所示。长地板焊接时，从中间往两侧焊缝依次进行焊接。

3）采用合理的焊接参数，表 10-9。

表 10-9 长地板焊接参数

焊丝规格	功率	焊接速度	弧长修正	气体流量	伸出长度	脉冲	层道分布
ϕ1.6mm	62%	75cm/min	-4%	18~20L/min	8~10	NO（开）	

4）长地板编程焊接。焊接前采用高压风将焊缝表面的灰尘及杂物清理干净，试运行焊

接程序，检查工装对焊枪正常运行有无影响。

对于长地板长平直焊缝一般采用双枪激光跟踪进行焊接。首先调整焊枪姿势及角度，寻找起弧点，打开激光程序，运行激光跟踪焊缝，起弧进行焊接，如图 10-33 所示。

图 10-33　长地板编程焊接

10.3.4 实例 4　薄板圆弧顶盖的编程焊接

1）工件准备，同实例 2 长大侧墙板的编程焊接。

2）合理的焊接顺序，如图 10-31 所示。薄板圆弧顶盖焊接时，从中间往两侧焊缝依次进行焊接。

3）采用合理的焊接参数，见表 10-10。

表 10-10　薄板圆弧顶盖焊接参数

焊丝规格	功率	焊接速度	弧长修正	气体流量	伸出长度	脉冲	层道分布
ϕ1.6mm	55%	90cm/min	−2%	18~20L/min	8~10	NO（开）	

4）薄板圆弧顶盖编程焊接。焊接前采用高压风将焊缝表面的灰尘及杂物清理干净，试运行焊接程序，检查工装对焊枪正常运行有无影响。

由于薄板圆弧顶盖焊缝在焊接过程中会产生波浪变形，采用激光焊接时，焊枪会随着焊缝的波浪变形而随时调整焊枪与焊缝之间的高度，故一般采用双枪激光跟踪进行焊接。焊接时，首先调整焊枪姿势及角度，寻找起弧点，打开激光程序，运行激光跟踪焊缝，起弧，进行焊接，如图 10-34 所示。

图 10-34　薄板圆弧顶盖编程焊接

10.4 搅拌摩擦焊新工艺在轨道车辆中的应用实例

10.4.1 实例1　铝合金空调板的搅拌摩擦焊接

1. 空调板的介绍

空调板一般由五种型材拼装组成，形成四道焊缝，型材较薄，一般在3mm左右，焊接难度大，且变形大。采用搅拌摩擦焊焊接，选择合理的焊接接头形式和合理的焊接参数，按照规定的焊接装配要求可解决焊接难度高、焊后变形大等问题，并且焊缝成形美观，焊缝力学性能均高于熔焊，如图10-35所示。

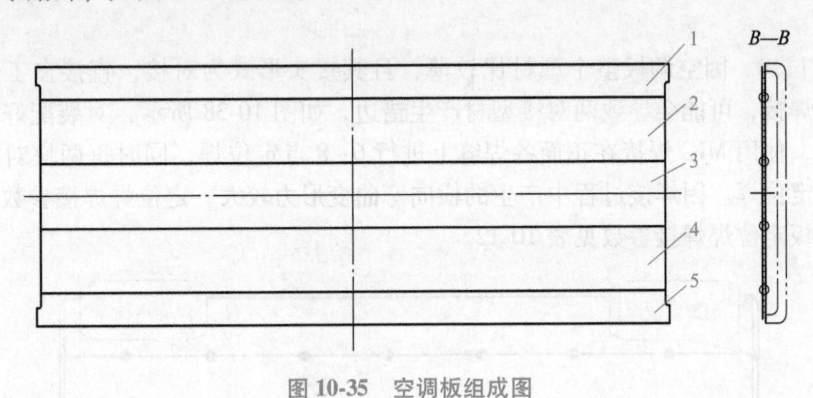

图10-35　空调板组成图

2. 焊前准备

（1）试件准备　采用6005A系列铝合金材料焊接，其化学成分组成，见表10-11。

表10-11　6005A系列铝合金材料化学成分（质量分数，%）

材料名称 6005A	Si	Fe	Cu	Mn	Mg	Cr	Ni
	0.558	0.270	0.023	0.153	0.633	0.008	0.002
	Zn	Ti	Co	Sn	V	Zr	Al
	0.023	0.015	<0.001	0.001	0.005	<0.005	余量

（2）型材接头形式

1）搅拌摩擦焊空调板焊接接头采用中空型材对接接头，如图10-36所示，与侧墙板型材不同的是空调板焊缝无垫板。

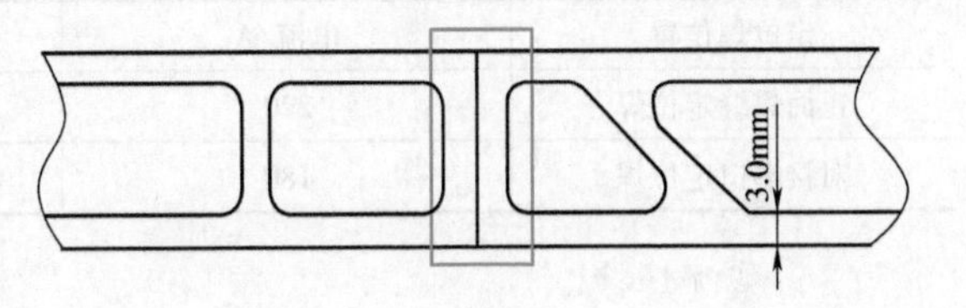

图10-36　空调板焊接接头形式图

2）型材检查要求：两型材在装配时，要求无任何错边量，对接间隙不超过0.4mm。

3. 空调板焊接工艺及技术要求

空调板各焊缝分布，如图10-37所示，由Y1、Y2、Y3、Y4四条焊缝组成，要求各焊缝熔深达到3.0mm，焊缝等级要求为CP2。

（1）焊前检查及清洁

1）检查搅拌头是否具有永久标识，并检查搅拌头的形状、尺寸是否满足工艺操作规程要求，如搅拌针螺纹形状、针长度等。

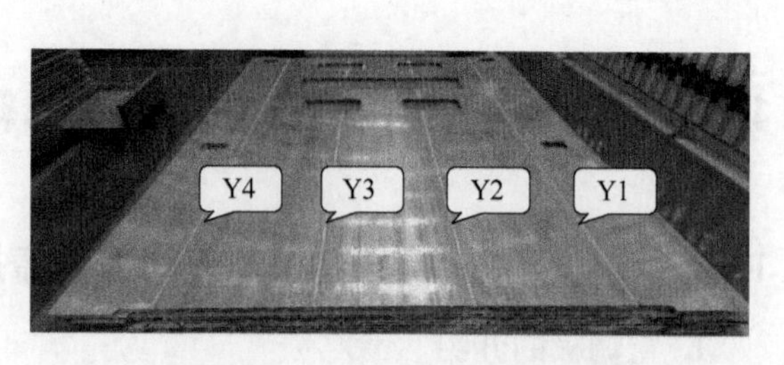

图 10-37　空调板各焊缝分布图

2）搅拌头、工装夹具等与焊件接触的部分应进行清洁，避免油脂、油污、铝屑对焊接的有害影响。

3）应彻底清除母材上待焊区（单边 20mm）的氧化物、防护处理、胶粘物、油脂、污垢等污染物。

4）焊接前，应完成焊接程序的调试，工装、设备、工件的定位不会干涉搅拌头相对行程走位。

（2）定位焊　因空调板整个型材比较薄，且其接头形式为对接，直接在工装上对各型材装配进行焊接，可能会导致两对接型材产生错边，如图 10-38 所示，对装配好的空调板型材装配好后，使用 MIG 焊接在正面各焊缝上进行 6~8 点定位焊，同时每两块对接型材断面对接处进行定位焊。因焊接过程中产生的横向弯曲变形力较大，定位焊焊接参数需使用规范参数，空调板定位焊焊接参数见表 10-12。

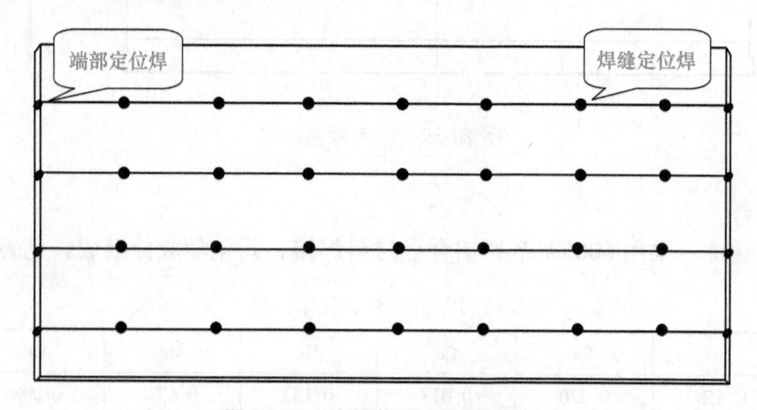

图 10-38　空调板定位焊示意图

表 10-12　空调板定位焊焊接参数

定位焊位置	电流/A	弧长/mm	焊丝伸出长度/mm
正面焊缝定位焊	220	-2	15~20
对接端口定位焊	180	0	15~20

（3）装配焊接

1）装配。将已定位焊的空调板调运至焊接工装上，定位焊面朝上。使用压块工装压制在空调板上，装好侧顶工装及液压工装，如图 10-39 所示。装配完毕后，检查各焊缝是否与工装面贴紧，检查各液压臂是否处于设备焊接安全行程外。

2）编程。空调板焊接编程与侧墙板焊接编程相似，即通过手动设定各焊接参数后，输入焊接参数名词解释，如图 10-40 所示。焊缝起始端手动进行对点（将搅拌针对准焊缝中心），然后利用激光跟踪进行焊接。

图 10-39　空调板装配图

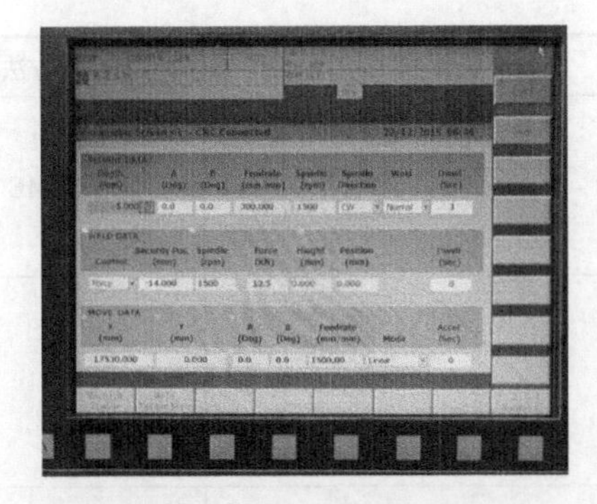

图 10-40　焊接参数输入界面图

Depth(mm)—搅拌头伸入量　A—往 Y 轴横向　B—往 X 轴纵向

Feedyade(mm/min)—搅拌头下伸的速度　Spindle(rpm)—主轴转速

Spindle Drection—主轴旋转方向（CCW 反转、CW 正转）　Dwell—停顿时间

Control—控制形式　Security　Pos.—下伸入的保护量　Force—压力

Height—高度控制　Position—点控制　Mode—焊接模式　Accel—加速度

3）焊接。当各焊接参数输入完毕后，操作者通过设备操作台及摄影界面进行焊接，如图 10-41 所示。

空调板型材本身比较薄，故焊接难度较侧墙板来说较高，搅拌头伸入过少，将导致整个焊缝内部形成隧道缺陷；搅拌头压入过多，焊缝表面飞边量将过大，从而导致焊缝熔深不足。同时，正面焊缝点焊数量较多，若焊接速度未控制好，搅拌头经过定位焊位置时，因无法使焊点熔入母材，焊缝表面极易产生沟槽。空调板焊接主要缺陷产生原因图解分析表见表 10-13。

图 10-41　空调板焊接图

表 10-13　空调板焊接主要缺陷产生原因图解分析表

缺陷名称	图解	检测方法	接受等级	原因分析
根部未焊透	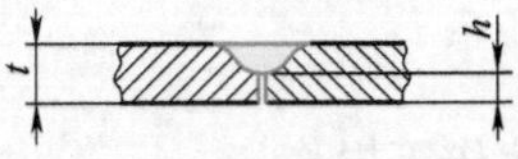	ME	不允许	搅拌针伸入量过小，焊接速度过快
熔深过大	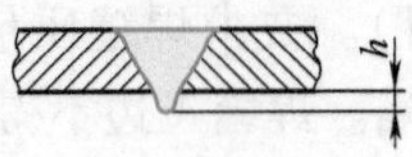	VT，ME	$h\leqslant 3$mm	搅拌针伸入量过大；压力输入过大
表面沟槽	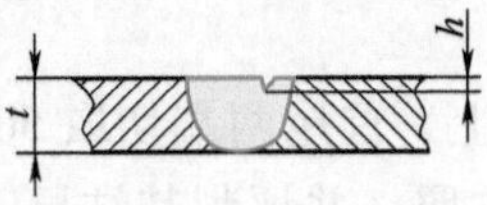	VT，ME	$h\leqslant 3$mm	焊接速度过快；焊缝表面有异物
错边	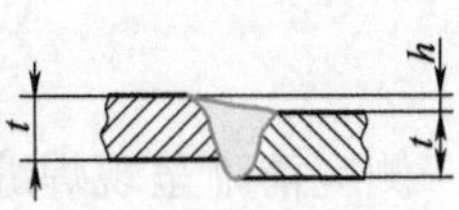	VT，ME	$h\leqslant 0.2t$ max：2mm	装配不到位；焊接过程中型材变形过大

（续）

缺陷名称	图解	检测方法	接受等级	原因分析
未填满		VT, ME	$h \leqslant 0.1t$ max：0.5mm	焊接压力过大；焊接速度过慢
长形孔洞		ME	$l \leqslant 0.05t$ max：0.5mm	焊接参数选用不当；搅拌头选择不当
钩（Hooking）		ME	不允许	焊接参数选用不当；焊接速度过快

注：t 为母材的理论厚度；h 为缺陷的高度；l 为焊缝纵向长形孔洞的长度；VT 为外观检测；ME 为宏观金相。

4. 焊接顺序及焊接参数

（1）焊接顺序　当正面焊接完成后，使用天车对整块空调板进行翻面，再进行反面各焊缝的焊接。因空调板型材较薄，故焊接过程中因搅拌摩擦热产生的变形较大，一定的焊接顺序可以良好的控制空调板焊接的焊后变形。根据图 10-37，正面采用 Y1→Y4→Y3→Y2 的焊接顺序最佳；反面采用 Y1→Y3→Y4→Y2 的焊接顺序最佳。

（2）焊接参数　选择合理的焊接参数是减小焊接变形、提高产品生产效率的重要因素。各焊接参数除设定的搅拌头长度、搅拌针压入量、主轴转速、主轴倾角等值固定外，焊接速度、焊接压力值等均是通过倍率调节的，见表 10-14。

表 10-14　空调板焊接参数

焊接方法	搅拌针规格		转速	压力范围	焊接速度	倾斜角度	侧面的倾斜角
	长度	轴肩直径					
421	3.25mm	12mm	1300r/min	4~6kN	550mm/min	2.5°	0°

5. 焊缝的检验

（1）焊缝表面的检测

1）检查产品表面，要求表面清洁，无明显碰伤、擦伤等损伤。

2）对焊缝外观进行 VT 检查（VT 无法判定时使用 PT）。要求焊缝质量满足图样要求，不允许有渣皮、表面沟槽、背面穿透、未焊透、裂纹等缺陷。焊缝飞边不得高于母材，并且要求焊缝表面与母材圆滑过渡。

3）检查焊缝表面塌陷情况，要求塌陷值≤0.5mm。

（2）宏观金相检测　在焊接完的空调板的一条焊缝上，首尾两端切取 50mm，进行宏观金相试验检测，如图 10-42 所示，试验后对金相面进行拍照，并评判其结果。标记起弧端金相件为 A1，收弧端金相件为 A2，如图 10-43 所示。

宏观金相检测要求：

1）试样应按 ISO 17639 的规定制备和检验，试样的一侧应清晰呈现焊缝区域。

2）宏观检验应包括未受影响的母材，特定合金要小心腐蚀，以避免出现腐蚀裂纹。

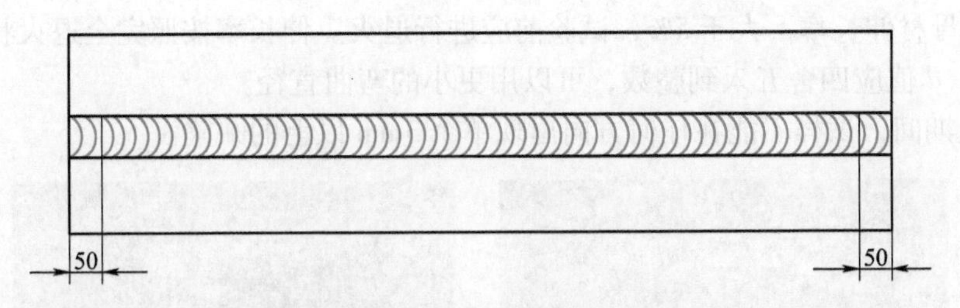

图 10-42 宏观金相试验取样图

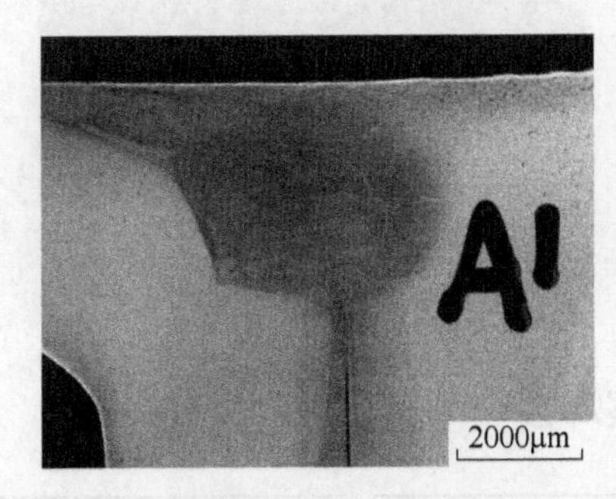

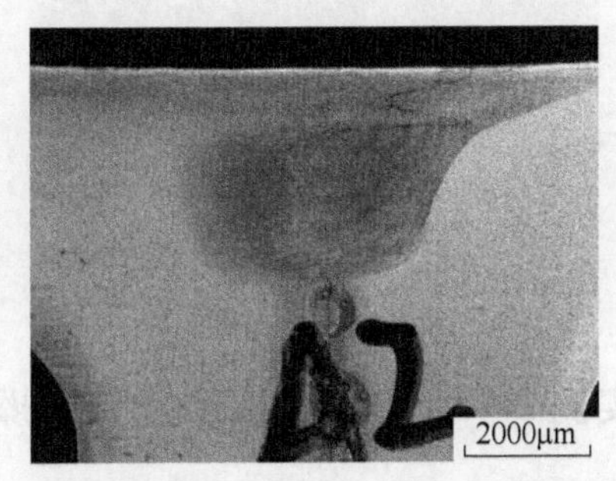

图 10-43 宏观金相图

3）根部熔合、孔洞、隧道以及未焊透等缺陷的验收，应按照 ISO 25239-5 的相关要求。

（3）拉伸试验 根据标准 DL/T 868—2014、GB/T 2651—2023 和 GB/T 2653—2008 中规定进行取样，如图 10-44 所示的标注部分。

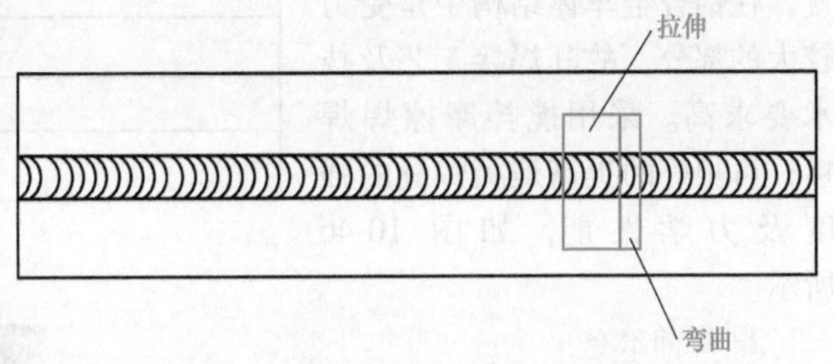

图 10-44 拉伸及弯曲试验取样图

拉伸试验检测要求：

1）对纯铝和无热处理的合金在“0”（完全退火）状态下，试验的极限抗拉强度不低于相关标准中指定的母材最小值。

2）对于热处理合金，在快速焊状态下，焊接试样的极限抗拉强度应满足最小要求

$$R_{m(w)} = R_{m(pm)} \times T$$

式中 $R_{m(pm)}$——相关标准中要求的母材最小抗拉强度；

$R_{m(w)}$——焊接试样的极限抗拉强度；

T——接头强度效率系数。

（4）弯曲试验

1）根据图 10-45，切取弯曲取样，要求所有母材的弯曲角度为 180°，根据母材的伸长率计算弯曲直径

$$d = \frac{100 \times t_s}{A} - t_s$$

式中 d——最大弯曲直径（mm）；

t_s——弯曲试样的厚度（包括侧弯）（mm）。

2）对于母材伸长率不大于5%，试验前应进行退火。伸长率按照完全退火状态取值计算出弯曲直径。d 值应四舍五入到整数，可以用更小的弯曲直径。

3）试验期间，试样不能在任何方向出现单个3mm以上的缺陷。

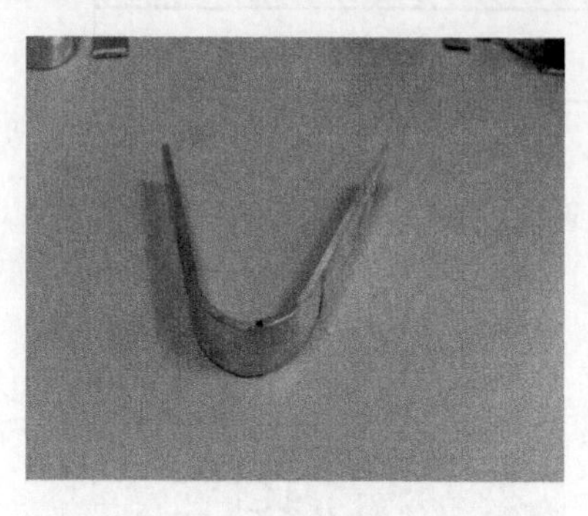

图 10-45　弯曲试件图

10.4.2 实例2　铝合金地板的搅拌摩擦焊接

1. 地板的组成

地板一般由5~6块铝型材拼焊而成，主要分布在车体中心位置，在铝合金车体结构中是受力较大的部分，故其焊接工艺及技术要求高。采用搅拌摩擦焊焊接，可很好的提高地板焊缝的强度及力学性能，如图10-46所示。

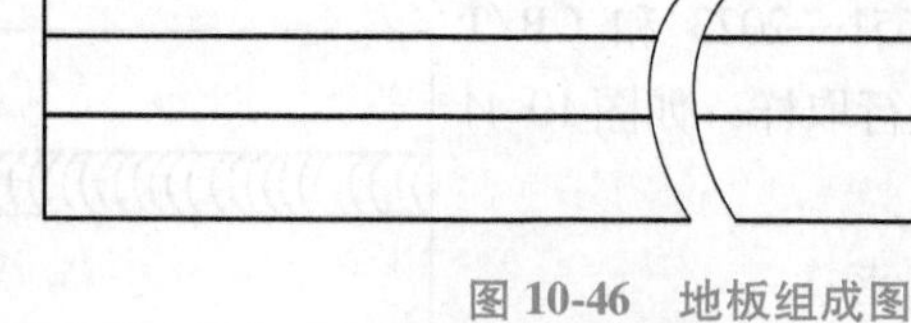

图 10-46　地板组成图

2. 焊前准备

（1）焊接设备　因地板长度达几十米，常用的搅拌摩擦焊焊接设备是无法满足地板的焊接，故需要采用动龙门式搅拌摩擦焊设备进行焊接，如图10-47所示。

（2）试件准备　采用6005A系列铝合金材质焊接，其化学成分组成，见表10-15。

图 10-47　地板焊接设备

表 10-15　6005A系列铝合金材料化学成分（质量分数，%）

材料名称	Si	Fe	Cu	Mn	Mg	Cr	Ni
6005A	0.558	0.270	0.023	0.153	0.633	0.008	0.002
	Zn	Ti	Co	Sn	V	Zr	Al
	0.023	0.015	<0.001	0.001	0.005	<0.005	余量

（3）型材接头形式　地板焊接接头采用中空型材对接接头，焊缝下方自带垫板，如图10-48所示。

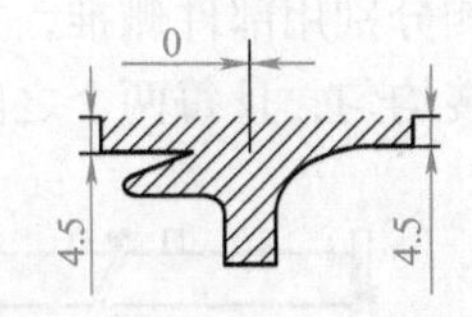

图 10-48　地板接头形式

型材要求无任何变形和无表面损伤问题，两型材装配时，要求上下对接间隙之和不超过0.5mm；两型材搭接时，要求上下型材搭接间隙不超过0.5mm。

3. 地板焊接操作

地板由5条焊缝组成，要求各焊缝表面平滑且纹路清晰。焊缝熔深要求达到4.5mm，焊缝等级要求为CP2，如图10-49所示。

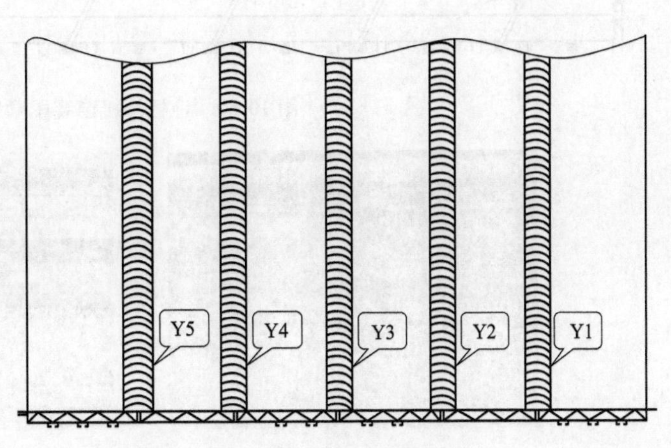

图 10-49　地板焊接示意图

（1）焊前检查及清洁

1）检查搅拌头是否具有永久标识，并检查搅拌头的形状、尺寸是否满足工艺操作规程的要求，如搅拌针螺纹形状、针长度等。

2）搅拌头、工装夹具等与焊件接触的部分应进行清洁，避免油脂、油污、铝屑对焊接的有害影响。

3）应彻底清除母材上待焊区（单边20mm）的氧化物、防护处理、胶粘物、油脂、污垢等污染物。

4）焊接前，应完成焊接程序的调试，工装、设备、工件的定位不会干涉搅拌头相对行程走位。

（2）定位焊　地板与侧墙板定位焊位置相同，均于两型材装配搭接位置。因地板长度长，且重量重，因此难以在专门的定位焊平台上进行。一般将各型材吊装于焊接工装上，然后对其两端头进行定位焊，而且要求定位焊焊接参数使用规范，见表10-16。合理的焊接参数可避免地板在焊接过程中因搅拌针下扎的挤压力导致型材张开。

表 10-16　地板定位焊焊接参数表

定位焊位置	电流/A	弧长/mm	焊丝伸出长度/mm	气体流量/(L/min)
正面焊缝定位焊	220	-2	15~20	16~18
对接端口定位焊	180	0	15~20	16~18

（3）装配焊接

1）装配　定位焊后的地板应正面朝上，反面（带有C形槽的面）朝下。地板焊接前装配顺序，如图10-50所示。一端横面装夹好侧推，使另一端横面与侧顶之间不存在任何间隙；然后在第一道焊接焊缝两边型材上压好液压臂并进行加压；最后待装配完毕后，检查待焊接的第一道焊缝是否与工装面贴紧，检查各液压臂是否处于设备焊接安全行程外。地板两侧分别用部件侧推，如图 10-51 所示；对如图 10-52 所示的侧顶进行固定，各侧推及侧顶安装均匀，且每两个之间距离不宜过远。

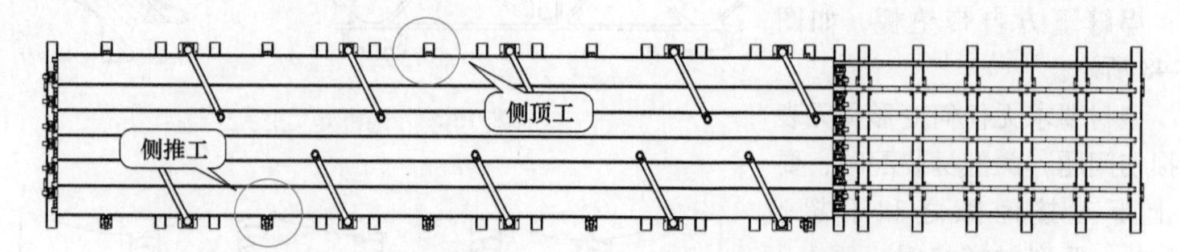

图 10-50　地板焊接前装配顺序

图 10-51　侧推实物图　　图 10-52　侧顶实物图

2）编程。地板焊接编程与空调板焊接编程相似，即通过手动设定各焊接参数后，焊缝起始端手动进行对点（将搅拌针对准焊缝中心），然后利用激光跟踪进行焊接。不同之处是仅将焊接速度（Feedyade）、主轴转速（Spindle）、焊接长度（Y）及搅拌头伸入量（Depth）进行修改。

3）焊接。当各焊接参数输入完毕后，操作者通过设备操作台及摄影界面进行焊接，如图 10-53 所示。地板型材相对于其他车体铝合金大部件来说，因其板厚且长度长，焊接工艺要求高，故其焊接难度也比较大。地板焊接对型材及焊接工装的要求极高，焊接过程中，一旦出现型材错边或焊缝未贴紧工装面，极易产生不同程度的隧道缺陷或未熔合。因此，地板焊接只有获得地板焊接操作资质的人员方可进行。

图 10-53　地板焊接图

当第一道焊缝焊接完成后，在焊接第二道焊缝时，需重新按要求对液压臂进行装夹，以此类推。总之，各焊缝焊接前，待装夹完毕后，必须检查待焊焊缝是否与背面条形工装贴紧。

4. 焊接顺序及焊接参数

（1）焊接顺序　搅拌摩擦焊地板焊接，当正面焊接完后，同样使用天车对整块地板进行翻面，再进行反面各焊缝的焊接。地板搅拌摩擦焊焊接，根据图 10-49，正面采用 Y3→Y2→Y1→Y4→Y5 的焊接顺序最佳，反面采用 Y1→Y2→Y5→Y4→Y3 的焊接顺序最佳。

（2）焊接参数　选择合理的焊接参数是减小焊接变形、提高产品生产效率的重要因素。各焊接参数除设定的搅拌头长度、搅拌针压入量、主轴转速、主轴倾角等值固定外，焊接速度、焊接压力值等均是通过倍率调节的，见表 10-17。

表 10-17 地板焊接参数

焊接方法	搅拌针规格		转速	压力范围	焊接速度	倾斜角度	侧面的倾斜角
	长度	轴肩直径					
421	4. 8mm	13mm	1400r/min	4. 5~7. 5kN	600mm/min	2. 5°	0°

5. 焊缝的检验

(1) 焊缝表面的检测

1）检查产品表面，要求表面清洁，无明显碰伤、擦伤等损伤。

2）对焊缝外观进行 VT 检查（VT 无法判定时使用 PT）。要求焊缝质量满足图样要求，不允许有渣皮、表面沟槽、背面穿透、未焊透、裂纹等缺陷。焊缝飞边不得高于母材，并且要求焊缝表面与母材圆滑过渡。

3）检查焊缝表面塌陷情况，要求塌陷值≤0. 5mm。

(2) 宏观金相检测

1）地板宏观金相检测与侧墙板焊缝金相检测相似，均是在一条焊缝首尾 50mm 位置进行切割，如图 10-54 所示，设定 *A* 为起始端，*B* 为收弧端。然后通过金相检测仪，检测该焊缝是否存在未熔合，孔穴等缺陷。

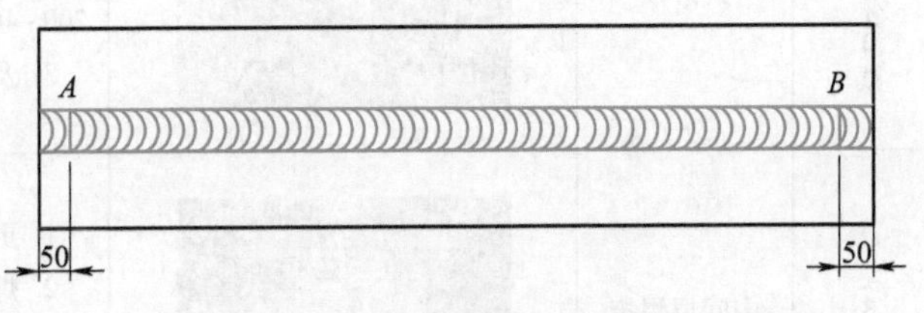

图 10-54 地板宏观金相取样图

2）通过对首尾端 50mm 截取金相放大 2000 倍，得到的宏观金相图可清晰的确定所截取焊缝是否存在缺陷。从图 10-55 金相 A1 可判断焊缝位置存在隧道缺陷，图 10-56 金相 B1 可判断焊缝位置存在未焊透缺陷。图 10-57、图 10-58 无任何缺陷。

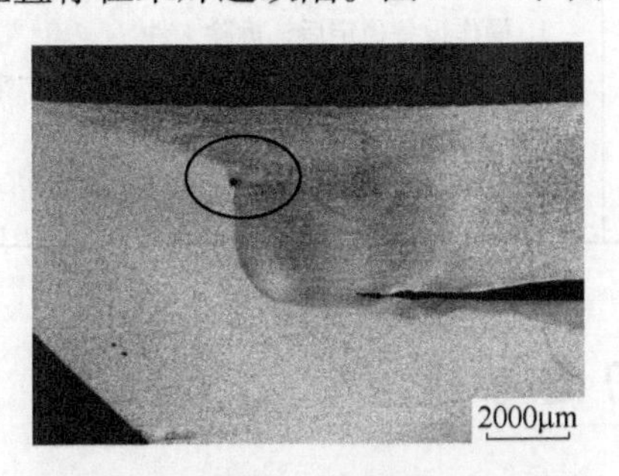

图 10-55 金相 A1

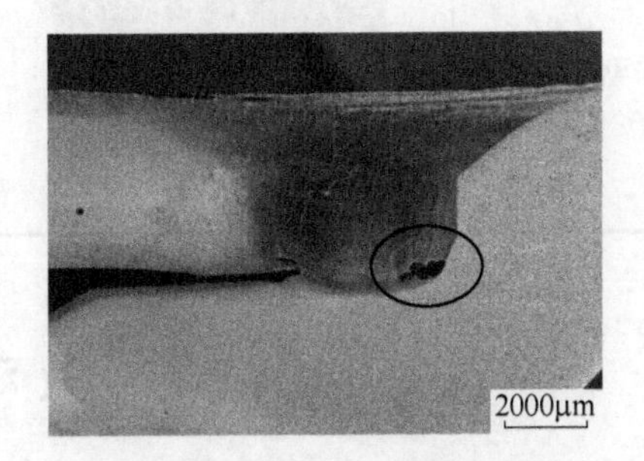

图 10-56 金相 B1

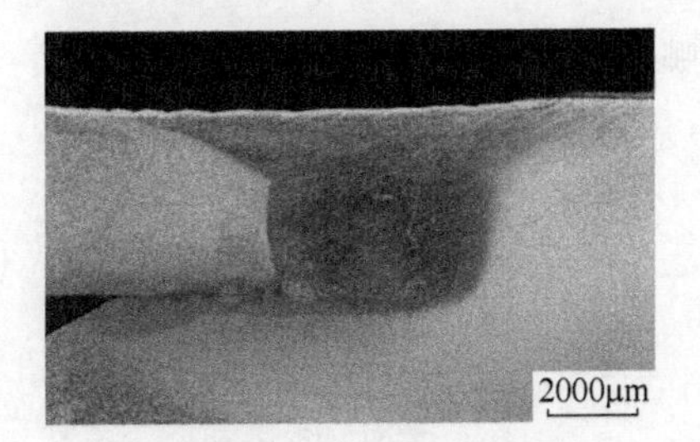

图 10-57 金相 A2

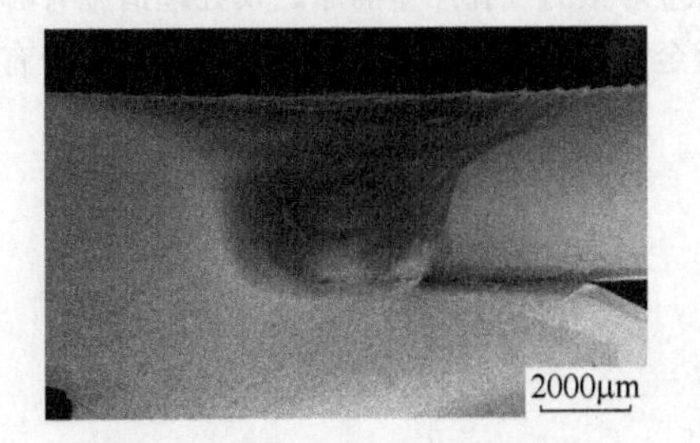

图 10-58 金相 B2

10.4.3 实例3 18mm厚6082铝合金板对接FSW单轴肩对接焊

厚度为18mm的铝合金板对接FSW单轴肩对接焊，见表10-18。

表10-18 18mm厚6082铝合金板对接FSW单轴肩对接焊

序号	步骤	图示	操作要求简述
1	装配		1. 在对接焊缝20mm范围内去除氧化层 2. 装配板与板间隙建议推荐≤1mm，装配完成后还应观测是否存在错边现象，错边高度不超过0.5mm 3. 对接焊缝背部支撑有足够刚度
2	预焊接		1. 更换特定预焊接搅拌头 2. 设备仪表盘上设定焊接参数值，推荐焊接速度200~400mm/min，设定搅拌头工具对准焊缝中心线 3. 及时观测搅拌头伸入表面的情况
3	中间层焊接		1. 更换中间层焊接搅拌头 2. 焊接前空冷或者水雾冷却焊接区域 3. 操作设备伸入母材焊接中间层时，及时观测行走是否有偏差
4	焊后处理		1. 操作设备稳定后，拆除工件 2. 搅拌摩擦焊缝飞边及焊缝末端尾孔，采用机械方法去除

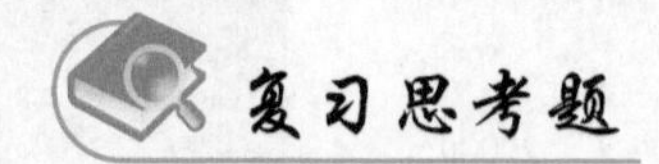

复习思考题

1. En-AW 7020-T6铝合金材料焊接裂纹的影响因素有哪些？
2. 铝合金焊接时气孔产生的原因及处理措施有哪些？
3. 铝合金焊接时未熔合产生的原因及处理措施有哪些？

第11章 铝合金焊接安全与劳动保护

Chapter 11

☺ 理论知识要求

1. 掌握焊接安全技术及基本安全用电知识。

2. 了解焊接作业环境保护知识，熟悉焊接安全操作作业规程。

3. 掌握焊接劳动卫生及焊接劳动保护的基本知识，增强安全意识，提高焊工自我防护能力。

国家对焊工的安全健康是非常重视的。为了保证焊工的安全生产，相关国家标准中规定：金属焊接（气割）作业是特种作业，直接从事特种作业者——焊工，是特种作业人员。特种作业人员，必须进行专门的安全技术理论学习和实践操作训练，并经考试合格后，方可独立进行作业。只有经常对焊工进行安全技术与劳动保护的教育和培训，使其从思想上重视安全生产，明确安全生产的重要性，增强责任感，了解安全生产的规章制度，熟悉并掌握安全生产的有关措施，才能有效地避免和杜绝事故的发生。

焊接的安全技术和劳动保护是非常重要的。因为焊接作业使用了易燃、易爆、高压气体或电弧，焊工作业时要与各种化工、压力容器、机电设备以及与易燃、易爆气体接触，有时还要在高处、水下、容器设备内等特殊环境下作业，焊接过程中还会产生有害气体、烟尘、弧光、射线、高温等，这些因素对作业者本人和周围环境带来较大危害性，违章操作随时都可能引起爆炸、火灾、灼烫、中毒、触电、窒息等事故。只有让每个焊工都熟悉有关安全防护知识，自觉严格遵守安全操作规程，保证安全操作，事故才能有效防止和杜绝。因此必须对焊工进行焊接安全技术和劳动保护教育。

11.1 焊接安全技术

11.1.1 电流对人体的伤害形式

电流对人体的伤害形式有电击、电伤、电磁场生理伤害三种形式。

（1）电击　电流通过人体内部时，会破坏人的心脏、肺部以及神经系统的正常功能，使人出现痉挛、呼吸窒息、心颤、心脏骤停甚至危及人的生命。因此，绝大部分触电死亡事故都是由电击造成的。

（2）电伤　电流的热效应、化学效应或机械效应对人外部组织的伤害。其中主要是间接或直接的电弧烧伤、熔化金属溅出烫伤。

（3）电磁场生理伤害　在高频电磁场的作用下，使人产生头晕、乏力、记忆力衰退，失眠多梦等神经系统的症状。

11.1.2 电流对人体伤害的影响因素

（1）流经人体的电流　电流通过人体心脏，会引起心室颤动。电流通过人体的持续时间越长，触电的危险性越大。因为人的心脏每收缩一次，中间要间歇0.1s，在这0.1s的间歇时间里，心脏对电流最为敏感。如果通过的电流持续时间超过0.1s，将与心脏的间歇时间重合，引起心室颤动。更大的电流会促使心脏停止跳动，这些都会中断血液循环，导致死亡。

造成触电事故的电流有三种：

1）感知电流。触电时能使触电者感觉到的最小电流。工频交流电为1mA，直流电约为5mA。

2）摆脱电流。人体触电后，能够自己摆脱触电电源的最大电流。工频交流电约为10mA，直流电约为50mA。

3）致命电流。在较短的时间内，能危及触电者生命的电流。工频交流电为50mA，直流电在3s内为500mA。

在有防止触电保护装置的前提下，人体允许电流为30mA。

通过人体的电流大小不同，对人体伤害的轻重程度也不同。通过人体的电流越大，致死作用的时间就越短。另外，电流通过人体的时间越长，危险性越大。所以一旦触电，必须立即切断电源，尽可能减少流经人体的时间。

（2）电流通过人体的途径　从左手到胸部，电流流经心脏的途径最短，是最危险的触电途径，很容易引起心室颤动和中枢神经失调而导致死亡；从右手到脚的途径危险性要小些，但会因痉挛而摔伤；从右手到左手的危险性又比从右手到脚的危险性要小些；从脚到脚是触电危险性最小的电流途径，但是，往往触电者会因触电痉挛而摔倒，导致电流通过全身或造成二次事故。

（3）人体状况　通过人体电流的大小，取决于线路中的电压和人体的电阻。人体的电阻除人体自身的电阻外，还包括人所穿的衣服、鞋等的电阻。干燥的衣服、鞋及干燥的工作场地，能使人体的电阻增大。当精神贫乏、人体劳累、皮肤潮湿出汗、带有导电性粉尘、加大与带电体的接触面积和压力、皮肤破损等时人体的电阻会下降。一般情况下人体电阻约为1000~1500Ω，在不利的情况下人体电阻一般可达500~650Ω，这样就会大大增加触电的可能性。

对于比较干燥而触电危险性比较小的环境中，人体电阻按1000~1500Ω考虑，此环境下的人体允许电流为30mA，则安全电压为：

$U_{安全} = R_{人体} I_{允许} = (1000 \sim 1500)\Omega \times 30 \times 10^{-3}\text{A} = 30 \sim 45\text{V}$（我国规定安全电压为36V）

在潮湿而触电危险性较大的环境中，人体电阻按650Ω考虑，人体允许电流为30mA，则安全电压为：

$$U_{安全} = R_{人体} I_{允许} = 650\Omega \times 30 \times 10^{-3}\text{A} = 19.5\text{V}（我国规定安全电压为12\text{V}）$$

（4）电流频率　电流的频率不同，对人体的作用也不同。频率在25~300Hz的交流电对人体的伤害最大，而工频为50Hz的交流电正好在这一范围内。当频率超过1000Hz时，触电危险性明显减轻。小于10Hz时危险性也小一些。高频电流有集肤效应，也就是说电流频率越高，流经导体表面的电流越多，所以触电者身上流经电流的频率越高，危险性越小。电流频率越接近50~60Hz，则触电的危害性越大。所以，工频电触电的危险性比其他频率的交流电和直流电都大。

11.1.3 触电

（1）触电事故 触电事故是电焊操作的主要危险。因为电焊设备的空载电压一般都超过安全电压，而且焊接电源与380V/220V的电力网路连接。一般我国常用的电弧焊电源的空载电压是弧焊变压器的空载电压为55~80V，弧焊整流器的空载电压为50~90V。在移动和调节电焊设备，在更换焊丝或一旦设备发生故障，较高的电压就会出现在焊枪、焊件及焊机外壳上。尤其是在容器、管道、船舱、锅炉和钢架上进行焊接，周围都是金属导体，触电危险性更大。

（2）触电的类型 按照人体触及带电体的方式和电流通过人体的途径，触电有四种类型：

1）单相触电 即当站在地面或其他接地导体上的人，身体某一部分触及一相带电体的触电事故。这种触电的危险程度与电网运行方式有关，一般情况下，接地电网的单相触电比不接地电网的危险性大。电焊大部分触电事故都是单相触电。

2）两相触电 即当人体两处同时触及电源任何两相带电体而发生的触电事故。这时触电者所受到的电压是220V或380V，触电危险性很大。

3）跨步电压触电 即当带电体接地，有电流流入地下时，电流在接地点周围地面产生电压降，人在接地点周围，两脚之间出现跨步电压，由此引起的触电事故称为跨步电压触电。

4）高压触电 即在1000V以上高压电气设备上，当人体过分接近带电体时，高压电能使空气击穿，电流流过人体，同时还伴有电弧产生，将触电者烧伤。高压触电事故能使触电者轻则致残、重则死亡。

（3）发生触电事故的原因 触电事故的发生有多种不同情况，可以分为直接触电和间接触电。直接触电是人体直接触及焊接设备或靠近高压电网及电气设备而发生的触电。间接触电是人体触及意外带电体所发生的触电。意外带电体是指正常情况下不带电，由于绝缘损坏或电气设备发生故障而带电的导体。

1）发生直接触电的原因有：

①更换焊丝、电极和焊接过程中，焊工赤手或身体接触到焊丝或焊枪的带电部分而脚或身体其他部位与地或焊件之间无绝缘防护。

②在金属容器、管道、锅炉、船舱或金属结构内部施工时，没有绝缘防护或绝缘防护不合格。

③焊工或辅助人员身体大量出汗，或在阴雨天中露天施工，或在潮湿地方进行焊割作业时，没有绝缘防护用品或绝缘防护用品不合格而导致触电事故发生。

④在带电接线、调节焊接电流或带电移动设备时，容易发生触电事故。

⑤登高焊割作业时，身体触及低压线路或靠近高压电网而引起的触电事故。

2）发生间接触电的原因有：

①焊接设备的绝缘破坏。绝缘老化（或过载）损坏或机械损伤，焊机被雨水或潮气侵蚀，焊接内掉入金属物品等都会导致绝缘损伤部位碰到焊接设备外壳，人体触及外壳而引起触电。

②焊机的相线及零线错接，使外壳带电。

③焊接过程中，人体触及绝缘破损的电缆、胶木电闸带电部分等。

④因利用厂房的金属结构、轨道、管道、天车吊钩或其他金属材料拼接件，作为焊接回路而发生的触电事故。

(4) 防止触电的安全技术措施

1）焊工要熟悉和掌握有关电的基本知识，以及预防触电和触电后的急救方法等知识，严格遵守有关部门规定的安全措施，防止触电事故的发生。

2）防止身体与带电物体接触，这是防止触电最有效的方法。

3）焊接参数控制器的电源电压和照明电压应不高于 36V；锅炉、压力容器等内部最好使用 12V 电源。

4）设备在使用前需用高阻表（摇表）检查其绝缘电阻，绝缘电阻一般大于 0.5MΩ 为合格；经常检查焊机的绝缘是否良好。焊机的带电端钮（或接线柱等）应加保护罩；焊接的带电部分与机壳应保持良好的绝缘；不允许使用绝缘不好的焊枪和电缆。

5）正确使用劳动防护用品。熔化极气体保护焊时应戴绝缘手套、穿绝缘鞋，在雨天或潮湿处焊接时应用绝缘橡皮垫或垫干燥木板等。特殊情况时必须派专人进行监护。

6）焊机外壳要有完善的保护接地或保护接零（中线）装置及其他保护装置。

7）焊机接线、维修焊机应由电工进行，严禁焊工自行操作。

8）尽可能采用防触电装置和自动断电装置。

9）进行触电急救知识教育。发生触电时，首先要迅速脱离电源，并对触电者采取防止摔伤、人工呼吸、心脏按压等急救措施。

11.2 焊接环境保护

11.2.1 焊接环境中的职业性有害因素

(1) 环境与环境保护

1）人与环境。自然界是生命的物质基础。人从环境中摄取空气、水和食物。人与自然环境之间保持着自然地平衡关系。环境不断变化，人体对环境的变化有一定的适应范围。由于人为的因素，工业生产排出的废气、废渣、废水使环境出现异常变化，超越了人体正常的生理调节范围，会引起人体疾病并影响人的寿命。

因此，环境与人的关系极为密切，环境状态直接关系到人类的生存条件和每一个人的身体健康。《中华人民共和国环境保护法》明确规定要“保证在社会主义现代化建设中，合理地利用自然环境，防治环境污染和生态破坏，为人民创造清洁适宜的生活和劳动环境，保护人体健康，促进经济发展”。这是各行各业都要贯彻的方针。

2）必须保护劳动环境。工业生产产生的环境污染物，如各种有害气体、烟尘、有毒物质、噪声、电磁辐射和电离辐射等，除了污染周围的生活环境外，并直接污染生产场所的劳动环境，损害操作者的身体健康。

保护劳动环境，消除污染劳动环境的各种有害因素，是一项极为重要的工作。我国明确规定，对新建、改扩建、续建的工业企业必须把各种有害因素的治理设施与主体工程同时设计、同时施工、同时投产；对现有工业企业有污染危害的，也应积极采取行之有效的措施逐步消除污染，并规定了车间劳动环境的卫生要求。

（2）焊接环境

1）焊接污染环境的有害因素。焊接过程中产生的有害因素，可分为物理有害因素与化学有害因素两大类。物理有害因素有焊接弧光、高频电磁场、热辐射、噪声及放射线等。化学有害因素有焊接烟尘和有害气体等。

铝合金焊接过程中常见的有害因素见表11-1。

表11-1 铝合金焊接过程中的有害因素

工艺方法	有害因素						
	电弧辐射	高频电磁场	烟尘	有害气体	金属飞溅	射线	噪声
钨极氩弧焊（铝、钛、铜、镍、铁）	○○	○○	○	○○	○	○	
熔化极氩弧焊（铝合金）	○○		○	○○	○		

注：○表示强烈程度。其中○轻微，○○中等，○○○强烈。

2）焊接烟尘。在焊接过程中，凡使母材及焊接材料熔化的焊接与切割过程，都将不同程度地产生烟尘。电焊的烟尘主要包括烟和尘，直径小于0.1μm的称为烟，直径在0.1~10μm的称为尘。焊接烟尘的来源是由焊条或焊丝端部的液态金属及熔渣和母材金属熔化时产生的金属蒸汽，在空气中冷凝及氧化而形成不同粒度的尘埃，其尘粒在5μm以下，以气溶胶的形态漂浮于作业环境的空气中。电焊烟尘的浓度及成分主要取决于焊接方法、焊接材料及焊接参数。

3）放射性。在钨极氩弧焊和等离子弧焊割作业使用钍钨电极时，电子束焊的X射线都会造成放射性污染。由于生产中尽量用铈钨电极代替钍钨电极，对电子束焊的X射线进行屏蔽，所以，焊接过程中，放射线污染不严重。

11.2.2 焊接作业环境分类

为了预防焊接触电和电气火灾爆炸事故的发生，焊接作业环境按触电危险性及爆炸和火灾危险场所分类。

（1）按触电危险性分类　按可能发生触电的危险性大小，可分为：

1）普通环境。这类工作环境触电的危险性较小，需具备以下三个条件。

①焊接作业现场干燥，相对湿度小于70%。

②焊接作业环境现场没有导电粉尘存在。

③焊接作业现场为木材、沥青或瓷砖等非导电物质铺设，其中金属导电体占有系数小于20%。

2）危险环境。具备下列条件之一者，均为危险环境。

①焊接作业现场潮湿，相对湿度超过75%。

②焊接作业现场有导电粉尘存在。

③有泥、砖、湿木板、钢筋混凝土、金属等材料或其他导电材料的地面。

④焊接作业现场，地面金属导电物质占有系数大于20%。

⑤焊接作业现场温度高，平均气温超过30℃。

⑥焊接作业现场，人体同时接触到接地导体和设备外壳。

3）特别危险环境。凡具有下列条件之一者，均属特别危险环境。

①焊接作业现场特别潮湿，相对湿度接近100%。

②焊接现场有腐蚀性气体、蒸汽、煤气或游离物存在（如化工厂的大多数车间、铸造车间、电镀车间和锅炉房等）。

③在金属管道、容器内部和金属结构内部焊接时。

④同时具备危险环境条件中的两条者。

（2）按爆炸和火灾危险场所分类　根据发生事故的可能性和后果危险程度，在电力装置设计规范中将爆炸和火灾危险场所划分为三类八级。

1）第一类是气体或蒸汽爆炸性混合物的场所。

①Q—1级场所。在正常情况下能形成爆炸性混合物的场所。

②Q—2级场所。在正常情况下不能形成爆炸性混合物，仅在不正常情况下才形成爆炸性混合物的场所。

③Q—3级场所。在不正常情况下整个空间形成爆炸性混合物的可能性较小，爆炸后果较轻的场所。

2）第二类是粉尘或纤维爆炸性混合物场所，共分为两级。

①G—1级场所。在正常情况下能形成爆炸性混合物（如镁粉、铝粉、煤粉等于空气的混合物）的场所。

②G—2级场所。在正常情况下不能形成爆炸性混合物，仅在不正常情况下才形成爆炸性混合物的场所。

3）第三类是火灾危险场所，共分为三级。

①H—1级场所。在生产过程中产生、使用、加工储存或转运闪点高于场所环境温度的可燃物体，而它们的数量和配量能引起火灾危险的场所。

②H—2级场所。在生产过程中出现的悬浮状、堆积可燃粉尘或可燃纤维，它们虽然不会形成爆炸性混合物，但在数量与配置上能引起火灾危险的场所。

③H—3级场所。有固体可燃物质，在数量与配置上能引起火灾危险的场所。

11.3 焊接劳动保护知识

11.3.1 焊接作业存在的有害因素

铝合金焊接作业的过程中会产生弧光辐射、金属烟尘、有害气体、高频电磁场、射线和噪声等有害因素，手工钨极氩弧焊、熔化极氩弧焊作业主要存在的有害因素是弧光辐射、金属烟尘和有害气体。

（1）金属烟尘　焊接操作中的电焊烟尘包括烟和粉尘。焊丝和母材金属熔融时所产生的金属蒸气（焊丝保护层、焊道区域、母材和夹具等中常包括的几种元素 Al、Mg、Cu、

Fe、Zn、Mn、Si、Cr、Ni 等沸点都低于弧柱温度）在空气中迅速冷凝及氧化所形成直径小于0.1μm的固体微粒称之为烟，直径在0.1~10μm的金属微料称为金属粉尘，统称为金属烟尘。

金属烟光的成分和浓度取决于焊接工艺、焊接材料及焊接规范。例如：从焊接方法比较，钎焊和切割产生的烟尘量要少于明弧焊。从焊接参数看：焊接电流增高，发光量增加，电弧电压增加，烟尘量增加；电源极性对焊接烟尘量也有影响；焊接位置不同发光量也不相同。平焊时发光量较大，烟尘量较大；立焊时次之。

（2）金属烟尘对人体的危害及防护　长期吸入高浓度的焊接烟尘，能使人呼吸系统、神经系统等发生多种严重的器质性变化。如长期吸入以氧化铝为主，并伴有二氧化硅、锰、铬以及臭氧、氮氧化物等具有刺激性，可促进肺组织纤维化的混合烟尘和有害气体，可致“焊工尘肺”。长期吸入超过允许浓度的锰及其化合物的微料及蒸气可致“锰中毒”。长期在封闭厂房、焊接工房内施氩弧焊，吸入氧化铝及氟化物微可致“焊工金属热”。因此，焊接时，必须采取措施，如戴口罩，使用吸尘设备，安装通风装置，选用低尘焊丝或采用自动焊代替手工焊等。焊接时，密封胶和残留的丙酮等化学品，经高温电弧热解作用，通过直接氧化和置换反应的氧化作用，成为锰蒸气（主要为氧化亚锰气溶胶）而凝取成为锰的烟尘。

（3）焊接电弧周围存在的有害气体　在焊接电弧的高温和强烈紫外线作用下，焊接电弧周围形成多种有毒气体，主要有：臭氧、一氧化碳、氮氧化物、氟化氢等，主要是对肺有刺激性。对上呼吸道黏膜刺激不大，对眼睛的刺激也不大，一般不会立即引起明显的刺激症状。慢性中毒时所造成的精神衰弱，上呼吸道黏膜发炎、慢性支气管炎等；急性中毒时，由于高浓度的氮氧化物作用于呼吸道深层，所以中毒初期仅会引起轻微的眼和喉咙不适（刺激）；潜伏期后，将会发生急性支气管炎，甚至引起肺水肿、呼吸困难、虚脱、全身乏力等症状。

（4）焊接弧光　焊接电弧在产生高温满足焊接需要的同时，产生了强烈的弧光辐射，焊接弧光辐射包括红外线、可见光线、紫外线。弧光作用到人体上，被体内组织吸收，引起人体组织的热作用、光化学作用和电离作用，发生急性或慢性损伤。如皮肤受强烈紫外线的作用可引起皮炎、慢性红斑，有时会出现小水泡，渗出液和浮肿，有烧灼感、发痒、脱皮；严重时能损害角膜和结膜，从而产生急性结膜炎，即电光性眼炎。在焊接过程中，眼部受到强烈的红外线辐射，会立即感到强烈的灼伤和灼痛，发生闪光幻觉。长期接受可能造成红外线的白内障，视力减退，严重时导致失明。

（5）高频电磁场对人体的危害及安全措施　非熔化极氩弧焊和离子弧焊为了迅速引燃电弧，须由高频振荡器来激发引弧。振荡器的较高频为150~260kHz，电压高达3500V。由于振荡器的高频电流作用，在振荡器和电源传输线路附近的空间，形成高频电磁场，长期接触场强较高的高频电磁场，对人体有一定影响，一般会引起头晕、头痛、疲乏乏力、记忆力减弱、心悸、胸闷、消瘦、神经衰弱和植物神经功能紊乱等。

为防止高频电磁场对人体的影响，应采取以下安全措施：

1）减少高频电磁场作用的时间，引燃电弧后，立即切断高频电源（如高频振荡器）。

2）焊枪和焊接电缆用金属编织成屏蔽，并可靠地接地。

3）用接触法引弧或晶体管脉冲引弧取代高频引弧。

（6）氩弧焊和等离子弧焊中，放射性对人体的危害　两者使用的钨棒电极中的钍，是天然的放射性物质，所放出90%的α射线、10%的β射线，1%的γ射线，焊接时钍及其衰变产物的烟尘吸入体内，很难从体内排除，并形成照射，长期危害机体。放射物资经常少量进入并蓄积体内，则可能引起病变，造成中枢神经系统、造血器官和消化系统的疾病，严重者发生放射病。

（7）噪声

1）根据产生噪声来源的不同，噪声可分为：

①机器性噪声。它是由于机械的撞击、摩擦、转动所产生的声音，如冲压、打磨、机加工、纺织机等，绝大部分生产性噪声属于这一类噪声。

②流体动力性噪声。它是由于气体压力或体积的突然变化或气液体流动所产生的声音，如空气压缩产生的高压风、高压水发射等所产生的声音。

③电磁性噪声。如变压器发出的声音。

2）噪声对人体的影响。噪声对人的影响可以分为生理影响和心理影响两个方面。

①生理影响。噪声首先会对听力产生影响，噪声高到一定强度，会造成听力损伤。大量研究表明，噪声超过75dB（A），将开始对人的听力造成影响。早期表现为听觉疲劳，产生暂时性听力阈移，离开噪声环境后可以逐渐恢复；久之则难以恢复，形成永久性阈移，造成听力损失。

②心理影响。主要表现在引起人们的烦恼；使人精力不易集中，影响学习，工作效率和休息。长期的烦恼和休息不好，就会产生一系列的生理变化，导致神经官能征，高血压等各种疾病。

3）职业性噪声的预防与控制。

①控制消除噪声源是防止噪声危害的根本措施。

②合理规划设计厂区与厂房，产生强烈噪声的车间和非噪声车间之间应有一定距离。

③通过吸声、消声、隔声、隔振等手段控制噪声传播和反射。

④当工作场所噪声强度超过职业接触限值时，佩戴个人听力保护器是一项有效的预防措施。

⑤实施听力监护措施。

⑥定期对接触噪声的员工进行职业健康检查，观察听力变化的情况，以便早期发现听力损伤，及时采取有效措施，听觉系统疾患者禁忌从事噪声作业，对已经发生职业性噪声聋的患者应调离噪声岗位。

11.3.2 焊接劳动保护措施

所谓焊接劳动保护是指为保障职工在生产劳动过程中的安全和健康所采取的措施。如果在焊接过程中不注意安全生产和劳动保护，就有可能引起爆炸、火灾、灼烫、触电、中毒等事故，甚至可能使焊工患上尘肺、电光性眼炎、慢性中毒等职业病。因此在生产过程中，必须重视焊接劳动保护，焊接劳动保护应贯穿于整个焊接工作的各个环节。加强焊接劳动保护的措施很多，主要应从两方面来控制：一是研究和采用安全卫生性能好的焊接技术及提高焊接机械化、自动化程度，从焊接技术角度减少污染和减轻焊工与有害因素的接触，从某种意义上讲，这是更为积极的防护；二是加强焊工的个人防护。

（1）焊接劳动保护环节　要在焊接结构设计、焊接材料、焊接设备和焊接工艺的改进和选用、焊接车间设计和安全卫生管理等各个环节中，积极改善焊接劳动卫生条件。例如：设计焊接结构时，要避免让焊工进入狭窄的空间进行焊接，对封闭结构施焊要开合理的通风口；焊接材料和焊接设备应尽量提高安全卫生性能；制订焊接工艺时，要优先选用自动焊或机器人焊接；要经常对焊工进行安全教育，定期监测焊接作业场所中有害物质的浓度，督促生产和技术部门采取措施，改进安全卫生状况。焊接劳动保护措施要从多方面综合采取技术措施。

1）焊接作业场所的通风。在焊接过程中，采取通风措施，降低工人呼吸带空气中的烟尘及有害气体浓度，对保证作业工人的健康是极其重要的。

焊接通风是通过通风系统向车间送入新鲜空气，或将作业区域内的有害烟气排出，从而降低工人作业区域空气中的烟尘及有害气体浓度，使其符合国家卫生标准，以达到改善环境，保护工人健康的目的。一个完整的通风除尘系统，不是简单地将车间内被污染的空气排出室外，而是将被污染的空气净化后再排出室外，这样才能有效地防止对车间外大气环境的污染。

2）焊接通风的分类。按通风换气的范围，焊接通风分为局部通风和全面通风两类。焊接局部通风主要是局部排风，即从焊接工作点附近收集烟气，经净化后再排出室外。全面通风是指对整个车间进行的通风换气，它是以清洁的空气将整个车间空气的有害物质浓度冲淡到最高允许浓度以下，并使之达到卫生标准。

①局部通风系统。局部通风系统由排烟罩、风管、风机和净化装置组成。排烟罩用于捕集电焊过程中散发的电焊烟尘，装在焊接工作点附近；风管用于输送由排烟罩捕集的电焊烟气及净化后的空气；风机用于推动空气在排风系统内的流动，一般采用离心风机；净化装置（除尘器）用于净化电焊烟气。局部通风系统有固定式、移动式和随机式三种。

局部通风所需风量小，烟气刚刚散发出来就被排风罩口吸出，因此烟气不经过作业者呼吸带，也不影响周围环境，通风效果较好。

②全面通风系统。全面通风系统包括机械通风和全面自然通风。以风机为动力的通风系统，称为全面机械通风系统。它是通过风机及管道等组成的通风系统进行厂房、车间的通风换气。全面自然通风是通过车间侧窗及天窗进行通风换气。

全面机械通风的效果不仅与换气量及换气机械系统布置方式有关，还与所需的风机、风管等设备有关。全面通风的目的是尽可能在较大空间范围内减少烟气对操作者及作业环境的污染程度，将焊接烟尘及有害气体从厂房或车间的整体范围内较多地排出，尽量使进、排气流均匀分布，减少通气死角，避免有害物质在局部区域积聚。全面通风不受焊接工作地点布置的限制，不妨碍工人操作，但散发出来的烟气仍可能通过工人呼吸带，故焊接作业点多、作业分散、流动性大的焊接作业场所应采用全面通风。焊工作业室内净高度低于3.5~4m或每个焊工作业空间小于200m^{3}时，工作间（室、舱、柜等）内部结构影响空气流通，应采用全面通风换气方式。

3）焊接通风的特点。焊接烟尘不同于一般机械性粉尘，它具有以下特点：

①电焊烟尘粒子小。

②电焊烟尘黏性大，由于烟尘粒子小，带静电、温度高而使其黏性大。

③电焊烟尘温度高，在排风管道和除尘器内空气温度达60~80℃。

④焊接过程发尘量大，一个焊工操作一天所产生的烟尘量约为60~150g。

由于焊接烟尘的特点，电焊烟尘的通风除尘系统，必须针对以上特点采取有效措施。

(2) 弧光的防护措施　焊接弧光对人体的危害主要是眼睛和皮肤，只要采取行之有效的防护措施和个人防护措施，就完全可以达到保护作业人员身体健康的目的。弧光防护措施如下：

1）设置防护屏。一般在小件焊接的固定场所设置防护屏，以保护焊接车间工作人员的眼睛。防护屏的材料可用薄铁板、玻璃纤维布等不燃或难燃的材料。

2）采用合理的墙壁饰面材料。在较小的空间施焊时，为防止弧光反射，可采用吸光材料做墙壁饰面材料。

3）保证足够的防护距离。弧光辐射强度随距离的加大而减弱，在自动或半自动焊作业时，应保证足够的防护间距。

4）改进工艺。尽量采用自动焊或半自动焊、埋弧焊，尽可能使工人远离施焊地点操作。对弧光很强、危害严重的焊接方法，应将弧光封闭在密闭装置内。

5）对弧光的个人防护。焊工自身要采取个人防护措施，以减少弧光辐射的危害。

(3) 焊接作业个人防护措施　焊工的防护用品是保护工人在劳动过程中的安全和健康所需要的、必不可少的个人预防性用品。在各种焊接与切割作业中，一定要按规定佩戴，以防对人体造成伤害。

焊接作业时使用的防护用品种类较多，有防护面罩、头盔、防护眼镜、安全帽、防噪声耳塞、耳罩、工作服、手套、绝缘鞋、安全带、防尘口罩、防毒面具及披肩等。

1）焊接防护面罩及头盔。焊接防护面罩是一种防止焊接金属飞溅、弧光及其他辐射使面部、颈部损伤，同时通过滤光镜片保护眼睛的一种个人防护用品。常用的有手持式焊接面罩（图 11-1）、头盔式面罩两种。而头盔式面罩又分为普通头盔式面罩（图 11-2）、封闭隔离式送风焊工头盔式面罩（图 11-3）、输气式防护焊工头盔式面罩（图 11-4）及自动变光送风式头盔式面罩（图 11-5）四种。

①普通头盔式面罩主体可上下翻动，便于双手操作，适合于各种焊接作业，特别是高空焊接作业。

②封闭隔离式送风焊工头盔式面罩主要用于高温、弧光较强、发尘量高的焊接与切割作业，如 CO_2 气体保护焊、氩弧焊、空气碳弧气刨、等离子弧切割及仰焊等，该头盔呼吸畅通，既防尘又防毒。缺点是价格太高，设备较复杂，焊工行动受送风管长度限制。

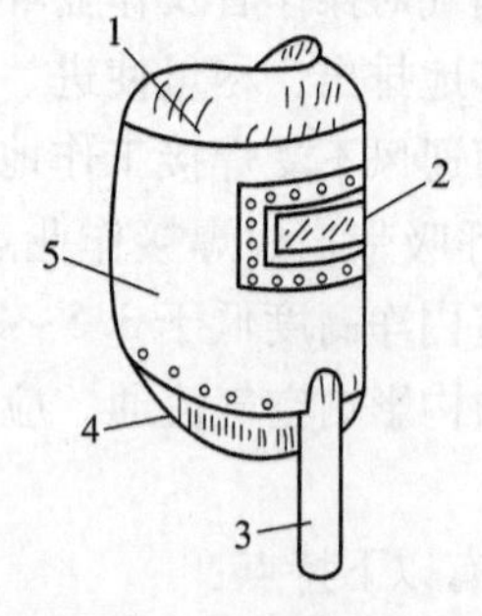

图 11-1　手持式焊接面罩

1—上碗面　2—观察窗　3—手柄

4—下弯面　5—面罩主体

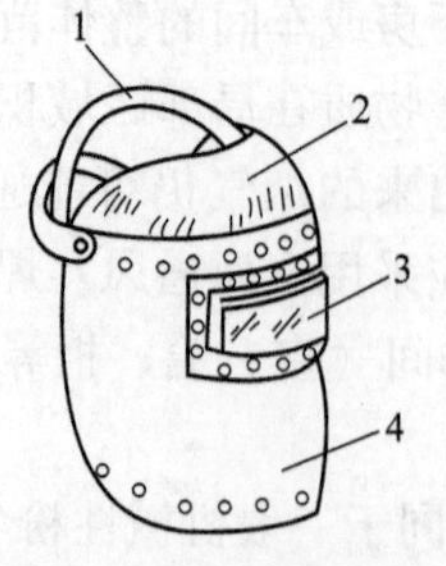

图 11-2　普通头盔式面罩

1—头箍　2—上弯面

3—观察窗　4—面罩主体

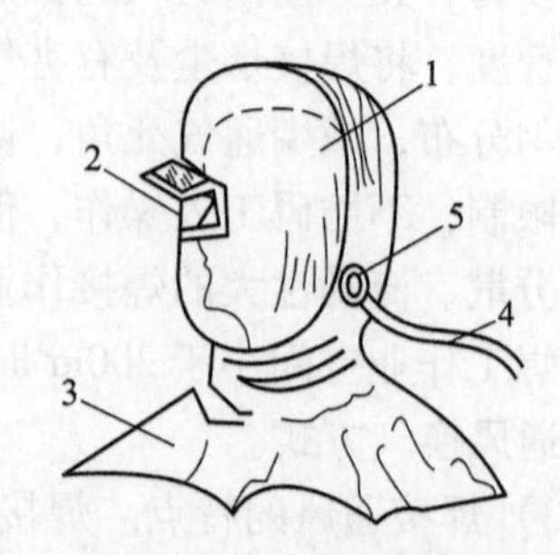

图 11-3　封闭隔离式送风焊工头盔式面罩

1—面盾　2—观察窗　3—披风

4—送风管　5—呼吸阀

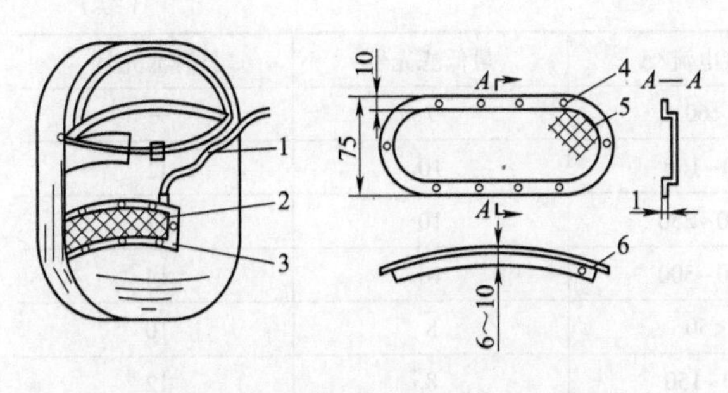

图 11-4 输气式防护焊工头盔式面罩

1—送风管 2—小孔 3—风带 4—固定孔 5—送风孔 6— 送风管插入孔

图 11-5 自动变光送风式头盔式面罩

③输气式防护焊工头盔式面罩主要用于熔化极氩弧焊，特别适用于密闭空间焊接，该头盔可使新鲜空气通达眼、鼻、口，从而起到保护作用。

④自动变光送风式头盔式面罩主要用于高温、弧光较强、发尘量高，且焊缝质量等级要求非常高的焊接与切割作业，如铝合金钨极氩弧焊、熔化极氩弧焊、等离子弧切割及仰焊等，该面罩可实现焊接自动变光及送风功能，使用操作简单方便，但价格非常昂贵。

2）防护眼镜。主要是采用防护滤光片。焊接防护滤光片的遮光编号以可见光透过率的大小决定，可见光透过率越大，编号越小，颜色越浅。对于滤光片的颜色，工人较喜欢黄绿色或蓝绿色，如图 11-6 所示。

图 11-6 防护眼镜

焊接滤光片分为吸收式、吸收-反射式及电光式三种，吸收-反射式比吸收式好，电光式镜片造价高。

焊工应根据电流大小、焊接方法、照明强弱及本身视力的好坏来选择正确合适的滤光片。选择时可参考表 11-2。

表 11-2 防护镜滤光片的选择参考表

焊接方法	焊条尺寸/mm	焊接电流/A	最低滤光号	推荐滤光号
焊条电弧焊	<2.5	<60	7	—
	2.5~4	60~160	8	10
	4~6.4	160~250	10	12
	>6.4	250~550	11	14

（续）

焊接方法	焊条尺寸/mm	焊接电流/A	最低滤光号	推荐滤光号
气体保护焊及药芯焊丝电弧焊	—	<60	7	—
		60~160	10	11
		160~250	10	12
		250~500	10	14
钨极惰性气体保护焊	—	<50	8	10
		50~150	8	12
		150~500	10	14
空气碳弧气刨	—	<500	10	12
		500~1000	11	14
等离子弧焊	—	<20	6	6~8
		20~100	8	10
		100~400	10	12
		400~800	11	14
等离子弧切割	—	<300	8	9
		300~400	9	12
		400~800	10	14
硬钎焊	—	—	—	3或4
软钎焊	—	—	—	2
碳弧焊	—	—	—	14
气焊	板厚（mm）		—	
	<3			4或5
	3~13			5或6
	>13			6或8
气割	板厚（mm）		—	
	<25			3或4
	25~150			4或5
	>150			5或6

如果焊接、切割中的电流较大，就近又没有遮光号大的滤光片，可将两片遮光号较小的滤光片叠起来使用，效果相同。当把1片滤光片换成2片时，可根据下列公式折算

$$N = (n_1 + n_2) - 1$$

式中　N——1个滤光片的遮光号；

n_1、n_2——2个滤光片各自的遮光号。

为保护操作者的视力，焊接工作累计8h，一般要更换一次新的保护片。

3）防尘口罩及防毒面具。焊工在焊接与切割过程中，当采用的通风方式不能使焊接现场烟尘或有害气体的浓度达到卫生标准时，必须佩戴合格的防尘口罩或防毒面具，如图11-7所示。

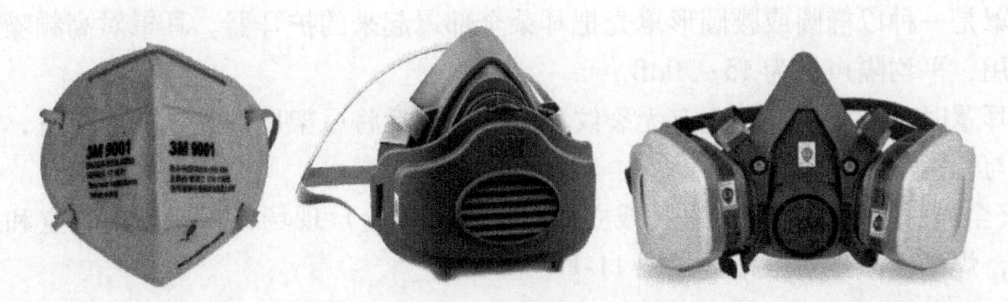

图 11-7　防尘口罩及防毒面具

①防尘口罩有隔离式和过滤式两大类。每类又分为自吸式和送风式两种。

②防毒面具通常可采用送风焊工头盔来代替。

4）防噪声保护用品，主要有耳塞、耳罩、防噪声棉等。最常用的是耳塞、耳罩，最简单的是在耳内塞棉花，如图 11-8、图 11-9 所示。

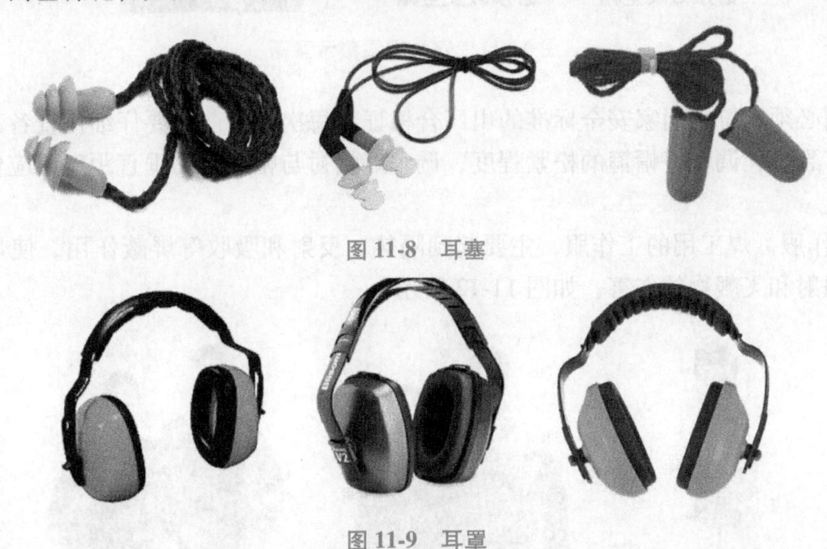

图 11-8　耳塞

图 11-9　耳罩

①耳塞是插入外耳道最简便的护耳器，它分大、中、小三种规格。耳塞的平均隔声值为 15~25dB，其优点是防声作用大，体积小，携带方便，易于保存，价格便宜。

佩戴各种耳塞时，要将塞帽部分轻推入外耳道内，使它与耳道贴合，但不要用力太猛或塞得太深，以感觉适度为止，如图 11-10 所示。

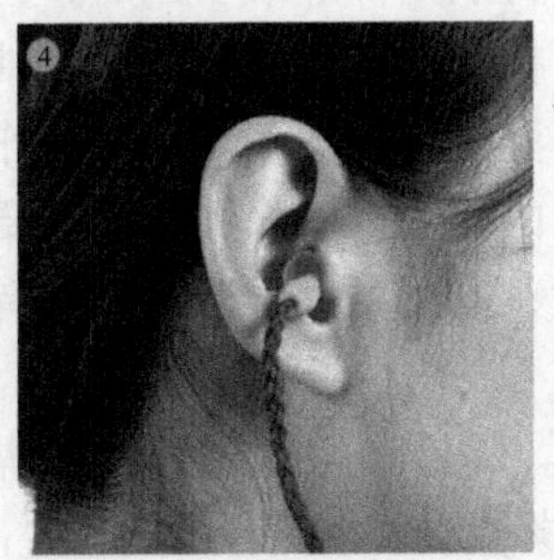
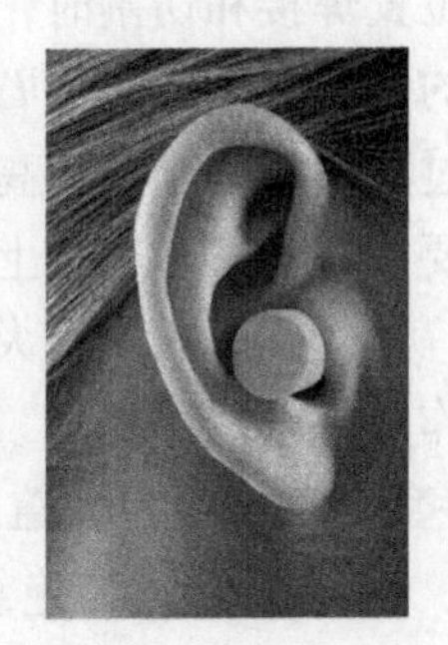

图 11-10　耳塞佩戴示意图

②耳罩是一种以椭圆或腰圆形罩壳把耳朵全部罩起来的护耳器。耳罩对高频噪声有良好的隔离作用，平均隔声值为 15~30dB。

使用耳罩时，应先检查外壳有无裂纹和漏气，而后将弓架压在头顶适当位置，务必使耳壳软垫圈与周围皮肤贴合。

5）安全帽。在多层交叉作业（或立体上下垂直作业）现场，为了预防高空和外界飞来物的危害，焊工应佩戴安全帽，如图 11-11 所示。

图 11-11　安全帽佩戴示意图

安全帽必须有符合国家安全标准的出厂合格证，每次使用前都要仔细检查各部分是否完好，是否有裂纹，调整好帽箍的松紧程度，调整好帽衬与帽顶内的垂直距离，应保持在 20~50mm 之间。

6）工作服。焊工用的工作服，主要起到隔热、反射和吸收等屏蔽作用，使焊工身体免受焊接热辐射和飞溅物的伤害，如图 11-12 所示。

图 11-12　工作服示意图

焊工工作服常用白帆布制作，在焊接过程中具有隔热、反射、耐磨和透气性好等优点。在进行全位置焊接和切割时，特别是仰焊或切割时，为了防止焊接飞溅或焊渣等溅到面部或额部造成灼伤，焊工可使用石棉物制作的披肩、长套袖、围裙和鞋盖等防护用品进行防护。

焊接过程中，为了防止高温飞溅物烫伤焊工，工作服上衣不应该系在裤子里面；工作服穿好后，要系好袖口和衣领上的扣子，工作服上衣不要有口袋，以免高温飞溅物掉进口袋中引发燃烧；工作服上衣要做大，衣长要过腰部，不应有破损空洞、不允许沾有油脂、不允许潮湿，工作服应较轻。

7）手套、工作鞋和鞋盖。焊接和切割过程中，焊工必须戴防护手套，手套要求耐磨、耐辐射热、不容易燃烧和绝缘性良好。最好采用牛（猪）绒面革制作手套，如图 11-13 所示。

焊接过程中，焊工必须穿绝缘工作鞋。工作鞋应该是耐热、不容易燃烧、耐磨、防滑的高筒绝缘鞋。工作鞋使用前，须经耐压试验500V合格，在有积水的地面上焊接时，焊工的工作鞋必须是经耐压试验600V合格的防水橡胶鞋。工作鞋是黏胶底或橡胶底，鞋底不得有铁钉，如图11-14所示。

图 11-13　焊工专用防护手套

图 11-14　绝缘工作鞋

焊接过程中，强烈的焊接飞溅物坠地后，四处飞溅。为了保护好脚不被高温飞溅物烫伤，焊工除了要穿工作鞋外，还要系好鞋盖。鞋盖只起隔离高温焊接飞溅物的作用，通常用帆布或皮革制作。

（4）加强焊接作业的管理，建立健全严格的规章制度

1）焊工管理制度（钢印制度、执证上岗制度）。

2）设备、工具维护检验制度。

3）动火制度。

4）工作命令焊接工艺卡票制度。

5）加强个人防护。焊接作业人员必须按规定穿戴好防护用品和戴好符合标准的面罩和护目镜等。

6）搞好卫生保健工作。焊工应进行从业前的体检和每两年的定期体检；焊接作业人员应有更衣室和休息室；作业完毕后要及时洗手、洗脸、并经常清洗工作服和手套等。

总之，为了杜绝和减少焊接作业中发生工伤事故和职业危害，必须科学地、认真地搞好安全组织和防护措施，加强焊接作业的安全技术和工业卫生管理。只有这样，我们的焊接作业人员才可以在一个安全、卫生、舒适的环境内发挥出高超的技艺。

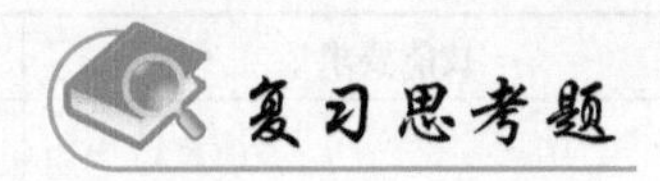

复习思考题

1. 电流通过人体的途径有哪几种？
2. 触电的类型有哪几种？
3. 焊接作业环境分几类？
4. 什么是焊接烟尘？焊接烟尘有哪些危害？
5. 什么是弧光辐射？焊接弧光辐射有哪些危害？
6. 什么是噪声？噪声有哪些危害？
7. 焊接过程中的放射线有哪些？放射线对人体有哪些伤害？
8. 焊接生产安全检查主要有哪些工作？

第12章 铝合金焊接技能操作考核

Chapter 12

☺ 理论知识要求

1. 了解铝合金初级焊工命题标准。
2. 了解铝合金中级焊工命题标准。
3. 了解铝合金高级焊工命题标准。
4. 了解铝合金焊工初、中、高级的命题格式。
5. 根据主视图、左视图、俯视图正确组装焊接试件。
6. 了解铝合金焊工技师、高级技师的命题格式。

12.1 铝合金初级焊工命题标准

12.1.1 命题标准

铝及铝合金初级焊工技能操作考核包括熔化极氩弧焊（MIG）的厚度 $\delta=6\sim12$mm 平对接（背面加衬垫）、角接、搭接或 T 形接头；钨极氩弧焊（TIG）的厚度 $\delta=3\sim6$mm 平对接（背面加衬垫或充气）、角接、搭接或 T 形接头及管径 $\phi<60$mm 铝合金管对接水平转动焊（背面加衬垫或充气）等 5 项职业功能，任选 2 项进行考核，具体标准见表 12-1。

表 12-1 铝合金初级焊工技能操作考核标准

职业功能	工作内容	技能要求	相关知识
一、铝及铝合金熔化极氩弧焊 1	熔化极氩弧焊（MIG）的角接、搭接或 T 形接头平焊	1. 根据焊接工艺要求进行铝板的平角接、搭接或 T 形接头焊接所用设备、工具、夹具的安全检查 2. 进行铝板角接、搭接或 T 形接头的坡口清理、组对及定位焊 3. 进行角接、搭接或 T 形接头熔化极氩弧焊的引弧、运条、收弧、焊接操作	1. 角接、搭接或 T 形接头熔化极氩弧焊引弧、收弧和焊接操作方法及铝板试件定位焊要领 2. 熔化极氩弧焊安全操作规程 3. 焊接所用工具、夹具安全检查方法 4. 角接、搭接或 T 形接头焊接变形的基本知识 5. 铝及铝合金焊前清理及抛光的基本知识

（续）

职业功能	工作内容	技能要求	相关知识
一、铝及铝合金熔化极氩弧焊1	熔化极氩弧焊（MIG）的角接、搭接或T形接头平焊	4. 焊接符合焊接工艺文件要求的角接或搭接焊缝 5. 根据工艺文件对角接、搭接或T形接头焊缝外观质量进行自检	6. 角接、搭接或T形接头熔化极氩弧焊焊接参数的选择 7. 角接、搭接或T形接头熔化极氩弧焊焊缝的表面缺陷 8. 角接、搭接或T形接头熔化极氩弧焊基本操作方法 9. 角接、搭接或T形接头熔化极氩弧焊焊接参数对焊缝成形的影响
二、铝及铝合金熔化极氩弧焊2	熔化极氩弧焊（MIG）的厚度$\delta=6\sim12$mm对接（背面加衬垫）平焊	1. 根据焊接工艺要求进行铝板的对接平焊焊接所用设备、工具、夹具的安全检查 2. 进行铝板对接平焊接头的坡口清理、组对及定位焊 3. 预留焊件反变形 4. 根据焊接工艺文件选择铝板对接平焊熔化极氩弧焊的焊接参数。 5. 根据焊接工艺文件要求确定铝板对接平焊打底焊道及其他焊道的运条方式，完成焊接 6. 根据工艺文件对平焊接头焊缝外观质量进行自检	1. 铝板对接平焊熔化极氩弧焊引弧、收弧和焊接操作方法及铝板试件定位焊要领 2. 熔化极氩弧焊安全操作规程 3. 焊接所用工具、夹具安全检查方法 4. 铝板对接平焊焊接变形的基本知识 5. 铝及铝合金焊前清理及抛光的基本知识 6. 铝板对接平焊熔化极氩弧焊焊接参数的选择 7. 铝板对接平焊熔化极氩弧焊焊缝的表面缺陷 8. 铝板对接平焊熔化极氩弧焊基本操作方法
三、铝及铝合金钨极氩弧焊1	钨极氩弧焊的角接、搭接或T形接头平焊	1. 根据焊接工艺要求进行铝板的平角接、搭接或T形接头焊接所用设备、工具、夹具的安全检查 2. 进行铝板角接、搭接或T形接头的坡口清理、组对及定位焊 3. 选择符合平角接、搭接或T形接头焊接的焊接工艺要求的焊接参数 4. 进行角接、搭接或T形接头熔化极氩弧焊的引弧、运条、收弧、焊接操作 5. 焊接符合焊接工艺文件要求的角接或搭接焊缝 6. 根据工艺文件对角接、搭接或T形接头焊缝外观质量进行自检	1. 角接、搭接或T形接头钨极氩弧焊引弧、收弧和焊接操作方法及铝板试件定位焊要领 2. 钨极氩弧焊安全操作规程 3. 焊接所用工具、夹具安全检查方法 4. 角接、搭接或T形接头焊接变形的基本知识 5. 铝及铝合金焊前清理及抛光的基本知识 6. 角接、搭接或T形接头钨极氩弧焊焊接参数的选择 7. 角接、搭接或T形接头钨极氩弧焊焊缝的表面缺陷 8. 角接、搭接或T形接头钨极氩弧焊基本操作方法 9. 角接、搭接或T形接头钨极氩弧焊焊接参数对焊缝成形的影响

（续）

职业功能	工作内容	技能要求	相关知识
四、铝及铝合金钨极氩弧焊2	钨极氩弧焊（MIG）的厚度δ=3~6mm对接（背面加衬垫）平焊	1. 根据焊接工艺要求进行铝板的对接平焊焊接所用设备、工具、夹具的安全检查 2. 进行铝板对接平焊接头的坡口清理、组对及定位焊 3. 预留焊件反变形 4. 根据焊接工艺文件选择铝板对接平焊钨极氩弧焊的焊接参数 5. 根据焊接工艺文件要求确定铝板对接平焊打底焊道及其他焊道的运条方式完成焊接 6. 根据工艺文件对平焊接头焊缝外观质量进行自检	1. 铝板对接平焊钨极氩弧焊引弧、收弧和焊接操作方法及铝板试件定位焊要领 2. 钨极氩弧焊安全操作规程 3. 焊接所用工具、夹具安全检查方法 4. 铝板对接平焊焊接变形的基本知识 5. 铝及铝合金焊前清理及抛光的基本知识 6. 铝板对接平焊熔化极氩弧焊焊接参数的选择 7. 铝板对接平焊熔化极氩弧焊焊缝的表面缺陷 8. 铝板对接平焊熔化极氩弧焊基本操作方法
五、铝及铝合金钨极氩弧焊3	钨极氩弧焊（MIG）的管径$\phi<60$mm铝合金管对接水平转动焊（背面加衬垫或充气）	1. 进行管径$\phi<60$mm铝合金管对接水平转动钨极氩弧焊所用设备、工具、夹具的安全检查 2. 根据焊接工艺文件选择符合管径$\phi<60$mm铝合金管对接水平转动钨极氩弧焊的焊接参数 3. 进行管径$\phi<60$mm铝合金管对接水平转动钨极氩弧焊焊件的坡口清理、组对及定位焊 4. 根据焊接工艺文件进行管径$\phi<$60mm铝合金管对接水平转动钨极氩弧焊的打底焊及其他焊道的焊接 5. 根据工艺文件对管径$\phi<60$mm铝合金管对接水平转动钨极氩弧焊接头焊缝外观质量进行自检	1. 管径$\phi<60$mm铝合金管对接水平转动钨极氩弧焊所用设备、工具、夹具的安全检查方法 2. 管径$\phi<60$mm铝合金管对接水平转动钨极氩弧焊焊接参数选择 3. 管径$\phi<60$mm铝合金管对接水平转动钨极氩弧焊引弧、焊枪摆动、填丝的操作要领 4. 管径$\phi<60$mm铝合金管对接水平转动钨极氩弧焊焊缝容易出现的外观缺陷及其消除措施

12.1.2 命题案例

（1）试题名称　铝合金厚板组合件（平对+平搭接）的熔化极氩弧焊。

（2）准备要求

1）焊接设备，见表12-2。

表12-2　焊接设备清单

序号	名称	规格	数量	备注
1	熔化极氩弧焊机	/	1	设备型号根据现场情况自定

2）焊接工具，见表12-3。

表 12-3 焊接工具清单

序号	名称	型号与规格	单位	数量	备注
1	防护用品	工作服、帽、鞋、手套、防护眼镜、面罩	套	1	
2	橡胶锤	自定	把	1	
3	直磨机	自定	把	1	
4	尖嘴钳	自定	把	1	
5	不锈钢丝刷	自定	把	1	
6	钢丝钳	自定	把	1	
7	锉刀	自定	把	1	
8	活扳手	自定	把	1	
9	角向磨光机	自定	把	1	

3）焊接材料。

试件材质：6082 铝板。

试板 1：10mm×150mm×300mm，35°坡口；钝边 1mm；数量 2 块。

试板 2：10mm×75mm×300mm，无坡口；数量 1 块。

（3）试题正文

试题：铝合金厚板组合件（平对+平搭接）的熔化极氩弧焊。

考件图样：如图 12-1 所示。

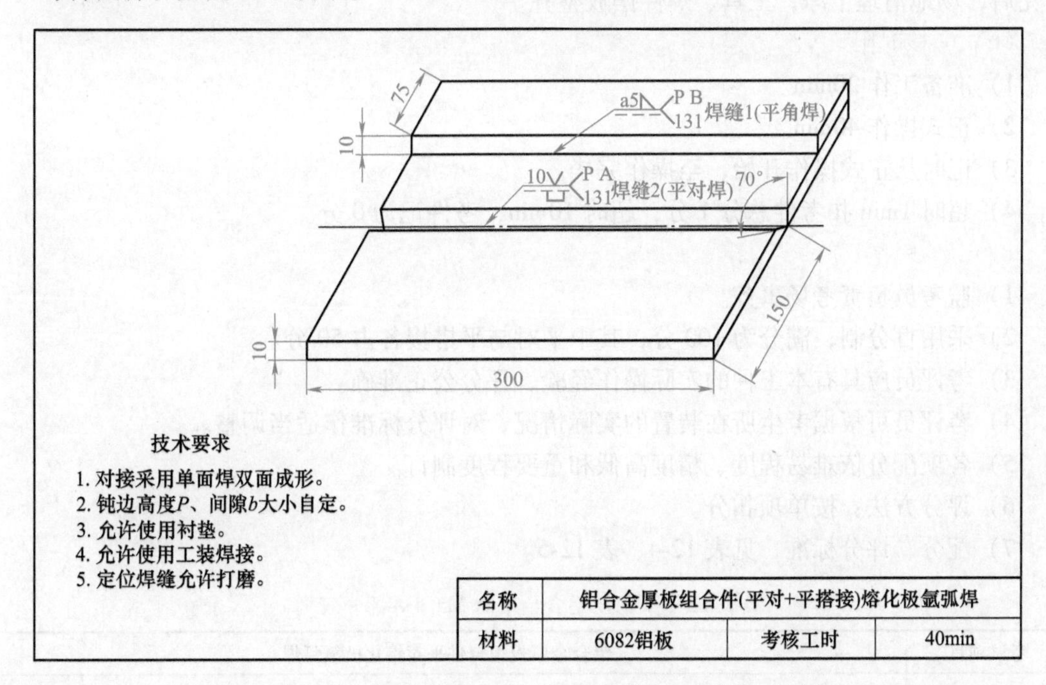

名称	铝合金厚板组合件(平对+平搭接)熔化极氩弧焊		
材料	6082铝板	考核工时	40min

图 12-1 铝合金厚板组合件（平对+平搭接）熔化极氩弧焊

（4）操作要求

1）焊接方法。手工 MIG 焊。

2）焊接位置。水平固定焊。

3）坡口形式。V 形坡口，坡口角度 70°±1°。

4）焊接要求。单面焊双面成形，允许加衬垫。

5）焊前清理。将坡口端面及侧面 15~20mm 范围内的油、污、锈、垢清除干净，露出金属光泽。

6）装配、定位焊。按图样组装进行定位焊；定位焊焊 2 点，位于时钟 10 点与时钟 2 点处坡口内，也可焊 3 点，每两点间相距 120°，定位焊缝长度 10~15mm。定位装配后，允许对定位焊缝进行适当修磨。

7）焊接过程中劳保用品穿戴整齐；焊接参数选择正确，焊后焊件保持原始状态。

8）考件焊完后，关闭焊机、气瓶、水源，工具摆放整齐，场地清理干净，并仔细清理焊缝焊渣并保持原始状态。

（5）考核内容

1）准备工作。考核考件清理程度（坡口两侧 15~20mm 清除油、污、锈、垢）、定位焊正确，考件定位焊后必须在操作架上焊接全缝，不得任意更换和改变焊接位置，焊接参数选择正确与否。

2）操作过程。考核操作规程中是否有不规范的操作方式或违章情况等。

3）使用工具。考核工具的使用情况，有无不规范的使用情况。

4）安全及其他。考核现场劳保用品的穿戴情况；焊接过程中正确执行安全操作规程；焊完后，场地清理干净，工具、焊件摆放整齐。

（6）考核时限

1）准备工作 20min。

2）正式操作 40min。

3）记时从正式操作开始，至操作完毕。

4）超时 1min 扣考件总分 1 分，超时 10min，考件记为 0 分。

（7）考核评分

1）监考员负责考场事务。

2）采用百分制，满分为 100 分，其中平对与平搭接各占 50 分。

3）考评员应具有本工种的实际操作经验，评分公正准确。

4）考评员可根据考生所在装置的实际情况，对评分标准作适当调整。

5）各项配分依难易程度、精度高低和重要程度制订。

6）评分方法：按单项扣分。

7）配分、评分标准，见表 12-4、表 12-5。

表 12-4　铝及铝合金平对 MIG 焊评分表

考试项目	铝合金厚板组合件平对熔化极氩弧焊					
检查项目	评分标准/mm	配分标准				得分
		Ⅰ	Ⅱ	Ⅲ	Ⅳ	
焊缝余高	标准	1~2	>2，≤3	>3，≤4	>4，<0	
	分数	4	3	1	0	

（续）

考试项目	铝合金厚板组合件平对熔化极氩弧焊					
检查项目	评分标准/mm	配分标准				得分
		Ⅰ	Ⅱ	Ⅲ	Ⅳ	
焊缝高低差	标准	≤1	>1，≤2	>2，≤2.5	>2.5	
	分数	4	3	1	0	
焊缝宽度	标准	≤18	>18，≤20	>20，≤22	>22	
	分数	4	3	1	0	
焊缝宽窄差	标准	≤1	>1，≤1.5	>1.5，≤2	>2	
	分数	4	3	1	0	
咬边	标准	0	长度≤30	长度>30	长度>60	
	分数	6	3	1	0	
气孔、缩孔	标准	无	有缩孔无气孔	有气孔无缩孔	全有	
	分数	6	3	1	0	
背面焊缝余高	标准	0.5~1	>1，≤2	>2，≤3	>3，<0	
	分数	4	3	1	0	
未焊透	标准	0	长度≤30	长度30~50	长度>50	
	分数	7	4	2	0	
焊瘤	标准	无	2	3	>3	
	分数	4	3	1	0	
起头、接头、收尾	标准	无	一处不良	二处不良	三处不良	
	分数	6	4	2	0	
错边量	标准	≤0.5	>0.5，≤1.2	>1.2，≤1.5	>1.5	
	分数	3	2	1	0	
电弧擦伤	标准	无	一处不良	二处不良	三处不良	
	分数	3	2	1	0	
角变形	标准	≤1	>1，≤3	>3，≤5	>5	
	分数	3	2	1	0	
焊缝外观成形	标准	优 焊缝成形美观，鱼鳞均匀细密，高低宽窄一致	良 成形较好，鱼鳞均匀细密，焊缝平整	一般 成形尚可，焊缝平直	差 焊缝弯曲，高低差明显，有表面焊接缺陷	
	分数	12~9	8~6	5~3	2~0	
X射线检验	标准	Ⅰ级无缺陷	Ⅰ级有缺陷	Ⅱ级	≥Ⅲ级	
	分数	30	20	10	0	
备注	焊缝表面及根部进行修补或试件有舞弊标记的，则该项作0分处理			合计		
				考评员签字		

评分人：　　年　月　日　　　　核分人：　　年　月　日

表 12-5 铝及铝合金平搭接 MIG 焊评分表

考试项目	铝合金厚板组合件平搭接熔化极氩弧焊					
检查项目	评分标准/mm	配分标准				得分
		Ⅰ	Ⅱ	Ⅲ	Ⅳ	
焊角尺寸高低差	标准	≤1	≤2	≤3	>3	
	分数	8	6	3	0	
底板侧焊脚尺寸	标准	5~7	>7，≤8	>8，≤10	≤5，>10	
	分数	8	6	3	0	
底板侧焊脚尺寸差	标准	0~1	>1，≤2	>2，≤3	>3	
	分数	8	6	3	0	
立板侧焊脚尺寸	标准	5~7	>7，≤8	>8，≤10	≤5，>10	
	分数	8	6	3	0	
立板侧焊脚尺寸差	标准	0~1	>1，≤2	>2，≤3	>3	
	分数	8	6	3	0	
咬边	标准	无	<0.5	>0.5		
	分数	8	6	3		
起头、接头、收尾	标准	无	一处不良	两处不良	三处不良	
	分数	4	2	1	0	
电弧擦伤	标准	无	一处		一处以上	
	分数	2	1		0	
角变形	标准	≤3°		>3°		
	分数	2		0		
焊缝外观成形		优	良	一般	差	
	标准	成形美观，波纹均匀细密，高低宽窄一致	成形较好，波纹均匀，焊缝平整	成形尚可，焊缝平直	焊缝弯曲，高低宽窄明显，有表面焊接缺陷	
	分数	14~11	10~6	5~3	2~0	
按 ISO 10042（B级）宏观金相	标准	4块合格	3块合格	2块合格	<2块合格	
	分数	30	20	10	0	
备注	焊缝表面及背面进行修补或试件有舞弊标记的，则该项作0分处理			合计		
				考评员签字		

评分人：　　年　月　日　　　　核分人：　　年　月　日

12.2 铝合金中级焊工命题标准

12.2.1 命题标准

铝及铝合金中级焊工技能操作考核包括熔化极氩弧焊（MIG）的厚度 $\delta = 6 \sim 12$mm 立或

横板对接（背面加衬垫）焊，角接、搭接或T形接头的立角及仰角位置及管径ϕ=76~168mm铝合金管对接水平和垂直固定焊（背面加衬垫或充气）。钨极氩弧焊（TIG）的厚度δ=3~6mm立、横对接，角接，搭接或T形接头立角及仰角位置及管径ϕ<60mm铝合金管对接水平和垂直固定焊等6大项12小项职业功能，任选2大项中的1小项进行考核，具体标准见表12-6。

表12-6 铝合金中级焊工技能操作考核标准

职业功能	工作内容	技能要求	相关知识
一、铝及铝合金熔化极氩弧焊1	熔化极氩弧焊（MIG）的角接、搭接或T形接头立角或仰角焊	1. 选择符合铝及铝合金熔化极氩弧焊（MIG）的角接、搭接或T形接头的铝合金焊丝 2. 根据图样制备熔化极氩弧焊（MIG）的角接、搭接或T形接头的坡口 3. 根据焊接工艺文件选择熔化极氩弧焊（MIG）的角接、搭接或T形接头的焊接参数 4. 合理选择熔化极氩弧焊的焊枪角度与运条方法 5. 焊接符合角接、搭接或T形接头的打底焊缝，中间焊缝及清理，以及成形良好的盖面焊缝 6. 根据工艺文件对中等厚度铝合金焊缝外观质量及内部质量（宏观与断口）进行自检	1. 角接、搭接或T形接头熔化极氩弧焊的熔滴过渡类型及影响因素 2. 角接、搭接或T形接头熔化极氩弧焊的坡口制备原则 3. 角接、搭接或T形接头熔化极氩弧焊的焊接参数选择原则 4. 角接、搭接或T形接头熔化极氩弧焊的焊枪角度控制与用运条方法 5. 角接、搭接或T形接头熔化极氩弧焊的熔化极氩的焊接操作要领 6. 角接、搭接或T形接头熔化极氩弧焊焊缝的表面缺陷及宏观与断口的内部质量进行自检
二、铝及铝合金熔化极氩弧焊2	熔化极氩弧焊（MIG）的厚度δ=6~12mm立或横板对接（背面加衬垫）焊	1. 选择符合铝及铝合金熔化极氩弧焊（MIG）的厚度δ=6~12mm立或横板对接（背面加衬垫）焊的铝合金焊丝 2. 根据图样制备厚度δ=6~12mm立或横板对接（背面加衬垫）焊的坡口 3. 根据焊接工艺文件选择厚度δ=6~12mm立或横板对接（背面加衬垫）焊的焊接参数 4. 合理选择熔化极氩弧焊的焊枪角度与运条方法 5. 焊接符合全熔透的打底焊缝，中间焊缝及清理，以及成形良好的盖面焊缝 6. 根据工艺文件对中等厚度铝合金焊缝外观质量及内部质量（断口）进行自检	1. 厚度δ=6~12mm铝合金板立或横对接（背面加衬垫）熔化极氩弧焊的熔滴过渡类型及影响因素 2. 厚度δ=6~12mm铝合金板立或横对接（背面加衬垫）熔化极氩弧焊的坡口制备原则 3. 厚度δ=6~12mm铝合金板立或横对接（背面加衬垫）熔化极氩弧焊的焊接参数选择原则 4. 厚度δ=6~12mm铝合金板立或横对接（背面加衬垫）熔化极氩弧焊的焊枪角度控制与运条方法 5. 厚度δ=6~12mm铝合金板立或横对接（背面加衬垫）熔化极氩弧焊的焊接操作要领 6. 厚度δ=6~12mm铝合金板立或横对接（背面加衬垫）熔化极氩弧焊的表面缺陷及宏观与断口的内部质量进行自检

（续）

职业功能	工作内容	技能要求	相关知识
三、铝及铝合金熔化极氩弧焊 3	熔化极氩弧焊（MIG）的管径 $\phi=76\sim168$mm 铝合金管水平固定或垂直固定对接焊（背面加衬垫或充气）	1. 选择符合铝合金熔化极氩弧焊管径 $\phi=76\sim168$mm 管对接工艺要求的铝合金焊丝 2. 根据图样制备铝合金熔化极氩弧焊管径 $\phi=76\sim168$mm 管对接（背面加衬垫）焊的坡口 3. 根据焊接工艺文件选择铝合金熔化极氩弧焊管径 $\phi=76\sim168$mm 管对接（背面加衬垫）焊的定位焊位置 4. 根据焊接工艺文件选择铝合金熔化极氩弧焊管径 $\phi=76\sim168$mm 管对接（背面加衬垫）焊的焊接参数 5. 根据焊接工艺文件选择铝合金熔化极氩弧焊管径 $\phi=76\sim168$mm 管对接（背面加衬垫）焊接位置方向的变化调整枪角度与运条方法 6. 焊接符合全熔透的打底焊缝，中间焊缝及清理，以及成形良好的盖面焊缝 7. 根据工艺文件对铝合金熔化极氩弧焊管径 $\phi=76\sim168$mm 管对接（背面加衬垫）焊缝外观质量及内部质量（断口）进行自检	1. 管径 $\phi=76\sim168$mm 铝合金管（背面加衬垫或充气）熔化极氩弧焊的熔滴过渡类型及影响因素 2. 管径 $\phi=76\sim168$mm 铝合金管（背面加衬垫或充气）熔化极氩弧焊的坡口制备原则，坡口打磨、清理抛光的工艺要求及管定位焊知识 3. 管径 $\phi=76\sim168$mm 铝合金管水平固定或垂直固定对接焊（背面加衬垫或充气）熔化极氩弧焊的焊接参数选择原则 4. 管径 $\phi=76\sim168$mm 铝合金管水平固定或垂直固定对接焊（背面加衬垫或充气）熔化极氩弧焊的焊枪角度控制与运条方法 5. 管径 $\phi=76\sim168$mm 铝合金管水平固定或垂直固定对接熔化极氩弧焊（背面加衬垫或充气）的焊接操作要领 6. 管径 $\phi=76\sim168$mm 铝合金管（背面加衬垫或充气）水平固定或垂直固定对接熔化极氩弧焊的表面缺陷及内部质量（断口）检查的知识
四、铝及铝合金钨极氩弧焊 1	钨极氩弧焊的角接、搭接或 T 形接头立角或仰角焊	1. 选择符合铝及铝合金钨极氩弧焊的角接、搭接或 T 形接头的铝合金焊丝 2. 根据图样制备钨极氩弧焊的角接、搭接或 T 型接头的坡口 3. 根据焊接工艺文件选择钨极氩弧焊的角接、搭接或 T 形接头的焊接参数 4. 合理选择钨极氩弧焊的角接、搭接或 T 型接头焊接的焊枪角度与运条方法 5. 焊接符合角接、搭接或 T 形接头的打底焊缝，中间焊缝及清理，以及成形良好的盖面焊缝 6. 根据工艺文件对钨极氩弧焊角接、搭接或 T 形焊缝接头外观质量进行自检	1. 角接、搭接或 T 形接头熔化极氩弧焊的熔滴过渡类型及影响因素 2. 角接、搭接或 T 形接头熔化极氩弧焊的坡口制备原则 3. 钨极氩弧焊的角接、搭接或 T 形接头立角或仰角焊的焊接参数选择原则 4. 钨极氩弧焊的角接、搭接或 T 形接头立角或仰角焊接的焊枪角度控制与运条方法 5. 钨极氩弧焊的角接、搭接或 T 形接头立角或仰角焊的焊接操作要领 6. 钨极氩弧焊的角接、搭接或 T 形接头立角或仰角焊的表面缺陷及宏观与断口的内部质量进行自检

（续）

职业功能	工作内容	技能要求	相关知识
五、铝及铝合金钨极氩弧焊2	钨极氩弧焊（TIG）的δ=3～6mm对接立或横焊	1. 选择符合铝及铝合金钨极氩弧焊（TIG）的厚度δ=3～6mm立或横板对接焊的铝合金焊丝 2. 根据图样制备厚度δ=3～6mm立或横板对接焊的坡口 3. 根据焊接工艺文件选择厚度δ=3～6mm立或横板对接焊的焊接参数 4. 合理选择钨化极氩弧焊的焊枪角度、运条及送丝方法 5. 焊接符合全熔透的打底焊缝，中间焊缝及清理，以及成形良好的盖面焊缝 6. 根据工艺文件对钨极氩弧焊（TIG）的δ=3～6mm对接立或横焊焊缝外观质量及内部质量（断口）进行自检	1. 厚度δ=3～6mm立或横铝合金板对接钨极氩弧焊的坡口制备原则 2. 厚度δ=3～6mm立或横铝合金板对接钨极氩弧焊的焊接参数选择原则 3. 厚度δ=3～6mm立或横铝合金板对接钨极氩弧焊的焊枪角度控制与运条方法 4. 厚度δ=3～6mm立或横铝合金板对接钨极氩弧焊的焊接操作要领 5. 厚度δ=3～6mm立或横铝合金板对接钨极氩弧焊的表面缺陷及宏观与断口的内部质量进行自检
六、铝及铝合金钨极氩弧焊3	钨极氩弧焊（TIG）的管径ϕ<60mm铝合金管对接水平固定或垂直固定焊	1. 选择符合铝合金钨极氩弧焊管径ϕ<60mm管对接工艺要求的铝合金焊丝 2. 根据图样制备铝合金钨极氩弧焊管径ϕ<60m管对接焊的坡口 3. 根据焊接工艺文件选择铝合金钨极氩弧焊管径ϕ<60m管对接焊的定位焊位置 4. 根据焊接工艺文件选择铝合金钨极氩弧焊管径ϕ<60m管对接焊的焊接参数 5. 根据焊接工艺文件选择铝合金钨极氩弧焊管径ϕ<60m管对接焊接位置方向的变化调整枪角度、运条及送丝方法 6. 焊接符合全熔透的打底焊缝，中间焊缝及清理，以及成形良好的盖面焊缝 7. 根据工艺文件对铝合金钨极氩弧焊管径ϕ<60m管对接焊缝外观质量进行自检	1. 管径ϕ<60m铝合金管钨极氩弧焊的坡口制备原则，坡口打磨、清理抛光的工艺要求及管定位焊知识 2. 管径ϕ<60m铝合金管钨极氩弧焊的焊接参数选择原则 3. 管径ϕ<60m铝合金管钨极氩弧焊的焊枪角度控制与运条方法 4. 管径ϕ<60m铝合金管水平固定或垂直固定对接钨极氩弧焊的焊接操作要领 5. 管径ϕ<60m铝合金管水平固定或垂直固定对接钨极氩弧焊焊缝热影响区的组织和性能 6. 管径ϕ<60m铝合金管水平固定或垂直固定对接钨极氩弧焊的表面缺陷及内部质量（断口）检查的知识

12.2.2 命题案例

（1）试题名称　铝合金厚板组合件（横对+仰角）的熔化极氩弧焊。

（2）准备要求

1）焊接设备，见表 12-7。

表 12-7　焊接设备清单

序号	名称	规格	数量	备注
1	熔化极氩弧焊机	/	1	设备型号根据现场情况自定

2）焊接工具，见表 12-8。

表 12-8　焊接工具清单

序号	名称	型号与规格	单位	数量	备注
1	防护用品	工作服、帽、鞋、手套、防护眼镜、面罩	套	1	
2	橡胶锤	自定	把	1	
3	直磨机	自定	把	1	
4	尖嘴钳	自定	把	1	
5	不锈钢丝刷	自定	把	1	
6	钢丝钳	自定	把	1	
7	锉刀	自定	把	1	
8	活扳手	自定	把	1	
9	角向磨光机	自定	把	1	

3）焊接材料。

试件材质：6082 铝板。

试板 1：10mm×150mm×300mm，35°坡口；钝边 1mm；数量 2 块。

试板 2：10mm×150mm×300mm，无坡口；数量 1 块。

（3）试题正文

试题：铝合金厚板组合件（横对+仰角）的熔化极氩弧焊。

考件图样：如图 12-2 所示。

（4）操作要求

1）焊接方法。手工 MIG 焊。

2）焊接位置。水平固定焊。

3）坡口形式。V 形坡口，坡口角度 70°±1°。

4）焊接要求。单面焊双面成形，允许加衬垫。

5）焊前清理。将坡口端面及侧面 15～20mm 范围内的油、污、锈、垢清除干净，露出金属光泽。

6）装配、定位焊。按图样组装进行定位焊；定位焊焊 2 点，位于时钟 10 点与时钟 2 点处坡口内，也可焊 3 点，每两点间相距 120°，定位焊缝长度 10～15mm。定位装配后，允许对定位焊缝进行适当修磨。

7）焊接过程中劳保用品穿戴整齐；焊接参数选择正确，焊后焊件保持原始状态。

8）考件焊完后，关闭焊机、气瓶、水源，工具摆放整齐，场地清理干净，并仔细清理焊缝焊渣并保持原始状态。

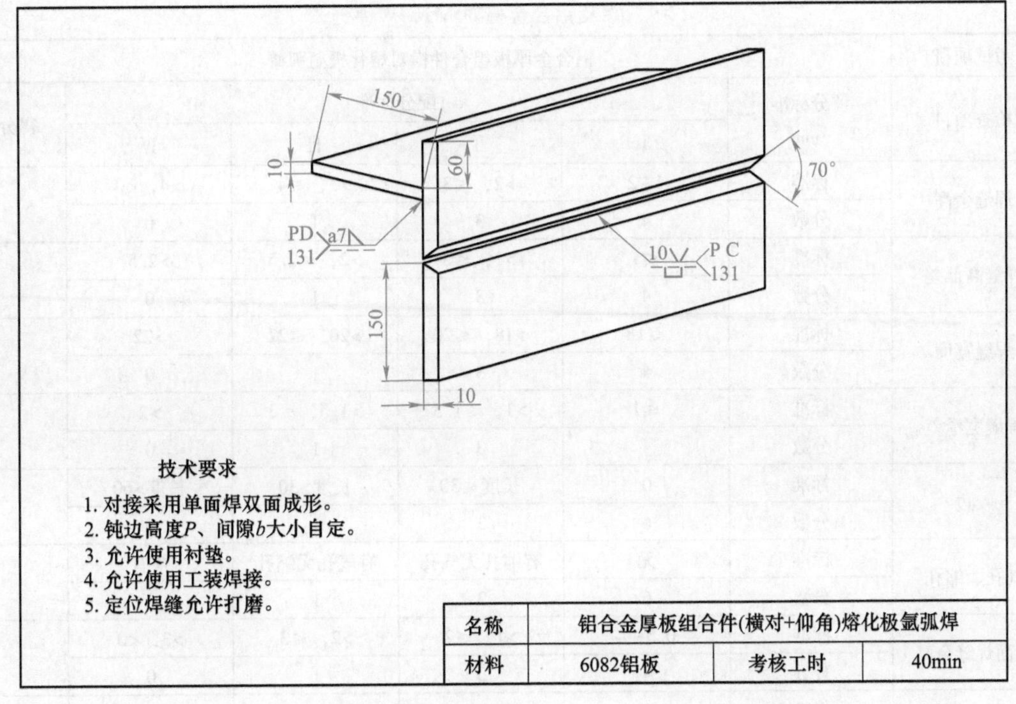

图 12-2 铝合金厚板组合件（横对+仰角）熔化极氩弧焊

（5）考核内容

1）准备工作。考核考件清理程度（坡口两侧 15~20mm 清除油、污、锈、垢）、定位焊正确，考件定位焊后必须在操作架上焊接全缝，不得任意更换和改变焊接位置，焊接参数选择正确与否。

2）操作过程。考核操作规程中是否有不规范的操作方式或违章情况等。

3）使用工具。考核工具的使用情况，有无不规范使用情况。

4）安全及其他。考核现场劳保用品的穿戴情况；焊接过程中正确执行安全操作规程；焊完后，场地清理干净，工具、焊件摆放整齐。

（6）考核时限

1）准备工作 20min。

2）正式操作 40min。

3）计时从正式操作开始，至操作完毕。

4）超时 1min 扣考件总分 1 分，超时 10min，考件记为 0 分。

（7）考核评分

1）监考员负责考场事务。

2）采用百分制，满分为 100 分，其中横对与仰角各占 50 分。

3）考评员应具有本工种的实际操作经验，评分公正准确。

4）考评员可根据考生所在装置的实际情况，对评分标准作适当调整。

5）各项配分依难易程度、精度高低和重要程度制订。

6）评分方法：按单项扣分。

7）配分、评分标准，见表 12-9、表 12-10。

表 12-9　铝及铝合金横对 MIG 焊评分表

考试项目	铝合金厚板组合件横对熔化极氩弧焊					
检查项目	评分标准/mm	配分标准				得分
		Ⅰ	Ⅱ	Ⅲ	Ⅳ	
焊缝余高	标准	1~2	>2，≤3	>3，≤4	>4，<0	
	分数	4	3	1	0	
焊缝高低差	标准	≤1	>1，≤2	>2，≤2.5	>2.5	
	分数	4	3	1	0	
焊缝宽度	标准	≤18	>18，≤20	>20，≤22	>22	
	分数	4	3	1	0	
焊缝宽窄差	标准	≤1	>1，≤1.5	>1.5，≤2	>2	
	分数	4	3	1	0	
咬边	标准	0	长度≤30	长度>30	长度>60	
	分数	6	3	1	0	
气孔、缩孔	标准	无	有缩孔无气孔	有气孔无缩孔	全有	
	分数	6	3	1	0	
背面焊缝余高	标准	0.5~1	>1，≤2	>2，≤3	>3，<0	
	分数	4	3	1	0	
未焊透	标准	0	长度≤30	长度 30~50	长度>50	
	分数	7	4	2	0	
焊瘤	标准	无	2	3	>3	
	分数	4	3	1	0	
起头、接头、收尾	标准	无	一处不良	二处不良	三处不良	
	分数	6	4	2	0	
错边量	标准	≤0.5	>0.5，≤1.2	>1.2，≤1.5	>1.5	
	分数	3	2	1	0	
电弧擦伤	标准	无	一处不良	二处不良	三处不良	
	分数	3	2	1	0	
角变形	标准	≤1	>1，≤3	>3，≤5	>5	
	分数	3	2	1	0	
焊缝外观成形	标准	优	良	一般	差	
		焊缝成形美观，鱼鳞均匀细密，高低宽窄一致	成形较好，鱼鳞均匀细密，焊缝平整	成形尚可，焊缝平直	焊缝弯曲，高低差明显，有表面焊接缺陷	
	分数	12~9	8~6	5~3	2~0	
X 射线检验	标准	Ⅰ级无缺陷	Ⅰ级有缺陷	Ⅱ级	≥Ⅲ级	
	分数	30	20	10	0	
备注	焊缝表面及根部进行修补或试件有舞弊标记的，则该项作 0 分处理			合计		
				考评员签字		

评分人：　　　　年　月　日　　　　核分人：　　　　年　月　日

表 12-10 铝及铝合金仰角 MIG 焊评分表

考试项目	铝合金厚板组合件仰角熔化极氩弧焊					
检查项目	评分标准 /mm	配分标准				得分
		Ⅰ	Ⅱ	Ⅲ	Ⅳ	
焊角尺寸高低差	标准	≤1	≤2	≤3	>3	
	分数	8	6	3	0	
底板侧焊脚尺寸	标准	5~7	>7，≤8	>8，≤10	≤5，>10	
	分数	8	6	3	0	
底板侧焊脚尺寸差	标准	0~1	>1，≤2	>2，≤3	>3	
	分数	8	6	3	0	
立板侧焊脚尺寸	标准	5~7	>7，≤8	>8，≤10	≤5，>10	
	分数	8	6	3	0	
立板侧焊脚尺寸差	标准	0~1	>1，≤2	>2，≤3	>3	
	分数	8	6	3	0	
咬边	标准	无	<0.5	>0.5		
	分数	8	6	3		
起头、接头、收尾	标准	无	一处不良	两处不良	三处不良	
	分数	4	2	1	0	
电弧擦伤	标准	无	一处		一处以上	
	分数	2	1		0	
角变形	标准	≤3°		>3°		
	分数	2		0		
焊缝外观成形		优	良	一般	差	
	标准	成形美观，波纹均匀细密，高低宽窄一致	成形较好，波纹均匀，焊缝平整	成形尚可，焊缝平直	焊缝弯曲，高低宽窄明显，有表面焊接缺陷	
	分数	14~11	10~6	5~3	2~0	
按 ISO10042（B级）宏观金相	标准	4块合格	3块合格	2块合格	<2块合格	
	分数	30	20	10	0	
备注	焊缝表面及背面进行修补或试件有舞弊标记的，则该项作0分处理			合计		
				考评员签字		

评分人： 年 月 日 核分人： 年 月 日

12.3 铝合金高级焊工命题标准

12.3.1 命题标准

铝及铝合金高级焊工技能操作考核包括熔化极氩弧焊（MIG）的厚度 $\delta=6\sim12$mm 仰对

接（背面加衬垫）、宽或高 120mm 狭小空间角接或搭接；钨极氩弧焊（TIG）的管径 $\phi \leq$ 76mm 铝合金管对接水平固定、垂直固定或 45°固定加排管障碍焊等 3 大项 5 小项，任选 1 小项+中级工 2 小项进行考核，高级工操作考核具体标准见表 12-11。

表 12-11 铝及铝合金高级焊工技能操作考核标准

职业功能	工作内容	技能要求	相关知识
一、铝及铝合金熔化极氩弧焊	熔化极氩弧焊（MIG）的厚度 δ=6~12mm 仰对接（背面加衬垫）	1. 根据图样制备厚度 δ=6~12mm 仰对接（背面加衬垫）焊的坡口 2. 根据焊接工艺文件选择厚度 δ=6~12mm 仰对接（背面加衬垫）焊的焊接参数 3. 根据焊接层道数的变化调整焊枪角度与运条方法 4. 通过调整焊枪角度使打底焊道成形良好、填充焊道坡口两侧良好熔合、盖面焊缝的厚度、宽度及外观成形符合工艺文件要求 5. 根据工艺文件对中等厚度铝合金焊缝外观质量及内部质量（断口）进行自检	1. 厚度 δ = 6 ~ 12mm 铝合金板仰对接（背面加衬垫）熔化极氩弧焊的熔滴过度类型及影响因素 2. 厚度 δ = 6 ~ 12mm 铝合金板仰对接（背面加衬垫）熔化极氩弧焊的坡口制备原则 3. 厚度 δ = 6 ~ 12mm 铝合金板仰对接（背面加衬垫）熔化极氩弧焊的焊接参数选择原则 4. 厚度 δ = 6 ~ 12mm 铝合金板仰对接（背面加衬垫）熔化极氩弧焊的焊枪角度控制与运条方法 5. 厚度 δ = 6 ~ 12mm 铝合金板仰对接（背面加衬垫）熔化极氩弧焊的焊接操作要领 6. 厚度 δ = 6 ~ 12mm 铝合金板仰对接（背面加衬垫）熔化极氩弧焊的表面缺陷及宏观与断口的内部质量进行自检
二、铝及铝合金熔化极氩弧焊 2	熔化极氩弧焊（MIG）的宽或高 120mm 狭小空间角接或搭接焊	1. 根据图样制备熔化极氩弧焊（MIG）的宽或高 120mm 狭小空间角接或搭接焊坡口 2. 根据焊接工艺文件选择熔化极氩弧焊（MIG）的宽或高 120mm 狭小空间角接或搭接焊的焊接参数 3. 合理选择熔化极氩弧焊的宽或高 120mm 狭小空间角接或搭接焊缝的焊枪角度与运条方法 4. 焊接符合工艺文件要求的宽或高 120mm 狭小空间角接或搭接焊缝 5. 宽或高 120mm 狭小空间角接或搭接焊缝拐角处圆滑，无焊瘤、死角 6. 根据工艺文件对宽或高 120mm 狭小空间角接或搭接焊缝的外观质量进行自检	1. 宽或高 120mm 狭小空间角接或搭接焊的熔滴过渡类型及影响因素 2. 宽或高 120mm 狭小空间角接或搭接焊缝的坡口制备原则 3. 宽或高 120mm 狭小空间角接或搭接焊缝熔化极氩弧焊的焊接参数选择原则 4. 宽或高 120mm 狭小空间角接或搭接熔化极氩弧焊的焊枪角度控制与运条方法 5. 宽或高 120mm 狭小空间角接或搭接焊缝熔化极氩弧焊的熔化极氩的焊接操作要领 6. 宽或高 120mm 狭小空间角接或搭接头熔化极氩弧焊焊缝的表面缺陷及宏观与断口的内部质量进行自检

（续）

职业功能	工作内容	技能要求	相关知识
三、铝及铝合金钨极氩弧焊	钨极氩弧焊（TIG）的管径 $\phi \leqslant 76mm$ 铝合金管对接水平固定、垂直固定或45°固定加排管障碍焊	1. 根据图样制备铝合金钨极氩弧焊管径 $\phi \leqslant 76mm$ 铝合金管对接水平固定、垂直固定或45°固定加排管障碍焊的坡口 2. 根据焊接工艺文件选择铝合金钨极氩弧焊管径 $\phi \leqslant 76mm$ 铝合金管对接水平固定、垂直固定或45°固定加排管障碍焊的定位焊位置 3. 根据焊接工艺文件选择铝合金钨极氩弧焊管径 $\phi \leqslant 76mm$ 铝合金管对接水平固定、垂直固定或45°固定加排管障碍焊的焊接参数 4. 根据焊接工艺文件选择铝合金钨极氩弧焊管径 $\phi \leqslant 76mm$ 铝合金管对接水平固定、垂直固定或45°固定加排管障碍焊接位置方向的变化调整枪角度、运条及送丝方法 5. 根据工艺文件对铝合金钨极氩弧焊管径 $\phi \leqslant 76mm$ 铝合金管对接水平固定、垂直固定或45°固定加排管障碍焊缝的外观质量进行自检	1. 铝合金钨极氩弧焊管径 $\phi \leqslant 76mm$ 铝合金管对接水平固定、垂直固定或45°固定加排管障碍焊的接头形式、焊接参数 2. 铝合金钨极氩弧焊管径 $\phi \leqslant 76mm$ 铝合金管对接水平固定、垂直固定或45°固定加排管障碍焊的焊枪角度控制、运条及送丝方法 3. 铝合金钨极氩弧焊管径 $\phi \leqslant 76mm$ 铝合金管对接水平固定、垂直固定或45°固定加排管障碍焊焊缝热影响区的组织和性能 4. 铝合金钨极氩弧焊管径 $\phi \leqslant 76mm$ 铝合金管对接水平固定、垂直固定或45°固定加排管障碍焊对焊缝质量的影响，降低焊接残余应力措施 5. 铝合金钨极氩弧焊管径 $\phi \leqslant 76mm$ 铝合金管对接水平固定、垂直固定或45°固定加排管障碍焊焊接缺陷的产生原因及控制措施

12.3.2 命题案例

试题1：铝合金狭小空间组合件（熔化极+钨极氩弧焊）

（1）准备要求

1）焊接设备，见表12-12。

表12-12 焊接设备清单

序号	名称	规格	数量	备注
1	熔化极氩弧焊机	/	1	设备型号根据现场情况自定
2	钨极氩弧焊机	/	1	设备型号根据现场情况自定

2）焊接工具，见表12-13

表12-13 焊接工具清单

序号	名称	型号与规格	单位	数量	备注
1	防护用品	工作服、帽、鞋、手套、防护眼镜、面罩	套	1	
2	橡胶锤	自定	把	1	
3	直磨机	自定	把	1	

（续）

序号	名称	型号与规格	单位	数量	备注
4	尖嘴钳	自定	把	1	
5	不锈钢丝刷	自定	把	1	
6	钢丝钳	自定	把	1	
7	锉刀	自定	把	1	
8	活扳手	自定	把	1	
9	角向磨光机	自定	把	1	
10	钨棒	$\phi3.2$	根	1	
11	钢直尺	150mm	把	1	
12	焊角尺	标准	把	1	
13	记号笔	黑色	根	1	

（2）焊接材料

试件材质：6082 铝板。

试板 1：6mm×150mm×300mm，35°坡口；钝边 1mm；数量 2 块。

试板 2：10mm×150mm×300mm，无坡口；数量 1 块。

试板 3：3mm×100mm×130mm，无坡口；数量 1 块。

试板 4：10mm×100mm×100mm，无坡口；数量 2 块。

（3）试题正文　铝合金狭小空间组合件（熔化极+钨极氩弧焊）。

考件图样，如图 12-3 所示。

（4）操作要求

1）焊接方法。手工 MIG+TIG 焊。

2）焊接位置。水平固定焊。

3）坡口形式。V 形坡口，坡口角度 70°±1°

4）焊接要求。对接单面焊双面成形。

5）焊前清理。将坡口端面及侧面 15~20mm 范围内的油、污、锈、垢清除干净，露出金属光泽。

6）装配、定位焊。按图样组装进行定位焊；定位焊焊 2 点，位于坡口内，定位焊缝长度 10~15mm。定位装配后，允许对定位焊缝进行适当修磨。

7）焊接过程中劳保用品穿戴整齐；焊接参数选择正确，焊后焊件保持原始状态。

8）考件焊完后，关闭焊机、气瓶、水源，工具摆放整齐，场地清理干净，并仔细清理焊缝焊渣并保持原始状态。

（5）考核内容

1）准备工作。考核考件清理程度（坡口两侧 15~20mm 清除油、污、锈、垢）、定位焊正确，考件定位焊后必须在操作架上焊接全缝，不得任意更换和改变焊接位置，焊接参数选择正确与否。

2）操作过程。考核操作规程中不规范的操作方式或违章情况等。

3）使用工具。考核工具的使用情况，有无不规范使用情况。

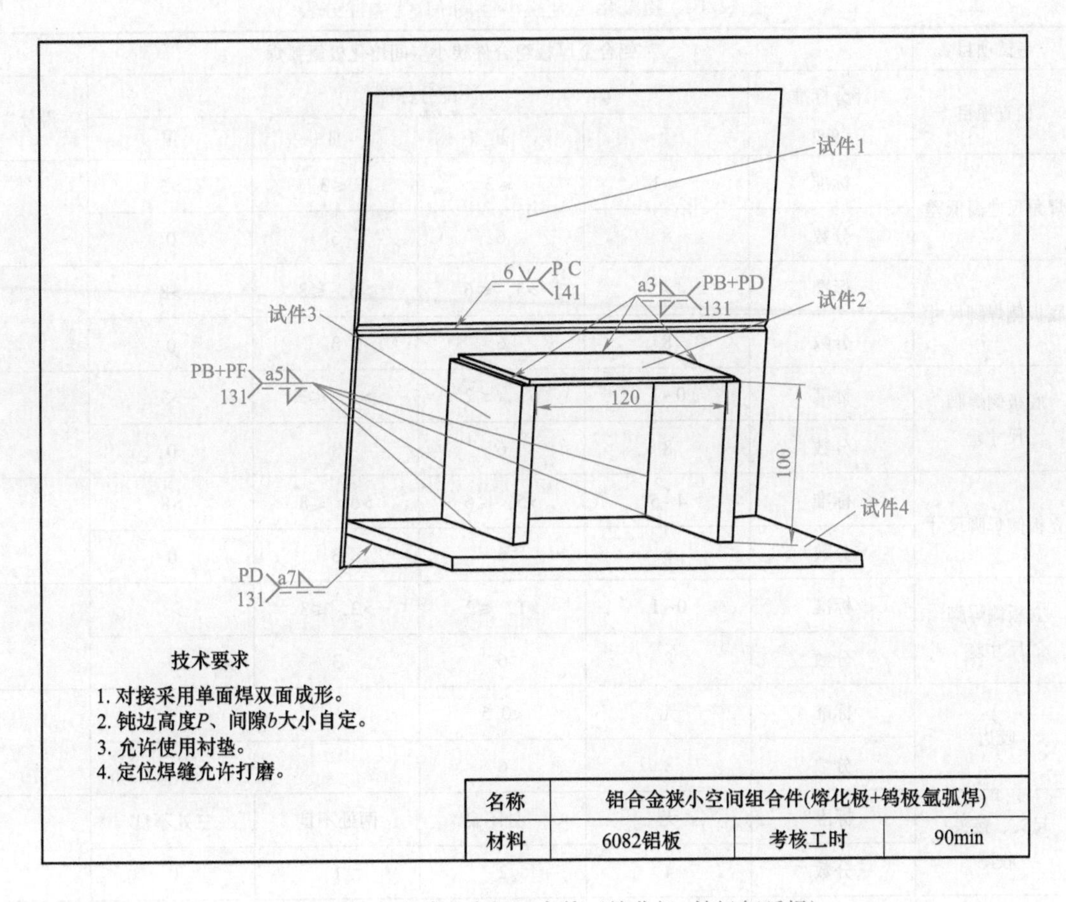

图 12-3 铝合金狭小空间组合件（熔化极+钨极氩弧焊）

4）安全及其他。考核现场劳保用品的穿戴情况；焊接过程中正确执行安全操作规程；焊完后，场地清理干净，工具、焊件摆放整齐。

（6）考核时限

1）准备工作 30min。

2）正式操作 90min。

3）计时从正式操作开始，至操作完毕。

4）超时 1min 扣考件总分 1 分，超时 10min，考件记为 0 分。

（7）考核评分

1）监考员负责考场事务。

2）采用百分制，满分为 100 分，其中狭小空间占 50 分，仰角与横对各占 25 分。

3）考评员应具有本工种的实际操作经验，评分公正准确。

4）考评员可根据考生所在装置的实际情况，对评分标准作适当调整。

5）各项配分依难易程度、精度高低和重要程度制订。

6）评分方法：按单项扣分。

7）配分、评分标准，见表 12-14、表 12-15、表 12-16。

表 12-14　铝及铝合金狭小空间 MIG 焊评分表

考试项目	铝合金厚板组合件狭小空间熔化极氩弧焊					
检查项目	评分标准/mm	配分标准				得分
		Ⅰ	Ⅱ	Ⅲ	Ⅳ	
焊角尺寸高低差	标准	≤1	≤2	≤3	>3	
	分数	8	6	3	0	
底板侧焊脚尺寸	标准	4~5	>5，≤6	>6，≤8	>8	
	分数	8	6	3	0	
底板侧焊脚尺寸差	标准	0~1	>1，≤2	>2，≤3	>3	
	分数	8	6	3	0	
立板侧焊脚尺寸	标准	4~5	>5，≤6	>6，≤8	>8	
	分数	8	6	3	0	
立板侧焊脚尺寸差	标准	0~1	>1，≤2	>2，≤3	>3	
	分数	8	6	3	0	
咬边	标准	无	<0.5	>0.5		
	分数	8	6	3		
起头、接头、收尾	标准	无	一处不良	两处不良	三处不良	
	分数	4	2	1	0	
电弧擦伤	标准	无	一处		一处以上	
	分数	2	1		0	
角变形	标准	≤3°		>3°		
	分数	2		0		
焊缝外观成形	标准	优	良	一般	差	
		成形美观，波纹均匀细密，高低宽窄一致	成形较好，波纹均匀，焊缝平整	成形尚可，焊缝平直	焊缝弯曲，高低宽窄明显，有表面焊接缺陷	
	分数	14~11	10~6	5~3	2~0	
按 ISO10042（B 级）宏观金相	标准	4 块合格	3 块合格	2 块合格	<2 块合格	
	分数	30	20	10	0	
备注	焊缝表面及背面进行修补或试件有舞弊标记的，则该项作 0 分处理			合计		
				考评员签字		

评分人：　　　　年　月　日　　　　　　　　核分人：　　　　年　月　日

表 12-15 铝及铝合金横对 TIG 焊评分表

考试项目	铝合金厚板组合件横对熔化极氩弧焊					
检查项目	评分标准/mm	配分标准				得分
		Ⅰ	Ⅱ	Ⅲ	Ⅳ	
焊缝余高	标准	1~2	>2，≤3	>3，≤4	>4，<0	
	分数	4	3	1	0	
焊缝高低差	标准	≤1	>1，≤2	>2，≤2.5	>2.5	
	分数	4	3	1	0	
焊缝宽度	标准	≤12	>12，≤14	>14，≤16	>16	
	分数	4	3	1	0	
焊缝宽窄差	标准	≤1	>1，≤1.5	>1.5，≤2	>2	
	分数	4	3	1	0	
咬边	标准	0	长度≤30	长度>30	长度>60	
	分数	4	3	1	0	
气孔、缩孔	标准	无	有缩孔无气孔	有气孔无缩孔	全有	
	分数	4	3	1	0	
背面焊缝余高	标准	0.5~1	>1，≤2	>2，≤3	>3，<0	
	分数	4	3	1	0	
未焊透	标准	0	长度≤30	长度>30	长度>50	
	分数	7	4	2	0	
焊瘤	标准	无	2	3	>3	
	分数	4	3	1	0	
熔合不良	标准	无	长度1~10	长度10~20	长度>20	
	分数	4	3	2	0	
起头、接头、收尾	标准	无	一处不良	二处不良	三处不良	
	分数	6	4	2	0	
错边量	标准	≤0.5	>0.5，≤1.2	>1.2，≤1.5	>1.5	
	分数	3	2	1	0	
电弧擦伤	标准	无	一处不良	二处不良	三处不良	
	分数	3	2	1	0	
角变形	标准	0~1	>1，≤3	>3，≤5	>5	
	分数	3	2	1	0	
焊缝外观成形	标准	优	良	一般	差	
		焊缝成形美观，鱼鳞均匀细密，高低宽窄一致	成形较好，鱼鳞均匀细密，焊缝平整	成形尚可，焊缝平直	焊缝弯曲，高低差明显，有表面焊接缺陷	
	分数	12~9	8~6	5~3	2~0	
X射线检验	标准	Ⅰ级无缺陷	Ⅰ级有缺陷	Ⅱ级	≥Ⅲ级	
	分数	30	20	10	0	
备注	焊缝表面及根部进行修补或试件有舞弊标记的，则该项作0分处理			合计		
				考评员签字		

评分人：　　　　年　月　日　　　　　　　　核分人：　　　　年　月　日

表 12-16　铝及铝合金仰角 MIG 焊评分表

考试项目	铝合金厚板组合件仰角熔化极氩弧焊					
检查项目	评分标准/mm	配分标准				得分
		Ⅰ	Ⅱ	Ⅲ	Ⅳ	
焊角尺寸高低差	标准	≤1	≤2	≤3	>3	
	分数	8	6	3	0	
底板侧焊脚尺寸	标准	5~7	>7，≤8	>8，≤10	≤5，>10	
	分数	8	6	3	0	
底板侧焊脚尺寸差	标准	0~1	>1，≤2	>2，≤3	>3	
	分数	8	6	3	0	
立板侧焊脚尺寸	标准	5~7	>7，≤8	>8，≤10	≤5，>10	
	分数	8	6	3	0	
立板侧焊脚尺寸差	标准	0~1	>1，≤2	>2，≤3	>3	
	分数	8	6	3	0	
咬边	标准	无	<0.5	>0.5		
	分数	8	6	3		
起头、接头、收尾	标准	无	一处不良	两处不良	三处不良	
	分数	4	2	1	0	
电弧擦伤	标准	无	一处		一处以上	
	分数	2	1		0	
角变形	标准	≤3°		>3°		
	分数	2		0		
焊缝外观成形	标准	优	良	一般	差	
		成形美观，波纹均匀细密，高低宽窄一致	成形较好，波纹均匀，焊缝平整	成形尚可，焊缝平直	焊缝弯曲，高低宽窄明显，有表面焊接缺陷	
	分数	14~11	10~6	5~3	2~0	
按 ISO10042（B 级）宏观金相	标准	4 块合格	3 块合格	2 块合格	<2 块合格	
	分数	30	20	10	0	
备注	焊缝表面及背面进行修补或试件有舞弊标记的，则该项作 0 分处理			合计		
				考评员签字		

评分人：　　　　年　月　日　　　　　　　　核分人：　　　　年　月　日

试题 2：**铝合金厚板组合件(横接+仰角)熔化极氩弧焊**

（1）准备要求　见试题 1：铝合金狭小空间组合件（熔化极+钨极氩弧焊）

（2）材料准备

试件材质：6082 铝板。

试板 1：10mm×100mm×300mm，55°坡口；钝边 1mm；数量 1 块。

试板 2：10mm×100mm×300mm，35°坡口；数量 2 块。

（3）试题正文　铝合金厚板组合件（横接+仰角）熔化极氩弧焊，如图 12-4 所示。

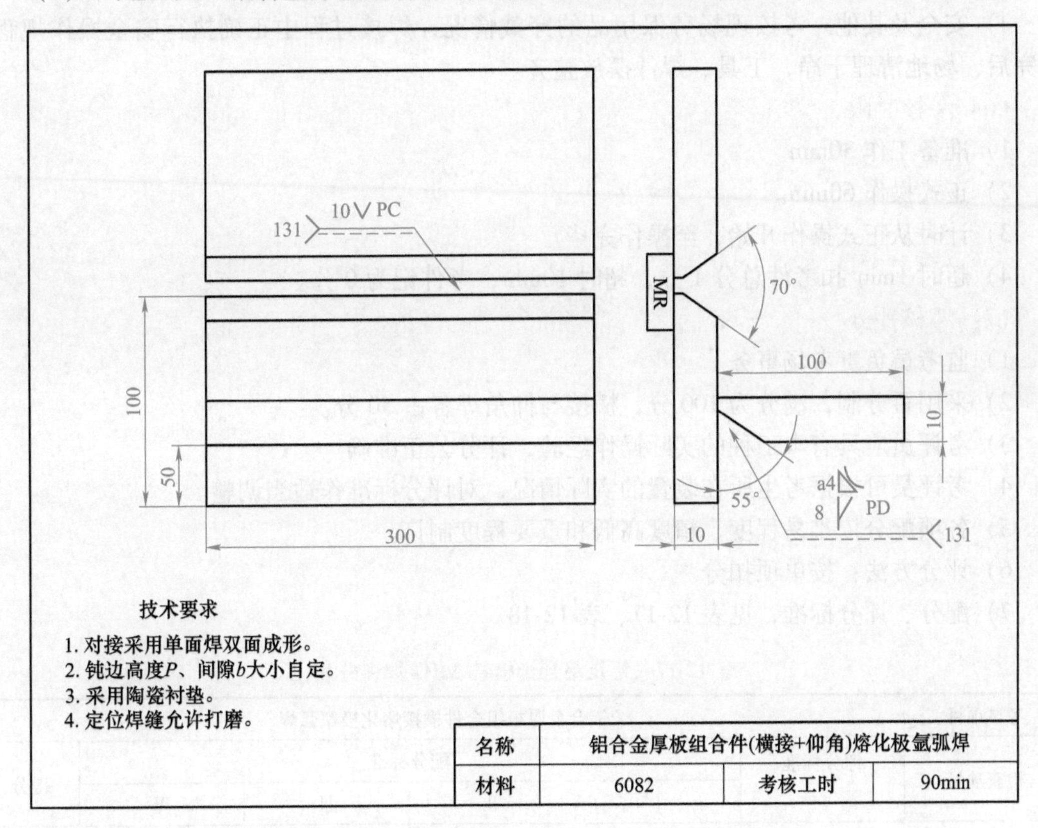

图 12-4　铝合金厚板组合件（横接+仰角）熔化极氩弧焊

（4）操作要求

1）焊接方法。手工 MIG 焊。

2）焊接位置。水平固定焊。

3）坡口形式。V 形坡口，坡口角度 70°±1°

4）焊接要求。对接单面焊双面成形。

5）焊前清理。将坡口端面及侧面 15~20mm 范围内的油、污、锈、垢清除干净，露出金属光泽。

6）装配、定位焊。按图样组装进行定位焊；定位焊焊 2 点，定位焊缝长度 10~15mm。定位装配后，允许对定位焊缝进行适当修磨。

7）焊接过程中劳保用品穿戴整齐；焊接参数选择正确，焊后焊件保持原始状态。

8）考件焊完后，关闭焊机、气瓶、水源，工具摆放整齐，场地清理干净，并仔细清理焊缝焊渣并保持原始状态。

（5）考核内容

1）准备工作。考核考件清理程度（坡口两侧 15~20mm 清除油、污、锈、垢）、定位焊正确，考件定位焊后必须在操作架上焊接全缝，不得任意更换和改变焊接位置，焊接参数选择正确与否。

2）操作过程。考核操作规程中不规范的操作方式或违章情况等。

3）使用工具。考核工具的使用情况，有无不规范使用情况。

4）安全及其他。考核现场劳保用品的穿戴情况；焊接过程中正确执行安全操作规程；焊完后，场地清理干净，工具、焊件摆放整齐。

（6）考核时限

1）准备工作 30min。

2）正式操作 60min。

3）计时从正式操作开始，至操作完毕。

4）超时 1min 扣考件总分 1 分，超时 10min，考件记为 0 分。

（7）考核评分

1）监考员负责考场事务。

2）采用百分制，满分为 100 分，横接与仰角焊各占 50 分。

3）考评员应具有本工种的实际操作经验，评分公正准确。

4）考评员可根据考生所在装置的实际情况，对评分标准作适当调整。

5）各项配分依难易程度、精度高低和重要程度制订。

6）评分方法：按单项扣分。

7）配分、评分标准，见表 12-17、表 12-18。

表 12-17　铝及铝合金横接 MIG 焊评分表

考试项目	铝合金厚板组合件横接熔化极氩弧焊					
检查项目	评分标准/mm	配分标准				得分
		Ⅰ	Ⅱ	Ⅲ	Ⅳ	
焊缝余高	标准	1~2	>2，≤3	>3，≤4	>4，<0	
	分数	4	3	1	0	
焊缝高低差	标准	≤1	>1，≤2	>2，≤2.5	>2.5	
	分数	4	3	1	0	
焊缝宽度	标准	≤18	>18，≤20	>20，≤22	>22	
	分数	4	3	1	0	
焊缝宽窄差	标准	≤1	>1，≤1.5	>1.5，≤2	>2	
	分数	4	3	1	0	
咬边	标准	0	长度≤30	长度>30	长度>60	
	分数	6	3	1	0	
气孔、缩孔	标准	无	有缩孔无气孔	有气孔无缩孔	全有	
	分数	6	3	1	0	
背面焊缝余高	标准	0.5~1	>1，≤2	>2，≤3	>3，<0	
	分数	4	3	1	0	
未焊透	标准	0	长度≤30	长度 30~50	长度>50	
	分数	7	4	2	0	

（续）

考试项目	铝合金厚板组合件横接熔化极氩弧焊					
检查项目	评分标准/mm	配分标准				得分
		Ⅰ	Ⅱ	Ⅲ	Ⅳ	
焊瘤	标准	无	2	3	>3	
	分数	4	3	1	0	
起头、接头、收尾	标准	无	一处不良	二处不良	三处不良	
	分数	6	4	2	0	
错边量	标准	≤0.5	>0.5，≤1.2	>1.2，≤1.5	>1.5	
	分数	3	2	1	0	
电弧擦伤	标准	无	一处不良	二处不良	三处不良	
	分数	3	2	1	0	
角变形	标准	0~1	>1，≤3	>3，≤5	>5	
	分数	3	2	1	0	
焊缝外观成形	标准	优	良	一般	差	
		焊缝成形美观，鱼鳞均匀细密，高低宽窄一致	成形较好，鱼鳞均匀细密，焊缝平整	成形尚可，焊缝平直	焊缝弯曲，高低差明显，有表面焊接缺陷	
	分数	12~9	8~6	5~3	2~0	
X射线检验	标准	Ⅰ级无缺陷	Ⅰ级有缺陷	Ⅱ级	≥Ⅲ级	
	分数	30	20	10	0	
备注	焊缝表面及根部进行修补或试件有舞弊标记的，则该项作0分处理			合计		
				考评员签字		

评分人： 年 月 日 核分人： 年 月 日

表12-18 铝及铝合金仰角MIG焊评分表

考试项目	铝合金厚板组合件仰角熔化极氩弧焊					
检查项目	评分标准/mm	配分标准				得分
		Ⅰ	Ⅱ	Ⅲ	Ⅳ	
焊角尺寸高低差	标准	≤1	≤2	≤3	>3	
	分数	8	6	3	0	
底板侧焊脚尺寸	标准	5~7	>7，≤8	>8，≤10	≤5，>10	
	分数	8	6	3	0	
底板侧焊脚尺寸差	标准	0~1	>1，≤2	>2，≤3	>3	
	分数	8	6	3	0	
立板侧焊脚尺寸	标准	5~7	>7，≤8	>8，≤10	≤5，>10	
	分数	8	6	3	0	

（续）

考试项目	铝合金厚板组合件仰角熔化极氩弧焊					
检查项目	评分标准/mm	配分标准				得分
		Ⅰ	Ⅱ	Ⅲ	Ⅳ	
立板侧焊脚尺寸差	标准	0~1	>1，≤2	>2，≤3	>3	
	分数	8	6	3	0	
咬边	标准	无	<0.5	>0.5		
	分数	8	6	3		
起头、接头、收尾	标准	无	一处不良	两处不良	三处不良	
	分数	4	2	1	0	
电弧擦伤	标准	无	一处		一处以上	
	分数	2	1		0	
角变形	标准	≤3°		>3°		
	分数	2		0		
焊缝外观成形	标准	优	良	一般	差	
		成形美观，波纹均匀细密，高低宽窄一致	成形较好，波纹均匀，焊缝平整	成形尚可，焊缝平直	焊缝弯曲，高低宽窄明显，有表面焊接缺陷	
	分数	14~11	10~6	5~3	2~0	
按 ISO10042（B级）宏观金相	标准	4 块合格	3 块合格	2 块合格	<2 块合格	
	分数	30	20	10	0	
备注	焊缝表面及背面进行修补或试件有舞弊标记的，则该项作 0 分处理		合计			
			考评员签字			

评分人：　　　　　　年　月　日　　　　　　　　　　　　　核分人：　　　　　　　年　月　日

12.4 铝合金焊工技师和高级技师命题标准

12.4.1 命题标准

铝及铝合金焊工技师和高级技师技能操作考核依据铝合金初级、中级、高级焊工技能操作考核标准所涵盖鉴定要素和项目，采用常见的熔化极氩弧焊（MIG）和钨极氩弧焊（TIG）进行考核。初级工操作考核具体标准见表 12-1，中级工操作考核具体标准见表 12-6，高级工操作考核具体标准见表 12-11。

12.4.2 命题案例（一）

试题 1：**铝合金焊工技师考核试卷（A）**

（1）材料准备

1）试件规格，见表12-19。

表12-19　试件规格

材料名称	材质	规格/mm	坡口角度	数量/件
焊接试件1	6082-T651	6×120×300	35°	2
焊接试件2	6082-T651	3×150×288	I型坡口	2
焊接试件3	6082-T651	8×150×200	55°	1
焊接试件4	6082-T651	10×150×200	55°	1
焊接试件5	6060-H111	ϕ40×20	/	1
焊接垫板	6005A	5×20×300	/	1

2）焊接材料，见表12-20。

表12-20　焊接材料

焊缝形式	焊接方法	名称	牌号	规格	保护气体
仰角焊缝（缝1）	141	焊丝	ER5087	ϕ3.2	Ar
仰对接焊缝（缝2）	131	焊丝	ER5087	ϕ1.2	Ar
平角焊缝（缝3）	131	焊丝	ER5087	ϕ1.2	Ar
横焊缝（缝4）	141	焊丝	ER5087	ϕ3.2	Ar
横焊缝（缝5）	131	焊丝	ER5087	ϕ1.2	Ar
立向上焊缝（缝6）	141	焊丝	ER5087	ϕ3.2	Ar

（2）工具准备清单　见表12-21。

表12-21　工具准备清单（参考者自备）

序号	名称	规格	数量	备注
1	防护用品	工作服、帽、鞋、手套、防护眼镜、面罩等	1	
2	不锈钢丝刷	自定	1	
3	直磨机	/	1	含不锈钢丝轮
4	角磨机	自定	1	含千页片
5	钢直尺	300mm	1	
6	记号笔	/	1	蓝色
7	导电嘴	ϕ1.2mm	若干	
8	活扳手	300mm	1	
9	白棉布	自定	若干	
10	测温仪	/	1	

（续）

序号	名称	规格	数量	备注
11	焊缝检测尺	40型	1	
12	直角尺	100mm	1	
13	画规	100mm	1	
14	钨极	ϕ3.2mm	1	

（3）考场准备　见表12-22。

表12-22　考场准备

序号	名称	型号与规格	单位	数量	备注
1	MIG焊机	自定	台	若干	
2	TIG焊机	自定	台	若干	
3	焊接架		台	若干	
4	钳工台		台	若干	
5	异丙醇		瓶	若干	
6	保护屏风		架	若干	
7	清洗剂		瓶		PT检查用
8	渗透剂		瓶		PT检查用
9	显像剂		瓶		PT检查用

（4）铝合金焊工技师考核试卷（A）总成绩（见表12-23）

表12-23　铝合金焊工技师考核试卷（A）总成绩

焊缝序号	试题名称	卷面配分	得分	总分比	备注
1	铝合金板搭接仰角焊缝（TIG焊）	100		15%	
2	铝合金板V形坡口对接仰焊（MIG焊）	100		20%	
3	铝合金板T形平角焊（MIG焊）	100		15%	
4	铝合金板HY形横焊（TIG焊）	100		20%	
5	铝合金板HY形横焊（MIG焊）	100		15%	
6	铝合金板端接立向上角焊（TIG焊）	100		15%	
合　计		600		100%	

统分人：　　　　　　　　　　　　　　　　年　　月　　日

1）铝合金焊工技师考核试卷（A），如图12-5所示。

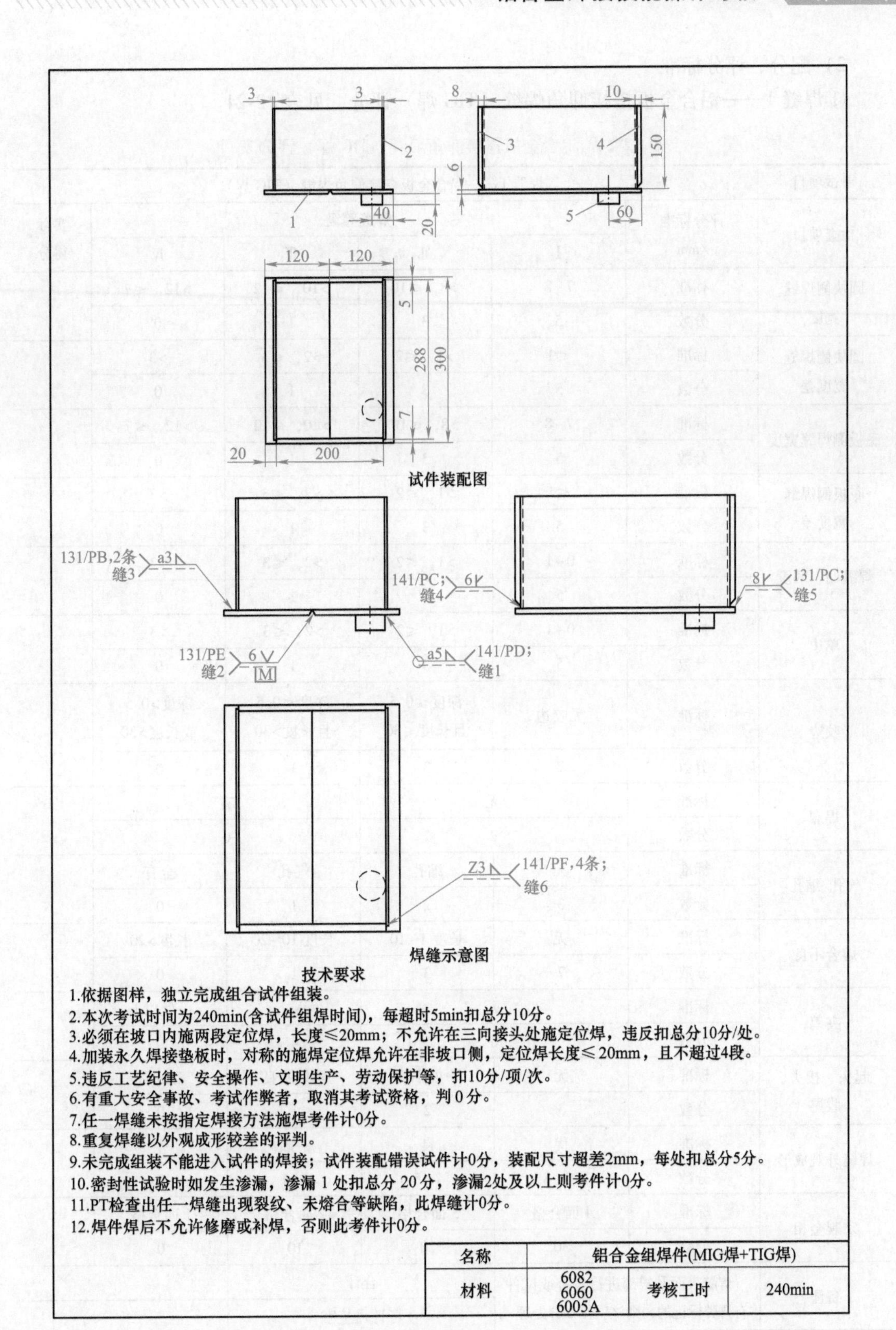

图 12-5 铝合金焊工技师考核试卷（A）

2）配分、评分标准

①焊缝 1——铝合金板搭接仰角焊缝（TIG 焊）评分，见表 12-24。

表 12-24 铝合金板搭接仰角焊缝（TIG 焊）评分表

考试项目	焊缝 1——铝合金板搭接仰角焊缝（TIG 焊）					
检查项目	评分标准/mm	焊缝等级				实际得分
		Ⅰ	Ⅱ	Ⅲ	Ⅳ	
圆块侧焊缝宽度	标准	7~8	>8，≤10	>10，≤12	>12，≤7	
	分数	5	3	1	0	
圆块侧焊缝宽度差	标准	≤1	>1，≤2	>2，≤3	>3	
	分数	5	3	1	0	
底板侧焊缝宽度	标准	7~8	>8，≤10	>10，≤12	>12，≤7	
	分数	5	3	1	0	
底板侧焊缝宽度差	标准	≤1	>1，≤2	>2，≤3	>3	
	分数	5	3	1	0	
焊缝凸、凹度	标准	0~1	>1，≤2	>2，≤3	>3	
	分数	5	3	1	0	
单边	标准	0~1	>1，≤2	>2，≤3	>3	
	分数	5	3	1	0	
咬边	标准	无咬边	深度≤0.5 且长度≤30	深度≤0.5 且长度>30	深度>0.5 或长度>30	
	分数	7	3	1	0	
焊瘤	标准	无		有		
	分数	2		0		
气孔/缩孔	标准	无	缩孔	气孔	全有	
	分数	3	2	1	0	
熔合不良	标准	无	长度 1~10	长度 10~20	长度>20	
	分数	7	3	1	0	
夹钨	标准	无		一处	一处以上	
	分数	8		4	0	
起头、接头、收尾	标准	无	一处不良	两处不良	三处不良	
	分数	3	2	1	0	
焊缝外观成形	标准	优	良	一般	差	
	分数	10~8	7~5	4~1	0	
宏观金相	标准	4 面合格	3 面合格	2 面合格	1 面合格	
	分数	30	20	10	0	
备注	焊缝表面及根部进行修补或试件有舞弊标记的，则该项作 0 分处理		合计			
			考评员签字			

评分人：　　　　年　月　日　　　　　　核分人：　　　　年　月　日

②焊缝 2——铝合金板 V 形坡口对接仰焊（MIG 焊）评分，见表 12-25。

表 12-25 铝合金板 V 形坡口对接仰焊（MIG 焊）评分表

考试项目	焊缝 2——铝合金板 V 形坡口对接仰焊（MIG 焊）					
检查项目	评分标准/mm	焊缝等级				实际得分
		Ⅰ	Ⅱ	Ⅲ	Ⅳ	
余高	标准	0~2	>2，≤2.5	>2.5，≤3	>3，<0	
	分数	5	3	1	0	
余高差	标准	≤1	>1，≤2	>2，≤3	>3	
	分数	5	3	1	0	
宽度	标准	>10，≤11	>11，≤13	>13，≤15	≤10，>15	
	分数	5	3	1	0	
宽窄差	标准	≤1	>1，≤2	>2，≤3	>3	
	分数	5	3	1	0	
咬边	标准	无		有		
	分数	5		0		
背面熔伤/焊穿	标准	无		熔伤	焊穿	
	分数	10		5	0	
焊瘤	标准	无		有		
	分数	5		0		
起头、接头、收尾	标准	良好		不良		
	分数	5		0		
外观成形	标准	优	良	一般	差	
	分数	15~11	10~6	5~1	0	
X 射线检验按 GB/T 3323—2019 标准中Ⅱ级及以上	标准	Ⅰ级无缺陷	Ⅰ级有缺陷	Ⅱ级	Ⅱ级以下	
	分数	40	30	20	0	
备注	焊缝表面及根部进行修补或试件有舞弊标记的，则该项作 0 分处理			合计		
				考评员签字		

评分人： 年 月 日 核分人： 年 月 日

③焊缝 3——铝合金板 T 形平角焊（MIG 焊）评分，见表 12-26。

表 12-26 铝合金板 T 形平角焊（MIG 焊）评分表

考试项目	焊缝 3——铝合金板 T 形平角焊（MIG 焊）					
检查项目	评分标准/mm	焊缝等级				实际得分
		Ⅰ	Ⅱ	Ⅲ	Ⅳ	
立板侧焊缝宽度	标准	7~8	>8，≤10	>10，≤12	>12，≤7	
	分数	5	3	1	0	

（续）

考试项目	焊缝 3——铝合金板 T 形平角焊（MIG 焊）					
检查项目	评分标准 /mm	焊缝等级				实际得分
		Ⅰ	Ⅱ	Ⅲ	Ⅳ	
立板侧焊缝宽度差	标准	≤1	>1，≤2	>2，≤3	>3	
	分数	5	3	1	0	
底板侧焊缝宽度	标准	7~8	>8，≤10	>10，≤12	>12，≤7	
	分数	5	3	1	0	
底板侧焊缝宽度差	标准	≤1	>1，≤2	>2，≤3	>3	
	分数	5	3	1	0	
焊缝凸、凹度	标准	0~1	>1，≤2	>2，≤3	>3	
	分数	5	3	1	0	
单边	标准	0~1	>1，≤2	>2，≤3	>3	
	分数	5	3	1	0	
咬边	标准	无	深度≤0.5，且长度≤30	深度≤0.5 且长度>30	深度>0.5 或长度>30	
	分数	7	3	1	0	
焊瘤	标准	无		有		
	分数	2		0		
气孔/缩孔	标准	无	缩孔	气孔	全有	
	分数	3	2	1	0	
熔合不良	标准	无	长度 1~10	长度 10~20	长度>20	
	分数	7	3	1	0	
焊透	标准	无		有		
	分数	8		0		
起头、接头、收尾	标准	无	一处不良	两处不良	三处不良	
	分数	3	2	1	0	
焊缝外观成形	标准	优	良	一般	差	
	分数	10~8	7~5	4~1	0	
宏观金相	标准	4 面合格	3 面合格	2 面合格	1 面合格	
	分数	30	20	10	0	
备注	焊缝表面及根部进行修补或试件有舞弊标记的，则该项作 0 分处理			合计		
				考评员签字		

评分人：　　　　年　月　日　　　　　　　　核分人：　　　　年　月　日

④焊缝4——铝合金板HY形横焊（TIG焊）评分，见表12-27。

表12-27 铝合金板HY形横焊（TIG焊）评分表

考试项目	焊缝4——铝合金板HY形横焊（TIG焊）					
检查项目	评分标准/mm	焊缝等级				实际得分
		Ⅰ	Ⅱ	Ⅲ	Ⅳ	
余高	标准	0~2	>2，≤2. 5	>2. 5，≤3	>3，<0	
	分数	5	3	1	0	
余高差	标准	≤1	>1，≤2	>2，≤3	>3	
	分数	5	3	1	0	
宽度	标准	>6，≤7	>7，≤8	>8，≤10	≤6，>10	
	分数	5	3	1	0	
宽窄差	标准	≤1	>1，≤2	>2，≤3	>3	
	分数	5	3	1	0	
咬边	标准	无		有		
	分数	5		0		
背面熔伤/焊穿	标准	无	熔伤		焊穿	
	分数	10	5		0	
夹钨	标准	无		有		
	分数	5		0		
起头、接头、收尾	标准	良好		不良		
	分数	5		0		
外观成形	标准	优	良	一般	差	
	分数	15~11	10~6	5~1	0	
宏观金相	标准	4面合格	3面合格	2面合格	1面合格	
	分数	40	20	10	0	
备注	焊缝表面及根部进行修补或试件有舞弊标记的，则该项作0分处理			合计		
				考评员签字		

评分人：　　　年　月　日　　　　　　核分人：　　　年　月　日

⑤焊缝5——铝合金板HY形横焊（MIG焊）评分，见表12-28。

表12-28 铝合金板HY形横焊（MIG焊）评分表

考试项目	焊缝5——铝合金板HY形横焊（MIG焊）					
检查项目	评分标准/mm	焊缝等级				实际得分
		Ⅰ	Ⅱ	Ⅲ	Ⅳ	
余高	标准	0~2	>2，≤2. 5	>2. 5，≤3	>3，<0	
	分数	5	3	1	0	
余高差	标准	≤1	>1，≤2	>2，≤3	>3	
	分数	5	3	1	0	

（续）

考试项目	焊缝5——铝合金板HY形横焊（MIG焊）					
检查项目	评分标准/mm	焊缝等级				实际得分
		Ⅰ	Ⅱ	Ⅲ	Ⅳ	
宽度	标准	>8，≤9	>9，≤11	>11，≤13	≤8，>13	
	分数	5	3	1	0	
宽窄差	标准	≤1	>1，≤2	>2，≤3	>3	
	分数	5	3	1	0	
咬边	标准	无		有		
	分数	5		0		
背面熔伤/焊穿	标准	无	熔伤		焊穿	
	分数	10	5		0	
焊瘤	标准	无		有		
	分数	5		0		
起头、接头、收尾	标准	良好		不良		
	分数	5		0		
外观成形	标准	优	良	一般	差	
	分数	15~11	10~6	5~1	0	
宏观金相	标准	4面合格	3面合格	2面合格	1面合格	
	分数	40	20	10	0	
备注	焊缝表面及根部进行修补或试件有舞弊标记的，则该项作0分处理			合计		
				考评员签字		

评分人：　　　　年　月　日　　　　　　　　核分人：　　　　年　月　日

⑥焊缝6——铝合金板端接立向上角焊（TIG焊）评分，见表12-29。

表12-29　铝合金板端接立向上角焊（TIG焊）评分表

考试项目	焊缝6——铝合金板端接立向上角焊（TIG焊）					
检查项目	评分标准/mm	焊缝等级				实际得分
		Ⅰ	Ⅱ	Ⅲ	Ⅳ	
3mm板侧焊缝宽度	标准	3	>3，≤4	>4，≤5	>5，≤3	
	分数	5	3	1	0	
3mm板侧焊缝宽度差	标准	≤1	>1，≤2	>2，≤3	>3	
	分数	5	3	1	0	
6或8mm板侧焊缝宽度	标准	3	>3，≤4	>4，≤5	>5，≤3	
	分数	5	3	1	0	
6或8mm板侧焊缝宽度差	标准	≤1	>1，≤2	>2，≤3	>3	
	分数	5	3	1	0	

（续）

考试项目	焊缝6——铝合金板端接立向上角焊（TIG焊）					
检查项目	评分标准/mm	焊缝等级				实际得分
		Ⅰ	Ⅱ	Ⅲ	Ⅳ	
单边	标准	0~0.5	>0.5，≤1	>1，≤2	>2	
	分数	5	3	1	0	
背面熔伤/焊穿	标准	无		有		
	分数	7		0		
咬边	标准	无咬边	深度≤0.5 且长度≤30	深度≤0.5 且长度>30	深度>0.5 或长度>30	
	分数	5	3	1	0	
焊瘤	标准	无		有		
	分数	2		0		
气孔/缩孔	标准	无	缩孔	气孔	全有	
	分数	3	2	1	0	
熔合不良	标准	无	长度1~10	长度10~20	长度>20	
	分数	7	3	1	0	
夹钨	标准	无	一处		一处以上	
	分数	8	4		0	
起头、接头、收尾	标准	无	一处不良	两处不良	三处不良	
	分数	3	2	1	0	
焊缝外观成形	标准	优	良	一般	差	
	分数	10	7	4	0	
宏观金相	标准	4面合格	3面合格	2面合格	1面合格	
	分数	30	20	10	0	
备注	焊缝表面及根部进行修补或试件有舞弊标记的，则该项作0分处理			合计		
				考评员签字		

评分人：　　　　年　月　日　　　　　　　　核分人：　　　　年　月　日

试题2：铝合金焊工技师考核试卷（B）

（1）材料准备

1）试件规格，见表12-30。

表 12-30　试件规格

材料名称	材质	规格/mm	坡口角度	数量/件
焊接试件 1	6082-T651	10×150×300	35°	2
焊接试件 2*	6082-T651	10×150×200	55°	2
焊接试件 3	6082-T651	3×150×150	/	1
焊接试件 4	6060-H111	ϕ50×2×100	/	2
焊接垫板	陶瓷	300	/	1

注：焊接试件 2* 是在 200mm 长度方向同一边的正面和反面各加工出 55°坡口。

2）焊接材料，见表 12-31。

表 12-31　焊接材料

焊缝形式	焊接方法	名称	牌号	规格	保护气体
双面平角焊缝	131	焊丝	ER5087	ϕ1.2	Ar
仰对接焊缝	131	焊丝	ER5087	ϕ1.2	Ar
管板仰角焊缝	141	焊丝	ER5087	ϕ3.2	Ar
管管横对接焊缝	141	焊丝	ER5087	ϕ3.2	Ar
立角焊缝	131	焊丝	ER5087	ϕ1.2	Ar
平角焊缝	131	焊丝	ER5087	ϕ1.2	Ar

（2）工具准备清单　见表 12-32。

表 12-32　工具准备清单（参考者自备）

序号	名称	规格	数量	备注
1	防护用品	工作服、帽、鞋、手套、防护眼镜、面罩等	1	
2	不锈钢丝刷	自定	1	
3	直磨机	/	1	含不锈钢丝轮
4	角磨机	自定	1	含千页片
5	钢直尺	300mm	1	
6	记号笔	/	1	蓝色
7	导电嘴	ϕ1.2mm	若干	
8	活扳手	300mm	1	
9	白棉布	自定	若干	
10	测温仪	/	1	

（续）

序号	名称	规格	数量	备注
11	焊缝检测尺	40型	1	
12	直角尺	100mm	1	
13	画规	100mm	1	
14	钨极	ϕ3.2mm	1	

（3）考场准备　见表12-33。

表12-33　考场准备

序号	名称	型号与规格	单位	数量	备注
1	MIG焊机	自定	台	若干	
2	TIG焊机	自定	台	若干	
3	焊接架	/	台	若干	
4	钳工台	/	台	若干	
5	异丙醇	/	瓶	若干	
6	保护屏风	/	架	若干	
7	清洗剂	/	瓶	/	PT检查用
8	渗透剂	/	瓶	/	PT检查用
9	显像剂	/	瓶	/	PT检查用

（4）考核试题B卷

1）铝合金焊工技师考核试卷（B）总成绩，见表12-34。

表12-34　铝合金焊工技师考核试卷（B）总成绩表

焊缝序号	试题名称	卷面配分	得分	总分比	备注
1	双面平角焊缝（MIG焊）	100		15%	
2	仰对接焊缝（MIG焊）	100		20%	
3	管板仰角焊缝（TIG焊）	100		15%	
4	管管横对接焊缝（TIG焊）	100		20%	
5	立角焊缝（MIG焊）	100		15%	
6	平角焊缝（MIG焊）	100		15%	
合计		600		100%	

统分人：　　　　　　　　　　　　　　　　　　年　　月　　日

2）铝合金焊工技师考核试卷（B），如图12-6所示。

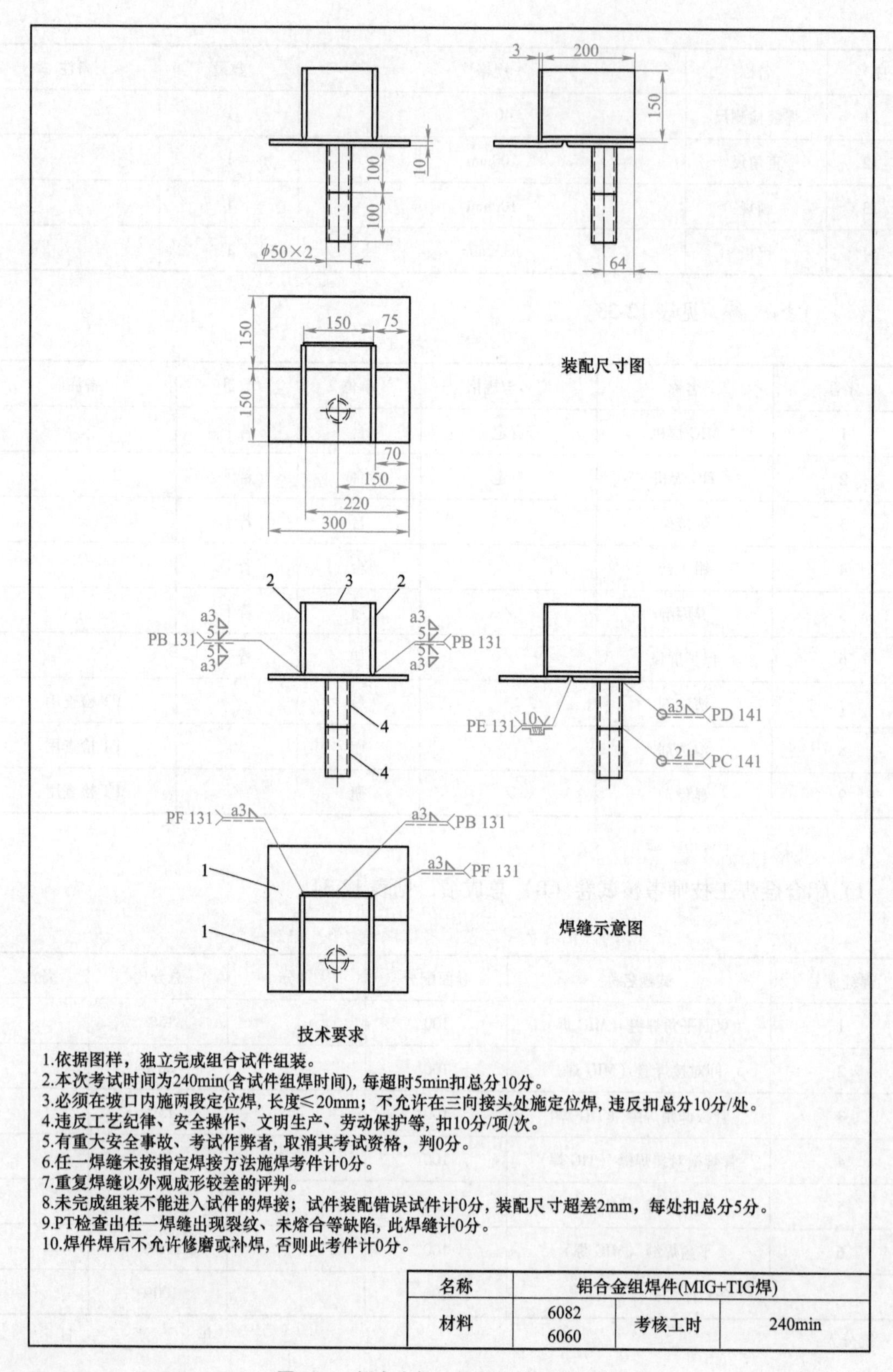

图 12-6　铝合金焊工技师考核试卷（B）

3）配分、评分标准。

① 双面平角焊缝（MIG焊）评分，见表12-35。

表12-35 双面平角焊缝（MIG焊）评分表

考试项目	双面平角焊缝（MIG焊）					
检查项目	评分标准/mm	焊缝等级				实际得分
		Ⅰ	Ⅱ	Ⅲ	Ⅳ	
立板侧焊缝宽度	标准	7~8	>8，≤10	>10，≤12	>12，≤7	
	分数	5	3	1	0	
立板侧焊缝宽度差	标准	≤1	>1，≤2	>2，≤3	>3	
	分数	5	3	1	0	
底板侧焊缝宽度	标准	4~5	>5，≤7	>7，≤9	>9，≤4	
	分数	5	3	1	0	
底板侧焊缝宽度差	标准	≤1	>1，≤2	>2，≤3	>3	
	分数	5	3	1	0	
焊缝凸、凹度	标准	0~1	>1，≤2	>2，≤3	>3	
	分数	5	3	1	0	
咬边	标准	无咬边	深度≤0.5且长度≤30	深度≤0.5且长度>30	深度>0.5或长度>30	
	分数	10	5	2	0	
焊瘤	标准	无		有		
	分数	2		0		
气孔/缩孔	标准	无	缩孔	气孔	全有	
	分数	5	3	1	0	
熔合不良	标准	无	长度1~10	长度10~20	长度>20	
	分数	7	3	1	0	
起头、接头、收尾	标准	无	一处不良	两处不良	三处不良	
	分数	3	2	1	0	
焊缝外观成形	标准	优	良	一般	差	
	分数	15~10	9~5	4~1	0	
宏观金相	标准	4面合格	3面合格	2面合格	1面合格	
	分数	30	20	10	0	
备注	焊缝表面及根部进行修补或试件有舞弊标记的，则该项作0分处理			合计		
				考评员签字		

评分人： 年 月 日 核分人： 年 月 日

② 仰对接焊缝（MIG 焊）评分，见表 12-36。

表 12-36　仰对接焊缝（MIG 焊）评分表

考试项目	仰对接焊缝（MIG 焊）					
检查项目	评分标准/mm	焊缝等级				实际得分
		Ⅰ	Ⅱ	Ⅲ	Ⅳ	
余高	标准	0~2	>2，≤2.5	>2.5，≤3	>3，<0	
	分数	5	3	1	0	
余高差	标准	≤1	>1，≤2	>2，≤3	>3	
	分数	5	3	1	0	
宽度	标准	>14，≤15	>15，≤17	>17，≤19	≤14，>19	
	分数	5	3	1	0	
宽窄差	标准	≤1	>1，≤2	>2，≤3	>3	
	分数	5	3	1	0	
咬边	标准	无		有		
	分数	5		0		
背面焊缝余高	标准	0.5~1	>1，≤2	>2，≤3	>3，<0	
	分数	10	7	5	0	
焊瘤	标准	无		有		
	分数	5		0		
起头、接头、收尾	标准	良好		不良		
	分数	5		0		
外观成形	标准	优	良	一般	差	
	分数	15~11	10~6	5~1	0	
X 射线检验按 GB/T 3323—2019 标准中Ⅱ级及以上	标准	Ⅰ级无缺陷	Ⅰ级有缺陷	Ⅱ级	Ⅱ级以下	
	分数	40	30	20	0	
备注	焊缝表面及根部进行修补或试件有舞弊标记的，则该项作 0 分处理			合计		
				考评员签字		

评分人：　　　　年　月　日　　　　　　　　核分人：　　　　年　月　日

③管板仰角焊缝（TIG 焊）评分，见表 12-37。

表 12-37　管板仰角焊缝（TIG 焊）评分表

考试项目	管板仰角焊缝（TIG 焊）					
检查项目	评分标准/mm	焊缝等级				实际得分
		Ⅰ	Ⅱ	Ⅲ	Ⅳ	
管侧焊缝宽度	标准	4~5	>5，≤7	>7，≤9	>9，≤4	
	分数	5	3	1	0	

（续）

考试项目	管板仰角焊缝（TIG 焊）					
检查项目	评分标准/mm	焊缝等级 Ⅰ	Ⅱ	Ⅲ	Ⅳ	实际得分
管侧焊缝宽度差	标准	≤1	>1，≤2	>2，≤3	>3	
	分数	5	3	1	0	
底板侧焊缝宽度	标准	4~5	>5，≤7	>7，≤9	>9，≤4	
	分数	5	3	1	0	
底板侧焊缝宽度差	标准	≤1	>1，≤2	>2，≤3	>3	
	分数	5	3	1	0	
焊缝凸、凹度	标准	0~1	>1，≤2	>2，≤3	>3	
	分数	5	3	1	0	
单边	标准	0~1	>1，≤2	>2，≤3	>3	
	分数	5	3	1	0	
咬边	标准	无咬边	深度≤0.5，且长度≤30	深度≤0.5 且长度>30	深度>0.5 或长度>30	
	分数	7	3	1	0	
焊瘤	标准	无		有		
	分数	2		0		
气孔/缩孔	标准	无	有缩孔无气孔	有气孔无缩孔	全有	
	分数	3	2	1	0	
熔合不良	标准	无	长度 1~10	长度 10~20	长度>20	
	分数	7	3	1	0	
夹钨	标准	无		一处	一处以上	
	分数	8		4	0	
起头、接头、收尾	标准	无	一处不良	两处不良	三处不良	
	分数	3	2	1	0	
焊缝外观成形	标准	优	良	一般	差	
	分数	10	7	4	0	
宏观金相	标准	4 面合格	3 面合格	2 面合格	1 面合格	
	分数	30	20	10	0	
备注	焊缝表面及根部进行修补或试件有舞弊标记的，则该项作 0 分处理		合计			
			考评员签字			

评分人：　　　年　月　日　　　　　　　　　　核分人：　　　年　月　日

④管管横对接焊缝（TIG 焊）评分，见表 12-38。

表 12-38　管管横对接焊缝（TIG 焊）评分表

考试项目	管管横对接焊缝（TIG 焊）					
检查项目	评分标准/mm	焊缝等级				实际得分
		Ⅰ	Ⅱ	Ⅲ	Ⅳ	
余高	标准	0~2	>2，≤2.5	>2.5，≤3	>3，<0	
	分数	5	3	1	0	
余高差	标准	≤1	>1，≤2	>2，≤3	>3	
	分数	5	3	1	0	
宽度	标准	>4，≤6	>6，≤8	>8，≤10	≤4，>10	
	分数	5	3	1	0	
宽窄差	标准	≤1	>1，≤2	>2，≤3	>3	
	分数	5	3	1	0	
咬边	标准	无		有		
	分数	5		0		
背面未焊透	标准	无		有		
	分数	10		0		
焊瘤	标准	无		有		
	分数	5		0		
夹钨	标准	无		有		
	分数	5		0		
外观成形	标准	优	良	一般	差	
	分数	15~11	10~6	5~1	0	
X 射线检验按 GB/T 3323—2019 标准中Ⅱ级及以上	标准	Ⅰ级无缺陷	Ⅰ级有缺陷	Ⅱ级	不合格	
	分数	40	30	20	0	
备注	焊缝表面及根部进行修补或试件有舞弊标记的，则该项作 0 分处理			合计		
				考评员签字		

评分人：　　　　年　月　日　　　　　　　　核分人：　　　　年　月　日

⑤立角焊缝（MIG 焊）评分，见表 12-39。

表 12-39　立角焊缝（MIG 焊）评分表

考试项目	立角焊缝（MIG 焊）					
检查项目	评分标准/mm	焊缝等级				实际得分
		Ⅰ	Ⅱ	Ⅲ	Ⅳ	
薄板侧焊缝宽度	标准	3	>3，≤4	>4，≤5	>5，<3	
	分数	5	3	1	0	

（续）

考试项目	立角焊缝（MIG焊）					
检查项目	评分标准/mm	焊缝等级				实际得分
		Ⅰ	Ⅱ	Ⅲ	Ⅳ	
薄板侧焊缝宽度差	标准	≤1	>1，≤2	>2，≤3	>3	
	分数	5	3	1	0	
厚板侧焊缝宽度	标准	3	>3，≤4	>4，≤5	>5，<3	
	分数	5	3	1	0	
厚板侧焊缝宽度差	标准	≤1	>1，≤2	>2，≤3	>3	
	分数	5	3	1	0	
焊缝凸、凹度	标准	0~1	>1，≤2	>2，≤3	>3	
	分数	5	3	1	0	
单边	标准	0~1	>1，≤2	>2，≤3	>3	
	分数	5	3	1	0	
咬边	标准	无咬边	深度≤0.5，且长度≤30	深度≤0.5且长度>30	深度>0.5或长度>30	
	分数	7	3	1	0	
焊瘤	标准	无		有		
	分数	5		0		
气孔/缩孔	标准	无	有缩孔无气孔	有气孔无缩孔	全有	
	分数	3	2	1	0	
熔合不良	标准	无	长度1~10	长度10~20	长度>20	
	分数	7	3	1	0	
起头、接头、收尾	标准	无	一处不良	两处不良	三处不良	
	分数	3	2	1	0	
焊缝外观成形	标准	优	良	一般	差	
	分数	15~10	9~5	4~1	0	
宏观金相	标准	4面合格	3面合格	2面合格	1面合格	
	分数	30	20	10	0	
备注	焊缝表面及根部进行修补或试件有舞弊标记的，则该项作0分处理		合计			
			考评员签字			

评分人： 年 月 日 核分人： 年 月 日

⑥平角焊缝（MIG焊）评分，见表12-40。

表 12-40　平角焊缝（MIG 焊）评分表

考试项目	平角焊缝（MIG 焊）					
检查项目	评分标准/mm	焊缝等级				实际得分
		Ⅰ	Ⅱ	Ⅲ	Ⅳ	
立板侧焊缝宽度	标准	>4，≤5	>5，≤6	>6，≤8	>8，≤4	
	分数	5	3	1	0	
立板侧焊缝宽度差	标准	≤1	>1，≤2	>2，≤3	>3	
	分数	5	3	1	0	
底板侧焊缝宽度	标准	>4，≤5	>5，≤6	>6，≤8	>8，≤4	
	分数	5	3	1	0	
底板侧焊缝宽度差	标准	≤1	>1，≤2	>2，≤3	>3	
	分数	5	3	1	0	
焊缝凸、凹度	标准	0~1	>1，≤2	>2，≤3	>3	
	分数	5	3	1	0	
单边	标准	0~1	>1，≤2	>2，≤3	>3	
	分数	5	3	1	0	
咬边	标准	无咬边	深度≤0.5，且长度≤30	深度≤0.5且长度>30	深度>0.5或长度>30	
	分数	7	3	1	0	
焊瘤	标准	无		有		
	分数	5		0		
气孔/缩孔	标准	无	有缩孔无气孔	有气孔无缩孔	全有	
	分数	3	2	1	0	
熔合不良	标准	无	长度 1~10	长度 10~20	长度>20	
	分数	7	3	1	0	
起头、接头、收尾	标准	无	一处不良	两处不良	三处不良	
	分数	3	2	1	0	
焊缝外观成形	标准	优	良	一般	差	
	分数	15~10	9~5	4~1	0	
宏观金相	标准	4 面合格	3 面合格	2 面合格	1 面合格	
	分数	30	20	10	0	
备注	焊缝表面及根部进行修补或试件有舞弊标记的，则该项作 0 分处理			合计		
				考评员签字		

评分人：　　　　年　月　日　　　　　　　　　　核分人：　　　　年　月　日

12.4.3 命题案例（二）

试题 1：铝合金焊工技师(一级)考核试卷(A)

(1) 材料准备

1）试件规格，见表12-41。

表12-41　试件规格

材料名称	材质	规格/mm	坡口角度	数量/件
焊接试件1	6082-T651	10×150×300	35°	4
焊接试件2	6082-T651	10×150×200	55°	1
焊接试件3	6082-T651	6×150×250	35°	2
焊接试件4	6060-H111	ϕ60×4×100	35°	2
焊接试件5*	6060-H111	（半剖）ϕ60×4×200	35°	1
焊接垫板	6005A	5×20×200		1
焊接垫板	陶瓷	200	/	1

注：焊接试件5*是铝管沿轴线方向半剖后在200mm长度方向各加工出35°坡口。

2）焊接材料，见表12-42。

表12-42　焊接材料

焊缝形式	焊接方法	名称	牌号	规格	保护气体
仰对接焊缝（缝1）	131	焊丝	ER5087	ϕ1.2	Ar
水平管板角接立向上焊缝（缝2）	131	焊丝	ER5087	ϕ1.2	Ar
水平管管对接立向上焊缝（缝3）	141	焊丝	ER5087	ϕ3.2	Ar
平对接焊缝（缝4）	131	焊丝	ER5087	ϕ1.2	Ar
仰角焊焊缝（缝5）	141	焊丝	ER5087	ϕ3.2	Ar
平角焊焊缝（缝6）	131	焊丝	ER5087	ϕ1.2	Ar
立向上对接焊缝（缝7）	141	焊丝	ER5087	ϕ3.2	Ar
仰角焊焊缝（缝8）	131	焊丝	ER5087	ϕ1.2	Ar
平角焊焊缝（缝9）	131	焊丝	ER5087	ϕ1.2	Ar

（2）工具准备清单　见表12-43。

表12-43　工具准备清单（参考者自备）

序号	名称	规格	数量	备注
1	防护用品	工作服、帽、鞋、手套、防护眼镜、面罩等	1	
2	不锈钢丝刷	自定	1	
3	直磨机	/	1	含不锈钢丝轮
4	角磨机	自定	1	含千页片
5	钢直尺	300mm	1	
6	记号笔	/	1	蓝色
7	导电嘴	ϕ1.2mm	若干	
8	活扳手	300mm	1	
9	白棉布	自定	若干	

（续）

序号	名称	规格	数量	备注
10	测温仪	/	1	
11	焊缝检测尺	40 型	1	
12	直角尺	100mm	1	
13	画规	100mm	1	
14	钨极	ϕ3. 2mm	1	

（3）考场准备　见表 12-44。

表 12-44　考场准备

序号	名称	型号与规格	单位	数量	备注
1	MIG 焊机	自定	台	若干	
2	TIG 焊机	自定	台	若干	
3	焊接架	/	台	若干	
4	钳工台	/	台	若干	
5	异丙醇	/	瓶	若干	
6	保护屏风	/	架	若干	
7	清洗剂	/	瓶	/	PT 检查用
8	渗透剂	/	瓶	/	PT 检查用
9	显像剂	/	瓶	/	PT 检查用

（4）考核试题 A 卷

1）铝合金焊工技师（一级）考核试卷（A）总成绩，见表 12-45。

表 12-45　铝合金焊工技师（一级）考核试卷（A）总成绩表

焊缝序号	试题名称	卷面配分	得分	总分比	备注
1	仰对接焊缝（MIG 焊）	100		15%	
2	水平管板角接立向上焊缝（MIG 焊）	100		10%	
3	水平管管对接立向上焊缝（TIG 焊）	100		10%	
4	平对接焊缝（MIG 焊）	100		10%	
5	仰角焊焊缝（TIG 焊）	100		10%	
6	平角焊焊缝（MIG 焊）	100		10%	
7	立向上对接焊缝（TIG 焊）	100		15%	
8	仰角焊焊缝（MIG 焊）	100		10%	
9	平角焊焊缝（MIG 焊）	100		10%	
合　计		900		100%	

统分人：　　　　　　　　　　　　　　　　　　　　　　　　年　　　月　　　日

2）铝合金焊工高级技师（一级）考核试卷（A），如图 12-7 所示。

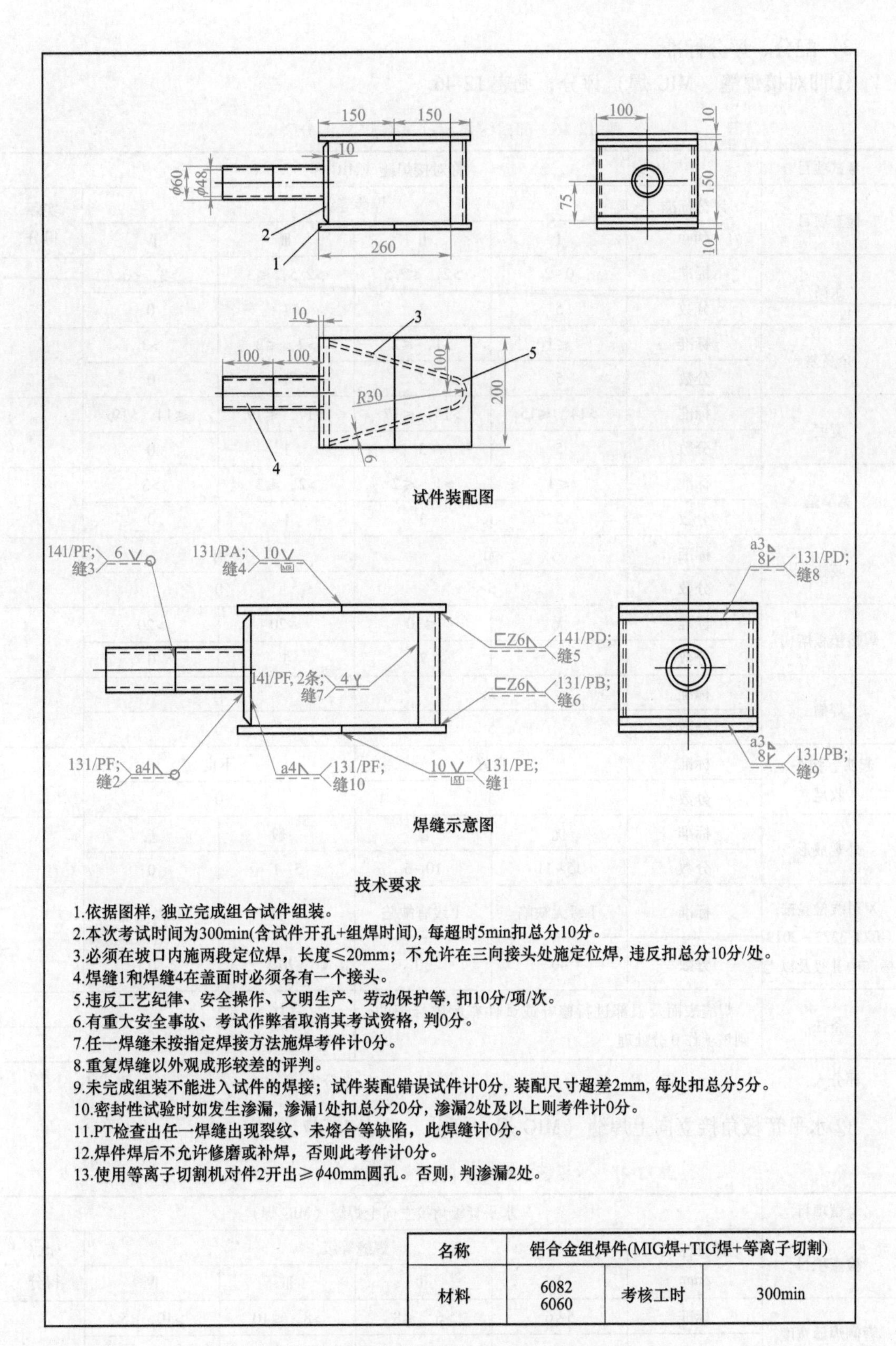

图 12-7 铝合金焊工高级技师（一级）考核试卷（A）

3）配分、评分标准。

①仰对接焊缝（MIG 焊）评分，见表 12-46。

表 12-46 仰对接焊缝（MIG 焊）评分表

考试项目	仰对接焊缝（MIG 焊）					
检查项目	评分标准/mm	焊缝等级				实际得分
		Ⅰ	Ⅱ	Ⅲ	Ⅳ	
余高	标准	0~2	>2，≤2.5	>2.5，≤3	>3，<0	
	分数	5	3	1	0	
余高差	标准	≤1	>1，≤2	>2，≤3	>3	
	分数	5	3	1	0	
宽度	标准	>14，≤15	>15，≤17	>17，≤19	≤14，>19	
	分数	5	3	1	0	
宽窄差	标准	≤1	>1，≤2	>2，≤3	>3	
	分数	5	3	1	0	
咬边	标准	无		有		
	分数	5		0		
焊接垫板熔伤	标准	无	≤10	≤20	>20	
	分数	10	7	5	0	
焊瘤	标准	无		有		
	分数	5		0		
起头、接头、收尾	标准	良好		不良		
	分数	5		0		
外观成形	标准	优	良	一般	差	
	分数	15~11	10~6	5~1	0	
X 射线检验按 GB/T 3323—2019 标准中Ⅱ级及以上	标准	Ⅰ级无缺陷	Ⅰ级有缺陷	Ⅱ级	Ⅱ级以下	
	分数	40	30	20	0	
备注	焊缝表面及根部进行修补或试件有舞弊标记的，则该项作 0 分处理			合计		
				考评员签字		

评分人： 年 月 日 核分人： 年 月 日

②水平管板角接立向上焊缝（MIG 焊）评分，见表 12-47。

表 12-47 水平管板角接立向上焊缝（MIG 焊）评分表

考试项目	水平管板角接立向上焊缝（MIG 焊）					
检查项目	评分标准/mm	焊缝等级				实际得分
		Ⅰ	Ⅱ	Ⅲ	Ⅳ	
管侧焊缝宽度	标准	5~6	>6，≤8	>8，≤10	>10，<5	
	分数	5	3	1	0	

（续）

考试项目	水平管板角接立向上焊缝（MIG焊）					
检查项目	评分标准/mm	焊缝等级				实际得分
		Ⅰ	Ⅱ	Ⅲ	Ⅳ	
管侧焊缝宽度差	标准	≤1	>1，≤2	>2，≤3	>3	
	分数	5	3	1	0	
板侧焊缝宽度	标准	5~6	>6，≤8	>8，≤10	>10，<5	
	分数	5	3	1	0	
板侧焊缝宽度差	标准	≤1	>1，≤2	>2，≤3	>3	
	分数	5	3	1	0	
焊缝凸、凹度	标准	0~1	>1，≤2	>2，≤3	>3	
	分数	5	3	1	0	
单边	标准	0~1	>1，≤2	>2，≤3	>3	
	分数	5	3	1	0	
咬边	标准	无咬边	深度≤0.5 且长度≤30	深度≤0.5 且长度>30	深度>0.5 或长度>30	
	分数	7	3	1	0	
焊瘤	标准	无		有		
	分数	2		0		
气孔/缩孔	标准	无	有缩孔无气孔	有气孔无缩孔	全有	
	分数	3	2	1	0	
熔合不良	标准	无	长度1~10	长度10~20	长度>20	
	分数	7	3	1	0	
起头、接头、收尾	标准	无	一处不良	两处不良	三处不良	
	分数	8	4	2	0	
焊缝外观成形	标准	优	良	一般	差	
	分数	13~9	8~5	4~1	0	
宏观金相	标准	4面合格	3面合格	2面合格	1面合格	
	分数	30	20	10	0	
备注	焊缝表面及根部进行修补或试件有舞弊标记的，则该项作0分处理			合计		
				考评员签字		

评分人：　　　　年　月　日　　　　　　　　核分人：　　　　年　月　日

③水平管管对接立向上焊缝（TIG 焊）评分，见表 12-48。

表 12-48　水平管管对接立向上焊缝（TIG 焊）评分表

考试项目	水平管管对接立向上焊缝（TIG 焊）					
检查项目	评分标准/mm	焊缝等级				实际得分
		Ⅰ	Ⅱ	Ⅲ	Ⅳ	
余高	标准	0~2	>2，≤2.5	>2.5，≤3	>3，<0	
	分数	5	3	1	0	
余高差	标准	≤1	>1，≤2	>2，≤3	>3	
	分数	5	3	1	0	
宽度	标准	>4，≤6	>6，≤8	>8，≤10	≤4，>10	
	分数	5	3	1	0	
宽窄差	标准	≤1	>1，≤2	>2，≤3	>3	
	分数	5	3	1	0	
咬边	标准	无		有		
	分数	5		0		
背面未焊透	标准	无		有		
	分数	10		0		
焊瘤	标准	无		有		
	分数	5		0		
夹钨	标准	无		有		
	分数	5		0		
外观成形	标准	优	良	一般	差	
	分数	15~11	10~6	5~1	0	
X 射线检验按 GB/T 3323—2019 标准中Ⅱ级及以上	标准	Ⅰ级无缺陷	Ⅰ级有缺陷	Ⅱ级	不合格	
	分数	40	30	20	0	
备注	焊缝表面及根部进行修补或试件有舞弊标记的，则该项作 0 分处理		合计			
			考评员签字			

评分人：　　　　年　月　日　　　　　　　　　　　　核分人：　　　　年　月　日

④平对接焊缝（MIG 焊）评分，见表 12-49。

表 12-49　平对接焊缝（MIG 焊）评分表

考试项目	平对接焊缝（MIG 焊）					
检查项目	评分标准/mm	焊缝等级				实际得分
		Ⅰ	Ⅱ	Ⅲ	Ⅳ	
余高	标准	0~2	>2，≤2.5	>2.5，≤3	>3，<0	
	分数	5	3	1	0	

（续）

考试项目	平对接焊缝（MIG焊）					
检查项目	评分标准/mm	焊缝等级				实际得分
		Ⅰ	Ⅱ	Ⅲ	Ⅳ	
余高差	标准	≤1	>1，≤2	>2，≤3	>3	
	分数	5	3	1	0	
宽度	标准	>14，≤15	>15，≤17	>17，≤19	≤14，>19	
	分数	5	3	1	0	
宽窄差	标准	≤1	>1，≤2	>2，≤3	>3	
	分数	5	3	1	0	
咬边	标准	无		有		
	分数	5		0		
背面焊缝余高	标准	0.5~1	>1，≤2	>2，≤3	>3，<0.5	
	分数	10	7	5	0	
焊瘤	标准	无		有		
	分数	5		0		
起头、接头、收尾	标准	良好		不良		
	分数	5		0		
外观成形	标准	优	良	一般	差	
	分数	15~11	10~6	5~1	0	
X射线检验按GB/T 3323—2019标准中Ⅱ级及以上	标准	Ⅰ级无缺陷	Ⅰ级有缺陷	Ⅱ级	Ⅱ级以下	
	分数	40	30	20	0	
备注	焊缝表面及根部进行修补或试件有舞弊标记的，则该项作0分处理			合计		
				考评员签字		

评分人：　　年　月　日　　　　核分人：　　年　月　日

⑤仰角焊缝（TIG焊）评分，见表12-50。

表12-50　仰角焊缝（TIG焊）评分表

考试项目	仰角焊缝（TIG焊）					
检查项目	评分标准/mm	焊缝等级				实际得分
		Ⅰ	Ⅱ	Ⅲ	Ⅳ	
顶板侧焊缝宽度	标准	5~6	>6，≤7	>7，≤8	>8，<5	
	分数	5	3	1	0	
顶板侧焊缝宽度差	标准	≤1	>1，≤2	>2，≤3	>3	
	分数	5	3	1	0	
立板（管）侧焊缝宽度	标准	5~6	>6，≤7	>7，≤8	>8，<5	
	分数	5	3	1	0	

（续）

考试项目	仰角焊缝（TIG焊）					
检查项目	评分标准/mm	焊缝等级				实际得分
		Ⅰ	Ⅱ	Ⅲ	Ⅳ	
立板（管）侧焊缝宽度差	标准	≤1	>1，≤2	>2，≤3	>3	
	分数	5	3	1	0	
焊缝凸、凹度	标准	0~1	>1，≤2	>2，≤3	>3	
	分数	5	3	1	0	
单边	标准	0~1	>1，≤2	>2，≤3	>3	
	分数	5	3	1	0	
咬边	标准	无咬边	深度≤0.5且长度≤30	深度≤0.5且长度>30	深度>0.5或长度>30	
	分数	7	3	1	0	
夹钨	标准	无		有		
	分数	5		0		
气孔/缩孔	标准	无	有缩孔无气孔	有气孔无缩孔	全有	
	分数	3	2	1	0	
熔合不良	标准	无	长度1~10	长度10~20	长度>20	
	分数	7	3	1	0	
起头、接头、收尾	标准	无	一处不良	两处不良	三处不良	
	分数	3	2	1	0	
焊缝外观成形	标准	优	良	一般	差	
	分数	15~10	9~5	4~1	0	
宏观金相	标准	4面合格	3面合格	2面合格	1面合格	
	分数	30	20	10	0	
备注	焊缝表面及根部进行修补或试件有舞弊标记的，则该项作0分处理			合计		
				考评员签字		

评分人：　　　　年　月　日　　　　　　　核分人：　　　　年　月　日

⑥平角焊缝（MIG焊）评分，见表12-51。

表12-51　平角焊缝（MIG焊）评分表

考试项目	平角焊缝（MIG焊）					
检查项目	评分标准/mm	焊缝等级				实际得分
		Ⅰ	Ⅱ	Ⅲ	Ⅳ	
底板侧焊缝宽度	标准	5~6	>6，≤7	>7，≤8	>8，<5	
	分数	5	3	1	0	
底板侧焊缝宽度差	标准	≤1	>1，≤2	>2，≤3	>3	
	分数	5	3	1	0	

（续）

考试项目	平角焊缝（MIG 焊）					
检查项目	评分标准/mm	焊缝等级				实际得分
		Ⅰ	Ⅱ	Ⅲ	Ⅳ	
立板（管）侧焊缝宽度	标准	5~6	>6，≤7	>7，≤8	>8，<5	
	分数	5	3	1	0	
立板（管）侧焊缝宽度差	标准	≤1	>1，≤2	>2，≤3	>3	
	分数	5	3	1	0	
焊缝凸、凹度	标准	0~1	>1，≤2	>2，≤3	>3	
	分数	5	3	1	0	
单边	标准	0~1	>1，≤2	>2，≤3	>3	
	分数	5	3	1	0	
咬边	标准	无咬边	深度≤0.5且长度≤30	深度≤0.5且长度>30	深度>0.5或长度>30	
	分数	7	3	1	0	
焊瘤	标准	无		有		
	分数	5		0		
气孔/缩孔	标准	无	有缩孔无气孔	有气孔无缩孔	全有	
	分数	3	2	1	0	
熔合不良	标准	无	长度 1~10	长度 10~20	长度>20	
	分数	7	3	1	0	
起头、接头、收尾	标准	无	一处不良	两处不良	三处不良	
	分数	3	2	1	0	
焊缝外观成形	标准	优	良	一般	差	
	分数	15~10	9~5	4~1	0	
宏观金相	标准	4 面合格	3 面合格	2 面合格	1 面合格	
	分数	30	20	10	0	
备注	焊缝表面及根部进行修补或试件有舞弊标记的，则该项作 0 分处理			合计		
				考评员签字		

评分人： 年 月 日 核分人： 年 月 日

⑦立向上对接焊缝（TIG 焊）评分，见表 12-52。

表 12-52 立向上对接焊缝（TIG 焊）评分表

考试项目	立向上对接焊缝（TIG 焊）					
检查项目	评分标准/mm	焊缝等级				实际得分
		Ⅰ	Ⅱ	Ⅲ	Ⅳ	
余高	标准	0~2	>2，≤2.5	>2.5，≤3	>3，<0	
	分数	5	3	1	0	

（续）

考试项目	立向上对接焊缝（TIG 焊）					
检查项目	评分标准/mm	焊缝等级				实际得分
		Ⅰ	Ⅱ	Ⅲ	Ⅳ	
余高差	标准	≤1	>1，≤2	>2，≤3	>3	
	分数	5	3	1	0	
宽度	标准	>6，≤7	>7，≤9	>9，≤11	≤6，>11	
	分数	5	3	1	0	
宽窄差	标准	≤1	>1，≤2	>2，≤3	>3	
	分数	5	3	1	0	
咬边	标准	无咬边	深度≤0.5 且长度≤30	深度≤0.5 且长度>30	深度>0.5 或长度>30	
	分数	6	4	2	0	
起头、接头、收尾	标准	无	一处不良	两处不良	三处不良	
	分数	6	4	2	0	
气孔	标准	无	一个	两个	三个	
	分数	8	5	2	0	
缩孔	标准	无	一个		一个以上	
	分数	5	3		0	
焊瘤	标准	无		有		
	分数	5		0		
夹钨	标准	无		有		
	分数	5		0		
外观成形	标准	优	良	一般	差	
	分数	15~11	10~6	5~1	0	
宏观金相	标准	4 面合格	3 面合格	2 面合格	1 面合格	
	分数	30	20	10	0	
备注	焊缝表面及根部进行修补或试件有舞弊标记的，则该项作 0 分处理			合计		
				考评员签字		

评分人：　　　年　月　日　　　　　　　　核分人：　　　年　月　日

⑧仰角焊缝（MIG 焊）评分，见表 12-53。

表 12-53　仰角焊缝（MIG 焊）评分表

考试项目	仰角焊缝（MIG 焊）					
检查项目	评分标准/mm	焊缝等级				实际得分
		Ⅰ	Ⅱ	Ⅲ	Ⅳ	
顶板侧焊缝宽度	标准	4~5	>5，≤6	>6，≤8	>8，<4	
	分数	5	3	1	0	

（续）

考试项目	仰角焊缝（MIG焊）					
检查项目	评分标准/mm	焊缝等级				实际得分
		Ⅰ	Ⅱ	Ⅲ	Ⅳ	
顶板侧焊缝宽度差	标准	≤1	>1，≤2	>2，≤3	>3	
	分数	5	3	1	0	
立板侧焊缝宽度	标准	12~13	>13，≤15	>15，≤17	>17，<12	
	分数	5	3	1	0	
立板侧焊缝宽度差	标准	≤1	>1，≤2	>2，≤3	>3	
	分数	5	3	1	0	
焊缝凸、凹度	标准	0~1	>1，≤2	>2，≤3	>3	
	分数	5	3	1	0	
单边	标准	0~1	>1，≤2	>2，≤3	>3	
	分数	5	3	1	0	
咬边	标准	无咬边	深度≤0.5且长度≤30	深度≤0.5且长度>30	深度>0.5或长度>30	
	分数	7	3	1	0	
焊瘤	标准	无		有		
	分数	2		0		
气孔/缩孔	标准	无	有缩孔无气孔	有气孔无缩孔	全有	
	分数	3	2	1	0	
熔合不良	标准	无	长度1~10	长度10~20	长度>20	
	分数	7	3	1	0	
起头、接头、收尾	标准	无	一处不良	两处不良	三处不良	
	分数	8	4	2	0	
焊缝外观成形	标准	优	良	一般	差	
	分数	13~9	8~5	4~1	0	
宏观金相	标准	4面合格	3面合格	2面合格	1面合格	
	分数	30	20	10	0	
备注	焊缝表面及根部进行修补或试件有舞弊标记的，则该项作0分处理			合计		
				考评员签字		

评分人：　　　　年　月　日　　　　　　　核分人：　　　　年　月　日

⑨平角焊缝（MIG焊）评分，见表12-54。

表12-54 平角焊缝（MIG焊）评分表

考试项目	平角焊缝（MIG焊）					
检查项目	评分标准/mm	焊缝等级				实际得分
		Ⅰ	Ⅱ	Ⅲ	Ⅳ	
底板侧焊缝宽度	标准	4~5	>5，≤6	>6，≤8	>8，<4	
	分数	5	3	1	0	
底板侧焊缝宽度差	标准	≤1	>1，≤2	>2，≤3	>3	
	分数	5	3	1	0	
立板侧焊缝宽度	标准	12~13	>13，≤15	>15，≤17	>17，<12	
	分数	5	3	1	0	
立板侧焊缝宽度差	标准	≤1	>1，≤2	>2，≤3	>3	
	分数	5	3	1	0	
焊缝凸、凹度	标准	0~1	>1，≤2	>2，≤3	>3	
	分数	5	3	1	0	
单边	标准	0~1	>1，≤2	>2，≤3	>3	
	分数	5	3	1	0	
咬边	标准	无咬边	深度≤0.5且长度≤30	深度≤0.5且长度>30	深度>0.5或长度>30	
	分数	7	3	1	0	
焊瘤	标准	无		有		
	分数	2		0		
气孔/缩孔	标准	无	有缩孔无气孔	有气孔无缩孔	全有	
	分数	3	2	1	0	
熔合不良	标准	无	长度1~10	长度10~20	长度>20	
	分数	7	3	1	0	
起头、接头、收尾	标准	无	一处不良	两处不良	三处不良	
	分数	8	4	2	0	
焊缝外观成形	标准	优	良	一般	差	
	分数	13~9	8~5	4~1	0	
宏观金相	标准	4面合格	3面合格	2面合格	1面合格	
	分数	30	20	10	0	
备注	焊缝表面及根部进行修补或试件有舞弊标记的，则该项作0分处理			合计		
				考评员签字		

评分人：　　　　年　月　日　　　　　　　　　　　核分人：　　　　年　月　日

试题2：铝合金焊工技师（一级）考核试卷（B）

（1）材料准备

1）试件规格，见表12-55。

表12-55 试件规格

材料名称	材质	规格/mm	坡口角度	数量/件
焊接试件1	6082-T651	8×150×300	35°	2
焊接试件2*	6082-T651	10×200×200	55°	1
焊接试件3	6060-H111	ϕ40×2×150	35°	1
焊接试件4	6060-H111	ϕ40×2×100	35°	1
焊接试件5	6082-T651	10×100×200	35°	1
焊接试件6*	6082-T651	10×100×200	35°	1
焊接垫板	6005A	5×20×300	/	1
焊接垫板	陶瓷	300	/	1

注：焊接试件2*是在200mm长度方向垂直相邻两个边，各加工出55°坡口。

焊接试件6*是在坡口侧的对称边，居中加工出R40mm的半圆口。

2）焊接材料，见表12-56。

表12-56 焊接材料

焊缝形式	焊接方法	名称	牌号	规格	保护气体（%）
8V仰焊缝	131	焊丝	ER5087	ϕ1.2mm	>99.999Ar
a6仰角焊缝	131	焊丝	ER5087	ϕ1.2mm	>99.999Ar
10V横焊缝	131	焊丝	ER5087	ϕ1.2mm	>99.999Ar
8HY向上立焊缝	131	焊丝	ER5087	ϕ1.2mm	>99.999Ar
5DHV+a3仰角焊缝	131	焊丝	ER5087	ϕ1.2mm	>99.999Ar
2‖斜45°焊缝	141	焊丝	ER5087	ϕ2.5mm	>99.999Ar
a3向上立角焊缝	141	焊丝	ER5087	ϕ2.5mm	>99.999Ar

（2）工具准备清单 见表12-57。

表12-57 工具准备清单（参考者自备）

序号	名称	规格	数量	备注
1	防护用品	工作服、帽、鞋、手套、防护眼镜、面罩等	1	
2	不锈钢丝刷	自定	1	
3	直磨机	/	1	含不锈钢丝轮
4	角磨机	自定	1	含千页片
5	钢直尺	300mm	1	
6	记号笔	/	1	蓝色
7	导电嘴	ϕ1.2mm	若干	
8	活扳手	300mm	1	

（续）

序号	名称	规格	数量	备注
9	白棉布	自定	若干	
10	测温仪	/	1	
11	焊缝检测尺	40 型	1	
12	直角尺	100mm	1	
13	画规	100mm	1	
14	钨极	ϕ3. 2mm	1	

（3）考场准备　见表 12-58。

表 12-58　考场准备

序号	名称	型号与规格	单位	数量	备注
1	MIG 焊机	自定	台	若干	
2	TIG 焊机	自定	台	若干	
3	焊接架	/	台	若干	
4	钳工台	/	台	若干	
5	异丙醇	/	瓶	若干	
6	保护屏风	/	架	若干	
7	清洗剂	/	瓶	/	PT 检查用
8	渗透剂	/	瓶	/	PT 检查用
9	显像剂	/	瓶	/	PT 检查用

（4）考核试题 B 卷

1）铝合金焊工技师（一级）考核试卷（B）总成绩，见表 12-59。

表 12-59　铝合金焊工技师（一级）考核试卷（B）总成绩表

序号	试题名称	卷面配分	得分	总分比	备注
1	8V 仰焊缝（MIG 焊）	100		20%	
2	a6 仰角焊缝（MIG 焊）	100		10%	
3	10V 横焊缝（MIG 焊）	100		15%	
4	8HY 向上立焊缝（MIG 焊）	100		10%	
5	5DHV+a3 仰角焊缝（MIG 焊）	100		10%	
6	2 ‖ 斜 45°焊缝（TIG 焊）	100		20%	
7	a3 向上立角焊缝（TIG 焊）	100		15%	
合　计		700		100%	

统分人：　　　　　　　　　　　　　　　　　年　　月　　日

2）铝合金焊工高级技师（一级）考核试卷（B），见图 12-8。

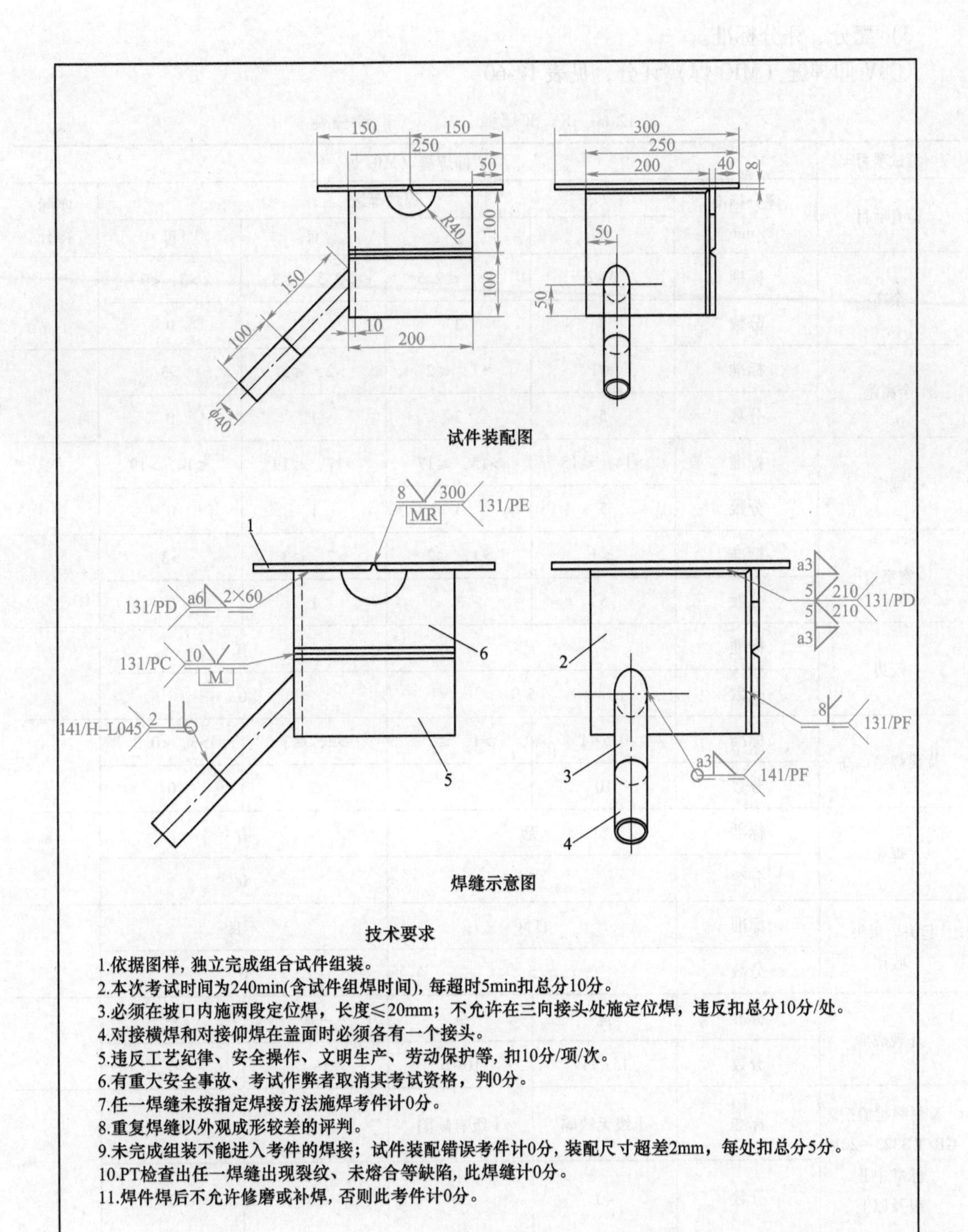

技术要求

1.依据图样，独立完成组合试件组装。
2.本次考试时间为240min(含试件组焊时间)，每超时5min扣总分10分。
3.必须在坡口内施两段定位焊，长度≤20mm；不允许在三向接头处施定位焊，违反扣总分10分/处。
4.对接横焊和对接仰焊在盖面时必须各有一个接头。
5.违反工艺纪律、安全操作、文明生产、劳动保护等，扣10分/项/次。
6.有重大安全事故、考试作弊者取消其考试资格，判0分。
7.任一焊缝未按指定焊接方法施焊考件计0分。
8.重复焊缝以外观成形较差的评判。
9.未完成组装不能进入考件的焊接；试件装配错误考件计0分，装配尺寸超差2mm，每处扣总分5分。
10.PT检查出任一焊缝出现裂纹、未熔合等缺陷，此焊缝计0分。
11.焊件焊后不允许修磨或补焊，否则此考件计0分。

名称	铝合金组焊件(MIG焊+TIG焊)		
材料	6082 6060	考核工时	240min

图 12-8 铝合金焊工高级技师（一级）考核试卷（B）

3）配分、评分标准。

①8V 仰焊缝（MIG 焊）评分，见表 12-60。

表 12-60　8V 仰焊缝（MIG 焊）评分表

考试项目	8V 仰焊缝（MIG 焊）					
检查项目	评分标准/mm	焊缝等级				实际得分
		Ⅰ	Ⅱ	Ⅲ	Ⅳ	
余高	标准	0~2	>2，≤2.5	>2.5，≤3	>3，<0	
	分数	5	3	1	0	
余高差	标准	≤1	>1，≤2	>2，≤3	>3	
	分数	5	3	1	0	
宽度	标准	>14，≤15	>15，≤17	>17，≤19	≤14，>19	
	分数	5	3	1	0	
宽窄差	标准	≤1	>1，≤2	>2，≤3	>3	
	分数	5	3	1	0	
咬边	标准	无		有		
	分数	5		0		
背面焊缝余高	标准	0.5~1	>1，≤2	>2，≤3	>3，<0.5	
	分数	10	7	5	0	
焊瘤	标准	无		有		
	分数	5		0		
起头、接头、收尾	标准	良好		不良		
	分数	5		0		
外观成形	标准	优	良	一般	差	
	分数	15~11	10~6	5~1	0	
X 射线检验按 GB/T 3323—2019 标准中Ⅱ级及以上	标准	Ⅰ级无缺陷	Ⅰ级有缺陷	Ⅱ级	Ⅱ级以下	
	分数	40	30	20	0	
备注	焊缝表面及根部进行修补或试件有舞弊标记的，则该项作 0 分处理			合计		
				考评员签字		

评分人：　　　　年　月　日　　　　　　　　核分人：　　　　年　月　日

②a6 仰角焊缝（MIG 焊）评分，见表 12-61。

表 12-61 a6 仰角焊缝（MIG 焊）评分表

考试项目	a6 仰角焊缝（MIG 焊）					
检查项目	评分标准/mm	焊缝等级				实际得分
		Ⅰ	Ⅱ	Ⅲ	Ⅳ	
顶板侧焊缝宽度	标准	8~10	>10，≤12	>12，≤14	>14，<8	
	分数	5	3	1	0	
顶板侧焊缝宽度差	标准	≤1	>1，≤2	>2，≤3	>3	
	分数	5	3	1	0	
立板侧焊缝宽度	标准	8~10	>10，≤12	>12，≤14	>14，<8	
	分数	5	3	1	0	
立板侧焊缝宽度差	标准	≤1	>1，≤2	>2，≤3	>3	
	分数	5	3	1	0	
焊缝凸、凹度	标准	0~1	>1，≤2	>2，≤3	>3	
	分数	5	3	1	0	
单边	标准	0~1	>1，≤2	>2，≤3	>3	
	分数	5	3	1	0	
咬边	标准	无咬边	深度≤0.5，且长度≤30	深度≤0.5 且长度>30	深度>0.5 或长度>30	
	分数	7	3	1	0	
焊瘤	标准	无		有		
	分数	2		0		
气孔/缩孔	标准	无	有缩孔无气孔	有气孔无缩孔	全有	
	分数	3	2	1	0	
熔合不良	标准	无	长度 1~10	长度 10~20	长度>20	
	分数	7	3	1	0	
起头、接头、收尾	标准	无	一处不良	两处不良	三处不良	
	分数	8	4	2	0	
焊缝外观成形	标准	优	良	一般	差	
	分数	13~9	8~5	4~1	0	
宏观金相	标准	4 面合格	3 面合格	2 面合格	1 面合格	
	分数	30	20	10	0	
备注	焊缝表面及根部进行修补或试件有舞弊标记的，则该项作 0 分处理			合计		
				考评员签字		

评分人：　　　　年　月　日　　　　　　核分人：　　　　年　月　日

③10V 横焊缝（MIG 焊）评分，见表 12-62。

表 12-62　10V 横焊缝（MIG 焊）评分表

考试项目	10V 横焊缝（MIG 焊）					
检查项目	评分标准/mm	焊缝等级				实际得分
		Ⅰ	Ⅱ	Ⅲ	Ⅳ	
余高	标准	0~2	>2，≤2.5	>2.5，≤3	>3，<0	
	分数	5	3	1	0	
余高差	标准	≤1	>1，≤2	>2，≤3	>3	
	分数	5	3	1	0	
宽度	标准	>17，≤18	>18，≤20	>20，≤22	≤17，>22	
	分数	5	3	1	0	
宽窄差	标准	≤1	>1，≤2	>2，≤3	>3	
	分数	5	3	1	0	
咬边	标准	无		有		
	分数	5		0		
焊接垫板熔伤	标准	无	≤10	>10，≤20	>20	
	分数	10	7	5	0	
焊瘤	标准	无		有		
	分数	5		0		
起头、接头、收尾	标准	良好		不良		
	分数	5		0		
外观成形	标准	优	良	一般	差	
	分数	15~11	10~6	5~1	0	
X 射线检验按 GB/T 3323—2019 标准中Ⅱ级及以上	标准	Ⅰ级无缺陷	Ⅰ级有缺陷	Ⅱ级	Ⅱ级以下	
	分数	40	30	20	0	
备注	焊缝表面及根部进行修补或试件有舞弊标记的，则该项作 0 分处理			合计		
				考评员签字		

评分人：　　　　年　月　日　　　　　　　　核分人：　　　　年　月　日

④8HY 向上立焊缝（MIG 焊）评分，见表 12-63。

表 12-63 8HY 向上立焊缝（MIG 焊）评分表

考试项目	8HY 向上立焊缝（MIG 焊）					
检查项目	评分标准/mm	焊缝等级				实际得分
		Ⅰ	Ⅱ	Ⅲ	Ⅳ	
余高	标准	0~2	>2，≤2.5	>2.5，≤3	>3，<0	
	分数	5	3	1	0	
余高差	标准	≤1	>1，≤2	>2，≤3	>3	
	分数	5	3	1	0	
宽度	标准	>12，≤14	>14，≤16	>16，≤18	≤12，>18	
	分数	5	3	1	0	
宽窄差	标准	≤1	>1，≤2	>2，≤3	>3	
	分数	5	3	1	0	
咬边	标准	无咬边	深度≤0.5 且长度≤30	深度≤0.5 且长度>30	深度>0.5 或长度>30	
	分数	10	5	2	0	
背面熔伤	标准	无	≤10	≤20	>20	
	分数	10	7	5	0	
焊瘤	标准	无		有		
	分数	5		0		
起头、接头、收尾	标准	良好	一处	两处	三处	
	分数	10	5	2	0	
外观成形	标准	优	良	一般	差	
	分数	15~11	10~6	5~1	0	
宏观金相	标准	4 面合格	3 面合格	2 面合格	1 面合格	
	分数	30	20	10	0	
备注	焊缝表面及根部进行修补或试件有舞弊标记的，则该项作 0 分处理			合计		
				考评员签字		

评分人： 年 月 日 核分人： 年 月 日

⑤5DHV+a3 仰角焊缝（MIG 焊）评分，见表 12-64。

表 12-64 5DHV+a3 仰角焊缝（MIG 焊）评分表

考试项目	5DHV+a3 仰角焊缝（MIG 焊）					
检查项目	评分标准/mm	焊缝等级				实际得分
		Ⅰ	Ⅱ	Ⅲ	Ⅳ	
顶板侧焊缝宽度	标准	>4，≤5	>5，≤6	>6，≤8	>8，≤4	
	分数	5	3	1	0	
顶板侧焊缝宽度差	标准	≤1	>1，≤2	>2，≤3	>3	
	分数	5	3	1	0	

（续）

考试项目	5DHV+a3 仰角焊缝（MIG 焊）					
检查项目	评分标准/mm	焊缝等级				实际得分
		Ⅰ	Ⅱ	Ⅲ	Ⅳ	
立板侧焊缝宽度	标准	>7，≤8	>8，≤10	>10，≤12	>12，≤7	
	分数	5	3	1	0	
立板侧焊缝宽度差	标准	≤1	>1，≤2	>2，≤3	>3	
	分数	5	3	1	0	
焊缝凸、凹度	标准	0~1	>1，≤2	>2，≤3	>3	
	分数	5	3	1	0	
单边	标准	0~1	>1，≤2	>2，≤3	>3	
	分数	5	3	1	0	
咬边	标准	无咬边	深度≤0.5 且长度≤30	深度≤0.5 且长度>30	深度>0.5 或长度>30	
	分数	7	3	1	0	
焊瘤	标准	无		有		
	分数	5		0		
气孔/缩孔	标准	无	有缩孔无气孔	有气孔无缩孔	全有	
	分数	3	2	1	0	
熔合不良	标准	无	长度 1~10	长度 10~20	长度>20	
	分数	7	3	1	0	
起头、接头、收尾	标准	无	一处不良	两处不良	三处不良	
	分数	3	2	1	0	
焊缝外观成形	标准	优	良	一般	差	
	分数	15~10	9~5	4~1	0	
宏观金相	标准	4 面合格	3 面合格	2 面合格	1 面合格	
	分数	30	20	10	0	
备注	焊缝表面及根部进行修补或试件有舞弊标记的，则该项作 0 分处理			合计		
				考评员签字		

评分人：　　　　年　月　日　　　　　　核分人：　　　　年　月　日

⑥2‖斜 45°焊缝（TIG 焊）评分，见表 12-65。

表 12-65　2‖斜 45°焊缝（TIG 焊）评分表

考试项目	2‖斜 45°焊缝（TIG 焊）					
检查项目	评分标准/mm	焊缝等级				实际得分
		Ⅰ	Ⅱ	Ⅲ	Ⅳ	
余高	标准	0~2	>2，≤2.5	>2.5，≤3	>3，<0	
	分数	5	3	1	0	

（续）

考试项目	2‖斜45°焊缝（TIG焊）					
检查项目	评分标准/mm	焊缝等级				实际得分
		Ⅰ	Ⅱ	Ⅲ	Ⅳ	
余高差	标准	≤1	>1，≤2	>2，≤3	>3	
	分数	5	3	1	0	
宽度	标准	>4，≤6	>6，≤8	>8，≤10	≤4，>10	
	分数	5	3	1	0	
宽窄差	标准	≤1	>1，≤2	>2，≤3	>3	
	分数	5	3	1	0	
咬边	标准	无		有		
	分数	5		0		
背面未焊透	标准	无		有		
	分数	10		0		
焊瘤	标准	无		有		
	分数	5		0		
夹钨	标准	无		有		
	分数	5		0		
外观成形	标准	优	良	一般	差	
	分数	15~11	10~6	5~1	0	
X射线检验按GB/T 3323—2019标准中Ⅱ级及以上	标准	Ⅰ级无缺陷	Ⅰ级有缺陷	Ⅱ级	不合格	
	分数	40	30	20	0	
备注	焊缝表面及根部进行修补或试件有舞弊标记的，则该项作0分处理			合计		
				考评员签字		

评分人：　　　　年　月　日　　　　　　　核分人：　　　　年　月　日

⑦a3向上立角焊缝（TIG焊）评分，见表12-66。

表12-66　a3向上立角焊缝（TIG焊）评分表

考试项目	a3向上立角焊缝（TIG焊）					
检查项目	评分标准/mm	焊缝等级				实际得分
		Ⅰ	Ⅱ	Ⅲ	Ⅳ	
管侧焊缝宽度	标准	4~5	>5，≤7	>7，≤9	>9，<4	
	分数	5	3	1	0	
管侧焊缝宽度差	标准	≤1	>1，≤2	>2，≤3	>3	
	分数	5	3	1	0	
底板侧焊缝宽度	标准	4~5	>5，≤7	>7，≤9	>9，<4	
	分数	5	3	1	0	

（续）

考试项目	a3 向上立角焊缝（TIG 焊）					
检查项目	评分标准/mm	焊缝等级				实际得分
		Ⅰ	Ⅱ	Ⅲ	Ⅳ	
底板侧焊缝宽度差	标准	≤1	>1，≤2	>2，≤3	>3	
	分数	5	3	1	0	
焊缝凸、凹度	标准	0~1	>1，≤2	>2，≤3	>3	
	分数	5	3	1	0	
单边	标准	0~1	>1，≤2	>2，≤3	>3	
	分数	5	3	1	0	
咬边	标准	无咬边	深度≤0.5 且长度≤30	深度≤0.5 且长度>30	深度>0.5 或长度>30	
	分数	7	3	1	0	
焊瘤	标准	无		有		
	分数	2		0		
气孔/缩孔	标准	无	有缩孔无气孔	有气孔无缩孔	全有	
	分数	3	2	1	0	
熔合不良	标准	无	长度 1~10	长度 10~20	长度>20	
	分数	7	3	1	0	
夹钨	标准	无	一处		一处以上	
	分数	8	4		0	
起头、接头、收尾	标准	无	一处不良	两处不良	三处不良	
	分数	3	2	1	0	
焊缝外观成形	标准	优	良	一般	差	
	分数	10	7	4	0	
宏观金相	标准	4 面合格	3 面合格	2 面合格	1 面合格	
	分数	30	20	10	0	
备注	焊缝表面及根部进行修补或试件有舞弊标记的，则该项作 0 分处理			合计		
				考评员签字		

评分人：　　　　年　月　日　　　　　　核分人：　　　　年　月　日

12.5 铝合金焊工技师、高级技师论文编写范例

12.5.1 范例 1　铝合金城轨车辆门角焊接质量控制

铝合金城轨车辆门角焊接质量控制

摘要：本文主要是对铝合金城轨车辆鼓型车体门角焊接质量控制进行工艺分析，通过采

用合理的焊接顺序、操作方法及工艺等措施，有效地解决了门角焊接质量问题，使得此工序所有门角关键焊缝质量得到有效控制。

关键词：门角、焊接缺陷、焊接参数、解决措施

1 引言

随着全球交通轨道的不断发展，现代轨道交通列车时速在不断地提高，特别是高速列车和地铁车辆的轻量化是铁道运输现代化的中心议题之一，经过大量的理论研究与反复试验证明，采用铝合金材料是实现车辆轻量化的最有效途径。铝合金以自重轻、耐蚀性能好等优越性成为轨道车辆的首选材料；但由于铝合金的热导率高、焊接变形大，且工艺复杂，焊接过程中易出现裂纹、未熔合、气孔等焊接缺陷，成为车辆制造中的工艺难点。客室门门角焊缝是整个车体的关键部位，焊缝质量等级要求较高，焊后要求100%进行渗透检测。本文主要针对无锡项目铝合金城轨车辆车体焊接质量控制进行分析，并对门角焊接质量问题进行重点分析与控制，其门角焊缝质量的好坏直接影响车体的运行安全和使用寿命，通过采用合理的焊接顺序、操作方法及工艺等措施，有效地使门角焊缝质量问题得到控制。

2 车体结构概述及工艺简介

铝合金鼓型车体为全焊接结构，列车由6辆车组成（2辆拖车和4辆动力车），动力车由底架、顶盖、侧墙及端墙组焊而成，拖车则多出一个司机室。车体结构由底架、顶盖、侧墙、端墙四大部件组成，整个车体外壳均采用大型中空挤压铝合金型材，并用先进的IGM焊接机器人焊接而成，车体门角分为上下门角，共32个，采用整体承载焊接结构，如图1所示。底架采用框架焊接结构，是主要承力部件；顶盖为连续封闭焊接结构，在承载空调机组及受电弓的部位加固，并保证排水通畅，无渗漏；10块侧墙则对平面度和直线度要求较高，以保证车体纵向横截面的变化尽可能小。

图1 铝合金鼓型车体结构示意图

3 MIG焊焊接门角的焊接工艺

3.1 焊前准备

1）福尼斯TPS5000型数字化焊接电源，焊枪为推拉丝式。

2）保护气体为Ar99.999%（体积分数）。

3）焊丝为AL Mg4.5Mn Zr 5087，直径为ϕ1.2mm。

4）材质：门角、底架边梁为6005A。

3.2 焊前清理

1）用3M异丙醇清洗工件表面的油脂及油污。

2）采用风动不锈钢钢丝轮对焊缝区域20mm进行抛光，去除工件表面的致密氧化膜。

3.3 装配

1）将侧墙门角落入底架边梁门角装配位置，如图2所示。

2）门角与底架边梁进行装配定位焊。

3）先定位焊门角内侧；再定位焊门角外侧，且定位焊采用打底焊形式，如图 3 所示；

4）接头打磨呈缓坡状。

图 2　底架边梁门角装配示意图

图 3　门角内外侧定位焊示意图

3.4　焊接顺序

焊接的顺序如图 4 所示。

1）焊接前对门角焊缝进行预热，预热温度控制在 80~120℃之间。

2）打底层焊接顺序为：先焊接门角内侧平角焊缝 1 打底层；再焊接外侧横焊缝 5 打底层；最后焊接门角中间内侧焊缝 2、3、4 打底层。

3）打底焊后需控制层间温度，层间温度控制在 60~100℃之间。

4）盖面层焊接顺序为：先焊接门角内侧平角焊缝 1 盖面层，采用两层三道焊接；再焊接门角中间内侧焊缝 2、3、4 盖面层，平角焊采用两层三道焊接，立焊采用两层两道焊接；其次焊接外侧局部拐角焊缝 6、7 盖面层；最后焊接门角外侧横焊缝 5 盖面层。

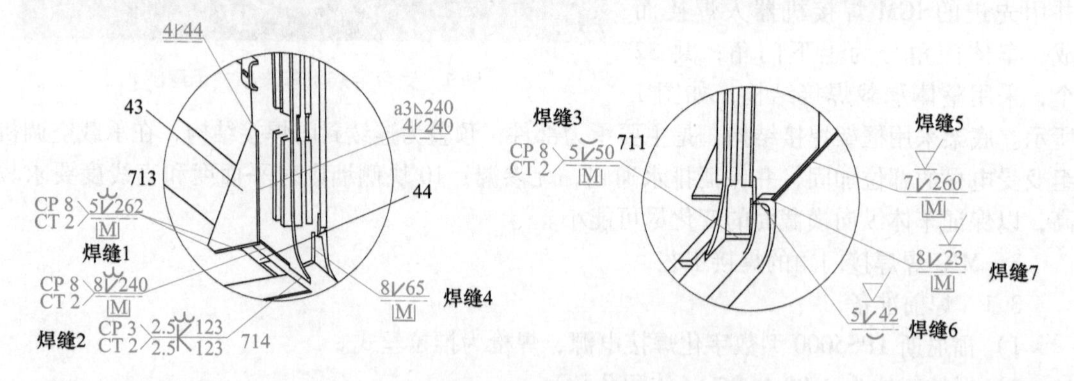

图 4　焊接顺序示意图

5）门角清根及渗透检测。

①先采用圆盘锯对门角焊缝进行预清根，再采用切割砂轮片及直磨机对焊缝进行修磨。

②采用渗透检测用品：清洗剂、渗透剂、显像剂，按照渗透检测操作流程对门角进行渗透检测，对渗透检测显像后发现焊缝仍存在焊接缺陷，需采用切割砂轮片对焊缝缺陷清除干净；最后采用 3M 异丙醇清洗液将焊缝清洗干净，并将焊缝采用黄色无油风管进行吹干。

6）清根门角焊接。焊接前对门角清根焊缝进行预热，预热温度控制在 80~120℃之间；焊接门角打底层焊缝；打底焊后需控制层间温度，层间温度控制在 60~100℃之间；再焊接门角清根焊缝盖面层；最后门角清根焊缝端部进行打磨封口焊接。

3.5 焊后检查

焊后采用不锈钢钢丝刷清理焊缝表面黑灰，检查焊缝表面是否有气孔、咬边、未熔合及各焊缝封口是否饱满。

3.6 焊接参数

门角焊接参数见表1。

表1 门角焊接参数

焊缝		焊接电流/A	焊接电压/V	弧长/mm	气体流量/(L/min)
焊缝1	打底层	240~250	25.1	-8~-10	18~20
	盖面层1、2	225~235	24.4	-2~2	18~20
焊缝2	打底层	230~240	24.6	-6~-8	18~20
	盖面层1、2	220~230	24.1	-2~0	18~20
焊缝3	打底层	235~245	24.9	-6~-8	18~20
	填充层	220~230	24.1	-2~0	18~20
	盖面层1、2	220~230	24.1	0~2	18~20
焊缝4	打底层	180~200	22.3	-6~-8	18~20
	填充、盖面层	150~160	20.5	-2~0	18~20
焊缝5	打底层	230~240	24.5	-6~-8	18~20
	盖面层1、2	200~210	23.1	0~2	18~20
焊缝6	打底层	180~190	22.3	-4~-6	18~20
	盖面层1、2	160~180	21.2	2~4	18~20
焊缝7	打底层	200~210	23.1	-4~-6	18~20
	盖面层1、2	180~200	23.5	2~4	18~20

4 门角焊接缺陷原因分析及预防措施

4.1 铝合金焊接缺陷产生的原因及预防措施

（1）裂纹产生原因

1）焊接参数选择过大，且熔池高温停留时间过长。

2）层间温度过高。

3）焊缝周围刚度大，焊缝有效厚度不足。

4）角焊缝根部有未熔合缺陷。

5）弧坑未填满（弧坑裂纹）。

6）材料的裂纹倾向较大。

预防措施：选择合理的焊接参数；控制焊缝层间温度；填满焊缝弧坑选择裂纹倾向较小的母材。

（2）气孔产生的原因

1）未彻底去除坡口区域的油污、水分、氧化膜或待焊接区域被再次污染。

2）生产现场的温度、湿度不满足要求。

3）气体流量偏小或偏大。

4）焊枪渗水或送丝轮的导丝槽沾有油污。

5）焊工操作不当或喷嘴内的飞溅物太多。

6）焊接时，保护气体被打磨时排除压缩空气或过堂风吹散。

7）焊丝或焊枪内的送丝软管受潮。

预防措施：焊接前对焊缝表面进行去油污；清理焊接区域 20mm 范围内的氧化膜，呈亮白色；控制焊接现场湿度在 65%以下；选择合适的气体流量；焊接过程中避免穿堂风；经常对焊枪送丝软管及送丝机构进行维护保养。

（3）未熔合产生原因

1）选择的焊接电流偏小。

2）坡口角度偏小，如：坡口角度偏大的接头与坡口角度小的接头比较，坡口角度偏大的接头根部相对产生未熔合的概率较低。

3）焊工操作技能较低。

4）多层焊时层道数偏少，层道数较多的焊缝相对产生未熔合的概率较低。

5）电弧挺度不足，如：弧长偏软、导丝软管不畅、送丝轮的压紧力不够、导电嘴不畅等。

预防措施：选择合理焊接参数；焊前对焊缝表面进行清理；合理的布局焊缝层道数；选择合适的电弧。

4.2　门角焊接缺陷原因分析及预防措施

（1）门角焊接缺陷产生原因

1）焊前对设备状态未进行检查，如气体流量、喷嘴、导电嘴、分流环及对焊机进行试焊确认，直接进行焊接产品。

2）焊前对焊缝清理不到位，如焊缝中存在夹有不锈钢钢丝、灰尘、杂物等。

3）焊前对焊缝接头打磨不到位，将出现未熔合、弧坑裂纹、气孔等焊接缺陷，如图 5 所示。

图 5　焊接缺陷示意图

4）现场温度、湿度不满足要求。

5）焊接时周围有穿堂风。

6）焊接门角时不预热或预热温度未达到工艺文件要求。

7）焊接参数选择不合理，不符合 WPS 文件要求。

8）焊接站位姿势不正确，焊枪角度不便于观察与控制。

9）焊缝层间清理不到位，焊接顺序及层间布局不合理。

（2）门角焊接缺陷预防措施　焊接前对设备状态进行确认并焊接试板；对焊缝表面油污、灰尘清洗到位；焊接区域20mm范围内去除氧化膜，呈亮白色；对焊接接头缺陷打磨处理到位；控制焊接现场湿度在65%以下；焊接过程中避免周围有穿堂风影响焊接；选择合理的焊接顺序及焊接参数；选择合理的层间布局；选择便于观察焊枪角度及焊缝熔池的姿势与站位；经常对焊枪送丝软管及送丝机构进行维护保养。

5　门角焊接缺陷控制与技巧

1）焊接内侧平角焊及外侧横焊焊缝盖面层时，采用一正一反的焊接顺序盖面方法进行盖面层焊接，可有效避免从一端起弧焊接时起弧端产生密集性气孔。

2）门角内侧整个拐角焊缝焊接时，选择便于观察与控制焊枪角度的合适位置，焊接时采用连弧法进行焊接，拐角处焊缝要求圆滑过渡，如图6所示。

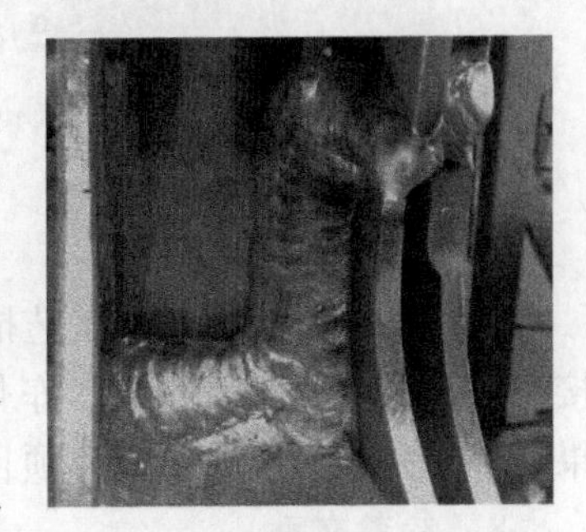

图6　连弧法焊接技巧

3）门角外侧焊缝局部拐角，从门角外部边缘起弧采用两层三道进行焊接，既可保证门角边缘不易产生收弧裂纹，又保证门角与底架边梁根部熔合良好，如图7所示。

4）清根焊缝焊接时从外侧起弧往内侧进行焊接，再将起弧端焊缝采用切割砂轮片打磨到位，进行封口焊接，保证起弧端不易产生焊接缺陷，如图8所示。

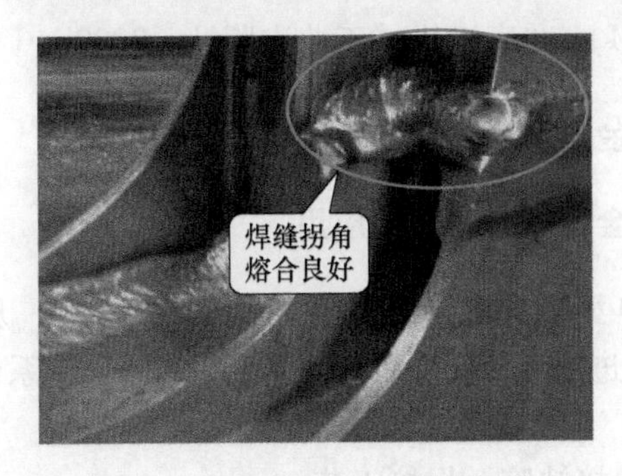

图7　门角与底架边梁拐角焊缝

图8　门角封口焊接

6　焊缝返修

当门角出现焊接缺陷裂纹、未熔合、气孔等焊接缺陷时（见图9），均可采用下述方法对裂纹、未熔合及气孔进行返修：

1）确认焊接缺陷位置，采用风动直磨机将焊接缺陷打磨清理干净。

2）将焊接缺陷位置采用3M异丙醇清洗干净。

3）去氧化膜。采用不锈钢钢丝轮将补修位置进行抛光去除氧化膜。

4）预热。返修前对门角焊缝进行预热，预热温度控制在80~120℃之间。

5）采用MIG焊进行返修，焊接参数为：电流180~200A；弧长：0~−2mm；气体流量：18~20L/min；

6）焊接后待自然冷却后对焊缝进行打磨，再进行渗透检测检查确认，如图10所示。

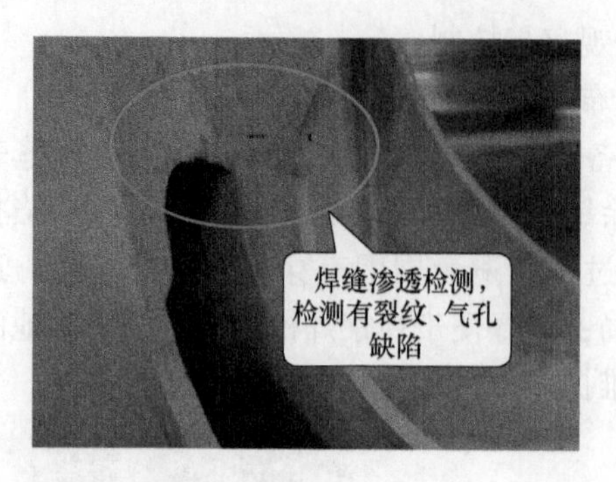

图9　门角焊接缺陷返修

图10　缺陷返修渗透检测

7　总结

通过采取上述有效的工艺措施与方法，车体门角焊接质量要点得到有效的改善，门角焊接一次合格率达98%以上，车体产品质量得到稳步提升；实践证明通过此焊接工艺方法效果较好，并在后续车体组焊项目中进行全面推广。

8　参考文献

［1］中国机械工程学会焊接学会．焊工手册——手工焊接与切割［M］. 北京：机械工业出版社，2001.

［2］陈祝年．焊接工程师手册［M］. 北京：机械工业出版社，2002.

［3］胡煌辉．铝合金焊接技能［M］. 北京：中国劳动社会保障出版社，2005.

［4］英若采．熔焊原理及金属材料焊接［M］. 北京：机械工业出版社，2000.

12.5.2　范例2　igm弧焊机器人在铝合金地铁车辆上的应用

igm弧焊机器人在铝合金地铁车辆上的应用

摘要：介绍了Windows95系统igm RTI-2000型弧焊机器人在地铁车辆上的应用，从机器人本身的特点和铝合金车体组焊焊接工艺方面进行了剖析，并简述了Windows95系统igm RTI-2000型弧焊机器人的性能实现与实用工艺。

关键词：焊接机器人、侧墙与底架边梁、焊接缺陷、焊接工艺

1　引言

随着铁路现代化的迅猛发展，高速动车、地铁及城际轻轨等已成为国内客运的主型车辆，因此各部件的设计及工艺质量水平均要求上升一个台阶。作为地铁车体构架，如图1所示，不管是在设计还是在工艺提升方面都在积极地作出应变，以便适应现代化铁路运输的节奏。车体结构更趋合理，由原来的平板型向鼓型转变；为了更好地保证底架边梁与侧墙板的焊接质量，通过引进了具有21世纪世界先进水平的igm RTI-2000型弧焊机器人进行车体构架的焊接，充分发挥弧焊机器人的焊接优越性，大大提高了产品的焊接质量。

2　igm RTI-2000型弧焊机器人介绍

igm RTI-2000焊接机器人基本结构为悬挂式+龙门导轨结构，如图2所示，主要包括一套六轴机械手、钢结构支架、控制系统和控制电柜、微电脑脉冲焊接电源、电弧传感器（激光传感器）和气体喷嘴传感器跟踪系统、焊接除烟净化系统、清枪装置及配套设备。

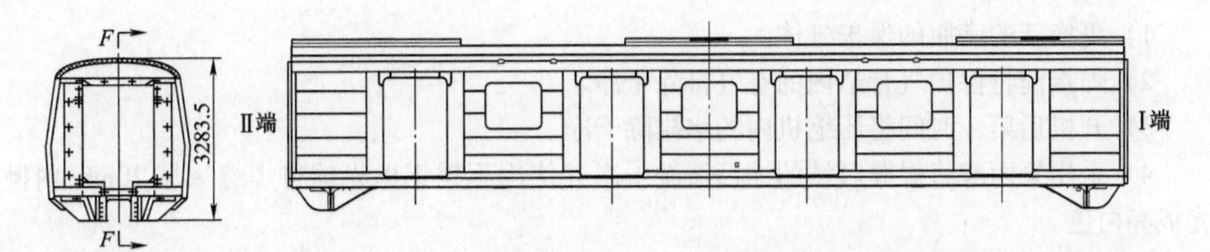

图1 铝合金车体示意图

控制系统采用32位工业微处理机，并且配置20GB硬盘，内存256MB，3.5″软驱及标准RS232接口；示教器采用Windows平台及视窗界面，编程操作过程简单可靠，触摸屏及键两用，可中、英文双层显示及使用。焊接系统采用奥地利Fronius公司的TPS5000全数字化控制的逆变焊接电源，适用于CO_2/MAG/MIG、脉冲MAG及脉冲MIG焊接方法；适合于在有效焊接区域内进行全方位焊接，焊缝达到IRIS、EN15085、DIN6700、TB/T 1580-95及相关体系标准要求；机器人采用内置蒸馏水的封闭式水循环系统，并且还具有缺水报警装置；焊枪为推拉丝焊枪，并采用一体化水冷焊枪，水冷至导电杆和喷嘴。

图2 igm RTI-2000型弧焊机器人

3 侧墙板与底架边梁自动焊焊接问题产生原因与解决方法

3.1 底架边梁与侧墙板焊接产生气孔

(1) 产生原因

1) 氩气瓶内的保护气体量过少。

2) 保护气体管道存在大量的空气未排除。

3) 压缩机内的水未排干净。

4) 焊缝区域氧化膜、油污未清洗、抛光干净，导致焊缝外观成形差并且保护效果差，如图3所示。

5) 焊接前未提前送气，导致起弧位置产生密集性气孔，如图4所示。

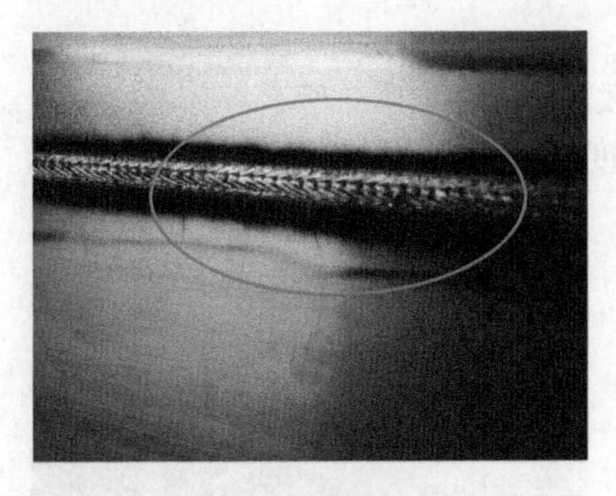

图3 保护效果不良

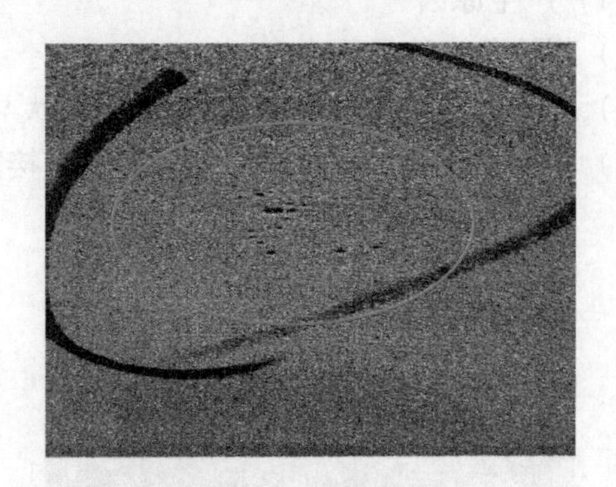

图4 密集性气孔

（2）解决方法

1）更换新的满瓶的保护气体。

2）焊接前将保护气管道内的空气排除干净。

3）开机后第一时间将压缩机内的水排除干净。

4）采用异丙醇将焊缝区域的油污清洗干净并使用不锈钢抛光球将焊缝区域20mm内抛光成亮白色。

5）将焊接气体保护系统设置好提前送气和滞后断气的时间。

3.2　焊缝起弧、收弧位置焊瘤、裂纹

（1）产生原因

1）焊枪角度不对。

2）焊接参数选择不合理，例如速度过慢、弧长偏散或者功率偏大，造成起弧形成焊瘤，如图5所示。

3）收弧位置的弧坑裂纹是由于焊接程序在收弧位置未设置“满弧坑”指令，如图6所示。

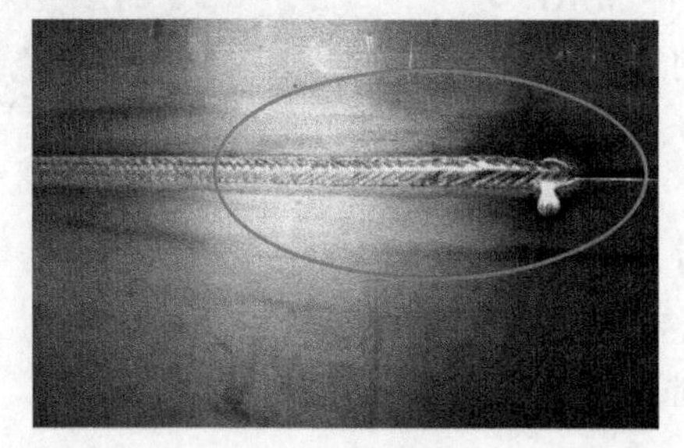

图5　焊瘤

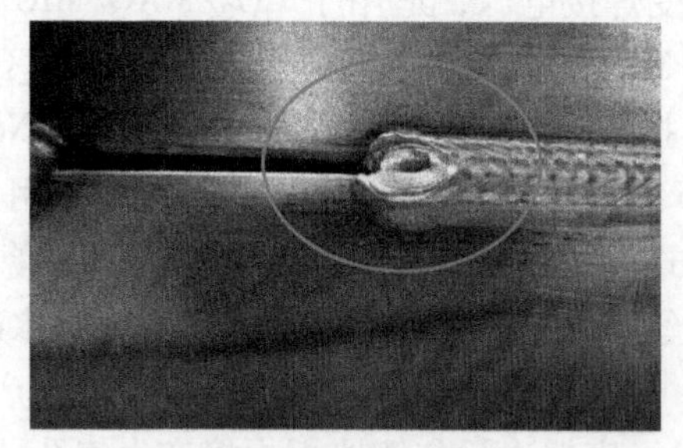

图6　收弧裂纹

（2）解决方法

1）编程过程中选择合适的焊接角度。

2）选择合理的焊接速度、功率和弧长。

3）在进行收弧编程时，在程序里面设定好“满弧坑”焊接指令及参数。

3.3　焊缝单边、咬边、低于母材等缺陷的产生

（1）产生原因

1）焊枪角度选择不合理。

2）功率过大、弧长偏“硬”，功率过大导致焊缝咬边如图7所示。

3）装配不合理导致焊缝间隙过大、焊接速度过快，导致焊缝焊穿，如图8所示。

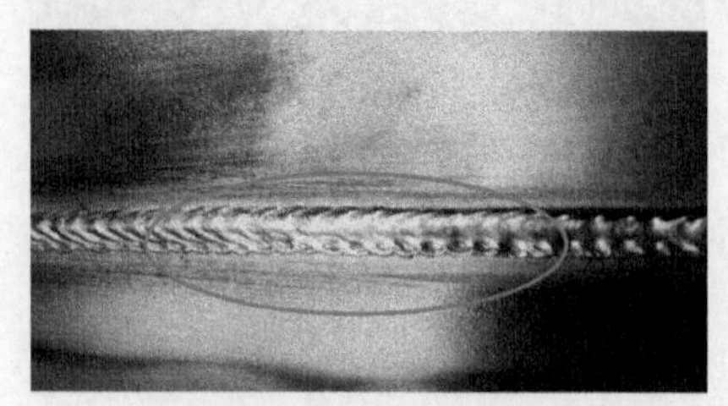

图7　焊缝低于母材

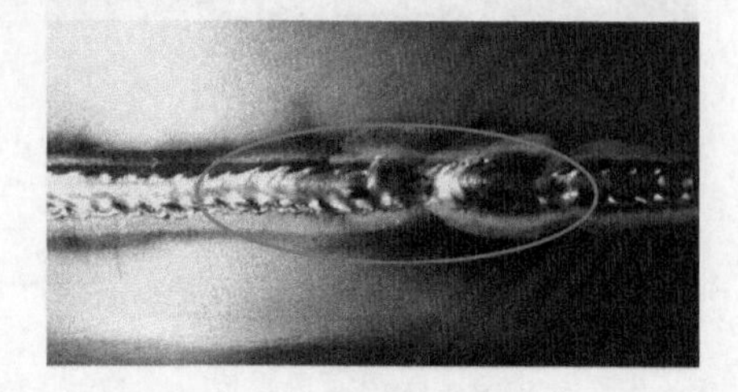

图8　焊缝焊穿

（2）解决方法

1）选择合适的焊枪角度。

2）选择合适的焊接参数。

3）必须要保证侧前板与底架边梁焊缝位置间隙控制在 0.1~0.5mm。

4　侧墙板下部与底架边梁对接机器人焊接工艺

4.1　焊前准备

（1）试件准备

1）试件规格 L=2342mm，如图 9 所示。

2）试件材质 6005A。

3）焊接材料 AL Mg4.5Mn Zr 5087，ϕ1.6mm。

4）气体 99.999%（体积分数）高纯度氩气。

（2）设备准备

1）Windows95 系统 igm RTI-2000 型弧焊机器人，采用 TPS5000 全数字化控制的逆变焊接电源。

2）检查设备水循环系统、电源控制系统、焊丝、保护气体、压缩空气是否正常。

3）对机器人各轴进行校零。

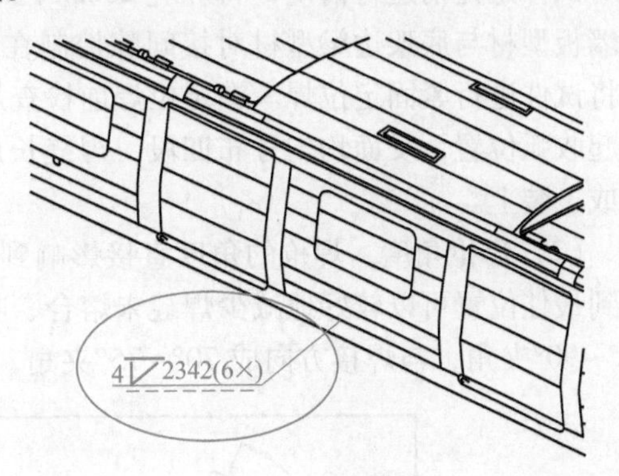

图 9　试件示意图

4）对 TCP（焊枪中心点）进行调整校正。

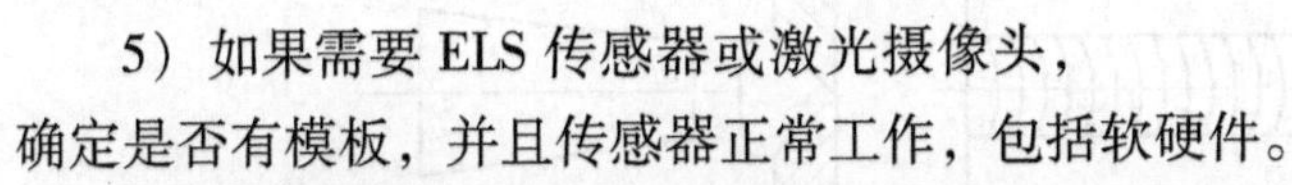

5）如果需要 ELS 传感器或激光摄像头，确定是否有模板，并且传感器正常工作，包括软硬件。

4.2　焊接工艺

（1）作业环境　由于铝合金对现场的温度、湿度要求较高，现场温度必须控制在 5℃以上，湿度控制在 65%以下；在焊接操作时，要注意避免穿堂风对焊接过程的影响，空气的剧烈流动会引起气体保护不充分，从而产生焊接气孔与保护不良。

（2）焊缝区域及表面处理　焊缝区域表面清理非常重要，一般采用 3M 异丙醇或酒精清洗试件表面的油脂及油污；再采用风动不锈钢钢丝轮对焊缝区域 15mm 进行抛光去除试件表面的致密氧化膜，抛光、打磨后试件表面要求呈亮白色，不允许存有油污和氧化膜等。如果焊接区域存在油污、氧化膜等未清理干净，在焊接过程中极易产生气孔，严重影响焊接质量。

（3）焊前清理　焊接前对定位焊部位进行修磨，要求将定位焊接头打磨呈缓坡状，确保焊缝起弧熔合良好。

（4）焊前预热　焊接前对焊缝区域采用氧乙炔火焰进行预热，去除试件中的水分，防止焊缝焊接过程中产生大量的气孔。

（5）焊接参数　见表 1。

表1 焊接参数

焊丝规格	功率	焊接速度	弧长	气体流量	伸出长度	脉冲	层道分布
ϕ1.6mm	56%~60%	75~85cm/min	-2~-6mm	20L/min	8~10mm	NO（开）	

4.3 试件装配、固定及焊接

（1）试件装配 准备底架边梁型材1000mm和侧墙型材1000mm试件各1件，采用异丙醇对试件抛光前进行清洗，将焊缝20mm区域内抛光呈亮白色，对试件进行装配后，并保证侧墙板型材与底架边梁型材对接间隙控制在1mm以内（最好装配无间隙），再采用F型夹具将试件进行紧固定位焊。在定位焊前检查焊缝根部是否贴严无间隙，定位焊位置为焊缝正面起收弧位置，反面均匀分布四段，焊缝长度40~50mm。试件装配后垂直固定在稳固的支架或工装上。

（2）焊枪角度 焊枪的角度直接影响到焊缝的熔深及焊缝成形的好坏，将焊枪姿态调整到最佳位置可以较好地减少焊缝未熔合、咬边以及盖面焊缝不均匀等缺陷，焊枪与立板成85°~90°夹角，与焊接方向成70°~75°夹角，如图10所示。

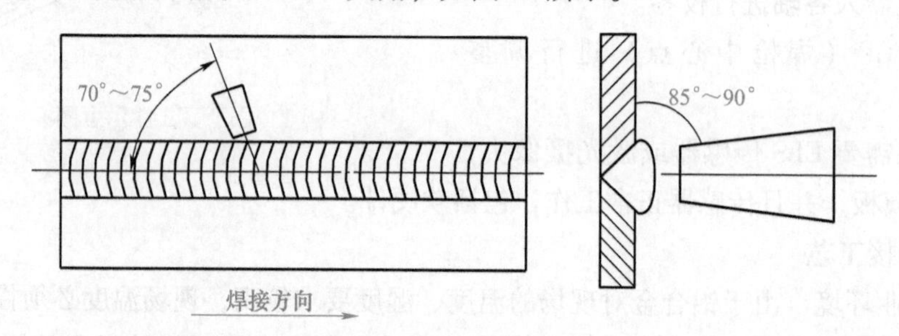

图10 焊枪角度示意图

（3）示教器编程 如图11所示。

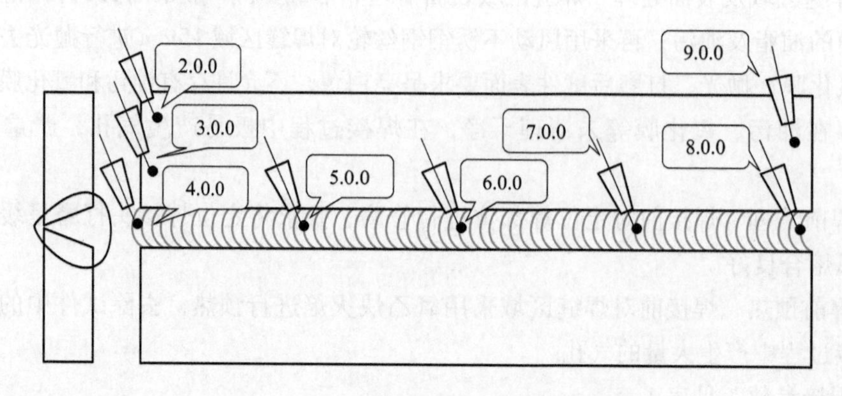

图11 底架与侧墙板自动焊编程示意图

1）新建程序。输入程序名并确认，自动生成程序。

2）正确选择坐标系。基本移动采用直角坐标系，接近或角度移动采用工具（或绝对）坐标系。

3）调整机器人各轴。调整为合适的焊枪姿势及焊枪角度，生成空步点 2.0.0，按〈ADD〉键保存步点，自动生成步点 3.0.0。

4）生成焊接步点 3.0.0 之后，将焊枪设置接近试件起弧点；为防止和夹具发生碰撞，采用低挡慢速，掌握微动调整，精确地靠近试件。

5）调整焊丝伸出长度 8~10mm。

6）调整焊枪角度将焊枪与立板成 85°~90°夹角，与焊接方向成 70°~75°夹角，按〈ADD〉键保存步点，自动生成步点 4.0.0。

7）缝焊分成两个工作步点进行焊接。将焊枪移动至焊缝中间位置，调整好焊枪角度及焊丝伸出长度；按〈JOG/WORK〉键将 4.0.0 空步转换成工作步，设定合理焊接参数；按〈ADD〉键自动生成工作步点 5.0.0。

8）将焊枪移至焊缝收弧点，调整好焊枪角度及焊丝伸出长度；按〈ADD〉键自动生成工作步点 6.0.0；按〈JOG/WORK〉键将工作步转换成空步点 7.0.0。

9）将焊枪移开试件至安全区域。

10）示教编程完成后，对整个程序进行试运行及焊接。试运行过程中，观察各个步点的焊接参数是否合理，并仔细观察焊枪角度的变化及设备周围运行的安全性，试运行无误后方可焊接，焊后焊缝成形美观、波纹细腻。

4.4　焊接

1）焊前采用直磨机将接头处磨成缓坡状，保证焊接时引弧良好及焊缝质量。

2）焊接前检查试件周边是否有阻碍物。

3）检查气体流量，焊丝是否满足整条焊缝焊接。

4）检查焊机设备各仪表是否准确。

5）清理喷嘴焊渣，拧紧导电嘴。

6）为保证起弧的保护效果，起弧前先提前放气 10~15s。

7）焊接从起弧端往收弧端依次进行焊接，焊接完成后，刷黑灰，去除飞溅。

4.5　试件的检验

（1）外观检查　经采用上述焊接工艺措施后，焊缝在外观检验中，焊缝成形良好，宽窄一致，无单边及咬边现象，如图 12 所示。

图 12　底架与侧墙板焊缝成形示意图

（2）试块取样　将试块两端 25mm 去除，再将试块均分四等份（可采取锯床切割或机加工方法直接取样）取样，如图13所示。

（3）焊缝内部检验　依据EN15085检验要求进行宏观金相检验，将试件焊缝打磨抛光后，采用30%硝酸酒精溶液腐蚀，待腐蚀彻底后用清水冲洗，风干后进行照相评判，焊缝质量等级达标无缺陷等级，焊缝的外观与内部质量完全符合EN287-2国际标准；此外各项力学性能试验指标，均符合EN15085焊接工艺评定的标准。

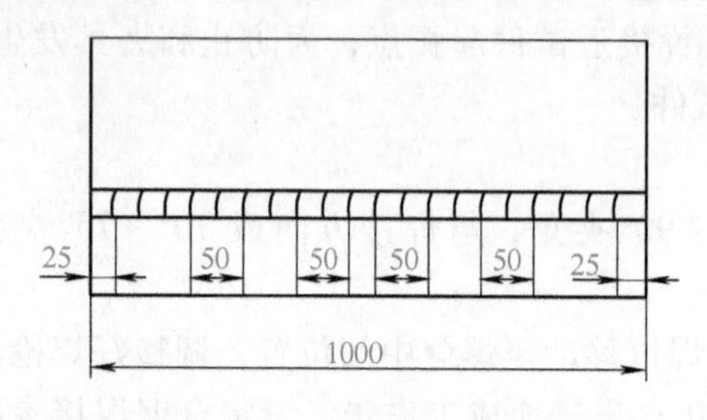

图13　焊接试件宏观金相取样

5　参考文献

[1] 王炎金. 焊接机器人在铁路客车制造上的应用[J]. 焊接，2001（7）.

12.5.3　范例3　搅拌摩擦焊在铝合金地铁车辆上的应用

搅拌摩擦焊在铝合金地铁车辆上的应用

摘要：在轨道交通行业，随着列车速度的不断提高，对列车减轻自重，提高接头强度及结构安全性要求越来越高。目前地铁车辆中的铝合金车体的焊接大多采用熔化焊，焊接变形难以控制，对工人技能水平及现场环境温度、湿度的要求较高。现在开发的新工艺搅拌摩擦焊（FSW）绿色环保、焊接变形和收缩率极小、制造成本低及焊接接头强度优于MIG焊，搅拌摩擦焊（FSW）这种新焊接工艺的应用给车体制造带来革命性的影响。本文主要通过介绍搅拌摩擦焊技术、搅拌工具、焊接参数、铝合金地板的焊接工艺及在铝合金地铁车辆上的应用。

关键词：地铁车辆、铝合金长地板、焊接参数、焊接组装、搅拌摩擦焊

1　引言

搅拌摩擦焊（FSW）于1991年发明于英国的TWI，是一项新型的摩擦焊技术，并以平均5~10倍的速度在全球工业制造领域得到推广应用。经过十多年的发展，该技术已应用到包括轻轨、地铁、快速列车和高速列车等轨道交通行业在内的众多领域，如图1所示。搅拌摩擦焊日趋完善，其可焊厚度为2~50mm。对于异种金属间的连接及用常规熔焊方法难以焊接的轻金属材料，采用搅拌摩擦焊一般均能获得成形及性能良好的焊接接头。

2　搅拌摩擦焊技术

搅拌摩擦焊技术是一项焊接工件不需要熔化的固相连接技术。搅拌头是该技术的核心部分，由搅拌针和轴肩两部分组成。搅拌摩擦焊是利用摩擦热作为焊接热源，在焊接过程中搅拌头高速旋转，搅拌针深入到工件内部，轴肩紧压在工件表面。高速旋转的搅拌头与工件之间由于摩擦，产生大量的摩擦热与搅拌来完成焊接的，如图2所示。

图1 搅拌摩擦焊地铁车辆应用

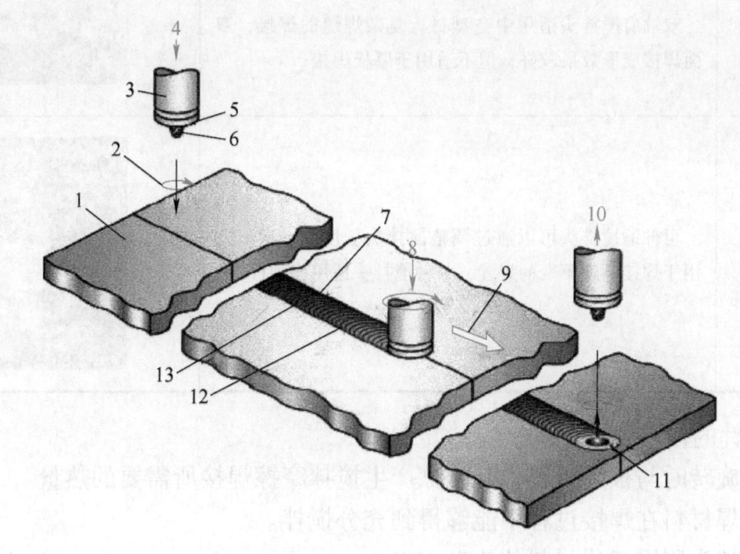

图2 搅拌摩擦焊焊接原理示意图

1—母材 2—搅拌头旋转方向 3—搅拌头 4—搅拌头向下运动 5—搅拌头轴肩 6—搅拌针 7—焊缝前进侧 8—轴向力 9—焊接方向 10—搅拌头向上运动 11—尾孔 12—焊缝后退侧 13—焊缝表面

搅拌摩擦焊具有以下优点：

1）搅拌摩擦焊是一种高效、节能的连接方法。

2）焊接过程中母材不熔化，有利于实现全位置焊接以及高速连接。

3）适用于热敏感性很强及不同制造状态材料的焊接。

4）接头无变形或变形很小，可以实现精密铝合金零部件的焊接。

5）焊缝组织晶粒细化接头力学性能优良，特别是抗疲劳性能优良。

6）不需开专门的坡口，适合多种接头形式：对接、搭接和角接。

7）易于实现机械化、自动化。

8）搅拌摩擦焊是一种绿色环保及安全的焊接方法，与熔焊方法相比，搅拌摩擦焊过程没有飞溅、烟尘、以及弧光的红外线或紫外线等有害辐射等。

3 搅拌工具

搅拌头多采用有良好耐高温的静、动力学和物理特性的抗磨损材料，是搅拌摩擦焊技术的关键所在，它由特殊形状的搅拌针和轴肩组成，且轴肩的直径要大于搅拌针的直径。

3.1 搅拌头的分类

随着搅拌摩擦焊技术在工业领域的应用推广，搅拌头的形状设计也在不断发展。按轴肩的方式分类，则分别为单轴肩搅拌头和双轴肩搅拌头、可伸缩式搅拌头，见表1。

表1 常用搅拌头类别

类别	说　明	图　示
单轴肩搅拌头	工程应用中较为常用，这种搅拌头适用于各种范围板厚的焊接。其伸入母材部分的搅拌针螺纹形状不一	
双轴肩搅拌头	双轴肩搅拌头适用中空型材、复杂焊缝的焊接，双面焊接成形效果较好，但不适用于厚板焊接	
可伸缩式搅拌头	可伸缩搅拌头可以通过调整搅拌头长度，一次只适用于焊接厚度不变的焊缝，一种搅拌头适用多种板材	

3.2　搅拌针的作用

1）在高速旋转时与被焊材料相互摩擦产生搅拌摩擦焊接所需要的热量。

2）确保被焊材料在焊接过程中能够得到充分搅拌。

3）控制搅拌头周围塑化材料的流动方向。

3.3　轴肩的作用

1）压紧工件。

2）与被焊工件相互摩擦产生搅拌摩擦焊接所需要的部分热量。

3）防止塑性状态材料的溢出。

4）清除焊件表面的氧化膜。

3.4　搅拌头的设计

1）一般搅拌头要有封锁肩；轴肩直径、搅拌头和工件厚度有一定匹配。在焊接不同厚度的板时所需要的搅拌头是不同的，见表2。

表2　搅拌摩擦头参数及焊缝截面积

板厚/mm	焊针直径/mm	焊针长度/mm	轴肩直径 d/mm	角度/（°）	焊缝截面积/mm^2
3	3	2.8	9	2	18
5	5	4.5	15	4	50
10	6	9	18	6	120
15	8	14	24	8	240
20	10	19	30	10	400

2）搅拌头的搅拌针设计成锥形、平端面，如图3所示。一方面使得搅拌头开始比较容易下压到母材金属，另一方面搅拌头可以转移更少的塑性材料，提高了搅拌头的寿命。

3）轴肩采用如图4所示的形状，有利于轴肩与塑化材料紧密地结合在一起，提高了轴肩与焊件表面的接触面积及焊接时的闭合性。

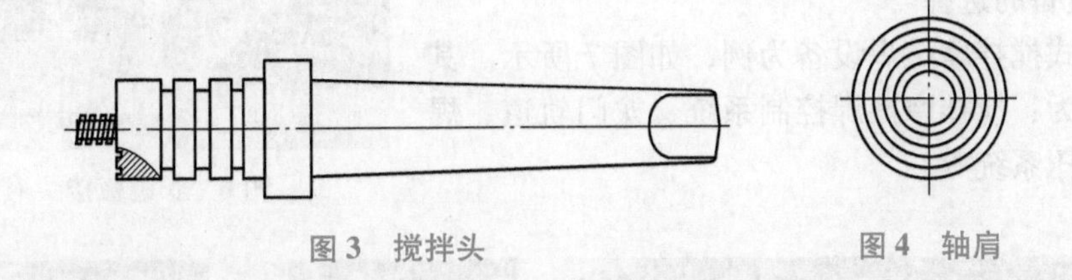

图3　搅拌头　　　　图4　轴肩

4　搅拌摩擦焊焊接参数

搅拌摩擦焊焊接参数主要有搅拌头的倾角、转速、焊接深度、焊接速度以及焊接压力。

（1）搅拌头的倾角　搅拌头倾斜角度的大小，与搅拌头轴肩的大小以及被焊接工件的厚度有关，焊接过程中一般控制在0°~5°左右。

（2）转速　搅拌头的旋转速度决定着搅拌摩擦焊热输入功率的大小，而热输入的大小对焊缝的性能有较大的影响，所以针对不同特性的材料，选用不同的旋转速度。

（3）焊接速度　就是搅拌头和工件之间的相对运动速度，焊接速度的快慢决定着焊缝的外观成形及焊缝质量。

（4）焊接压力　指焊接时搅拌头向焊缝施加的轴向顶锻压力。

5　搅拌摩擦焊焊接工艺

5.1　焊前清理

（1）清洗　用异丙醇将试板表面的油污、灰尘等污物清洗干净，并自然挥发干燥。

（2）去除氧化膜　用不锈钢丝轮将焊缝两侧20mm范围内的氧化膜进行清除，直至露出铝的亮白色光泽，如图5所示。

图5　氧化膜清理示意图

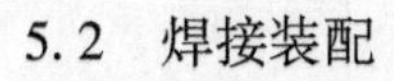

5.2　焊接装配

（1）材料选择　采用6005A系列铝合金材质焊接，其化学成分见表3。

表3　6005A系列铝合金材料化学成分（质量分数，%）

材料名称 6005	Si	Fe	Cu	Mn	Mg	Cr	Ni
	0.558	0.270	0.023	0.153	0.633	0.008	0.002
	Zn	Ti	Co	Sn	V	Zr	Al
	0.023	0.015	<0.001	0.001	0.005	<0.005	余量

（2）工件装配

1）长地板焊接接头采用中空型材对接接头，如图6所示。

2）装配要求。两型材在装配时，要求上下对接间隙之和不超过 0.5mm；搭接间隙不超过 0.5mm。搅拌摩擦焊对工装及各夹具要求很高，要求焊接时焊件与工装之间无间隙。

图 6　长地板接头形式

5.3　设备的选择

以龙门式搅拌摩擦焊设备为例，如图 7 所示。其结构主要分为：搅拌摩擦焊控制系统、龙门轨道、焊接工装、液压系统等。

图 7　搅拌摩擦焊设备主要组成部分

5.4　焊接操作

1）地板由 5 条焊缝组成，要求各焊缝表面平滑且纹路清晰。焊缝熔深要求达到 4.5mm，焊缝等级要求为 CP2，如图 8 所示。

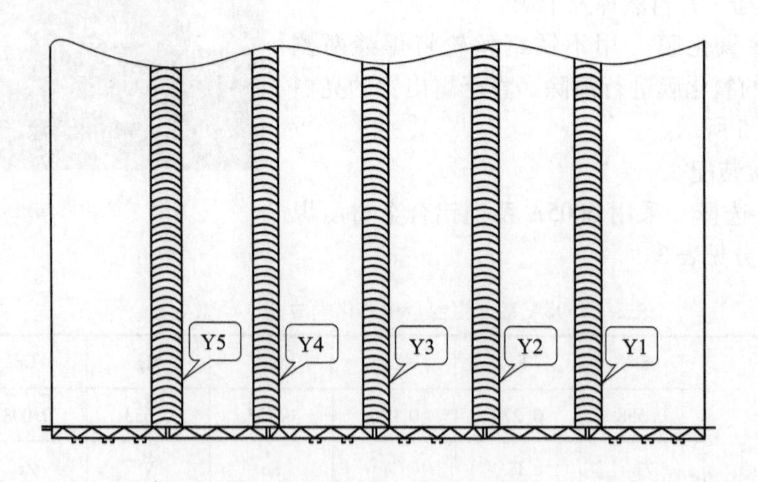

图 8　地板焊接示意图

2）通过操控设备仪表盘，实现控制搅拌头的焊接功能。搅拌摩擦焊的焊接操作过程主要分四步，见表 4。

表4 搅拌摩擦焊接步骤

序号	步骤	图示	说明
1	旋转		搅拌头工具对准焊缝中心线，在设备主轴作用下，按一定的速度旋转。铝合金材质焊接时，搅拌头转速一般为300~1700r/min
2	伸入		搅拌头设备在主轴压力的作用下，伸入母材中
3	预热		旋转的搅拌头伸入母材后，在同一个位置维持旋转并停留一定的时间，起到预热作用，使待焊接位置金属塑性软化
4	焊接		搅拌头在设备带动下，沿着焊接方向移动。3~15mm板厚的铝合金材质的焊接速度，可实现200~800mm/min

3）焊接顺序及焊接参数

①焊接顺序。根据图8，正面采用Y3→Y2→Y1→Y4→Y5的焊接顺序最佳；反面采用Y1→Y2→Y5→Y4→Y3的焊接顺序最佳。

②焊接参数，见表5。

表5 地板焊接参数

焊接方法	搅拌针规格		转速	压力范围	焊接速度	倾斜角度	侧面的倾斜角
	长度	轴肩直径					
421	4.8mm	13mm	1500r/min	4.6~7.8kN	650mm/min	2.5°	0°

4）焊接。在焊接过程中，搅拌头在旋转的同时，搅拌针伸入工件的接缝中，如图9所示。旋转焊头与工件之间的摩擦热，使焊头前面的材料发生强烈塑性变形，然后随着焊头的移动，高度塑性变形的材料流向焊头的背后，从而形成搅拌摩擦焊焊缝。

6 焊缝检验

6.1 焊缝表面检测

1）检查产品表面，要求表面清洁，无明显碰伤、擦伤等损伤。

2）对焊缝外观进行VT检查（VT检查无法判定时使用PT）。要求焊缝质量满足图样要求，不允许有渣皮、表面沟槽、背面穿透、未焊透、裂纹等缺陷。焊缝飞边不得高于母材，并且要求焊缝表面与母材圆滑过渡。

3）检查焊缝表面塌陷情况，要求塌陷值≤0.5mm。

6.2　宏观金相检测

1）地板宏观金相检测，均是在一条焊缝首尾50mm位置进行切割，如图10所示。然后通过金相检测仪，检测该焊缝是否存在未熔合、孔穴等缺陷。

图9　搅拌摩擦焊焊接示意图

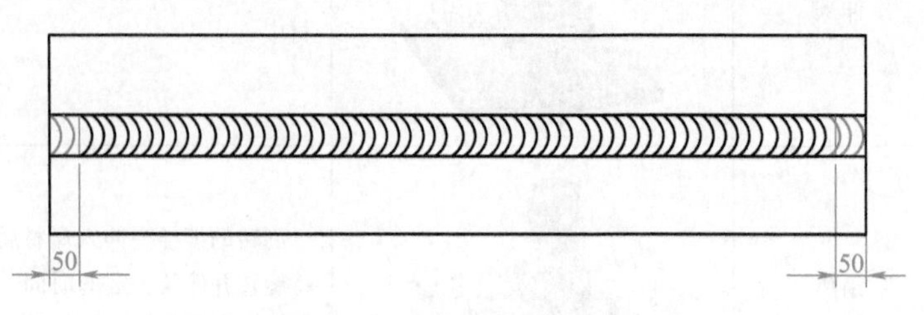

图10　地板宏观金相取样图

2）通过对首尾端50mm截取金相进行高倍放大，可清晰地确定所截取焊缝是否存缺陷。从图11宏观金相可判断焊缝位置存在隧道缺陷，图12宏观金相可判断焊缝位置无任何缺陷。

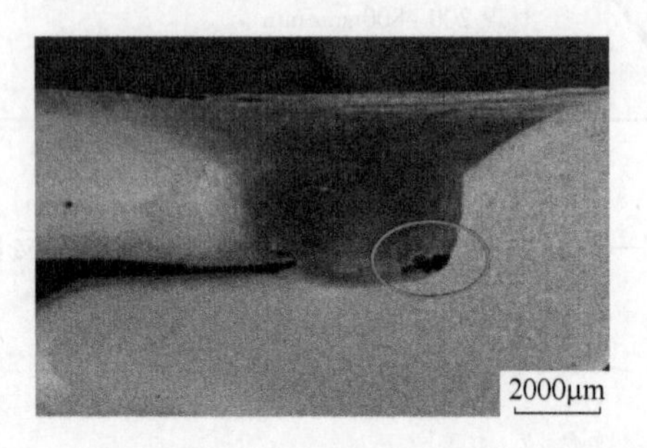

图11　宏观金相（1）

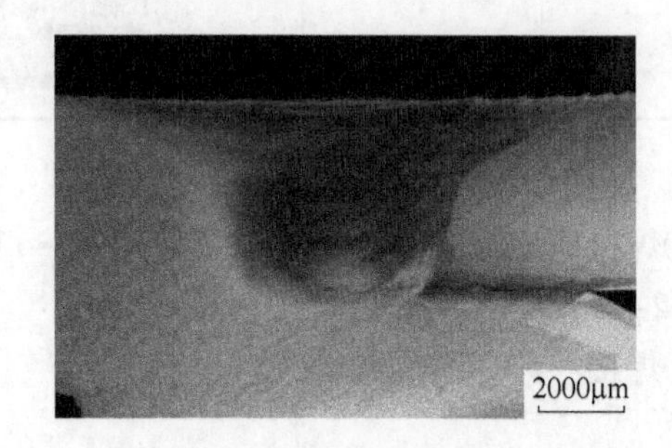

图12　宏观金相（2）

7　总结

搅拌摩擦焊是一项固相连接技术，在铝合金列车制造领域具有广阔的应用前景。采用搅拌摩擦焊技术制造铝合金列车，可以解决铝合金材料的焊接性问题，提高地铁车辆的安全性；对现有列车设计和制造工艺带来革命性的影响；同时与熔焊技术形成互补，可以大大提高车辆的使用性能，降低制造成本，产生良好的经济效益。

8　参考文献

［1］北京赛福特技术有限公司．搅拌摩擦焊工艺参数［J］．现代焊接，2006.

［2］张田仓，郭德伦，栾国红等．固相连接新技术—搅拌摩擦焊技术新工技术［J］．新设备．

12.5.4 范例4 铝合金车体地板平面度尺寸超差控制

铝合金车体地板平面度尺寸超差控制

摘要：本文针对铝合金地铁车辆车体地板平面度尺寸超差进行工艺分析，通过采用合理的焊接顺序、预留反变形、优化焊接工艺等有效措施，彻底地解决了车体地板平面度尺寸超差工艺难题。

关键词：车体地板、焊接顺序、焊接变形、工艺措施

1　引言

随着全球交通轨道装备的快速发展，现代轨道交通列车时速在不断提速，高速动车、地铁及城际轻轨等已成为国内客运的主型车辆，特别是高速动车、地铁车辆的轻量化生产制造是铁道运输现代化研究与探讨的主要议题，经过大量的理论研究与反复试验证明，目前采用铝合金材料是实现车辆轻量化的最有效途径。铝合金以其自重轻、耐蚀性能好等优越性成为轨道车辆的首选材料，但由于铝合金的热导率高、焊接变形大，且工艺复杂，成为车辆制造中的工艺难点。

2　车体结构概述

城轨车辆为铝合金全焊接结构，列车一般由6辆车组成（2辆拖车和4辆动力车），动力车由底架、顶盖、侧墙及端墙组焊而成，拖车则多出一个司机室。车体结构由底架、顶盖、侧墙、端墙四大部件组成，整个车体外壳均采用大型中空挤压铝合金型材，并用先进的IGM焊接机器人焊接而成，采用整体承载焊接结构，其中地板为车体的主要组成部分之一，如图1所示。

3　车体地板平面度现状及控制要求

由于地板布粘接工序在安装减震垫、蜂窝板时，频繁出现地板平面度尺寸超差，导致减震垫和地板布无法正常安装，严重影响产品质量，每次都是通过对地板进行焊接返工来满足工艺要求（≥-6mm）。以某项目为例，如图2所示，此问题一直困扰车间底架组焊、底架附件及车体组焊工序多年，已成为质量工艺难题。

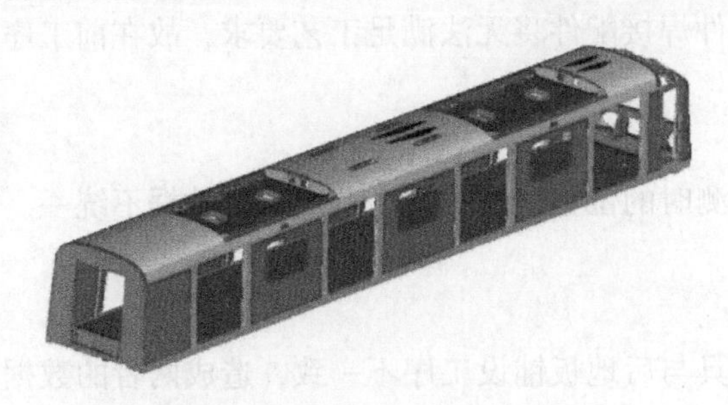

图1　铝合金车体结构示意图

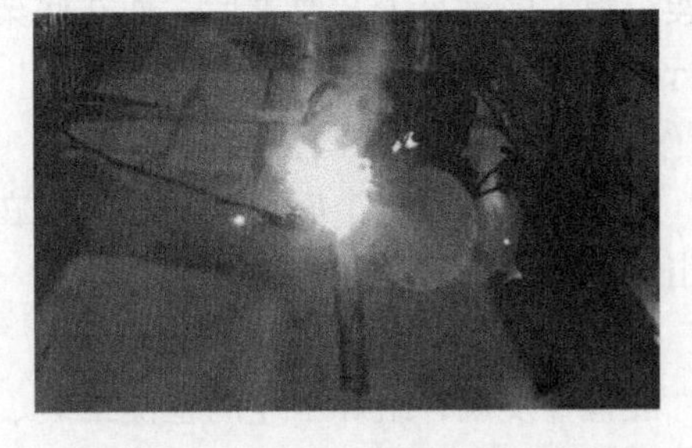

图2　车体地板平面度超差返工示意图

4　地板平面度尺寸超差原因分析

4.1　地板平面度尺寸不符实际要求

根据地板焊接后的工艺要求需要达到≥-6mm以上，而地板来料平面度尺寸控制在2~-2mm，远远不能满足焊接后达到工艺要求。

4.2 自动焊焊缝间隙过大

地板吊装后，由于底架做了挠度，在未正确采用工艺重块的情况下，地板与底架边梁搭接自动焊焊缝间隙将出现过大。

4.3 工艺重块位置分布不合理

底架组焊正面工艺重块分布不合理，造成焊接变形未得到有效控制。反面布置工艺重块，造成焊接产生的应力变形未能有效释放。

4.4 焊接顺序不合理

1）地板正反面自动焊顺序不合理，易造成地板产生较大变形，导致地板平面度出现超差。

2）底架组焊地板连接型材处因焊缝比较集中，且在底架正反两面都有比较集中的焊缝需要焊接，在未采用合理的焊接顺序下，经常在底架交验的时候就会出现地板连接型材焊缝处上拱达到6~7mm，在底架交验时无法满足工艺要求的平面度在2mm以内。

3）底架附件组焊后，由于反面需要焊接横梁及较多的C型材，未采用合理的焊接顺序进行焊接，易产生较大热量及应力变形，导致地板反面下塌严重，造成地板正面平面度出现不同程度的超差现象，如图3所示。

图3 底架附件横梁及部件焊接变形

4.5 反变形量设置不合理

通过对底架附件平面度数据跟踪，底架附件配件焊接后地板变形量一般在1~4mm，在底架组焊工序满足工艺要求后，而在底架附件焊接配件将无法满足工艺要求，故在前工序需进行反变形设置。

4.6 检测位置未固化

通过检测发现每个底架地板平面度在检测时的位置存在不同，造成检测数据不统一，导致出现地板平面度呈无规律变化。

4.7 检测工装、量具不统一

经检查发现，组焊工序的检测工装、量具与后地板铺设工序不一致，造成两者的数据存在差异，导致出现大面积的返工现象。

5 车体地板平面度尺寸超差控制措施

5.1 检查地板来料平面度尺寸

1）检查地板来料平面度尺寸，重点检查地板中间两个门框位置④、⑤、⑥、⑦平面度。要控制在-5~-6mm，提前设置预留反变形，如图4所示。

2）当地板中间两个门框位置未达到-5~-6mm时，采用火焰矫正的方法对中间两条焊缝进行火焰调型。

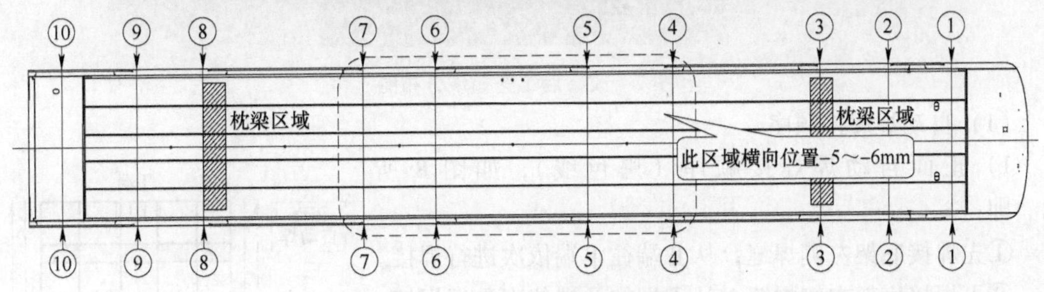

图4　检查来料及预设反变形

5.2　控制自动焊焊缝间隙过大

吊装工艺重块时，先吊运两个工艺重块纵向放置在底架中间门框位置，确保地板吊运后产生的弯曲变形压平，两侧搭接自动焊焊缝间隙控制 1mm 以内，依次对地板Ⅰ、Ⅱ端连接型材进行定位焊，如图5所示。

图5　地板吊装定位焊

5.3　合理分布工艺重块位置

底架组焊正面工艺重块分布不合理，造成焊接变形得不到有效控制，如图6所示。通过优化改善后合理分布正面工艺重块的位置，Ⅰ、Ⅱ端横向各压放1个，地板中间并排纵向放置2个，正面焊接自动焊时，地板正面产生内凹变形，如图7所示。

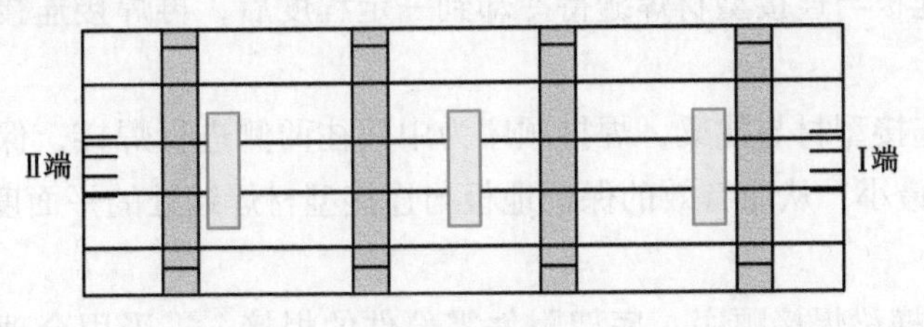

图6　改善前工艺重块分布图

5.4　采用合理的焊接顺序

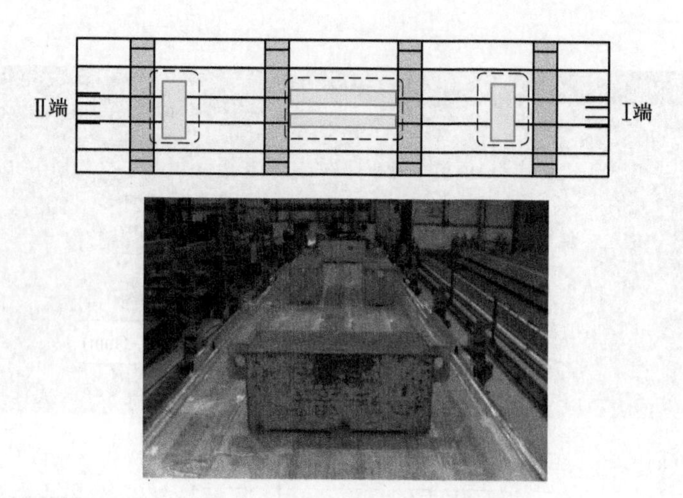

图7　改善后工艺重块分布图

（1）自动焊焊接顺序

1）正面自动焊焊接顺序（黑色线），如图8所示。即：

①先焊接底架左侧焊缝，从Ⅱ端往Ⅰ端依次进行焊接。

②再焊接底架右侧焊缝，从Ⅰ端往Ⅱ端依次进行焊接。

2）底架正面组焊完，底架翻边后不需采用工艺重块进行控制地板变形，如图8所示。反面焊接自动焊时，使地板反面产生上拱焊接变形，焊接顺序同正面焊接顺序相反。

3）反面自动焊焊接顺序（蓝色线），如图9所示。即：

①先焊接底架右侧焊缝，从Ⅱ端往Ⅰ端依次进行焊接。

②再焊接底架左侧侧焊缝，从Ⅰ端往Ⅱ端依次进行焊接。

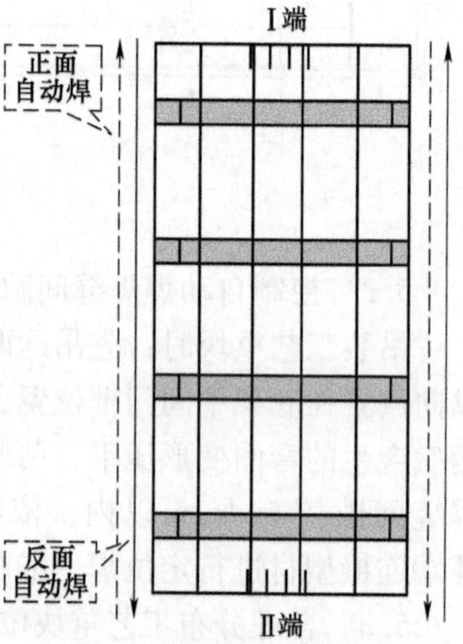

图8　底架正反面自动焊焊接顺序示意图

（2）地板连接型材焊接顺序

1）如图9所示，先焊接连接型材与地板连接焊缝，焊接顺序为两侧往中间进行焊接，采用二层二道进行焊接，使焊缝的热量往中间集中，将地板与连接型材中间位置形成往下内凹。

2）其次，当地板与连接型材焊缝待冷却到一定程度后，再焊接连接型材与枕梁的搭接焊缝。

3）最后焊接连接型材与枕梁，焊接顺序为中间往两侧进行焊接，保证连接型材中间受热及变形量控制到最小，从而有效的保证地板与连接型材焊缝处的平面度控制在工艺要求范围内。

（3）底架附件横梁焊接顺序　底架附件零部件的焊接，需采用合理的焊接顺序，底架附件横梁及安装座的焊接顺序，按示意图序号进行依次焊接，如图10所示。

5.5　合理设置反变形量

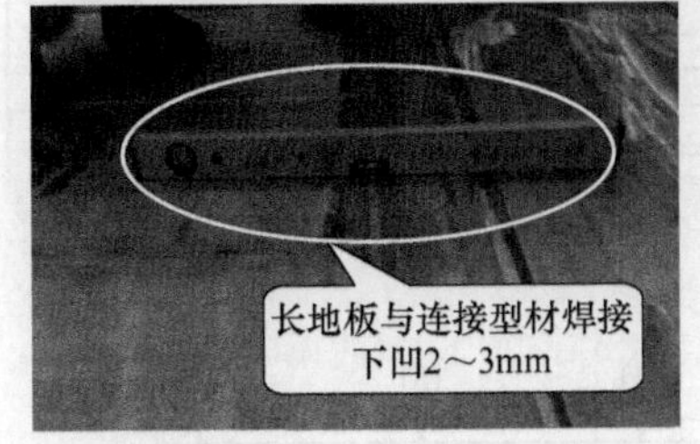

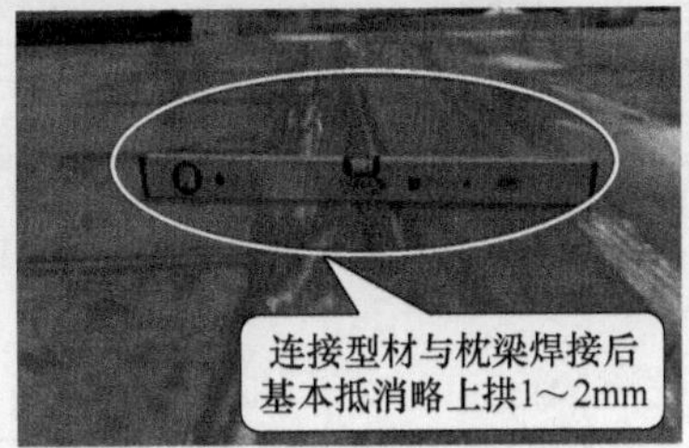

图9 地板连接型材焊接顺序示意图

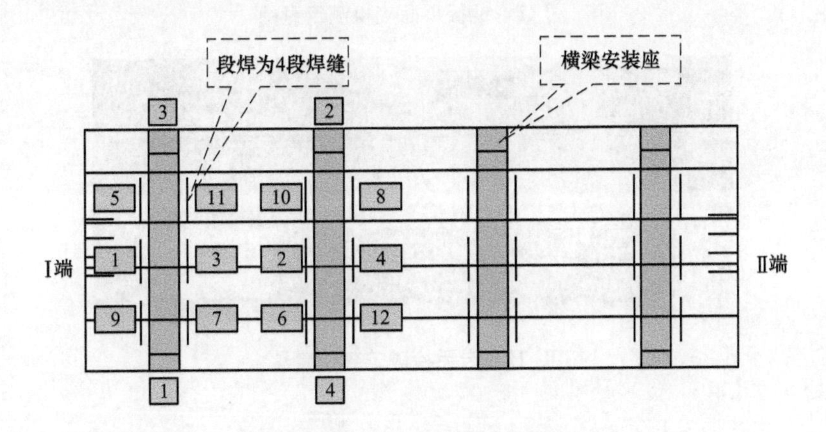

图10 底架附件横梁焊接顺序示意图

通过对底架附件平面度数据跟踪显示，底架附件配件焊接后变形量一般在1~4mm，中间区域较大3~5mm。如果底架组焊交验后中间区域测量数据小于10mm，底架附件焊接完配件变形后仍然存在需要返工风险，故底架组焊后平面度尺寸应控制在-10~-14mm比较合理，给附件工序提前设置反变形量。

5.6 固化检测位置

底架正面精整交验，测量采用专用的地板平面度检测工装及工具按图示要求位置检测地板平面度，如图11所示，通过以下测量数据显示，完全满足工艺要求-6~-12mm。

5.7 统一检测工装、量具

底架附件交验后，通过采用专用的地板平面度检测工装及检测工具测量地板平面度，如图12所示，通过测量数据显示，地板平面度尺寸完全满足工艺要求-6~-12mm，见表1。

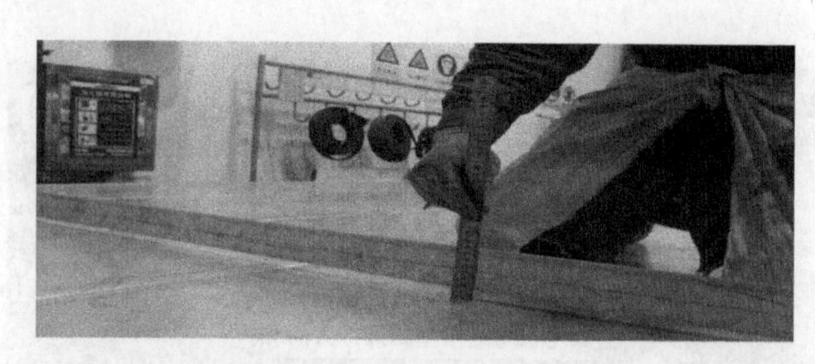

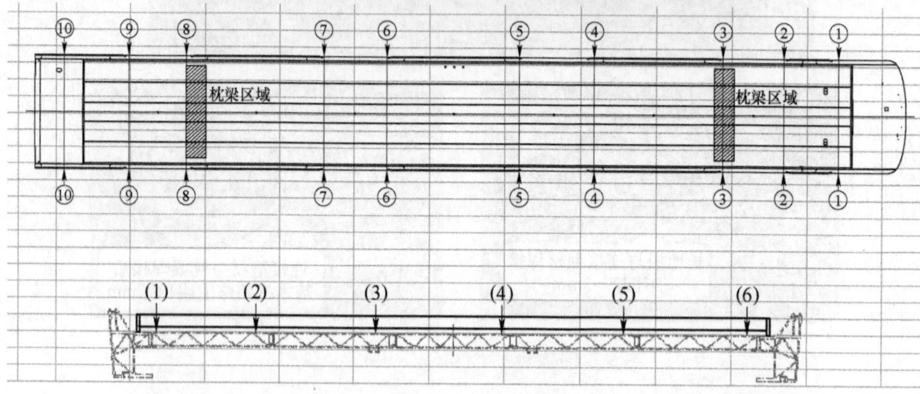

图 11 地板平面度检测示意图

图 12 专用检测工装、量具

表 1 地板平面度测量数据统计表

端位	序号	纵向位置 / 横向位置	①	②	③	④	⑤	⑥	⑦	⑧	⑨	⑩	端位
Ⅰ端	(1)	底架 1	8	8	9	9	8	9	9	9	8	8	Ⅱ端
		底附 1	8	8	7	8	7	8	8	7	8	9	
		变形量	0	0	2	1	1	1	1	2	0	-1	
	(2)	底架 2	8	9	11	10	10	10	12	12	9	9	
		底附 2	8	8	9	8	8	7	10	10	9	9	
		变形量	0	1	2	2	2	3	2	2	0	0	
	(3)	底架 3	10	10	11	11	11	11	11	12	9	10	
		底附 3	8	8	9	10	9	10	9	9	8	10	
		变形量	2	2	2	1	2	1	2	3	1	0	

（续）

端位	序号	纵向位置	①	②	③	④	⑤	⑥	⑦	⑧	⑨	⑩	端位
		横向位置											
Ⅰ端	（4）	底架4	9	10	10	11	11	11	11	12	9	10	Ⅱ端
		底附4	8	9	9	9	10	9	8	10	8	10	
		变形量	1	1	1	2	1	2	3	2	1	0	
	（5）	底架5	9	9	10	10	11	11	11	11	9	9	
		底附5	9	8	9	8	9	9	10	10	8	8	
		变形量	0	1	1	2	2	2	1	1	1	1	
	（6）	底架6	8	8	8	9	9	9	9	9	8	8	
		底附6	8	9	8	8	8	8	8	8	7	8	
		变形量	0	−1	0	1	1	1	1	1	1	0	
		纵向平面度	−2	3	1	1	0	0	0	−1	3	−3	

6　总结

通过采用合理的焊接工艺措施、焊接顺序、预留反变形、专用检测工量具等方法，车体地板平面度关键尺寸超差得到有效的控制，并对底架附件交检数据进行跟踪统计，均未出现超差。车体地板平面度尺寸超差问题得到有效控制，地板平面度一次交检合格率提升98%以上，大幅降低返工人工、设备、耗材、能源的消耗成本，并在各项目组焊工序进行推广应用，实施效果较好。

7　参考文献

［1］EN15085 铝合金焊接体系标准［S］.

［2］胡煌辉．铝合金焊接技能［M］．北京：中国劳动社会保障出版社，2005.

［3］英若采．熔焊原理及金属材料焊接［M］．北京：机械工业出版社，2000.

参 考 文 献

[1] 中国机械工程学会焊接学会．焊工手册 [M]．北京：机械工业出版社，2001.
[2] 陈祝年．焊接工程师手册 [M]．北京：机械工业出版社，2002.
[3] 胡煌辉．铝合金焊接技能 [M]．北京：中国劳动社会保障出版社，2005.
[4] 英若采．熔焊原理及金属材料焊接 [M]．北京：机械工业出版社，2000.
[5] 黄旺福，黄金刚．铝及铝合金焊接指南 [M]．长沙：湖南科学技术出版社，2004.
[6] 赵卫．现代装备制造业技能大师技术技能精粹：焊工 [M]．长沙：湖南科学技术出版社，2013.
[7] 刘云龙．焊工（中级）[M]．北京：机械工业出版社，2013.
[8] 彭博．焊工（基础知识）[M]．北京：机械工业出版社，2016.
[9] 王波．焊工（初级、中级）[M]．北京：机械工业出版社，2017.
[10] 金杏英．焊工教程：职业资格三级/高级 [M]．北京：中国劳动社会保障出版社，2017.